Die Entwickelung

des

Niederrheinisch-Westfälischen Steinkohlen-Bergbaues

in der zweiten Hälfte des 19. Jahrhunderts.

Herausgegeben vom

Verein für die bergbaulichen Interessen im Oberbergamtsbezirk Dortmund
in Gemeinschaft mit der Westfälischen Berggewerkschaftskasse
und dem Rheinisch-Westfälischen Kohlensyndikat.

IV.

Gewinnungsarbeiten, Wasserhaltung.

Mit 192 Textfiguren und 18 Tafeln.

1902.
Springer-Science+Business Media, B.V.

Additional material to this book can be downloaded from http://extras.springer.com.

ISBN 978-3-642-90160-7 ISBN 978-3-642-92017-2 (eBook)
DOI 10.1007/978-3-642-92017-2

Softcover reprint of the hardcover 1st edition 1902

Inhaltsverzeichnis.

I. Abschnitt: Gewinnungsarbeiten.

1. Kapitel: Gesteinsarbeiten.

2. Kapitel: Kohlengewinnung.

II. Abschnitt: Wasserhaltung.

1. Kapitel: Allgemeines.

2. Kapitel: Die Wasserhaltungsanlagen mit Dampfbetrieb.

Seite

3. Kapitel: Hydraulische Wasserhaltungen.

4. Kapitel: Elektrisch betriebene Wasserhaltungen.

5. Kapitel: Vergleichung der nach ihren Antriebskräften verschiedenen Systeme unterirdischer Wasserhaltungsmaschinen in wirtschaftlicher Hinsicht.

Verzeichnis der Tafeln.

Benutzte Litteratur.

Preussische Zeitschrift für das Berg-, Hütten- und Salinenwesen.
Oesterreichische Zeitschrift für das Berg- und Hüttenwesen.
Zeitschrift des Vereins deutscher Ingenieure.
Karstens Archiv für Mineralogie, Geognosie, Bergbau und Hüttenkunde.
Der Berggeist.
Glückauf.
Der Bergbau.
Der Civilingenieur.
Bulletin de la société de l'industrie minérale.
Revue universelle des mines.
The Colliery guardian.

Gewinnungsarbeiten.

Von Bergassessor Wolff.

1. Kapitel: Gesteinsarbeiten.

I. Art, Form und Abmessungen der verschiedenen Grubenbaue.

Zur Verbindung der Schächte mit den Punkten in der Kohle, an denen jeweilig die Gewinnung stattfinden soll, ist die Anlage und ständige Unterhaltung eines weit verzweigten Netzes von Förder- und Wetterwegen erforderlich, als: Füllörtern, querschlägigen und streichenden Gesteinsstrecken, Strecken und Bremsbergen im Flötz sowie blinden Schächten; daneben erfordert der Betrieb gewöhnlich noch unterirdische Maschinenräume und Pferdeställe. Die zur Herstellung dieser Grubenbaue aufzuwendenden Kosten machen heute einen der wesentlichsten Posten im Grubenhaushalt aus.

Dagegen waren vor 50 Jahren einige jener Aus- und Vorrichtungsbaue, z. B. die blinden Schächte, beim rheinisch-westfälischen Bergbau noch so gut wie unbekannt. Alle anderen Gesteinsarbeiten blieben auf das Allernotwendigste beschränkt und wurden ebenso wie die Wege im Flötz in den kleinstmöglichen Abmessungen ausgeführt.

Der grosse seitdem eingetretene Umschwung wurde durch das dringende Bedürfnis nach einer wirksameren Aus- und Vorrichtung veranlasst, hätte sich aber mit allen seinen bedeutenden Betriebsvorteilen nie verwirklichen lassen, wenn ihm nicht zahlreiche Fortschritte in der Herstellung und Erhaltung der Baue zu Hülfe gekommen wären. Die Arbeit des Streckenauffahrens im Gestein erlebte geradezu Umwälzungen, welche die Schnelligkeit vervielfachten und die Kosten ermässigten. Auch beim Ausbau brachen sich einige Neuerungen Bahn, welche die hohen Ausgaben für Unterhaltung der Grubenbaue verminderten oder der Erweiterung des Querschnittes zu gute kamen. So erhielt der Bergmann erst nach und nach die Freiheit der Bewegung, welche ihm heute gestattet, das Gebirge in allen Richtungen zu durchörtern.

Auch die äussere Form der Baue weist nach Grundriss, Querschnitt und Abmessungen in vielen Beziehungen Fortschritte auf. Ein kurzer Ueberblick über die heutigen Anforderungen in dieser Richtung, sowie über die besonderen Zwecke und Eigentümlichkeiten der verschiedenen Baue wird am besten die Aufgaben erkennen lassen, welche die zu beschreibenden Herstellungsarbeiten zu erfüllen haben.

Der Anschluss der unterirdischen Baue an den Schacht wird auf jeder Sohle durch ein Füllort vermittelt, einen Raum, der die Aufstellung und Bewegung einer grösseren Anzahl von Förderwagen gestattet. Das

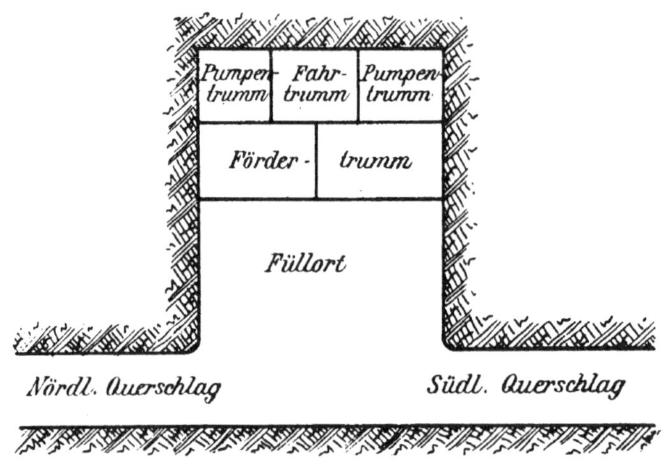

Fig. 1.

Füllort auf Zeche Steingatt, Schacht Laura.

Füllort ist entweder als eine kurze Verbindungsstrecke zu dem seitwärts am Schacht vorbeigeführten Hauptquerschlag (Fig. 1 und 2) oder als eine Erweiterung des letzteren ausgebildet, sobald dieser unmittelbar vom Schacht aus angesetzt ist (Fig. 3). Der erstere Fall ist auf der Mehrzahl aller Gruben, besonders der älteren vertreten. Sein Ursprung liegt wohl in der Stellung der meisten alten rechteckigen Schächte zu den Schichten, welche das Aufschieben der Wagen auf die Förderschale aus der Streichrichtung erforderte. Gewisse Rücksichten der Förderung haben dann diese Anordnung bis heute erhalten, zumal die neuere Durchschiebeförderung im Verein mit Umbrüchen ihren Hauptfehler, die gegenseitige Behinderung und Kreuzung der vollen und leeren Wagen vermeidet. Vor allem fürchtete man sich lange, die vollen Züge gerade auf den Schacht losfahren zu lassen, was allerdings auch in früherer Zeit nicht zu vermeiden war, wenn die Schachttrumme aus irgend einem Grunde in der

Querschlagsrichtung lagen. War dann infolge der Einteilung der Schachtscheibe keine Durchschiebeförderung möglich, so musste man sogar, wie auf Consolidation I und anderen Gruben, den einen Hauptquerschlag neuerdings ganz allgemein zu werden beginnt. Natürlich muss dann die

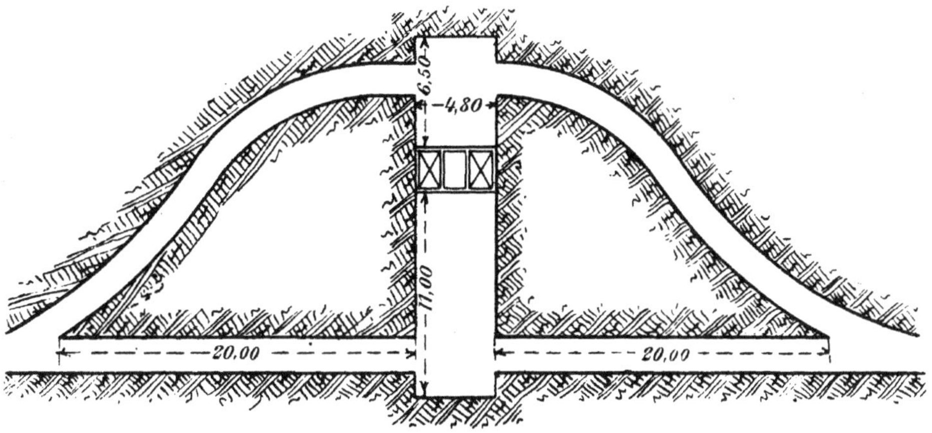

Fig. 2.
Füllort auf Zeche Louise, Tiefbau.

seitlich gegen den anderen versetzen und mit einer Kurve in diesen überführen, um auf die Füllortseite zu kommen.

Namentlich bei Durchschiebeförderung hat aber die gradlinige Zuführung der Wagen zum Schacht so viele praktische Vorteile, dass sie

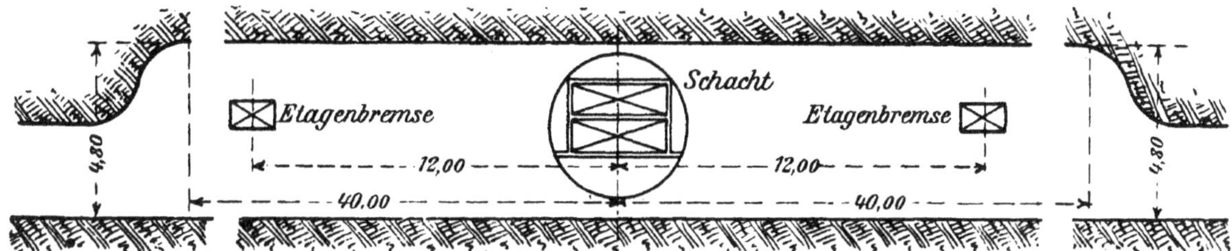

Fig. 3.
Füllort auf Zeche Hansa.

Schachtscheibe danach eingeteilt werden, was bei Neuanlagen, wo man das Streichen nicht genau kennt, nicht immer möglich ist, und zuweilen zur Folge hat, dass der Hauptquerschlag wie auf Hugo I, König Ludwig I, Deutscher Kaiser II mit einer kleinen Krümmung vom Füllort abbiegt. Die Vorteile bestehen zunächst in der Vereinfachung der Bedienung der Füllörter; auch werden Umbrüche und Gesteinsarbeiten in viel geringerem

Masse nötig, die Füllörter werden also auch in der Anlage billiger und endlich »stehen« sie in querschlägiger Richtung sehr viel besser als in streichender. Bei schlechtem Gebirge kann allein dieser Grund ausschlaggebend werden, um so mehr als die Nähe des Schachtes zur äussersten Vorsicht zwingt.

Aus diesem Grunde müssen auch die Abmessungen der Füllörter oft kleiner gehalten werden, als es eigentlich erwünscht ist. Die Breite schwankt zwischen einfacher Streckenbreite und 10,5 m und beträgt bei neueren Anlagen in gutem Gebirge gewöhnlich 5—8 m. Die Gesamthöhe der Füllörter hängt zunächst davon ab, auf wie viel Etagen des Förderkorbes gleichzeitig aufgeschoben wird. Auf Prosper II, wo 4 Etagen auf einmal bedient werden, erreicht sie daher insgesamt 12,5 m. Bei allen mehretagigen Füllörtern wird die Höhe der unteren Bühnen, des »Kellers«, ziemlich gleichmässig niedrig durch die Abmessungen des Förderkorbes bestimmt. Dagegen empfiehlt es sich, die obersten Bühnen und die einetagigen Füllörter so hoch wie möglich zu nehmen, um lange Hölzer, Rohre u. dergl. bequem abladen zu können und die am Schacht beschäftigten Leute nicht so unmittelbar dem Stosse des einziehenden Wetterstroms auszusetzen.

Uebrigens muss bei der sehr oft angewandten Gewölbemauerung mit der Breite auch die Höhe der Füllörter wachsen. Am meisten wechselt die Länge, die auf alten Anlagen zuweilen auf nur 4 m sehr zum Nachteil des Betriebes beschränkt geblieben ist. Neuere Füllörter gestatten dagegen meist die Aufstellung ganzer Züge. Wo der Querschlag selbst zum Füllort wird, kann eine genaue Grenze zwischen beiden oft gar nicht angegeben werden.

Besondere Anordnungen der Füllörter und Umbrüche werden bei Zwillingsschächten erforderlich, die je nach dem Masse, in dem beide Schächte zur Förderung von der betreffenden Sohle dienen sollen und nach der Art der Heranförderung der Kohle mit Pferden oder Seil sehr verschieden gestaltet werden, immer aber dem Gesichtspunkte Rechnung tragen, die Kreuzung von Zügen und Wagen nach Möglichkeit zu vermeiden. (Vergl. z. B. Fig. 4.)

Die horizontalen Förderstrecken, auf welchen den Füllörtern die Kohle aus den Revieren zugeführt wird, werden entweder als Querschläge und Richtstrecken im Gestein oder als Flötzstrecken in der Kohle aufgefahren.

Auch die letzteren erfordern meist eine Menge Gesteinsarbeiten, da die Flötzmächtigkeit selten für den gewünschten Querschnitt ausreicht; jedoch lassen sie sich weit billiger und schneller auffahren, als die reinen Gesteinsstrecken. Das verhältnismässig leichte und rasche Vorarbeiten in der Kohle tritt an die Stelle des langwierigen und teueren Einbruch-

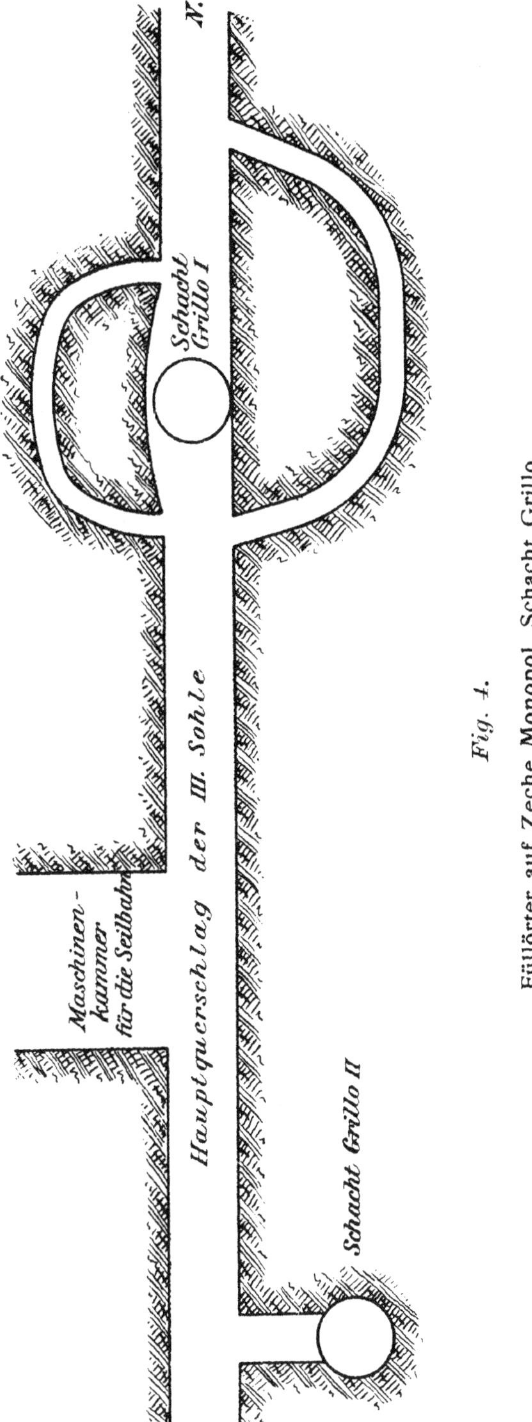

Fig. 4.
Füllörter auf Zeche Monopol, Schacht Grillo.

schiessens im Gestein, die Kohle selbst deckt einen oft beträchtlichen Teil der Kosten und endlich ist es möglich, die Kohle über das Streckenprofil hinaus wegzunehmen, den so entstandenen Raum, den »Damm«, mit den vor Ort fallenden Bergen zu versetzen und damit die teuere Bergeförderung ganz zu vermeiden. Dagegen sind die Flötzstrecken gewöhnlich einem sehr viel grösseren Druck ausgesetzt als Strecken im Gestein und erfordern daher in der Regel sehr viel höhere Unterhaltungskosten.

Der Querschnitt der Strecken hängt in beiden Fällen ganz von den Betriebserfordernissen ab; die Grundform des Querschnittes, die bei Querschlägen aus Rücksicht auf Ausbau und Förderung immer ein Trapez mit breiter Basis bildet, zeigt in streichenden Strecken häufig Abweichungen, da man dort gern die natürlichen mit der Strecke verlaufenden Schichtenablösungen zur Begrenzung benutzt.

Die Weite des Querschnitts ist seit langem in ständiger Zunahme begriffen. An Stelle der eingleisigen Strecken und Querschläge, die wie die alten Stollen oft so eng waren, dass die Wasserseige unter das Gleise zu liegen kam, haben die gesteigerten Ansprüche der Förderung schon längst zweigleisige Hauptförderwege gesetzt. Jetzt sind eine ganze Anzahl der bedeutendsten Schachtanlagen, wie Grimberg, Shamrock I/II, Courl, Zollverein schon dazu übergegangen, wenigstens die Hauptquerschläge dreigleisig aufzufahren; auf Kaiserstuhl findet sich sogar eine beträchtliche Länge vierspurigen Querschlags. Die Veranlassung zur Vermehrung der Gleise gab in vielen Fällen die Einführung des Abbaues mit Bergeversatz. In anderen Fällen musste neben der zweigleisigen Seilförderung ein Fahrweg ausgeschossen worden, den man dann auch mit einem Gleise versah.

Die Zunahme der Querschnitte beschränkte sich aber nicht auf die Hauptförderwege, sie wurde vielmehr auch unabhängig von der Förderung durch die überall an Boden gewinnende Einsicht unterstützt, dass in weiten Strecken, also in der Erweiterung des Grubenquerschnitts, das beste und billigste Mittel liegt, eine ausreichende und zuverlässige Bewetterung der Grube durchzuführen. Auch den Abbaustrecken und den zur Förderung gar nicht mehr benutzten Wetterstrecken giebt man daher allmählich grössere Abmessungen und geht selbst dazu über, die vorhandenen Wettersohlen durchweg zu erweiten. So ist auf Zeche Prosper in den letzten Jahren die Erweiterung aller Wetterstrecken von 3 auf 6 qm durchgeführt.

Wennschon sich auf einigen Gruben ungünstige Gebirgsverhältnisse der beliebigen Vergrösserung der Querschnitte entgegenstellen, wird sie auf anderen auch wieder durch die Beobachtung begünstigt, dass weite Strecken weniger unter Druck leiden als enge. Auch können weite Strecken verhältnismässig stark zusammengepresst werden, bevor ein vollständiger Umbau nötig wird und der neue Ausbau kann unter Umständen einfach unter den ursprünglichen gesetzt werden.

Zur Zeit geht der Querschnitt bei Querschlägen nur noch auf ganz alten Ruhrzechen unter 4 qm hinunter; als Durchschnitt können 6 qm angesehen werden. Weiten von 6—7 qm sind in Gruben mit starker Schlagwetterentwicklung keineswegs selten und auf manchen Gruben, wie Shamrock und Holland, sind sogar 8 qm weite Querschläge vorhanden. Die Höhe derselben bleibt mit Rücksicht auf ein bequemes Einbauen der Zimmerung fast überall gleich 2 m und geht nie über 2,5 m hinaus.

Die Hauptstrecken im Flötz gehen, wenn sie eingleisig aufgefahren sind, vielfach auf 3—4 qm Querschnitt hinunter, erhalten aber häufig auch einen solchen von 5—7 qm. Es giebt ganze Reviere, z. B. Herne, in denen Wetterwege unter 5 qm Ausnahmen sind.

Die Wasserseige, welche in Hauptstrecken selten fehlt, wird gewöhnlich an den einfallenden Stoss gelegt, nur bei wenigen Querschlägen liegt sie in der Mitte zwischen beiden Gleisen. Liegt sie am Stoss, so kann sie dadurch besser geschont werden, dass man, wie es Regel im Ruhrrevier ist, das anliegende Gleis für die leeren Züge bestimmt. Liegt die Wasserseige unter (Bickefeld, Tremonia), oder zwischen den Gleisen, so wird sie zugedeckt, sonst wird sie, von einigen Hauptquerschlägen abgesehen, zur Erleichterung des Schlämmens offen gelassen. Ihr Querschnitt richtet sich nach der Wassermenge und dem Gefäll und zeigt meist Abmessungen von 30—50 cm sowohl in Breite als Tiefe. Auf Kaiserstuhl ist ihr eine Tiefe von 1 m gegeben, um den Abfluss des Wassers nach zwei verschiedenen Richtungen zu ermöglichen.

Das Ansteigen der Strecken, die der Förderung dienen, z igt eine ausgesprochene Neigung zur Abnahme, die auf die Verbesserung der Fördereinrichtungen und auf die Bedürfnisse der Bergeversatzarbeit zurückzuführen ist. Meist begnügt man sich jetzt mit einem Ansteigen 1 : 300. Nur sorgsam rein gehaltene grosse Wasserseigen gestatten ein kleineres Ansteigen zu nehmen, das sich z. B. mit 1 : 800 auf Kaiserstuhl, 1 : 1000 auf Johann Deimelsberg und noch geringer auf Shamrock III/IV findet. Ohne sehr genaue Aufsicht neigen die Arbeiter dazu, die Strecken steiler als angegeben zu treiben. Steileres Ansteigen als 1 : 200 verschwindet allmählich (Ludwig hat noch 1 : 57) und oft sind grade die Gruben mit dem steilsten Ansteigen zum flachsten übergegangen.

Bei allen Strecken ist das Bestreben darauf gerichtet, sie so gradlinig wie möglich aufzufahren. Wo die Strecke dem Flötz folgt, wird zu diesem Zwecke oft ein teures Nachschiessen im Liegenden oder Hangenden notwendig. Ueberall, wo streichende und querschlägige Strecken zusammentreffen, vermeidet man heute stumpfes Aufeinanderstossen, sondern führt sie mit möglichst schwacher Kurve in einander über.

Ausschliesslich in der Kohle sollten sich eigentlich die im Einfallen der Flötze aufgefahrenen Bremsberge halten. Bei gleichmässigem Einfallen kann das auch um so leichter erreicht werden, als bei zunehmendem Einfallwinkel auch schwächere Flötze genügend Raum zur Aufnahme des

Fördergestelles bi ten. Thatsächlich liegt denn auch die Höhe der Br msberge nur zwischen 1,4 m und 2 m. Die Breite beträgt 2,2 m bis 3 m.

Ueberall aber, wo Ungleichmässigkeiten des Einfallens, Störungen oder starker Nachfall sich finden, werden ausgedehnte, schwierige Gesteinsarbeiten nötig, die n ben der schlechten Haltbarkeit die zunehmende Abneigung gegen Bremsberge erklären. Schon um die vorhandenen Ungleichmässigkeiten im Flötz kennen zu lernen und ausgleichen zu können, geht dem Bremsberge fast immer ein Ueberhauen voraus, welches später zum Bremsberg erweitert wird.

Der Ersatz für die Bremsberge in steiler Lagerung, die *Stapel* und die *blinden Schächte* im allgemeinen sind im hiesigen Bezirke eine ziemlich neue Einrichtung, die als regelmässiges Betriebsmittel erst seit den 60er Jahren bekannt geworden und noch heute nicht überall ihrer Brauchbarkeit entsprechend eingebürgert sind. Die Herstellung derselben geschieht zweckmässiger durch Ueberbrechen, als durch Abt ufen; das Verfahren ist dasselbe, wie es oft beim Schachtabteufen zur Herstellung des Schachtes unter einer in Betrieb befindlichen Sohle angewandt wird, und in dem Abschnitt »Schachtabteufen« beschrieben ist.

Die Unabhängigkeit der blinden Schächte vom Flötz gestattet eine grosse Freiheit in der Form und Grösse des Querschnitts. Es hat sich daher für die einzelnen Zwecke eine ganze Anzahl von Grundformen herausbilden können. Findet nur Förderung mit Gegengewicht im Schachte statt, so ergiebt sich in der Regel ein annähernd quadratischer Querschnitt, dessen eine Hälfte zum Fördertrumm wird, während in die andere sich Gegengewichtstrumm und Fahrtrumm teil n (Fig. 5). Eine solche Einteilung lässt sich auch mit rundem Querschnitt vereinigen, der sich z. B. auf A. v. Hansemann, in Verbindung mit Eisenausbau findet. Die Seitenlänge schwankt bei Holzausbau zwischen 1,80 m und 2,90 m; der Durchmesser der runden Schächte beträgt meist 2,50 m. Ein mehr länglicher Grundriss entsteht, wenn Gegengewichts- und Fahrtrumm nebeneinander gelegt werden (Fig. 6), besonders wenn das Fördertrumm für zwei Wagen neben einander eingerichtet wird. Bei den doppeltrümmigen Bremsschächten liegt das Fahrtrumm in der Regel neben den beiden Fördertrummen (Fig. 7); zuweilen liegt es aber auch hinter ihnen oder fällt ganz fort. Die lichten Abmessungen schwanken im ersten Falle in der Länge zwisch n 3 m und 4 m, in der Breite je nach der Form der Wagen zwischen 1,75 m und 2,80 m. Noch grössere Querschnitte entstehen, wenn mehrere Bremsförderungen in einem Schachte vereinigt werden. Ein doppelter Bremsschacht auf Concordia err icht 6,20 m Länge bei 2,10 m Breite (Fig. 8).

Maschinenräume, *Pferdeställe* und ähnliche grössere Räume unter Tage können wie die Füllörter meist als erweiterte Strecken aufgefasst werden. Gleich den Füllörtern können sie aber auch so an Breite und Höhe zunehmen, dass es unmöglich wird, sie von vornherein in ihrer ganzen Weite aufzufahren. Dann wird es vielmehr nötig, um ihr Zubruchegehen während der Arbeit zu verhüten und die Arbeiter vor Beschädigungen zu schützen, den Raum in vertikalen oder horizontalen

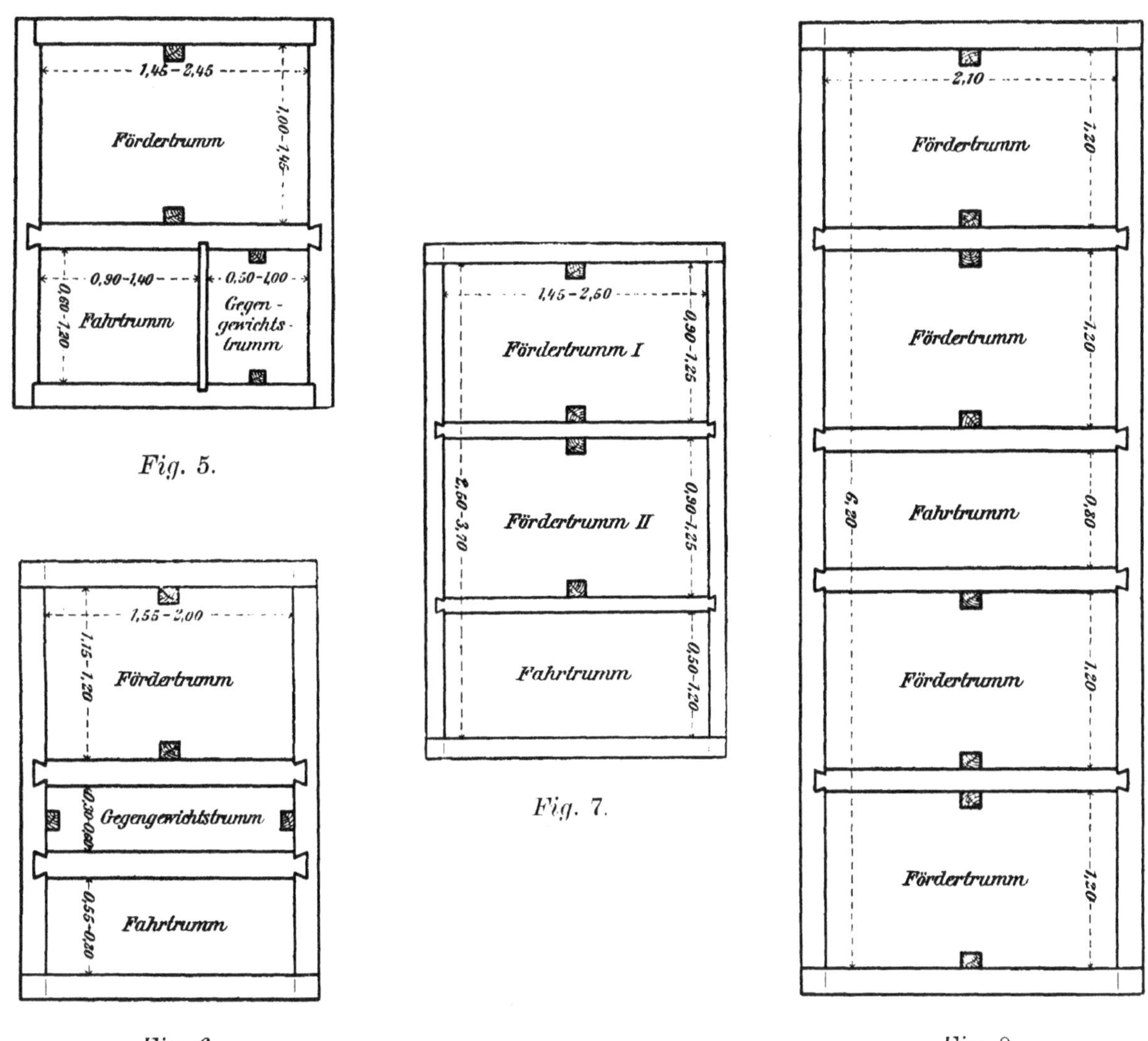

Fig. 5.

Fig. 6.

Fig. 7.

Fig. 8.

Scheiben oder Streifen nach und nach auszuschiessen und auszubauen, wie es des näheren im Abschnitt »Ausbau« (Band II) beschrieben ist.

Die grössten Abmessungen werden zur Aufstellung der umfangreichen Wasserhaltungsmaschinen erforderlich. Vielleicht den grössten Rauminhalt besitzt ein solcher Maschinenraum auf Zeche Holland bei 45 m Länge, 10 m Breite und 12 m Höhe. Die grösste vorkommende Breite beträgt 12 m, die grösste Höhe 15 m. Bei schlechtem Gebirge ist man aber mehr noch als bei anderen Grubenbauen gezwungen, sich für die Maschinenräume u. s. w. mit den kleinstmöglichen Abmessungen zu begnügen.

II. Die Bohrtechnik.

Das Gebirge, in dem alle die vorstehend beschriebenen Hohlräume herzustellen sind, soweit sie nicht im Flötz liegen, wechselt im hiesigen Bezirk vom festen Sandstein, in dem sich hin und wieder auch sehr feste Konglomerate eingelagert finden, bis zum milden Schieferthon. Der feste Sandstein tritt ziemlich mächtig in der Magerkohlenpartie und in der Gasflammkohlenpartie oberhalb von Flötz Bismarck auf. Starke Sandsteinbänke finden sich auch in der Esskohlenpartie, insbesondere über Flötz Sonnenschein. Milder Schieferthon mit grosser Neigung zum Quellen ist bezeichnend für die Gaskohlenpartie, Schieferthon bildet auch in fast allen Fällen das unmittelbare Liegende der Flötze, ein Umstand, der das Treiben der Flötzstrecken erleichtert, ihre Unterhaltung aber oft erschwert. In allen Flötzpartieen weit verbreitet ist endlich noch ein »Sandschiefer« genannter Uebergang von Sandstein zu Schieferthon.

Es ist noch hervorzuheben, dass das hiesige Gebirge, selbst wo es aus harten Gesteinen besteht, doch oft recht gebräch ist und Hohlräume deshalb nur selten ohne Ausbau stehen können. Ein weiteres Hindernis bilden häufig reichliche Wasserzuflüsse am Arbeitsstoss.

Unter diesen schwierigen Verhältnissen konnte die vor 50 Jahren noch allein übliche Handbohrarbeit, mit gewöhnlichem Schwarzpulver als dem einzigen Sprengmittel, unmöglich grössere Leistungen erzielen, ein Umstand, der wieder hemmend auf die allgemeine Entwicklung des Bergbaues zurückwirkte. Trotzdem fand manche bedeutende Verbesserung auf dem Gebiete der Bohr- und Sprengtechnik in Westfalen nur schwer und später als in anderen Bergwerksgegenden allgemeinen Eingang. Erst die erhöhten Anforderungen der Aus- und Vorrichtung brachen dem Fortschritte endgültig und mit solchem Erfolge Bahn, dass unsere jetzigen Leistungen bei der Schiessarbeit kaum irgendwo übertroffen werden dürften.

Sowohl in Bezug auf die eigentliche Bohrtechnik, wie auf die Anwendung der Sprengmittel und die ganze Anordnung und Leitung der Gesteinsarbeiten hat sich ein vollkommener Umschwung vollzogen.

1. Das Bohren von Hand und mit Handbohrmaschinen.

Um die Mitte des Jahrhunderts stand noch ausschliesslich Handbohrbetrieb in Anwendung, der nach der im deutschen Bergbau althergebrachten Weise ausgeführt wurde. Die dabei benutzten Meisselbohrer und Fäustel haben sich auch bis heute nicht verändert; nur ist man allmählich, aber allgemein, dazu übergegangen, Stahlbohrer und Stahlfäustel an die Stelle eiserner Gezähe mit verstählter Spitze oder Bahn zu setzen. Diese Verbesserung ist aber weniger den Leistungen als den Schmiedekosten zu gute gekommen. Von den verschiedenen durch v. Oeynhausen im Jahre 1823 beschriebenen Ausgestaltungen der Bohrerschneiden hat sich im Laufe der Jahre nur die sogenannte gebrochene Schneide erhalten, selbst bei hartem Gestein, vor dem man aber auch die dafür viel geeignetere gradlinige Schneide finden kann. Die Zuschärfung der Schneiden nimmt mit wachsender Härte ab. Die Breite der Schneiden übertrifft den Durchmesser der Bohrerstangen mehr, als man zur Beseitigung des Bohrmehls für nötig und zum Schutz der Ecken der Schneiden für wünschenswert halten sollte. Die gebräuchlichsten Meisselbreiten sind 30 mm bis 36 mm für Anfänger und 24 mm bis 30 mm für Abbohrer. Der viereckige Bohrstahl mit abgestumpften Kanten hat gewöhnlich 20 mm Durchmesser. Das Gewicht des Bohrfäustels beträgt durchschnittlich 2,60 kg.

Schon bei dem Aufschwung der 50er Jahre, der zudem noch besonders viele Magerkohlenzechen mit festem Nebengestein berührte, stellte sich das Bedürfnis nach besseren, als den gewohnten Leistungen ein. Dazu kam, dass die wenigen Gesteinsarbeiten bis dahin von einer besonderen Klasse unter den Bergleuten, den »Querschlägern«, ausgeführt waren, deren Zahl nicht beliebig durch die der Bohrarbeit damals ganz unkundigen Kohlenhauer vermehrt werden konnte. So fanden schon früh in Westfalen Italiener als Gesteinshauer Verwendung, deren Leistungen und deren Arbeitsweise auch auf die einheimischen Arbeiter fördernd einwirkten. In den 60er Jahren waren sie schon eine gewohnte Erscheinung. Ihr Hauptverdienst ist die Einführung des Bohrens aufwärts gerichteter Löcher, des Schlenkerbohrens, für das der westfälische Bergmann den Ausdruck »Obsen« gebildet hat. Es hat wesentliche Vorteile beim Auffahren in abfallenden Schichten und lässt sich vorteilhaft in Aufbrüchen verwenden, deren Einführung es wesentlich begünstigt hat. Dass es auch zum Gemeingut der westfälischen Arbeiter geworden ist, hat viel mit dazu beigetragen, den Unterschied ihrer Leistungen gegen die der Italiener, die sich früher wie 2 : 3 verhielten, zu verringern. Heute sind die letzteren, selbst wenn es sich um sehr rasches Fortschreiten mit Handarbeit handelt, den Einheimischen nur noch wenig überlegen, die ihnen überall da, wo es auf gewissenhaften Ausbau und sorgsame Arbeit ankommt, vorgezogen werden. Die Italiener benutzen gewöhnlich viel schwereres Bohrgezäh als die westfälischen Bergleute. Eine Beschreibung aus dem Jahre 1865 giebt schon an, dass sie mit Bohrern von einem Zoll Dicke und je nach der Richtung des Loches nach unten, gradeaus, oder nach oben, mit 7, 10 und 11 Pfund schweren Fäusteln arbeiteten. Dabei war das Helm der Fäustel für die nach oben gerichteten Löcher zwei Zoll länger als bei den Fäusteln für gewöhnliches Bohren mit erhobenem Arm. Auch heute noch steht ähnliches Bohrgezäh in Anwendung.

Das drehende Bohren von Hand mit dem Schlangenbohrer, welches in der Kohle eine sehr weite Verbreitung gefunden hat, ist im Gestein auf ganz weiche Schieferthone, die sich zuweilen im Liegenden der Flötze finden, beschränkt geblieben und wird dort genau wie in der Kohle ausgeführt. Auch zum Erweitern mit dem Meisselbohrer hergestellter Löcher steht es an manchen Stellen in Anwendung.

Die Schwierigkeit beim drehenden Bohren von Hand besteht darin, dass der Bohrer gegen das Gestein mit starkem Druck gepresst werden muss, den bei gleichzeitiger Drehung der Krücke des Schneckenbohrers auszuüben die Lage und Richtung der Löcher beim Streckenbetrieb nur selten Gelegenheit geben. Die Thätigkeit des Arbeiters auf ein Drehen aus möglichst bequemer Stellung zu beschränken und den Druck durch mechanische Vermittelung auszuüben, ist daher ein altes Bestreben, besonders dort, wo drehendes Bohren von jeher in grösserem Umfange angewandt wurde, wie im Salzbergbau und in manchen Kohlenrevieren. Zu seiner Erfüllung bot sich als einfachstes Mittel das Durchdrehen der Bohrerstange durch eine festverlagerte Mutter. Die hierauf gegründeten Vorrichtungen, Handbohrmaschinen genannt, haben sich im Laufe der Zeit auch bei Gesteinsarbeiten im Schiefer und sogar in mildem Sandstein als brauchbar erwiesen. In Westfalen kamen sie in vielen Fällen einem dringenden Bedürfnis entgegen und sind daher hier für Gesteinsarbeiten ebenso wie für die Kohlengewinnung ein unentbehrliches Hülfsmittel geworden.

Die Handbohrmaschine besteht in ihrer einfachsten Bauart aus einer Mutter, einer mit Kurbel versehenen Spindel und einem Widerlager für die Mutter. Dem letzteren ist gewöhnlich die Form einer rahmenartig ausgebildeten Spreitze gegeben, die zwischen First und Sohle festgestellt wird und über die ganze Länge lagerartige Einschnitte zur Aufnahme der mit Zapfen versehenen Mutter besitzt. Es kann so der Bohrspindel jede beliebige Richtung gegen das Gestein gegeben werden. Um noch grössere Freiheit für die Aufstellung der Maschine zu erhalten und dem Arbeiter das Drehen zu erleichtern, kann man die Kurbel auch durch die Bohrknarre oder Ratsche ersetzen. Maschinen dieser einfachsten Art werden in grossen Mengen bei der Kohlengewinnung gebraucht und oft auf den Gruben selbst gebaut. Die verschiedenen marktgängigen Bauweisen unterscheiden sich nur durch die Aufstellungsvorrichtung, deren rasche und sichere Handhabung die Schnelligkeit der Arbeit fördert, sowie durch die Mittel, mit denen man das zeitraubende Zurückdrehen der abgebohrten

Spindel durch die Mutter erübrigt. Die beliebte Bauart von Wolters (Fig. 9a und b) hat einen einfachen Eichenholzrahmen mit ausschraubbaren eisernen Spitzen. Ist die Spindel ganz vorgeschraubt, so wird sie mit der Mutter aus den Rasten herausgenommen und um 180° herumgelegt. Bohrer

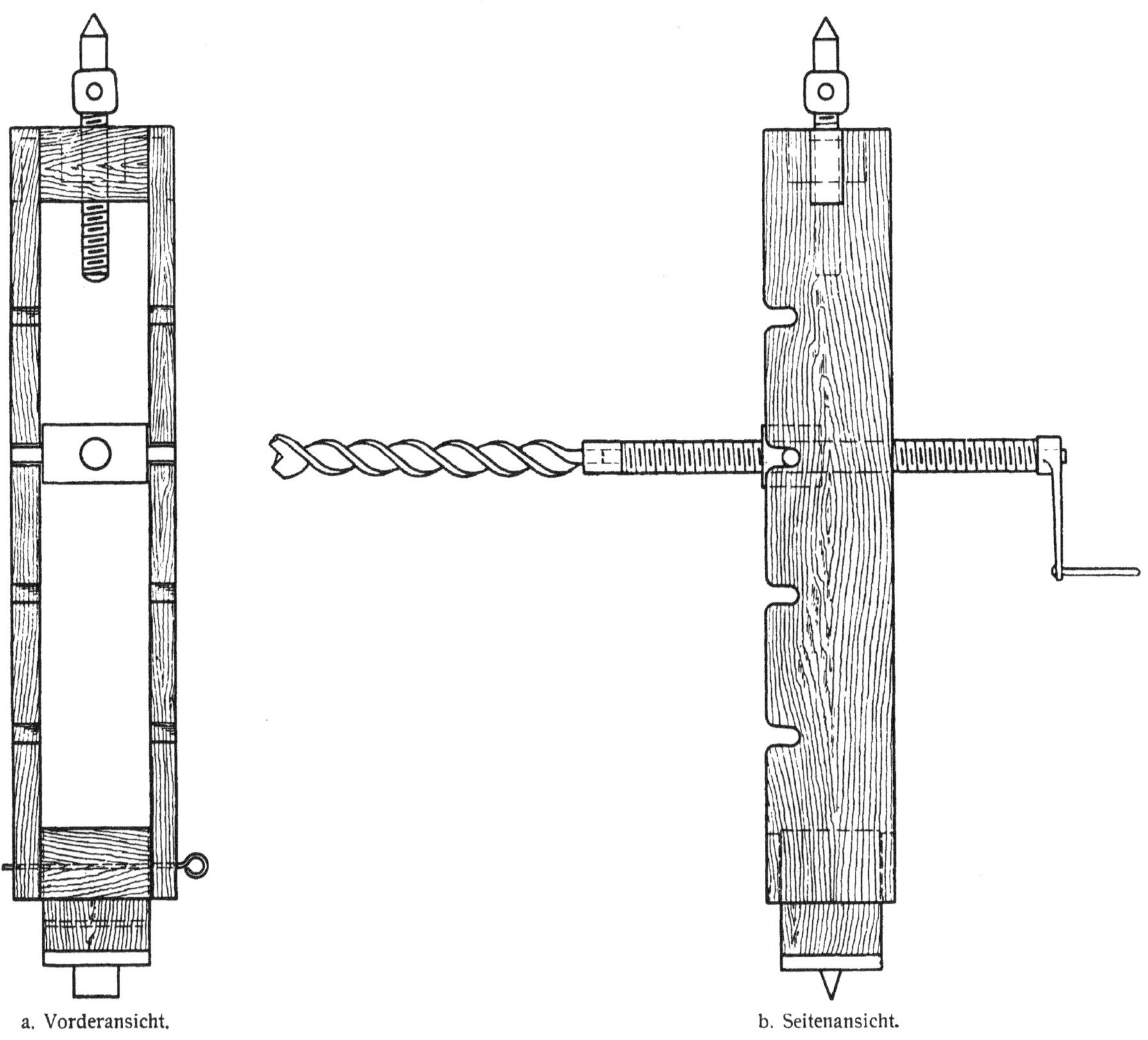

Fig. 9.

Handbohrmaschine von Wolters.

und Kurbel sind vorher abgenommen und werden nach dem Umlegen vertauscht, wobei natürlich an Stelle des alten ein längerer Bohrer tritt. Bei der Germania-Bohrmaschine der Firma Korfmann in Witten (Fig. 10) besteht die Spreitze aus einem Stück ⊔-Eisen mit angesetzten Schraubenspitzen. In den Steg des ⊔-Eisens sind Löcher gebohrt, in welche ein zapfenartiger Ansatz der Mutter passt, der von hinten durch eine Schraube festgehalten wird. Bei Einwechselung eines längeren Bohrers wird die

Schraube etwas gelockert und die Mutter mit der Spindel umgedreht. Dieses einfache Verfahren, die Mutter umzulegen und die Spindel von der anderen Seite zurückzubohren, beseitigt unfruchtbares Drehen

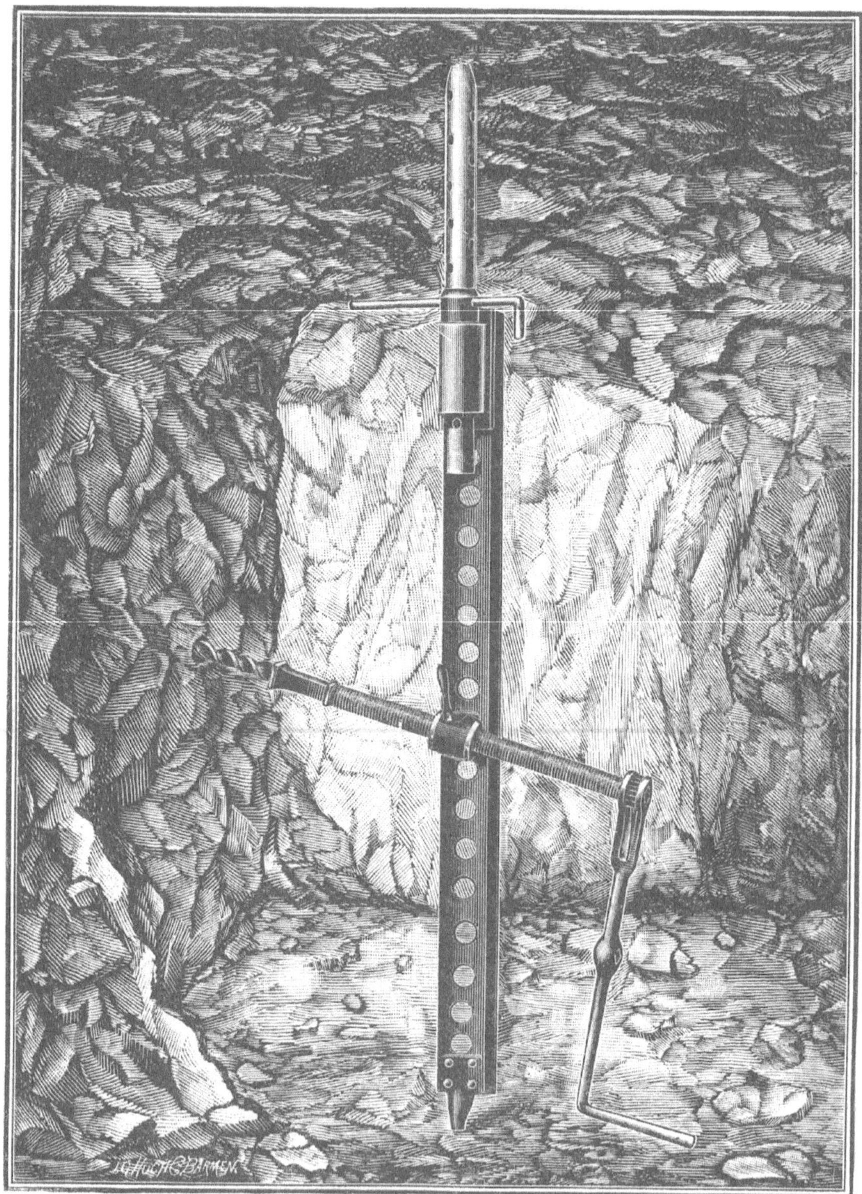

Fig. 10.

Germania-Handbohrmaschine von Korfmann (Witten).

der Spindel allerdings nur dann, wenn die Bohrer immer genau um die gleichen Längen zunehmen und jedesmal voll abgebohrt werden. Die gleichfalls von Korfmann gelieferte Hardy-Pick-Maschine und die ähnlichen

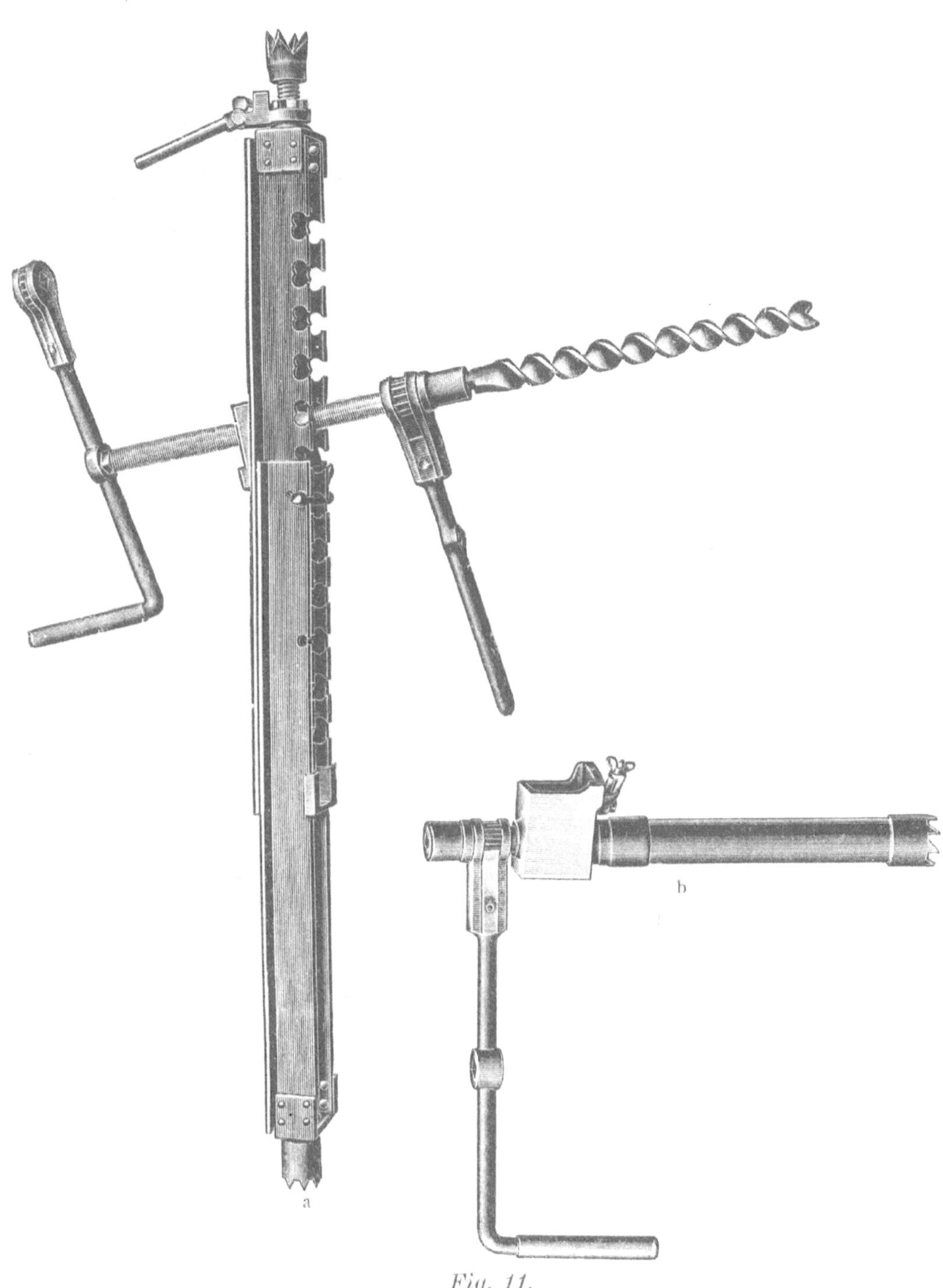

Fig. 11.

Handbohrmaschine von Hüppe (Remscheidt).

von Hüppe in Remscheidt gebauten Maschinen, früher Bauart Forster (Fig. 11a und b), bedienen sich statt dessen einer zweiteiligen Mutter, die in geöffnetem Zustande den gradlinigen Rückzug der Spindel zulässt.

Auch ist eine vereinfachte Aufstellung ohne Spreize vorgesehen, die es ermöglicht, die Maschine unmittelbar gegen ein natürliches oder durch einen Stempel eigens gebildetes Widerlager zu pressen. Die Mutter sitzt zu diesem Zwecke auf dem sogenannten Feststeller, einer die Spindel umfassenden Hülse, die an ihrem unteren Ende mit einer starken Klaue versehen ist, welche eine Verdrehung der Hülse beim Gebrauch verhindert

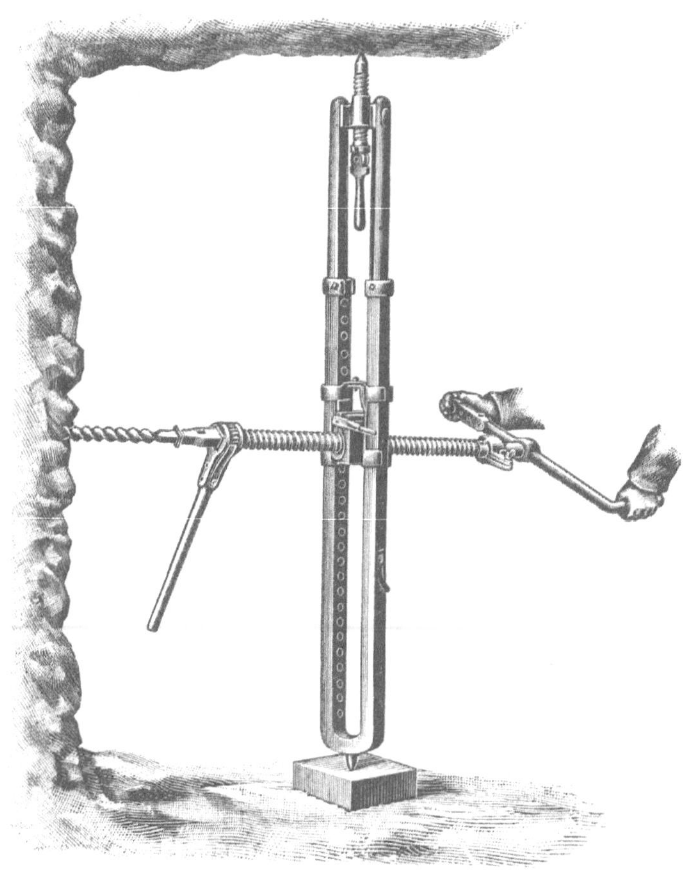

Fig. 12.

Handbohrmaschine von Thomas (Aeltere Konstruktion).

(Fig. 11b). Diese Klaue wird gegen das Widerlager gesetzt und sodann der Widerdruck durch das Vordrehen des Bohrers gegen das Gestein erzeugt. Die dabei allein verwendbare Bohrknarre greift am Kopf der Spindel an. Einen wirklichen Vorteil gewährt diese Anordnung nur dann, wenn die gewöhnliche Streckenzimmerung als Widerlager benutzt werden kann. Einzelne Maschinen sind so eingerichtet, dass die Mutter, nachdem sie von der Hülse losgeschraubt ist, auch in einem Gestell zu verlagern ist.

Der Hauptmangel dieser einfachsten Handbohrmaschinen besteht darin, dass der Vorschub des Bohrers auf jede Umdrehung der gegebenen Gewindehöhe gleichkommt. Ist nun das Gestein milder als das, auf welches das Gewinde zugeschnitten war, so wird die Kraft des Arbeiters nicht ausgenutzt; ist es fester, so wird die erforderliche Arbeit für Arbeiter wie

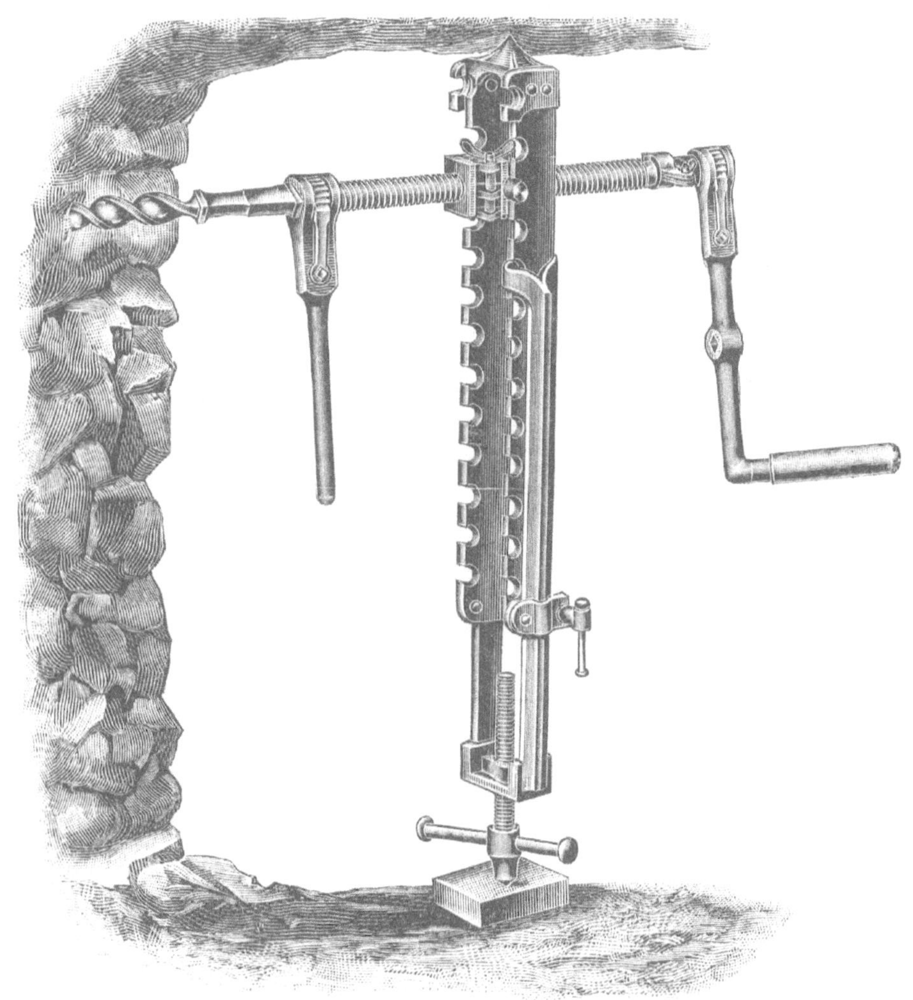

Fig. 13.

Handbohrmaschine von Thomas (Neue Konstruktion).

Maschine zu gross. Anstatt zu fassen, gleitet dann der Bohrer mehr oder weniger auf dem Grunde des Bohrloches, die Mutter wird also zurückgedrückt. Dem Drucke kann nun entweder das Gestell oder der Bohrer nicht begegnen. Ersteres wird leicht nach hinten durchgebogen; hält es aber stand, so ist eine Krümmung des Bohrers die notwendige Folge. Jede Maschine ist deshalb nur für einen einzigen Härtegrad des

Gebirges brauchbar und versagt, wenn dieser sich, wie so häufig, vor Ort ändert.

Die erste Lösung der Aufgabe, den Vorschub veränderlich zu machen, die Lisbeth-Maschine, ist kaum in Westfalen zur Anwendung gekommen. Bei ihr lag die Bohrerstange frei drehbar, aber nicht verschiebbar, in einer besonderen Schraubenspindel, die unabhängig von der Drehung des Bohrers dem Bedürfnis entsprechend von einem zweiten Arbeiter vorgeschraubt wurde. Die späteren, seit Anfang der 90er Jahre in Westfalen erprobten und wie die Lisbeth'sche meist von Belgien herübergekommenen Typen regeln den Gang des Vorschubes mittelst einer Bremsvorrichtung. Der Lisbethmaschine am nächsten steht die im hiesigen Bezirke durch die Firma E. Mensing weit verbreitete Thomas-Maschine (Fig. 12 und 13).

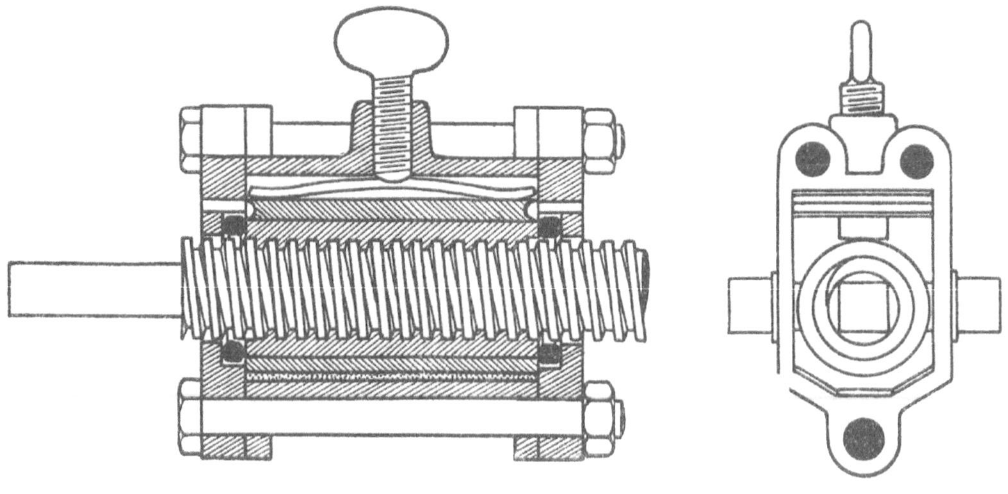

Fig. 14.
Steenaerts Handbohrmaschine mit selbstthätig regulierbarem Vorschub.

Sie hat Bohrerstange und Spindel am hinteren Ende durch eine Klemme verbunden, die fest angezogen die Spindel der Drehung der Stange entsprechend mitnimmt, bei lockerem Anziehen aber infolge Gleitens ein langsames Vorrücken veranlasst. Soll die abgebohrte Spindel zurückgezogen werden, so wird mit einem Hebelgriff die obere Hälfte der zweiteiligen Mutter ab- und die Spindel aus ihrer unteren Hälfte herausgehoben.

Bei allen anderen Maschinen sind die Bohrerstangen selbst als Spindel ausgebildet und wird die Mutter gebremst. Wird die Mutter ganz festgehalten, so geht der Bohrer mit jeder Umdrehung eine volle Gewindehöhe vorwärts, lässt man sie sich etwas mitdrehen so vermindert sich das Vorrücken, und löst man die Bremse ganz, so dreht die Schraube sich mit der Spindel auf der Stelle. Dieser Grundgedanke ist in der von Wickardt in Aachen gelieferten Steenaerts-Maschine (D. R.-P. 62202) durchgeführt. Die Mutter besteht aus einem cylindrischen Stahlstück und liegt in einem Lager zwischen zwei Bremsböcken, die durch eine Schraube angedrückt werden (Fig. 14). Auch die mit Vorschubregelung versehene Abart der Hardy-Pick-Maschine bremst die Mutter und zwar unmittelbar durch Anziehen der Schelle, mit welcher sie an die säulenartige Bohrspreize angeschlossen ist.

Statt einer geschlossenen Mutter sind bei einer Anzahl von Maschinen auch Schneckenräder angewandt, über welche die Spindel weggedreht wird. Die verbreitetste unter ihnen, die Elliot-Maschine (Fig. 15a u. b) ist englischer Herkunft. Das messingene Schneckenrad von 16 cm Durchmesser liegt hier frei drehbar mit einer Art Ringzapfen in

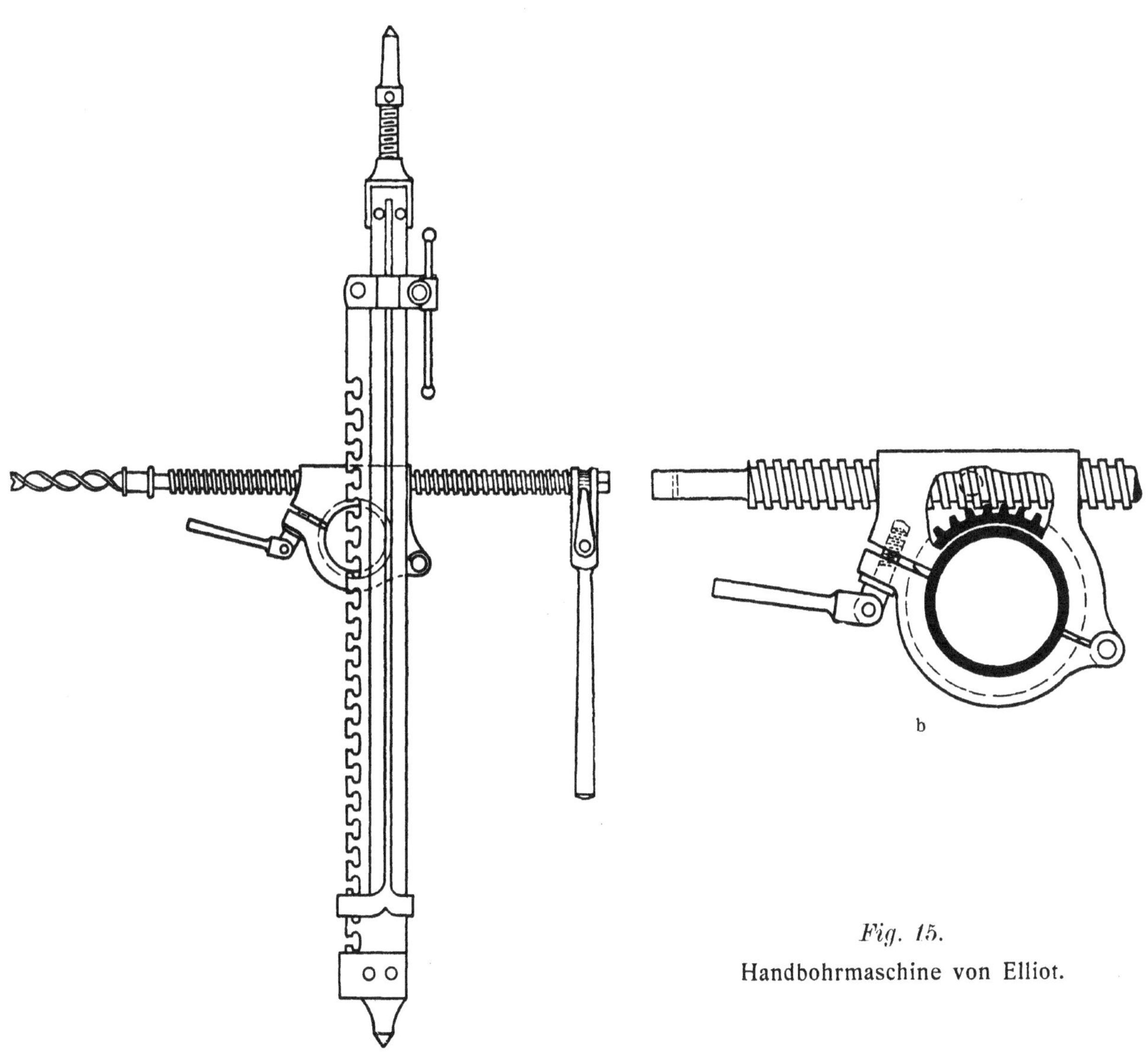

Fig. 15.
Handbohrmaschine von Elliot.

einer zweiteiligen Lagerschale, deren eine um ein Charnier bewegliche Hälfte durch eine Schraube angezogen wird und dabei das Rad mehr oder weniger festbremst (Fig. 15b). Durch Abnutzung der Bremsfläche verschiebt sich der Mittelpunkt des Rades gegen die Spindel hin, was eine ungünstige Beanspruchung und sehr starke Abnutzung des ersteren zur Folge hat.

Die Bohrmaschine von Chaineux vermeidet dies, da das Schneckenrad in einem festen Gehäuse verlagert ist und durch Andrücken besonderer Backen an seinem inneren Umfange gebremst wird (Fig. 16). Es fragt sich indess, ob die höheren Kosten dieser Einrichtung im Verhältnis zu dem erzielten Nutzen stehen. Das Zurückziehen der Spindel zum Auswechseln der Bohrer erfolgt bei beiden Maschinen gradlinig über das vorher vollständig gelöste sich drehende Schneckenrad hinweg. Die Maschinen müssen also im Gegensatz zur Thomas-Maschine bei jedem neuen Bohrer wieder aufs Neue für die jeweilige Gesteinshärte eingestellt werden.

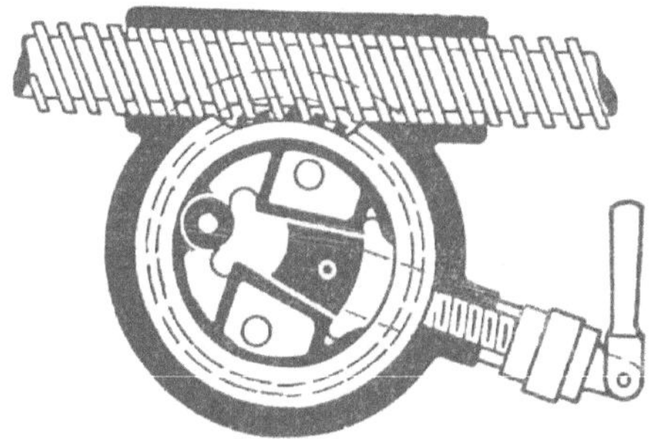

Fig. 16.

Vorschubregulierung bei der Handbohrmaschine von Chaineux.

Der in allen diesen Maschinen beim Bremsen eintretende Kraftverlust hat Veranlassung zu anderen Anordnungen gegeben, die ihn vermeiden sollen. In Westfalen ist davon nur die Heisesche Bauart (Fig. 17a—d) eingeführt geworden. Die zweiteilige Mutter a bildet den Kopf einer längeren Hülse b, deren anderes Ende verschiebbar in einem von dem Gestellrahmen aufgenommenen Lager ruht. Zwischen diesem Lager und der Mutter sitzt auf der Hülse eine einstellbare Spiralfeder c, welche die Mutter mit der Spindel gegen das Gestein und gleichzeitig die Hülse mit einem Vorsprung in eine am Rücken des Lagers angebrachte Sperrung d drückt. Dadurch wird sie mitsamt der Mutter daran gehindert, die Drehung der Spindel mitzumachen. Hat nun der Bohrer beim Vorgehen einen Widerstand zu überwinden, der grösser als der Druck der Feder ist, so wird die Mutter zurück-

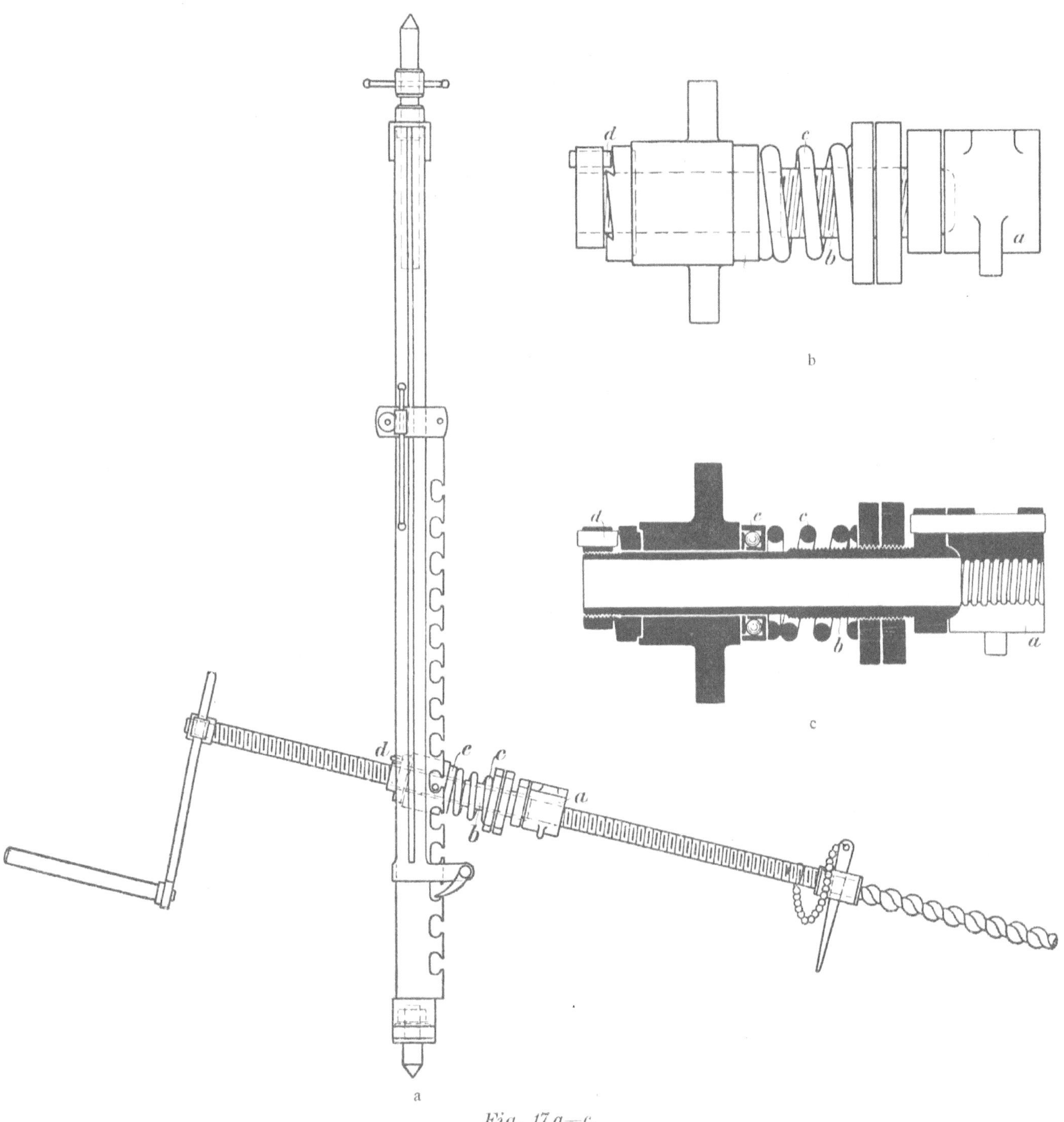

Fig. 17 a—c.

Heisesche Handbohrmaschine.

und damit die Hülse aus der Sperrung d herausgedreht. Beim Weiterbohren dreht sich dann die Mutter mit der Spindel mit, bis das Loch so tief ist, dass die Sperrung wieder eingreift, worauf sich dasselbe Spiel

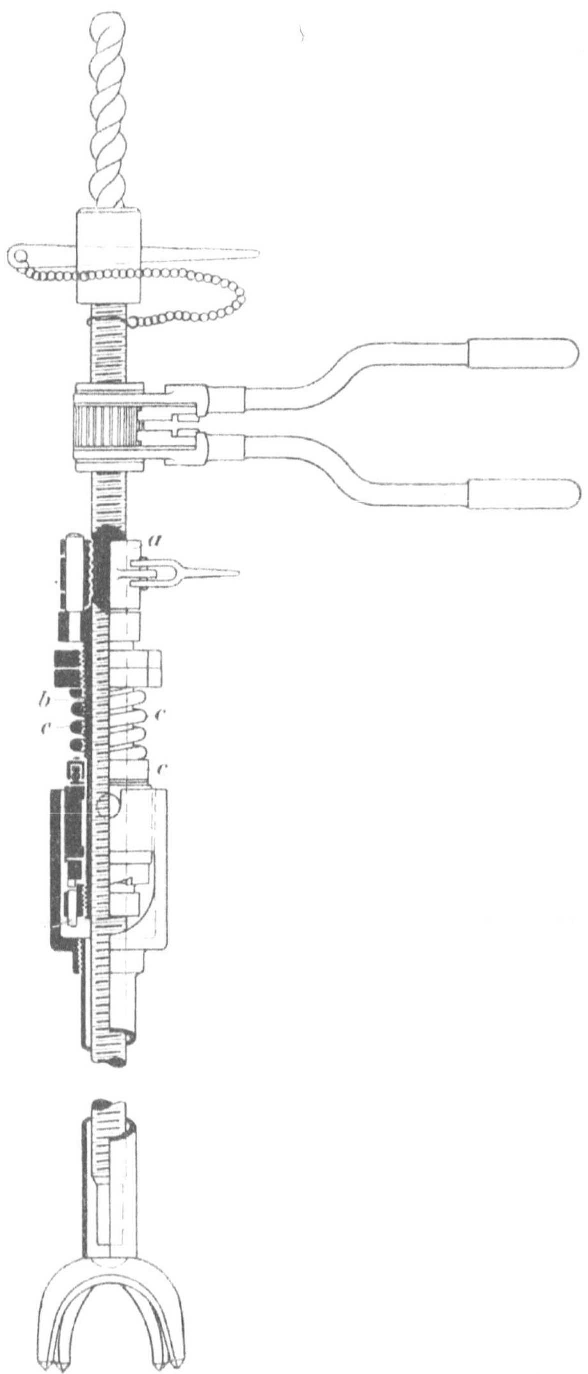

Fig. 17 d.

Heisesche Handbohrmaschine.

wiederholt. Um bei der Drehung der Hülse die Reibung der Spiralfeder am Lager zu verringern ist zwischen beide ein Kugellager e eingeschaltet. Um den Reibungsverlust innerhalb der Mutter zu vermeiden, ist der Spindel ein besonders steiles Gewinde gegeben, was bei der Eigenart der Konstruktion ohne weiteres möglich ist. Die Maschine ist hauptsächlich für festeres Gestein bestimmt und kann ausser an der Spreize auch mit Feststeller verwendet werden. Mit letzterem hat sie bei Aufbrüchen gute Dienste geleistet.

Im Gegensatz zu der Heiseschen arbeiten alle vorstehend aufgeführten Maschinen mit Brems-Vorschubregelung natürlich am besten, wenn von jener kein Gebrauch gemacht zu werden braucht. Sie zeigen dann auch untereinander wie im Vergleich mit den Maschinen ohne Vorschubregelung wenig Abweichung in den Leistungen bei gleichem Gestein, vorausgesetzt, dass die Gewindehöhe dieselbe ist und dass mit denselben Bohrern gearbeitet wird.

Darum sind aber nicht alle Maschinen für die gleichen Arbeiten brauchbar. Bei den meisten sind die Gewinde, die dann nur in einer Ausführung geliefert werden, auf eine bestimmte Durchschnittshärte berechnet, der dann auch die ganze Bauart von Maschine und Spreize angepasst ist. Denn wenn auch keine Stösse in der Maschine auftreten, so muss doch einem sehr grossen Druck Widerstand geleistet werden, der schon bei Maschinen für härteren Schiefer recht kräftigen Bau verlangt. Bei weichem Gestein wäre das zwecklos und würde nur den Preis erhöhen.

Die Spreizen sind demgemäss aus sehr verschiedenem Material (Röhren, Winkeleisen u. s. w.) und in sehr wechselnder Stärke meist als zweiteiliges, auseinanderziehbares Rahmengestell gebaut. Sie werden gegen die Firste durch Herausdrehen einer mit Spitze versehenen Spindel festgestellt und meist auch auf die Sohle, bezw. ein untergeschobenes Holz mit einer Spitze aufgesetzt. Um diese beiden Spitzen dreht sich das Gestell beim Bohren stets etwas hin und her, was den Bohrer von einer Abweichung leicht wieder in seine natürliche Lage zurückbringt, während er sich bei ganz festem Gestell leicht festklemmt.

Bei einfachen Maschinen ist das Gestell einteilig, häufig als einfache Säule ausgebildet und muss dann mit seiner Länge annähernd der Orts- oder Abbauhöhe entsprechen; doch kann bei den Germania-Maschinen das die Spitze bildende Stahlrohr auf eine gewisse Länge frei herausgezogen, darauf mit einem Bolzen eingestellt und dann durch wenige Drehungen festgeschraubt werden. Die kleinen Gestelle lassen sich meist von einem Mann aufstellen, bei den grösseren ist eine Hülfskraft nötig.

Vielleicht der wichtigste Teil aller Maschinen ist der Bohrer, dessen Form, Härte und Festigkeit für eine gute Leistung viel wesentlicher ist, als der Patentvorschub. Wie bei den Meisselbohrern muss der angreifende Teil genau auf die Gesteinsbeschaffenheit berechnet sein. Für weiches

Gestein zieht man das gespaltene Vorderende zu zwei mehr oder weniger scharfe Spitzen aus, die am äusseren Umkreis des Bohrloches anfassen und nach innen schneidenförmig wirken. Für härteres Gestein sind die Schneiden nach aussen gestellt und laufen ähnlich wie bei den Meisselbohrern mit gebrochener Schneide nach innen unter ziemlich stumpfem Winkel auf einander zu, vereinigen sich auch wohl zu einer mittleren ungeteilten Spitze. Je härter das Gestein, desto flacher müssen die Schneiden stehen und desto kräftiger müssen sie geformt sein. Die Bohrer für solche Zwecke werden mit Vorliebe aus Profilstahl mit flach rechteckigem, die für weiches Gestein aus solchem mit flach rhombischem Querschnitt gewunden.

Durch das Winden wird der Bohrer seiner ganzen Länge nach mit einer Art Schraubengang versehen, dessen Drehung das Bohrmehl um so vollkommener aus dem Bohrloch entfernt, je flacher die Windungen sind. Flache Windungen machen die Bohrer schwerer und teuerer, aber auch weit widerstandsfähiger. Sie finden sich deshalb namentlich bei Bohrern mit rechteckigem Querschnitt. Bohrer mit weniger Windungen biegen sich bei grösserem Widerstande sehr leicht durch. Die recht zeitraubende Arbeit, den im Bohrmehl oder Bohrschmand steckenden Bohrer aus dem Loche herauszuziehen — nötigenfalls muss er ganz zurückgedreht werden — erleichtern sich italienische Arbeiter durch Anlegen einer Kette hinten am Bohrer, mit deren freiem Ende sie ruckartige Stösse auf den Bohrer ausüben. Die gewundenen Bohrer, die früher nur von Fabriken bezogen wurden, werden zur Zeit schon von vielen Zechen, z. B. Rhein-Elbe und Ewald selbst hergestellt.

Im grossen Durchschnitt hat sich ergeben, dass in günstigem Gebirge ein Mann mit der Handbohrmaschine das Doppelte bohrt, als bei einfacher Handarbeit. Bei härterem Gestein, wie solchem Sandschiefer, der die Anwendung der Maschinen noch gestattet, wird auch wohl das Doppelte in der gleichen Zeit gebohrt, aber unter Anstellung eines zweiten Mannes, der entweder den ersten von Zeit zu Zeit ablöst oder zugleich mit ihm an derselben oder an einer zweiten Knarre arbeitet. Sollte aber selbst diese Bohrleistung nicht erreicht werden, so liegt immer noch ein Vorteil der Maschinenarbeit darin, dass die Löcher weiter und tiefer — über 2 m tief — gebohrt werden können als von Hand. Infolgedessen genügt eine geringere Anzahl von Löchern, welche eine grössere Sprengladung aufnehmen können, als die engeren und kürzeren Handbohrlöcher. Wie viel mehr Streckenlänge wirklich aufgefahren wird, hängt natürlich noch von der Zeit ab, die auf das Besetzen und Abthun der Löcher und das Wegräumen des losgeschossenen Gesteins verwandt wird.

Ihr Hauptfeld haben die Handbohrmaschinen, von der Kohlenarbeit abgesehen, beim Nachreissen des liegenden oder hangenden, meist schiefrigen Nebengesteins in den Grund- und Abbaustrecken gefunden. Das Nachschiessen wird gewöhnlich mit einem, seltener mit zwei $1^1/_2$ bis 2 m tiefen Löchern bewerkstelligt, deren Herstellung mit Meisselbohrern eine halbe bis zu einer ganzen Schicht in Anspruch nimmt. Die Bewältigung der Bohrarbeit in der Hälfte, zuweilen auch in einem noch kleineren Bruchteile der früher benötigten Zeit — härtere Gesteine sind in Abbaustrecken selten — gestattet daher ausser der Beschleunigung der Arbeit eine merkbare Ermässigung des Metergeldes, welches neben den Kohlengedingen für die Gesteins- und Ausbauarbeiten in der Strecke gezahlt wird. In der Regel ist es beim regelmässigen Gebrauch der Handbohrmaschinen um 10—20 pCt. heruntergegangen. Wo man sich aber an der oft sehr wertvollen grösseren Schnelligkeit des Aufffahrens hat genügen lassen, hat die Beibehaltung des alten Metergeldes meist eine mittelbare Lohnerhöhung bedeutet. Besonders springt der Vorteil der Maschine in die Augen, wenn wie auf Graf Beust, Hamburg und Franziska und anderen Zechen ein Arbeiter die Löcher vor mehreren Ortsbetrieben bohrt.

Grade beim Betrieb der Abbaustrecken kann endlich auch die wichtige Eigenschaft der Handbohrmaschine zur Geltung kommen, dass sie von allen Arbeitern ohne lange Anlernung benutzt werden kann. Die Zeche Concordia wäre z. B. ohne diese Thatsache nicht imstande gewesen, den Abbau niedriger Flötze mit Bergeversatz, wie geschehen, durchzuführen. Hierzu wurde es nämlich erforderlich, die bisher in den engsten Grenzen gehaltenen Strecken erheblich weiter auszuschiessen, um Versatzberge zu erhalten; dies war aber nur mit der Bohrmaschine zu erreichen, da die Kenntnis des Meisselbohrens unter den Kohlenhauern fast ganz verschwunden war. Ueberhaupt sind die Handbohrmaschinen um so wertvoller für den Betrieb, je dünner die Flötze sind und je rascher deshalb die Strecken vorgetrieben werden müssen.

Auch in Querschlägen und ähnlichen Betrieben sind die Handbohrmaschinen schon mit vielem Erfolg benutzt; sie treten aber dort mit der mechanischen Stossbohrmaschine in Wettbewerb, dessen Ergebnisse auf Seite 64 dargestellt sind.

Den Vorteilen der Maschine stehen nur die Anschaffungskosten gegenüber. Leider sind trotz der einfachen Bauart vielfach die Preise so hoch gesetzt, dass manche Gruben deshalb vorderhand von der Einführung abgesehen haben, um so mehr, als die Maschinen zuweilen von den Leuten nur als ein Nothehelf betrachtet und demgemäss schlecht behandelt werden. Will eine Grube den Betrieb mit Handbohrmaschinen wirklich durchführen, so handelt es sich um eine recht bedeutende Ausgabe. So stehen auf jeder Betriebsanlage von Concordia über 200 Maschinen in Betrieb — auf I Elliot, auf II Thomas und Korfmann — und ebensoviel auf Ewald und anderen Zechen. Billigere Preise würden den Handbohrmaschinen die so sehr wünschenswerte weitere Verbreitung wesentlich erleichtern und liegen auch schon deshalb im Interesse der Verfertiger, weil grosse Unterschiede in der Leistung der mit einander vergleichbaren Maschinen nicht bestehen und daher vor allem der Preis für die Wahl des Systems bestimmend wird.

2. Einrichtungen zum mechanischen Bohrbetrieb mit Pressluft.

Viel älter als die Benutzung von Hülfsmitteln zur Erleichterung und besseren Ausnutzung der Handarbeit beim Bohren sind in Westfalen die Bestrebungen, das Handbohren unter gewissen Verhältnissen durch Maschinenarbeit mit mechanischem Antrieb zu ersetzen. Diese Bemühungen zielten von Anfang an weniger auf eine Erniedrigung der Kosten der Bohrarbeit ab, als auf eine Erhöhung der Leistung in der Zeiteinheit. Die zunehmende Ausdehnung und die stets wachsende Förderung der Gruben brachte es immer häufiger mit sich, dass die gleichmässige Fortsetzung oder die notwendige Weiterentwickelung des Betriebes von der schnellen und rechtzeitigen Ausführung bedeutender Gesteinsarbeiten abhängig wurde. Dem stand das sehr langsame Vorrücken bei Handarbeit, welches in festem Sandstein unter grösster Anspannung kaum über 15 m monatlich gesteigert werden konnte, als ein grosses Hindernis entgegen. Das Bedürfnis nach raschem Vordringen führte daher zur Maschinenarbeit und drückte deren Technik und Organisation den Stempel auf. In letzterer Beziehung ist besonders die Gepflogenheit vieler Gruben hervorzuheben, die Bohrarbeiten an selbständige Unternehmer zu vergeben. Sie ist zumeist aus der Abneigung der Gruben entsprungen, eine ihnen unbekannte Arbeit unter dringlichen Verhältnissen selbst zu übernehmen, während mit der Sache vertraute Unternehmer grosse Leistungen zusichern konnten. Ist so den Unternehmern zweifellos ein grosser Einfluss auf die Verbreitung und die Ausbildung der Bohrmaschinenarbeit seit der Mitte der 80er Jahre zuzuerkennen, so trägt andererseits die anfängliche Schwierigkeit vieler Gruben und die früher oft sehr ausgesprochene Abneigung der Beamten und Arbeiter gegen das neue Arbeitsmittel die Schuld daran, dass den Zechen die vollen Vorteile des Maschinenbetriebes auch heute noch nicht zu gute kommen. Viele grosse Gruben sind erst durch die riesige Ausdehnung der Gesteinsarbeiten in den letzten Jahren dazu veranlasst worden, den Bohrmaschinenbetrieb in eigene Verwaltung zu nehmen, und haben nun manche Erfahrungen ganz von neuem zu sammeln, vor allem in Bezug auf möglichste Erniedrigung der Kosten. Bei den Unternehmern wurde von jeher diese Seite der Arbeit weniger beachtet, da ihr Verdienst in erster Linie durch die Anzahl der im Monat aufgefahrenen Meter bestimmt wurde.

a) Die Maschinen.

Bald nachdem zum ersten Male beim Bau des Mont-Cenis-Tunnels die durch Pressluft betriebenen Stossbohrmaschinen Somcillers ihre Brauchbarkeit erwiesen hatten, gelangten auch im Ruhrbezirk die ersten Bohrmaschinen zur Anwendung. Als erste kam im Jahre 1865 auf Zeche

Fig. 18.

Bohrmaschine von Sachs für Schachtabteufen.

Altendorf eine Döringsche Maschine in Betrieb, die in ihrer Bauart der später allgemein bekannt gewordenen Maschine von Sachs ähnlich war. Mit letzterer wurden im Anfang der 70er Jahre auf einer grösseren Reihe von Zechen die Versuche zur Einführung der Maschinenarbeit wieder aufgenommen, wobei zum Teil statt Pressluft Dampf als Triebkraft benutzt wurde. Gewöhnlich wurde die Maschine beim Schachtabteufen benutzt, für das sie sich ihrer Aufstellung wegen besser als zum Streckenbetrieb eignete (vergl. Fig. 18). Auch mochten die betreffenden Abteufarbeiten besonders dringlich sein. Zum Beispiel teufte der Hörder Verein 1873/79 einen Schacht mit 12 Maschinen ab. Ausser der Sachsschen sind auch fast alle anderen bekannten Bauarten jener Zeit in Westfalen vereinzelt zur Anwendung gekommen, so unter anderen die Maschinen von Osterkamp, Ingersoll, Beaumont und die durch ihre Leistungen im Gotthard-Tunnel bekannt gewordenen Dubois- und François-Maschinen, mit denen die damalige französische Civilgesellschaft im Jahre 1875 Schacht I der Zeche Recklinghausen abteufte. Die Maschine von Sachs, welche von der Maschinenbauanstalt Humboldt in Kalk geliefert wurde, blieb aber die einzige, die wirklich allgemeine Verbreitung fand. Es wurden von ihr während der 70er Jahre mehrere hundert Stück im Ruhrbezirk abgesetzt. Erst die im Anfang der 80er Jahre aufkommenden und seitdem vielfach verbesserten Maschinen von Meyer, Fröhlich und Jäger, welche einige der störendsten Nachteile der Sachsschen Maschine glücklich überwanden, haben im rheinisch-westfälischen Bergbau in grösserem Umfange Eingang gefunden und sind dort bis heute ohne rechten Wettbewerb geblieben. Nur die Brandtsche drehend wirkende und mit Druckwasser betriebene Maschine schien darin zeitweise eintreten zu wollen. Ohne eigentlich Fuss zu fassen, ist sie doch seit ihrer ersten Anwendung auf Rheinpreussen im Jahre 1879 nie wieder ganz aus dem Bezirk verschwunden und kann noch immer unter gewissen Verhältnissen und Bedingungen als zukunftsreich gelten. Erst in der allerjüngsten Zeit hat endlich auch die Elektrizität in das grosse ihr hier vielleicht zu eröffnende Feld einzudringen versucht, ohne indes vorläufig nennenswerte Erfolge zu erzielen.

Der arbeitende Teil in allen Stossbohrmaschinen mit Druckluftantrieb ist ein Kolben, der an der Spitze der Kolbenstange den Bohrer trägt und in einem Cylinder durch abwechselndes beiderseitiges Zu- und Ablassen der Pressluft hin- und hergeschleudert wird. Die Kraft des einzelnen Schlages hängt vornehmlich von der Kolbenfläche, dem Kolbenweg und der Spannung der Druckluft ab, die Zahl der Schläge in der Minute daneben besonders von der Einrichtung der Steuerung. Jede Maschine muss ausserdem Vorrichtungen zum regelmässigen Umsetzen des Bohrers, beziehungsweise des Kolbens und zum Vorschub des Cylinders entsprechend der Zunahme der Bohrlochstiefe haben. Eine gute Maschine muss diese Aufgaben mit möglichst einfachen Mitteln erfüllen, selbst auf Kosten eines hohen Wirkungsgrades. Viele der kleineren Störungen, welche beim Betriebe fortwährend auftreten und nicht selten ebenso viel Zeit kosten als die eigentliche Bohrthätigkeit, werden dann vermieden, ganz abgesehen davon, dass nur einfach und kräftig gebaute Maschinen der Behandlung in der Grube überhaupt auf die Dauer widerstehen können.

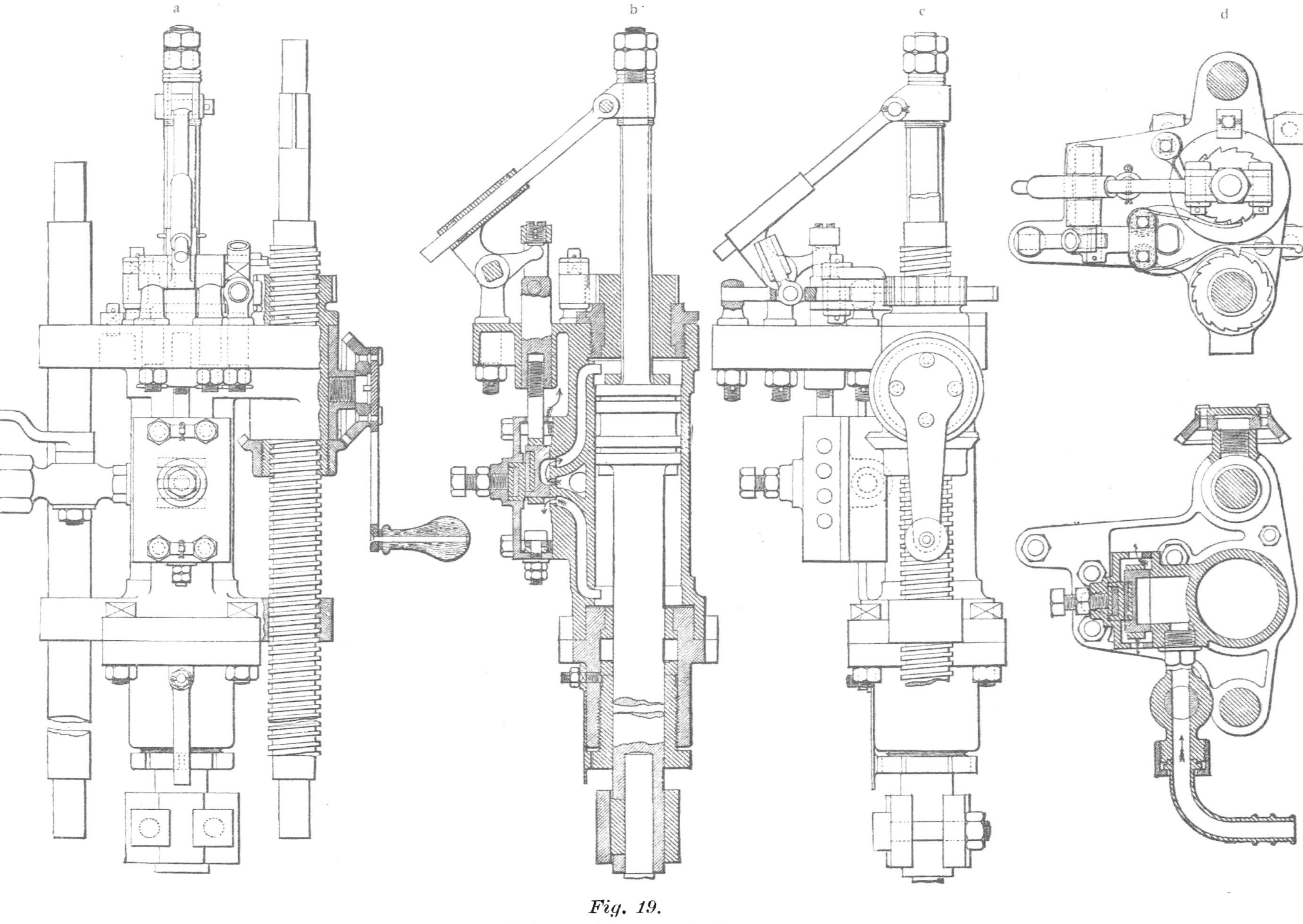

Fig. 19.

Bohrmaschine von Sachs.

Bei der Sachs'schen Maschine (Fig. 19 a—e) wurde die Umsteuerung, das Umsetzen und der Vorschub durch mechanische Vermittelung von einer rückwärtigen Verlängerung der Kolbenstange aus hervorgebracht. Hierzu waren viele rascher Abnutzung unterworfene Maschinenteile erforderlich, die zahlreiche Störungen im Betrieb, ständige und kostspielige Reparaturen und rasches Nachlassen der Leistung zur Folge hatten und die Ursache wurden, dass die Maschine allmählich wieder in den Hintergrund trat.

Auch die erste Form der Maschine von R. Meyer in Mülheim, die schon 1874, damals von seiten der Kunstwerker-Hütte in Steele, eingeführt wurde, war mit einer mechanisch bewegten Schiebersteuerung versehen (Fig. 20). Die damit verbundenen Mängel wurden aber von Meyer selbst so klar erkannt, dass die nächste Bauart, die er im Jahre 1882 auf den

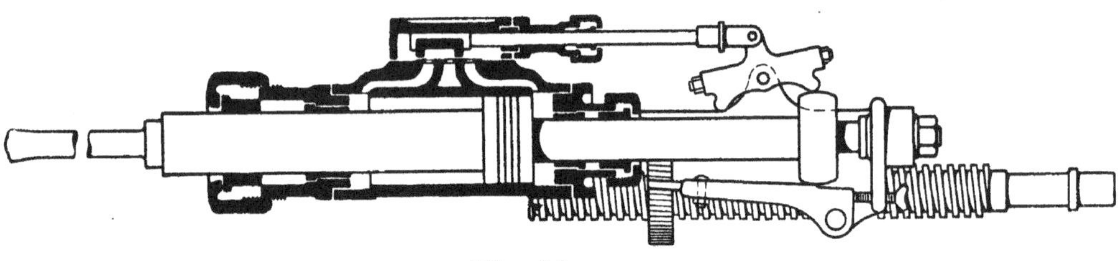

Fig. 20.
Bohrmaschine von Meyer. (Ursprüngliche Form.)

Markt brachte, die Steuerung durch den Arbeitskolben selbst besorgte und ausser diesem gar keinen bewegten Hauptteil besass (Fig. 21). Der Kolben war mit einer Reihe von kreisrunden Längskanälen versehen, welche die ringförmigen Ein- und Ausströmungsöffnungen der Pressluft in den Cylinder entweder mit dem Raum hinter der Kolbenrückseite oder mit einem durch Einschnürung des vorderen Teils des Kolbens gebildeten ringförmigen Raume verbinden konnten. Der Kolben selbst stellte je nach seiner Lage im Cylinder die eine oder andere Verbindung her und bewirkte so seinen eigenen Vor- und Rückgang. Diese Anordnung litt aber an dem Uebelstande, dass dem Kolbengang aus Rücksicht auf die Umsteuerung nicht der freie Spielraum gelassen werden konnte, der für gute Bohrleistungen und die Betriebssicherheit der Maschine erforderlich ist. So kam es, dass auch Meyer später dazu überging, für die Steuerung seiner Maschine den Grundgedanken nutzbar zu machen, der sich inzwischen schon u. a. bei den Maschinen der Duisburger Maschinenfabrik bewährt hatte und darin bestand, dass ein besonderer, als Differentialkolben ausgebildeter Steuerkolben eingeführt wurde (Fig. 22a u. b). Diese Einrichtung, D. R.-P. 80 719, wurde noch durch eine Vorrichtung zur Arretierung des Kolbens bei zu

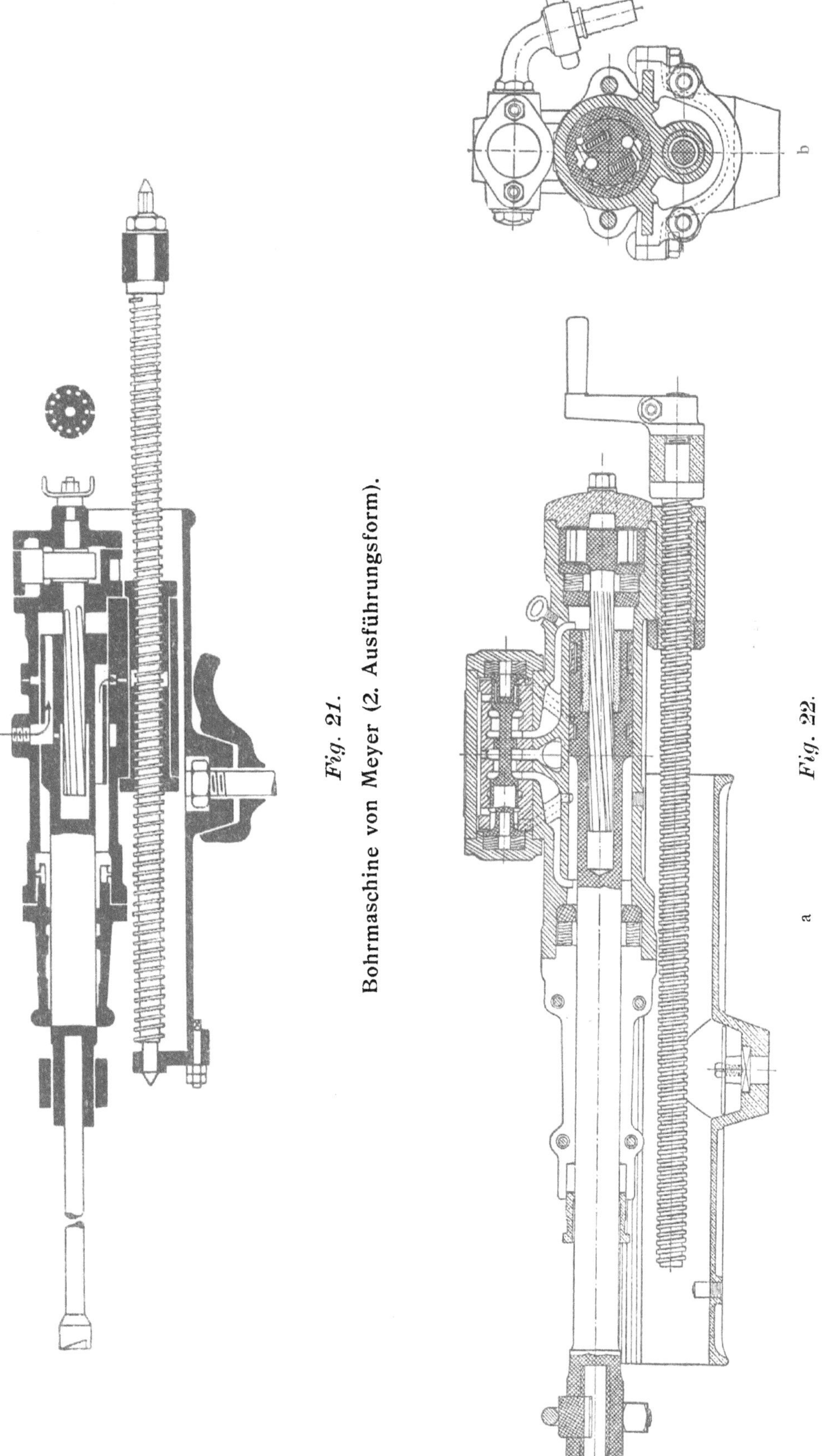

Fig. 21.
Bohrmaschine von Meyer (2. Ausführungsform).

Fig. 22.
Gesteinsbohrmaschine von Meyer (3. Ausführungsform).

Fig. 23.

Bohrmaschine von Fröhlich.

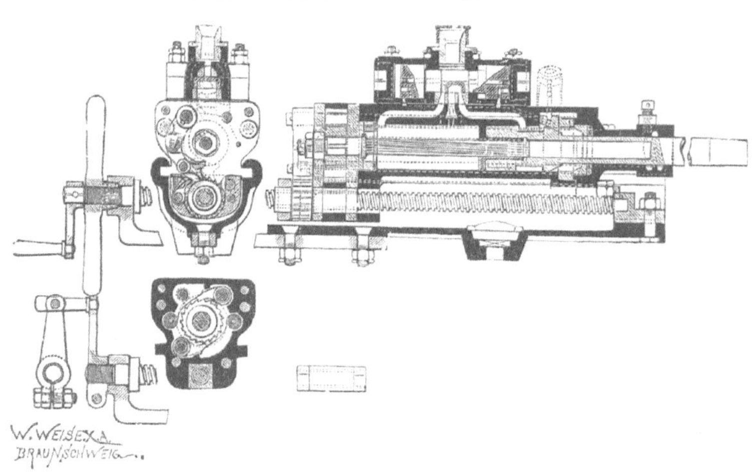

Fig. 24.

Bohrmaschine von Jaeger.

weitem Hub, D. R.-P. 84526, vervollständigt und hat sich bis heute vollkommen bewährt. Der Vorschub der Maschine geschieht ausschliesslich von Hand und unterscheidet sich ebenso wenig, wie das Umsetzen des

Bohrers und die ganze Anordnung in der Grundidee von den Duisburger Maschinen. Nur ist die Meyersche Maschine, trotz vielfacher Verwendung von Gussstahl, schwerer, ein Umstand, der zuweilen hinderlich sein kann; doch darf nicht unbeachtet bleiben, dass schwere Maschinen besser als leichte geeignet sind, die unvermeidlichen Stösse beim Betrieb ohne Gefahr in sich aufzunehmen.

Die Meyersche Maschine wird in drei Grössen gebaut, mit 65, 75 und 85 cm Cylinderdurchmesser, 175, 190 und 215 cm Hub und einschliesslich

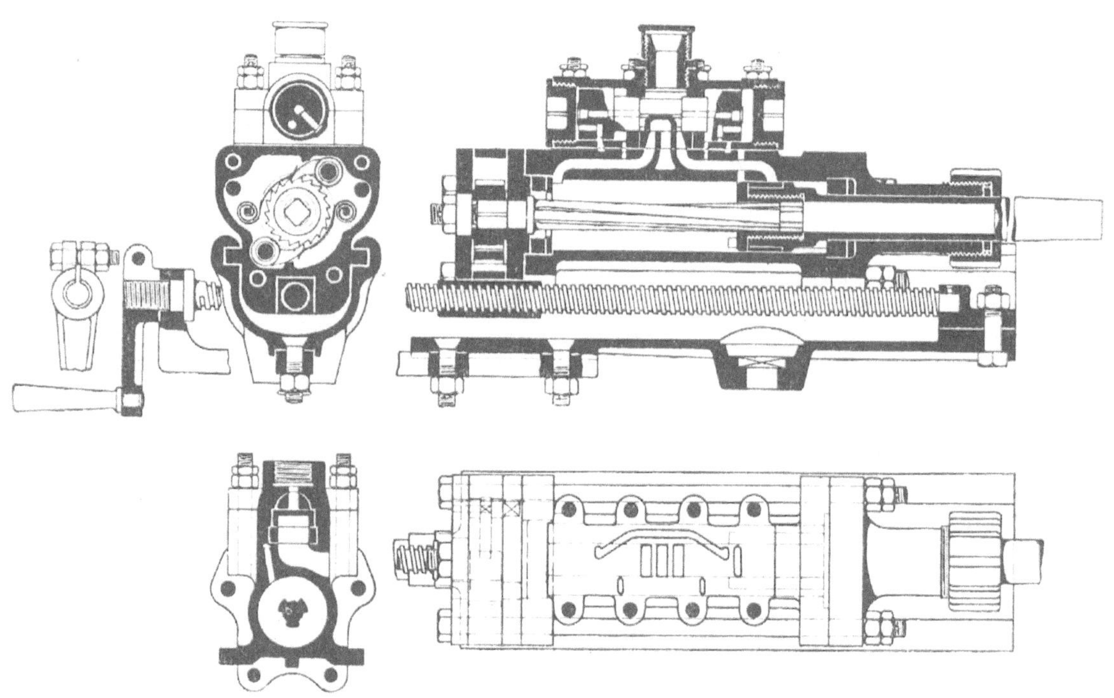

Fig. 25.
„Duisburger" Bohrmaschine der Duisburger Maschinen-Fabrik A.-G.

Halter 74, 126 und 186 kg Gewicht, von denen die schwerste für gewöhnlich nur zu Arbeiten mit dem Meyerschen Bohrwagen benutzt wird.

Die jetzt als »Duisburger« bekannte Maschine der Duisburger Maschinenbau - Aktiengesellschaft und die Fröhlichsche Maschine der Firma Fröhlich & Klüpfel in Barmen gehen beide auf die zuerst im Jahre 1878 von der genannten Fabrik verfertigte Maschine von Fröhlich (Fig. 23) zurück. In den 80er Jahren wurde diese mit Steuerkolben versehene Maschine durch Jäger in mancher Hinsicht verbessert (Fig. 24) und vor allem mit einer vollkommeneren neuen selbstthätigen Vorschubvorrichtung in Verbindung mit einer mechanischen Arretierung des Stosskolbens bei zu langem Hube versehen. Die hieraus entstandene Jäger-

Fröhlichsche Maschine wurde lange Jahre neben der Fröhlichschen gebaut. Im Jahre 1889 ging aus ihr die heutige »Duisburger« Maschine hervor. (Fig. 25.) Bei dieser ist der selbstthätige Vorschub ganz in Wegfall gekommen, da sich gezeigt hatte, dass der Vorschub ohne Mühe und mit besserem Erfolge von dem Arbeiter selbst bewerkstelligt werden konnte, unter gleichzeitiger Ersparung einiger dem stärksten Verschleiss unterworfenen Maschinenteile. Das konnte um so eher geschehen, als sich die ursprünglich auf den mechanischen Vorschub gesetzte Hoffnung, dabei mit einem Mann Bedienung an der Maschine auszukommen, in der Praxis nicht erfüllt hatte. Vielmehr waren immer zwei Mann, einer zur Wartung der Maschine und einer am Bohrloch zum Spritzen und zum Auswechseln der Bohrer unentbehrlich.

Anstatt der Jägerschen Arretierung wurde eine neue, nur durch Druckausgleichung wirkende Anordnung, D. R.-P. 47761, angebracht. Die alte Kolbenschiebersteuerung wurde beibehalten. Der zugehörige kleine Schieber, welcher die an den beiden Enden des Arbeitscylinders mündenden Kanäle abwechselnd mit der Pressluft und der Atmosphäre in Verbindung setzt, liegt in dem durch konzentrische Ausdrehung geschwächten Mittelteile des Steuerkolbens. Durch diese Ausdrehung sind ausser den beiden grösseren kreisförmigen Endflächen zwei innere Ringflächen am Steuerkolben gebildet, die wie die ersteren unabhängig von einander be- und entlastet werden können. Die verschiedene Belastung aller dieser Flächen, welche durch Oeffnen und Schliessen einer Reihe von Kanälen seitens des Stosskolbens erfolgt, bewirkt ein Hin- und Hergehen des Steuerkolbens, der durch Mitnehmen des Schiebers die Maschine umsteuert. Es ist dabei Sorge getragen, dass der Steuerkolben in jeder Lage der Maschine durch Luftdruck in seiner gehörigen Stellung bis zur Umsteuerung festgehalten wird und nicht etwa durch sein eigenes Gewicht eine zu frühzeitige Umsteuerung bewirkt. Da der Bohrer beim Rückgang gewöhnlich keine Arbeit zu leisten hat, ist die freie Fläche des Stosskolbens auf der Vorderseite durch Verstärkung der Kolbenstange kleiner gelassen, als auf der Rückseite, um den Pressluftverbrauch einzuschränken. Dies ist ebenso bei allen ähnlichen Maschinen der Fall, dürfte aber bei einem Gebirge, welches das Festklemmen der Bohrer begünstigt, wegen zu geringer Rückzugskraft ein zweifelhafter Gewinn sein. Beim Vorwärtsgange bewegt sich der Arbeitskolben auch nach der Umsteuerung des Steuerkolbens unter der Einwirkung der Expansion und der lebendigen Kraft noch eine Strecke weit vor, wobei die Schlagkraft zuerst noch steigt, dann aber allmählich aufgezehrt wird. Man hat es also durch das Vordrehen der Maschine gegen das Bohrloch bis zu einem gewissen Grade in der Hand, mit leichteren oder stärkeren Schlägen zu arbeiten. Diese Möglichkeit bestens auszunutzen ist die Hauptaufgabe eines guten Arbeiters. Grössere Sicherheit gewährt ihm dabei noch das Vorhandensein der Arretierung, welche verhindert, dass der Kolben den vorderen Cylinderdeckel zertrümmert, wenn der Bohrer infolge einer falschen Vorschubbemessung oder eines unglücklichen Zufalls einmal ins Freie schlägt. Die betreffende Vorrichtung besteht im wesentlichen aus einem Luftpolster, das der Kolben zusammendrückt, sobald er über die Mündung des vorderen Zuleitungskanals hinausfliegt. Damit aber der Kolben durch die im Puffer aufgespeicherte Kraft nicht immer wieder zurückgeworfen, sondern sofort in seiner falschen Stellung festgehalten wird, werden, sobald er zu weit vorgeschleudert ist, die Oeffnungen einiger Kanäle frei, von denen die einen den Rücktritt der vor dem Kolben zusammengepressten Luft hinter ihn gestatten, während aus den anderen Pressluft in den hinteren Cylinderraum tritt. So wird der Kolben festgehalten, während gleichzeitig die mit starkem Geräusch entweichende Pressluft dem Arbeiter den Grund des Stillstandes angiebt. Einfaches Vordrehen setzt dann die Maschine wieder in Gang. Die Abdichtung der Kolbenstange am vorderen Cylinderdeckel, die wegen des Luftverlustes und des etwaigen Eindringens von Gesteinsstaub grosse Sorgfalt verlangt, geschieht durch einen Gummiring mit übergelegter Stahlplatte, wodurch die früher und bei anderen Maschinen auch heute noch nötige tägliche Liderung vermieden wird.

Die Umsetzung des Bohrers wird dadurch erreicht, dass der Stosskolben sich über einen mit leicht gewundenen Nuten versehenen Dorn hinwegbewegt, der beim Rückgange des Kolbens durch ein Sperrrad festgehalten wird und diesen zu einer kleinen Drehung zwingt, beim Vorgange aber selbst gedreht wird, da sich seiner Drehung weniger Widerstand entgegensetzt als der des Kolbens. Der Grad der Umsetzung hängt von dem Dralle der Züge und der Länge des Hubes ab und ist in einer fertigen Maschine nicht weiter der Beschaffenheit des Gesteins anpassbar. Da vor demselben Ort die verschiedensten Gesteinsarten auftreten können, richtiges Umsetzen aber wie beim Handbohren von grosser Bedeutung für die Bohrleistung ist, muss die erwähnte, allen heutigen Bohrmaschinen anhaftende Eigentümlichkeit als ein Mangel bezeichnet werden, dem allerdings kaum praktisch abzuhelfen sein dürfte.

Die ganze Maschine liegt mit Führungsleisten in einem Schlitten von Stahlguss und wird mit einer Spindel darin von Hand vor und zurückbewegt. Sie wird heute in drei verschiedenen Grössen mit 70, 80 und 85 mm Kolbendurchmesser gebaut und wiegt 80, 90 und 95 kg. Die schweren Maschinen haben neuerdings an Beliebtheit gewonnen.

Die Firma Fröhlich & Klüpfel in Barmen, welche schon seit längeren Jahren selbst die Herstellung der Fröhlichschen Maschine in die Hand genommen hat, hat später auch eine Bauweise mit Cylinderschieber, D. R.-P. 38 624, in den Verkehr gebracht, die aber wohl des grossen, dabei unvermeidlichen Luftverbrauchs wegen, sich nicht weiter eingeführt hat. Dagegen sind die verbesserten ursprünglichen Maschinen von Fröhlich heute noch auf vielen Gruben des Reviers mit Erfolg in Thätigkeit.

Ein für alle Maschinen gleich wichtiger Punkt ist die Verbindung des Bohrers mit der Kolbenstange, welche ebenso genau und fest als leicht löslich sein muss. Sitzt der Bohrer nicht genau in der Verlängerung der Kolbenstange, oder ist er leicht aus der Richtung zu bringen, so klemmt er sich im Bohrloch, sitzt er dagegen zu fest, so geht beim Auswechseln zu viel Zeit verloren, während die Versuche, die Verbindung mit Gewalt zu lösen, der Maschine leicht dauernden Schaden zufügen.

Früher bediente man sich zumeist einer Art Muffe, die mit einer leicht konischen Ausdrehung auf das entsprechend geformte Ende der Kolbenstange aufgesetzt wurde und vorn in einer ähnlichen Ausdrehung den Bohrer aufnahm, der sich durch die Arbeit selbst festschlug. Ein Schlitz in der Muffe gestattete, den Bohrer nötigenfalls mit einem Keil herauszutreiben. Neuerdings sind für fast alle Maschinen die amerikanischen Klemmverbindungen übernommen worden, bei denen die Muffe fortfällt, der Bohrer in die Kolbenstange selbst eingesetzt und dort durch Anpressen eines in einem Schlitz beweglichen Stahlstückes mit Hülfe eines umgelegten Schraubenbügels festgehalten wird. Einfaches Lösen der Schraube befreit den Bohrer.

Auch von den Bohrern selbst hängt sowohl die eigentliche Bohrleistung als die Zahl der Störungen in hohem Masse ab. Schlechte Erfahrungen beim Maschinenbetrieb sind oft nur auf schlechtes Material oder falsche Form der Bohrer zurückzuführen. Der beste Gussstahl ist für die ausserordentliche Beanspruchung der Bohrer, besonders bei hartem Gestein gerade gut genug. Thatsächlich werden aber im hiesigen Bezirke sowohl Preise von 1,40 M. als 40 Pf. für das Kilo Bohrstahl gezahlt. Wohl am meisten geschätzt, besonders von Unternehmern, ist Böhler-Stahl, dem im Gegensatz zu vielen sonst gleich guten deutschen Fabrikaten stete Gleichmässigkeit nachgerühmt wird. Er soll Zähigkeit mit Härte verbinden und sich in der Schmiede leicht behandeln lassen. Auch schwedischer Diamantstahl und Kruppscher Tiegelgussstahl werden für hartes Gestein viel benutzt. Sachgemässes Schärfen und besonders Härten ist aber auch für den besten Stahl Vorbedingung, wenn seine Vorzüge zur Geltung kommen sollen.

Bei der Schneide der Bohrer entsteht meist die Frage, ob mehr auf rasches Bohren oder mehr auf die Vermeidung von Aufenthalt Rücksicht genommen werden soll. Die Schneide, mit der man am schnellsten bohrt, hat der einfache Meisselbohrer. Alle anderen Bohrer erleiden durch eine grössere Aufschlagfläche eine Einbusse an Schlagkraft, die aber unter Umständen reichlich dadurch aufgewogen wird, dass das Loch rund gebohrt wird und so die unangenehmen Klemmungen vermindert werden.

Als der gebräuchlichste kann in Westfalen der **Z**-Bohrer gelten, der je nach dem Gestein stumpfer oder schärfer und mit längeren oder kürzeren Ohren ausgebildet ist.

Die Meisselbreiten nehmen mit zunehmender Bohrlochtiefe wie beim Handbohrer ab, gewöhnlich von etwa 50 auf 25 mm bei 2 m Tiefe des Bohrloches. Der Durchmesser des angewandten Rundstahls bleibt bis dahin für alle Tiefen derselbe und zwar meist gleich einem Zoll. Nur für tiefere Löcher als 2 m, die aber selten notwendig werden, muss man zu dünnerem Stahl greifen.

Um die Schlagkraft des Bohrers auszunutzen und die Schneide nicht zu rasch stumpf werden zu lassen, ist es endlich noch wesentlich, dass das Bohrloch möglichst frei von Bohrmehl und der Bohrer kühl gehalten wird. Beides wird durch Wasserspülung erreicht, die namentlich bei nach unten gebohrten Löchern, aus denen das Bohrmehl nicht von selbst herausfällt, angebracht ist. Es sei auch noch bemerkt, dass ein langer Hub der Maschine sehr zur Beseitigung des Bohrmehls beiträgt. Statt der früheren Handspritzen trifft man bei wohleingerichteten Betrieben jetzt fahrbare, geschlossene Wasserbehälter, aus denen das Wasser durch Druckluft in Schläuche und aus diesen in die Bohrlöcher gedrückt wird. Vielfach sind auch Versuche gemacht, die Zuführung des Wassers durch den Bohrer selbst zu bewirken. Schon 1877 hat man auf der Zeche ver. Hamburg bei den dort verwandten Sachsschen Maschinen Bohrer und Kolbenstange in der Längsrichtung durchbohrt und die rückwärtige hohle Verlängerung der letzteren mit der Wasserleitung verbunden; das Wasser trat dann kurz hinter der Bohrerschneide aus. Der sehr gute Bohrerfolg auf Hamburg wurde auf diese Einrichtung zurückgeführt. Auch die von Schüchtermann & Cremer gebaute Pelzer Maschine besitzt Wasserzuführung durch den Bohrer, jedoch scheinen ihre weitere Verbreitung die Kosten der hohlen Bohrer, das schwierige Schä fen und das schlechte Dichthalten der Stopfbüchsen gehindert zu haben. Die Maschinen stehen u. a. bei dem Unternehmer Rüdiger in Bochum in Gebrauch.

b) Die Gestelle.

Von dem grössten Einfluss auf die Gesamtleistung des Maschinenbetriebes ist die Aufstellungsweise der Maschine, welche grosse Standfestigkeit mit einfacher Handhabung und Beweglichkeit vereinigen muss. Bleibt die betreffende Vorrichtung oder ihre Verbindung mit der Maschine unter der Einwirkung der Schläge des Bohrers nicht unbeweglich, so treten leicht Klemmungen im Bohrloch und andere Störungen ein, welche die Bohrzeit verlängern. Ist die Vorrichtung zwar widerstandsfähig, aber schwer zu handhaben, so verlängert sich die Zeit der Aufstellung und des Umsetzens der Maschine, und ist es nicht möglich, mit ihr der Maschine jede beliebige Richtung gegen den Ortstoss zu geben, so wird die Wirkung vieler Schüsse herabgesetzt und das Bohren einer grösseren Anzahl von Löchern erforderlich.

Nach dem Vorbilde der grossen Tunnelbauten wurden anfänglich auch beim Bergbau in Streckenbetrieben die Bohrmaschinen stets auf fahrbaren Gestellen, den Bohrwagen, befestigt, um deren Ausbildung sich besonders die Firma Humboldt, früher Sievers & Co., grosse Verdienste erworben hat. Hauptträger der Last war bei den meisten ihrer Bauweisen eine starke, auf einen niedrigen Plattformwagen gesetzte Säule, die anfänglich mit

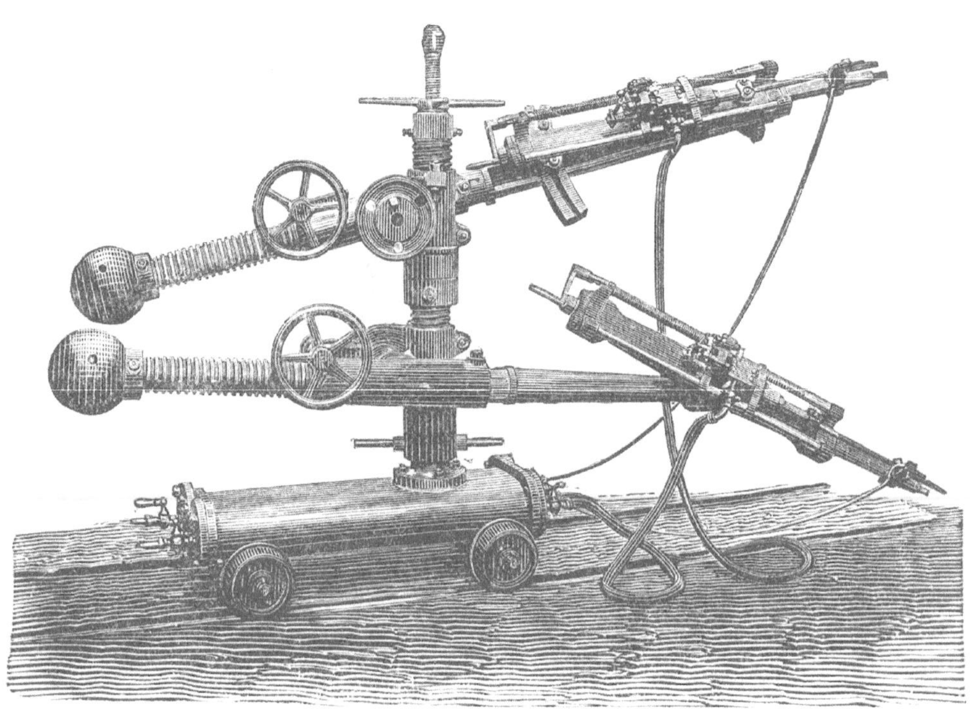

Fig. 26.

Bohrwagen von Humboldt.

einer zweiten Säule zu einem festen Rahmen versteift wurde, später aber frei stand und gegen die Firste verschraubt wurde. Sie war mit Schraubengängen versehen, auf denen mit Zahnradübersetzung ein starkes Verbindungsstück auf- und abbewegt wurde. Darin ruhte wieder ein längerer kräftiger Arm, der vor- und zurückgeschraubt und in der Vertikalebene gedreht werden konnte. Erst dieser nahm vorn die Bohrmaschine und zum Ausgleich hinten ein Gegengewicht auf. Später wurden auch Säulen für zwei Maschinen übereinander und Gestelle mit zwei solchen Säulen gebaut. Ein Blick auf Figur 26 zeigt, dass es bei ähnlichen Konstruktionen sehr schwer gewesen sein muss, die an der Spitze eines frei vorstehenden Armes arbeitende Maschine unverrückt in ihrer Stellung zum Bohrloch zu erhalten. Auch zeigen sich an den Gestellen viele stark beanspruchte Teile. Diese Mängel und der sehr hohe Preis scheinen die anfängliche geringe Verbreitung der Bohrmaschine beim Streckenbetriebe hauptsächlich mit veranlasst zu haben, wenigstens ist ein Aufschwung in dieser Beziehung erst mit der Einführung einfacherer Aufstellungsweisen zu erkennen.

Die hauptsächlichste und grundlegende Vereinfachung bestand darin, dass man die Bohrmaschinen unmittelbar auf die Säule selbst setzte und diese dann dicht an den Stoss heranrückte. Die fahrbaren Schraubensäulen wurden zunächst beibehalten und durch Herausdrehen einer Spindel gegen die First wohl nicht immer genügend festgestellt. Wichtiger für den Betrieb wurde aber die hydraulische Spannsäule, die in einer noch etwas unvollkommenen Form schon 1875 in einem Katalog von Meyer erscheint. Diejenige Bauart, welche später ziemlich allgemein angenommen wurde, zeigt den Fuss der Säule als einen Wasserbehälter ausgebildet und mit einer kleinen Handpresspumpe ausgestattet. Damit wird das Wasser in die hohle Säule gedrückt, wo es den Vorschub eines Kolbens bewirkt, der mit seinem klauenförmigen Ende fest unter die Firste fasst (Fig. 27a u. b) und nach Absperrung des Druckwassers unverrückbar in seiner Lage gehalten wird. Die Säule selbst ist glatt und trägt die Maschine mittels einer Verbindungsmuffe, die einerseits auf der Säule gleitet und auf ihr durch Presskeil und Schraube festgeklemmt wird und andererseits so eingerichtet ist, dass die Maschine mit einem konischen Ansatz des Schlittens unter jedem beliebigen Winkel zur Horizontalen in sie eingesetzt werden kann. Durch Drehen der Muffe um die Säule und des Schlittens in der Muffe ist volle Beweglichkeit nach allen Seiten erreicht. Zur Erleichterung der Verschiebung und Drehung der Muffe ist auf den Spannsäulen der Duisburger Maschinenfabrik und anderen ein besonderer Stellring vorhanden. Nur in seitlicher Richtung ist das Feld, welches man von einer Spannsäule aus beherrschen kann, beschränkt. Das kann häufig das Umsetzen der Säule bedingen, wenn man die seitlichen Löcher nicht unter zu grossem Winkel gegen die Angriffsrichtung bohren will.

Statt mit einer Pumpe wird bei der Bohrsäule von Fröhlich & Klüpfel, D. R.-P. 30613, der Druck des Kolbens gegen das Gestein durch Eindrehen eines zweiten Kolbens in die mit Wasser gefüllte hohle Bohrsäule erreicht, zu welchem Zweck konzentrisch zur Axe der Bohrsäule ein Handrad angebracht ist. Diese Säule, die übrigens nicht weit ausgezogen werden kann, wird meist in Verbindung mit der Fröhlichschen Bohrmaschine gebraucht. Dagegen ist die Verwendung der zuerst beschriebenen hydraulischen Säulen wegen ihrer Schwere und Reparaturbedürftigkeit

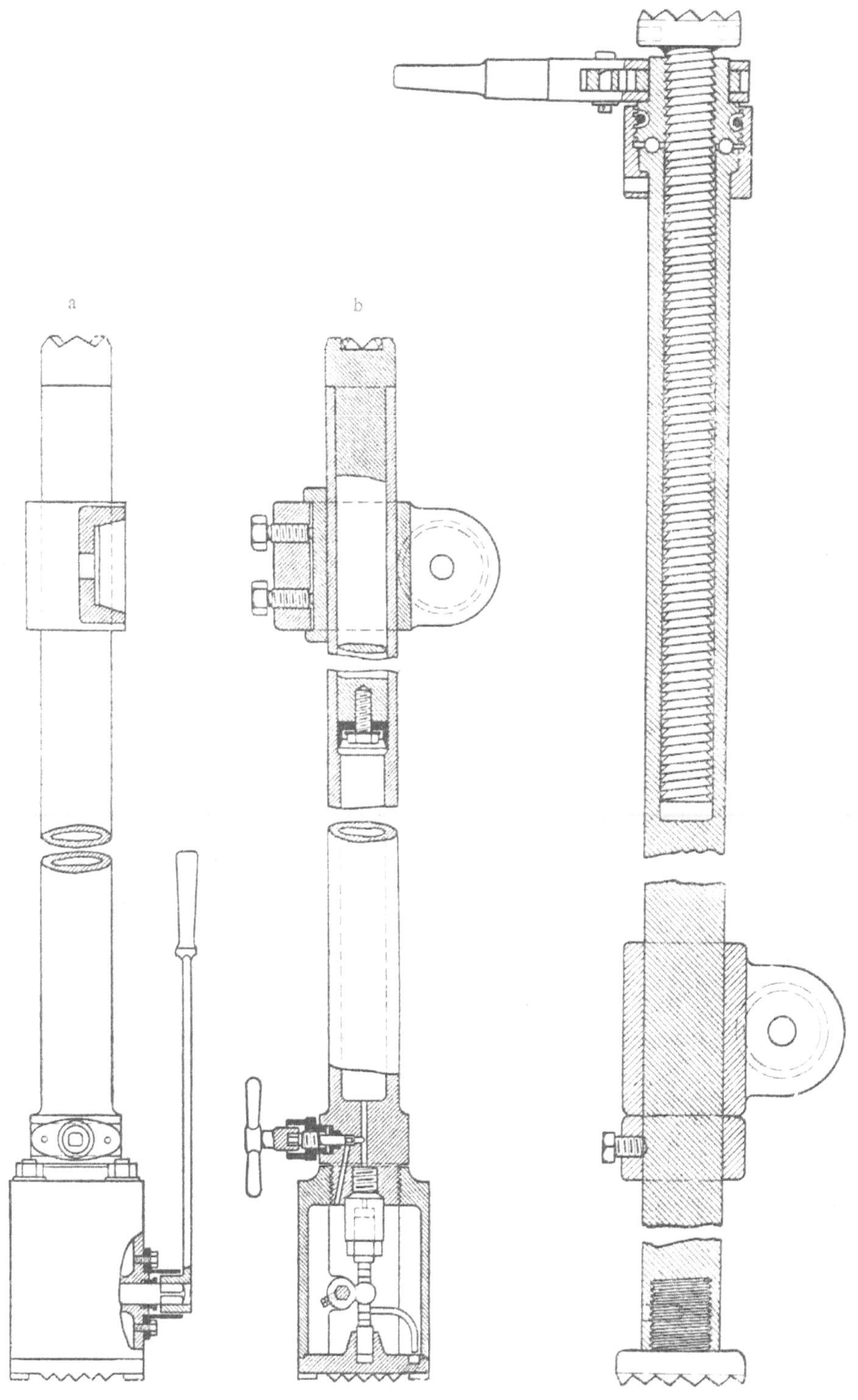

Fig. 27.

Hydraulische Spannsäule.

Fig. 28.

Schrauben-Bohrsäule der Duisburger Maschinen-Fabrik.

seit etwa zehn Jahren wieder im Rückgange begriffen. Sogar die Firma Meyer, die früher selbst hydraulische Säulen baute, bedient sich jetzt bei den von ihr unternommenen Auffahrungen verbesserter einfacher Schraubenspreizen, die in ihrer und verschiedenen anderen Ausführungen jetzt von der Mehrzahl der Unternehmer und Gruben bevorzugt werden. Anders als die Spreizen für Handbohrmaschinen und als manche ältere Bauarten, die sich gleich jenen mit dem Herausdrehen einer Spindel begnügten, sind die heutigen Schraubenspreizen als Streckschrauben so ausgebildet, dass sich die fassenden Enden nur in geradliniger Richtung auseinander bewegen, ohne an der Drehung teilzunehmen. Auf diese Weise kann ein grösserer Druck ausgeübt werden, vor allem aber wird es möglich, die Enden klauenartig zu formen und dadurch die Drehung der Spreize um ihre Axe zu verhindern. Zwischen Klauen und Gestein wird wie bei den hydraulischen Säulen ein Holzstück eingeschoben. Bei der Duisburger Bohrspreize, D. R.-P. 67 685 (Fig. 28) wird eine Spindel aus der Bohrsäule durch Drehung einer Mutter herausbewegt, welche in einer der Bohrsäule aufgesetzten Muffe mit Kugellagern ruht. Eine Drehung der Spindel gegen die Säule wird unter allen Umständen durch Nut und Feder verhindert. Bei den Meyerschen Bohrsäulen wird die Spindel selbst gedreht, ist aber so im Fuss verlagert, dass sich dieser nicht mitdreht. Das Anziehen geschieht hier mit einem langarmigen Schlüssel, bei der Duisburger Maschine mit einer Knarre. In der Endstellung wird bei diesen und ähnlichen Bauarten, die u. a. von Humboldt und Schüchtermann & Kremer auf den Markt gebracht sind, die Spindel durch eine geeignete Vorrichtung, z. B. eine Bügelschraube oder Gegenmutter festgeklemmt und so verhindert, sich zurückzudrehen.

Für schwerere Maschinen baut Meyer auch die in Amerika beliebten sogenannten Doppelschraubensäulen (Fig. 29a u. b) mit zwei Fussschrauben, welche einem erheblich stärkeren Drehmomente begegnen können. Bei ihnen ist es daher auch angängig, der Verbindungsmuffe einen kurzen Armansatz zu geben, auf dem die Maschine seitwärts verrückt werden kann, ohne die Säule umzustellen. Auf dem Arme sitzt die Maschine mit einem besonderen Universalgelenk auf.

Ausser der grösseren Leichtigkeit und Einfachheit haben die Schraubensäulen vor den meisten hydraulischen noch den besonderen Vorzug, dass sie nicht nur stehend, sondern auch liegend eingespannt werden können, was bei letzteren wegen des Pumpenventils nicht ohne weiteres möglich ist.

Sämtliche Bohrsäulen werden für ein bestimmtes Maschinengewicht gebaut. Werden, wie es häufig in der Praxis geschieht, schwere Maschinen an zu leichte Säulen gesetzt, so bleibt die Feststellung unsicher, Störungen und geringe Leistungen sind die Folge.

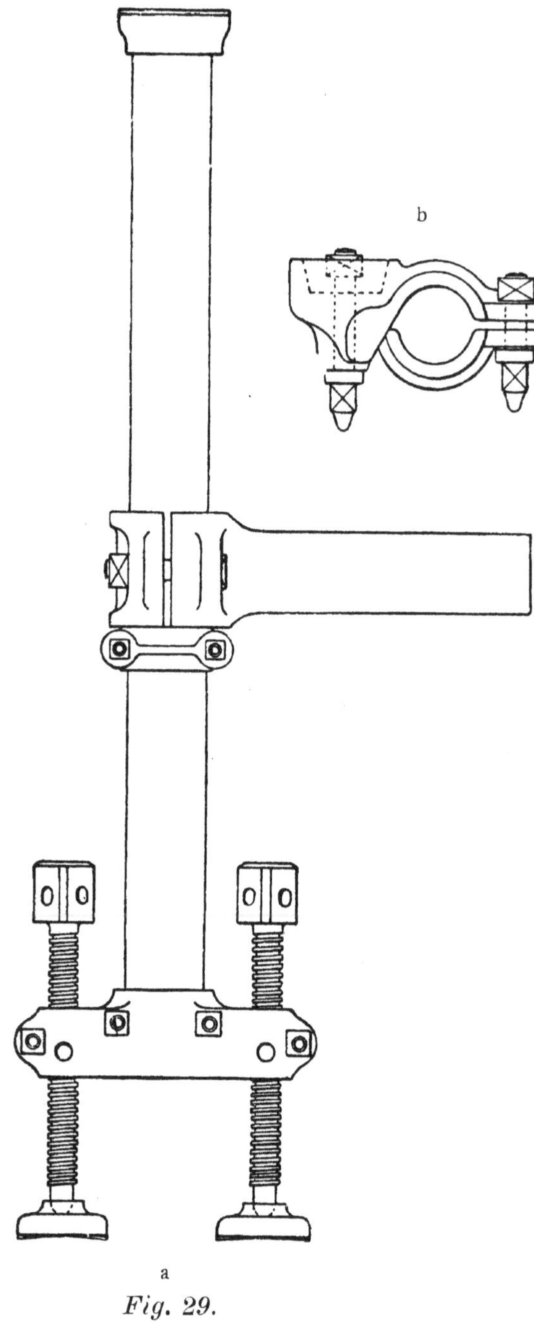

Fig. 29.

Doppelschrauben-Bohrsäule von Meyer.

Von fahrbaren Gestellen wird heute nur noch ein von Meyer gebauter Bohrwagen D. R.-P. 88473 (Fig. 30) benutzt und zwar ausschliesslich bei Eilbetrieben. Der Vorteil besteht dann darin, dass schwere Maschinen gebraucht werden können, deren Handhabung an Säulen, wenn überhaupt, so doch nur mit grosser Schwierigkeit und mit vielem Zeitverlust möglich wäre. Die zwei oder vier schweren Maschinen, für welche das fahrbare

Gestell gebaut wird, bleiben nach dem Bohren in annähernd gebrauchsmässiger Stellung darauf sitzen und können mit dem geringsten Zeitaufwand zusammen fort- und wiederherangefahren werden.

Der Erbauer hat die Fehler der früheren Bohrwagen in sehr bemerkenswerter Weise nach und nach überwunden. Die beiden Säulen,

Fig. 30.

Bohrwagen von Meyer.

welche die Maschinen tragen und die Vorderstützen eines sehr kräftigen Rahmens bilden, sind glatt, aber mit einer Nute versehen, in welcher die wie bei der Doppelschraubensäule gebauten Gestellarme beim Gebrauch undrehbar geführt werden. Nach dem Gebrauch lässt sich die Führung beseitigen, worauf die Arme mit der Maschine in die Längsrichtung des Wagens zurückgeschlagen werden können. Letzterer nimmt dann bei der Bewegung in der Strecke nur eine Breite von 1,30 m ein. Jeden Arm kann man leicht durch ein eigenes Windwerk, das aus Kette, Kettentrommel, Schneckenrad und Schnecke besteht, an der Säule auf und ablassen, ohne die Bedienung der arbeitenden Maschine zu stören. Das Gestell als ganzes wird während der Arbeit durch mehrere Schrauben fest gegen Schwellen in der First und an der Sohle gedrückt, wobei die Räder ganz entlastet werden. Sehr geschickt werden die Druck- und Spritzwasserschläuche von den beiden hinten am Wagen angebrachten Verteilern aus den einzelnen Maschinen zugeführt, ohne miteinander in Kollision zu geraten. Die Verteiler selbst werden mit der Wasser- und Luftleitung durch je einen Schlauch verbunden. Beim Zurückziehen der Maschine werden sämtliche Schläuche gelöst.

Für Schachtabteufen und ähnliche Betriebe wurden die ersten Bohrmaschinen auf ganz leichte Gestelle gesetzt, mussten aber in der Hauptsache an zwei Handgriffen von dem Arbeiter gehalten werden. Später machte man die Gestelle immer schwerer, um sie in den Stand zu setzen, selbst möglichst die Stösse aufzunehmen, ohne aus ihrer Stellung zu kommen, ein Ziel, das mit den heutigen, schwerbelasteten Dreifussgestellen wohl erreicht sein dürfte. Ob sie sich sonst bewähren, lässt sich noch nicht mit Sicherheit sagen, weil der Bohrmaschinenbetrieb, der sich anfänglich fast ganz auf Schachtabteufen beschränkte, jetzt nur noch ausnahmsweise dabei in Anwendung kommt.

c) Die Betriebskraft.

Die letzte sachliche Voraussetzung für befriedigende Leistungen beim Bohrmaschinenbetriebe ist die ausreichende Versorgung mit Betriebskraft. Mangel daran macht sich in unzureichendem Drucke der Pressluft bemerklich, über den noch immer bei sehr vielen Arbeiten ständig geklagt wird. Namentlich Unternehmer haben darunter zu leiden, während es andererseits als ein Nachteil des Unternehmerwesens empfunden wird, dass es die Grube verhindert, den Bohrmaschinenbetrieb gelegentlich vor irgend einer anderen, Druckluft benötigenden Arbeit zurücktreten zu lassen.

Der erforderliche Luftdruck hängt bei sonst gleicher Bauart von dem Kolbendurchmesser und von der Art des Gesteins ab. Im allgemeinen genügt im Ruhrbezirk ein Ueberdruck von 4 Atmosphären in der Maschine vollkommen. Bei mildem Gestein ist auch bei drei und selbst zwei Atmosphären Ueberdruck noch ein Arbeiten möglich, dagegen wird in hartem Sandstein oder Konglomerat unter fünf Atmosphären ein wirklich gutes Ergebnis kaum erzielt werden. Da der Kolbendurchmesser einen gewissen Ausgleich gestattet, benutzen Unternehmer bei zu niedrigem Druck immer häufiger die schwereren Bohrmaschinen. Zu geringer Druck ist entweder Folge einer unzureichenden Kompressor-Anlage, beziehungsweise ihrer Ueberlastung oder von Verlusten. Die rasch zunehmende Verwendung der Druckluft zu allen möglichen Arbeiten unter Tage, zum Antrieb von Ventilatoren, Lufthaspeln, Schrämmaschinen u. s. w. lässt den Fall sehr häufig eintreten, dass eine Maschinenanlage zu klein wird, ohne dass man in der Lage ist, sie sofort zu vergrössern. Die Verhältnisse über Tage, oder der Gedanke, dass der Mehrbedarf nur vorübergehend ist, mögen auch noch davon abhalten, und die Folge ist, dass alle von der Druckluft abhängigen Betriebe leiden. Eine Kompressoranlage kann daher heute gar nicht zu gross gewählt werden.

Die Verluste entstehen durch Reibung und durch Undichtigkeiten in den Leitungen. Als solche werden in den Hauptausrichtungsstrecken meistens schmiedeeiserne Rohre (Flanschenrohre), als Zuleitung zu den einzelnen Verbrauchsstätten jedoch zöllige Gasrohre mit Muffenverbindung gebraucht. Die Verluste durch Reibung werden, da sie von dem Quadrat der Luft-Geschwindigkeit abhängig sind, durch Wahl weiter Leitungen erheblich vermindert. Die in dieser Beziehung ungünstigen dünnen Gasrohre werden gewöhnlich auch am wenigsten sorgfältig dichtgehalten und verursachen die grössten Verluste durch Entweichen von Luft. Eine ganze Menge Luft geht aber auch noch auf dem kurzen Wege zwischen Rohrleitung und Maschine verloren, da die Schläuche selbst leicht beschädigt werden und ihre Verbindung mit den Hähnen, Rohren u. s. w. häufig Undichtigkeiten aufweist.

So kommt es, dass in der Regel in Westfalen an der Bohrmaschine mit einem Drucke gerechnet wird, der gegen den am Kompressor um mindestens eine volle Atmosphäre zurücksteht. Die Länge und der Zustand der Rohrleitung bewirken natürlich Unterschiede.

Je weniger aber der Arbeitsdruck genügt, desto notwendiger ist es, möglichst grosse Sammelbehälter zu haben, um Unregelmässigkeiten in der Entnahme der Luft auszugleichen und vorübergehende Pausen des Betriebes für die Arbeit des Kompressors auszunutzen. Der Hauptbehälter der Druckluft ist aber in den meisten Fällen die Leitung, deren Gesamtinhalt den der zu jedem Kompressor gehörenden oberirdischen Luftsammelkessel weit zu übertreffen pflegt. Auch aus diesem Grunde empfehlen sich wieder weite Leitungen. Wo diese aber zu kostspielig werden, hat sich in den letzten Jahren vielfach die Einrichtung bewährt, dicht vor der Maschine nochmals einen Sammelbehälter von mehreren Kubikmetern Inhalt anzubringen, besonders wenn eine grössere Anzahl von Maschinen zusammenarbeiten. Wenn dann auch nicht für gleichzeitigen Betrieb aller genügende Luft durch die Leitungen zuströmt, so wird doch während des Stillstandes der einen oder anderen Maschine immer wieder ein Fonds angesammelt, von dem man eine Zeitlang zehren kann. Die Einrichtung hat z. B. auf Consolidation die Leistungen des Maschinenbetriebs wesentlich gesteigert.

Viel hängt auch für den guten Gang der Maschinen davon ab, dass die ihnen zugeführte Luft rein ist. Mitgerissene kleine Körper, Rost, Staub und eingetrocknetes Oel verstopfen die Kanäle und veranlassen einen raschen Verschleiss; Wasser dagegen kann Schläge im Cylinder bewirken. Häufig wird die Luft schon am Kompressor durch Luftfilter angesaugt. In dem grossen Sammelbehälter über Tage schlagen sich dann noch viele Verunreinigungen, namentlich Wasser und Oel, aus dem Kompressor nieder und auch die oben erwähnten Sammler unter Tage wirken in derselben Richtung. Trotzdem sind besonders bei nassen Kompressoren immer noch Wasserabscheider in die Leitung einzuschalten. Es sei bemerkt, dass auch minderwertige Schläuche eine wichtige Quelle von Verstopfungen bilden, da sich kleine Teilchen von ihnen ablösen und in der Maschine festsetzen.

Die rasche Erschöpfung der Leistungsfähigkeit einer vorhandenen Kompressoranlage ist vielleicht praktisch die unangenehmste und schädlichste Seite des grossen Kraftverbrauchs, der unmittelbar und mittelbar mit der Anwendung von Luftstossbohrmaschinen verbunden ist. Schon die Maschinen selbst haben im guten Zustande einen Luftverbrauch, zu dessen Ergänzung im Durchschnitt eine Kraft von 4—5 Pferden am Kompressor aufgewendet werden muss, wobei natürlich sehr viel von dessen Wirkungsgrade abhängt. Dazu kommen die Leitungsverluste und die Verluste durch missbräuchliche Verwendung der Pressluft, zu denen z. B. das Ausblasenlassen der Luft aus der Leitung nach dem Schiessen, zuweilen sogar während der Arbeit, zu rechnen ist. Ein kleiner Ventilator würde dieselbe Wirkung mit einem Bruchteil der Luftmenge erzielen. Auf solche Weise wird der Kraftverbrauch, der auf die einzelnen Bohrmaschinen entfällt, noch merklich gesteigert, wenn er auch kaum je die von der Konkurrenz behaupteten 10 Pferdekräfte erreichen dürfte.

3. Elektrische und hydraulische Bohrmaschinen.

Es ist besonders der hohe Kraftaufwand der Pressluftmaschine gewesen, der in den letzten Jahren veranlasst hat, auch die Elektrizität beim Gesteinsbohren anzuwenden. Zur Zeit ist jedoch erst eine Bauart, die von Siemens & Halske im Ruhrbezirk versuchsweise eingeführt. Ein Versuch mit der Solenoid-Maschine der Union steht bevor. Die Siemens-Maschine (Fig. 31) besteht aus drei selbständigen und erst beim Gebrauch zu einem Ganzen vereinigten Teilen, dem Elektromotor für Gleichstrom (in der Figur nicht gezeichnet), dessen rotierende Bewegung durch eine biegsame Welle a auf die eigentliche Bohrmaschine übertragen und dort auf mechanischem Wege in die hin und hergehende Bewegung des Stosskolbens umgesetzt wird. Zunächst wird durch Kegelräder eine kleine Kurbelwelle (b) in Drehung gesetzt, die wiederum durch Vermittelung eines bronzenen Gleitstücks und einer stählernen Gleitrinne einen rahmenartigen Schlitten hin und herbewegt. Innerhalb des Rahmens sind zwei starke Schraubenfedern gegen einander eingespannt, die einen flanschartigen Bund d des in ihnen liegenden, frei drehbaren Stosskolbens zwischen sich fassen und so eine elastische Verbindung des letzteren mit dem Antriebsmechanismus herstellen. Wird nun dem Schlitten die erforderliche rasche Bewegung nach vorn erteilt, so setzt der Stosskolben e, dessen Masse noch durch den anhängenden Bohrer vergrössert ist, infolge der bedeutenden ihm innewohnenden lebendigen Kraft am Ende des Hubes seinen Weg noch

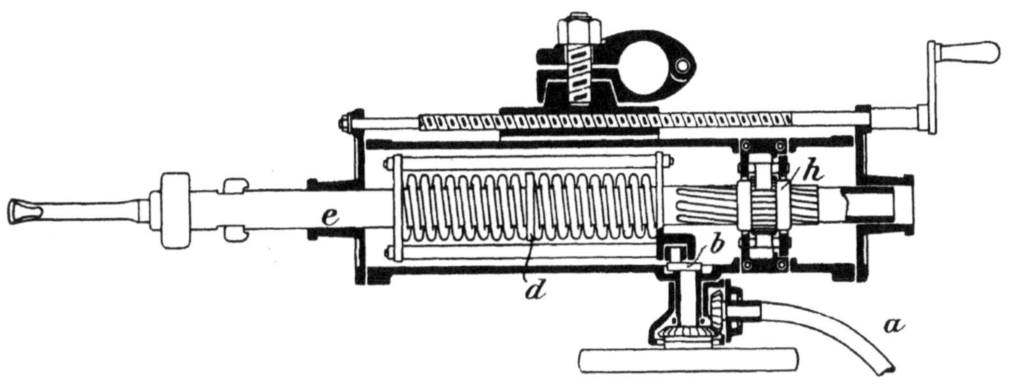

Fig. 31.

Elektrische Stossbohrmaschine von Siemens & Halske.

etwas fort, wobei er die ihm entgegenstehende Feder zusammendrückt. Das Gleiche findet mit der hinteren Feder beim Rückgange statt. Es können somit starke Schläge auf das Gestein ausgeübt werden fast ohne Rückwirkung auf die Kurbelwelle, die ebensowenig in Mitleidenschaft gezogen wird, wenn sich ein Bohrer festklemmt. Der Schlitten setzt in diesem Falle seine Bewegung wie sonst fort, indem er die Federn abwechselnd gegen den festgehaltenen Flansch des Stosskolbens zusammendrückt. Zur Ausgleichung von Belastungsänderungen, die dem Antriebsmechanismus gefährlich werden könnten, ist der Kurbelwelle noch ein Schwungrad aufgesetzt, das jedoch beim Transport der Maschine abgenommen werden kann. Die Maschine macht 450 Stösse in der Minute und gebraucht etwa $1^1/_2$ Pferdestärken am Dynamo.

Das Umsetzen des Kolbens erfolgt wie bei den Luftbohrmaschinen; nur gleitet er nicht auf einem Dorn, sondern mit einer Verlängerung in einer mit Drallzügen versehenen, einseitig gesperrten Mutter h.

Eine Besonderheit der Maschine ist das Auswechseln und Einziehen der Bohrer von hinten durch die hohle Kolbenstange hindurch, wodurch an Zeit gespart und für die Aufstellung der Maschine ein grösserer Spielraum erhalten wird. Doch darf dann die Meisselschneide ein ziemlich beschränktes Mass nicht überschreiten.

Bei dem bisher vereinzelt gebliebenen Versuchsbetrieb auf Zeche Courl, der von einer erfahrenen Bohrunternehmerfirma geleitet wurde, hat sich die Maschine für die Bohrarbeit auch in hartem Sandstein als durchaus geeignet erwiesen.

Nachteile der Maschine sind ihr hoher Preis von 2—3000 M. mit biegsamer Welle und Elektromotor, ziemlich hohe Reparaturkosten und die lästige Aufstellung der vielen Teile, zu denen wie bei der Luftbohrmaschine noch eine gewöhnliche Schraubensäule kommt. Der Preis der Leitungen dürfte bei Pressluft und Elektrizität ziemlich auf das Gleiche hinauskommen, oft aber würde die elektrische Leitung neben einer zu anderen Zwecken benötigten Luftleitung zu verlegen sein.

Im Gegensatz zu den Stossbohrmaschinen können mechanisch betriebene Drehbohrmaschinen für festes Gestein noch nicht als ein anerkanntes Hülfsmittel des rheinisch-westfälischen Bergbaues gelten. Trotzdem verdienen die mit ihnen gemachten Versuche eingehendere Beachtung, sowohl wegen des grossen technischen Interesses, das sie bieten, als wegen der dabei erzielten bedeutenden Leistungen. Schon im Jahre 1876 wurde ein grösserer Querschlagsbetrieb auf Zeche Sieben-Planeten mit einer drehenden Diamantbohrmaschine, System Beaumont, von einer englischen Gesellschaft ausgeführt und erregte sowohl wegen des bedeutenden, auch heute kaum übertroffenen regelmässigen Fortschrittes von fast 4 m täglich, als wegen der hohen Kosten, die sich auf 260 M. für das Meter beliefen grosses Aufsehen. Vielleicht hielt der letztere Umstand von weiterer Verwendung ab; jedenfalls ist die Beaumont-Maschine in Westfalen nicht wieder zur Anwendung gekommen. Dagegen wurde schon 1879 die Brandtsche hydraulische Bohrmaschine in Westfalen bekannt. Nach weniger erfolgreichen Versuchen auf Victor bei Castrop wurden mit ihr 1880 auf Nordstern und noch mehr auf Rheinpreussen sehr befriedigende Leistungen erzielt. Vielfach verbessert kam die Maschine 1885/86 wieder auf Shamrock in Betrieb. In den letzten Jahren sind mit ihr auf den Zechen Lothringen und Schwerin Querschläge und Richtstrecken aufgefahren. Unternehmerin ist die Gesellschaft für hydraulische Kraftverwertung in Bochum, welche die Maschinenfabrik Gebr. Sulzer in Winterthur, die Herstellerin der Maschine vertritt.

Der Gedanke des Erfinders war, das Gestein weder in kleine Teile zu zerstossen, noch wie bei den Diamantbohrmaschinen zu zermahlen, sondern es mit einem geeigneten drehenden Werkzeug unter geringem Arbeitsaufwand in Stücken abzubrechen und abzusplittern.

Kernpunkt der Konstruktion ist daher der Hohlbohrer aus zähem Stahl (Fig. 32 und 33) der je nach der Härte des Gebirges mit 2, 3 oder 4 gehärteten Zähnen versehen ist. Einer davon steht etwas nach innen vor, um den Kern abzubrechen, der die Spülung hindern würde.

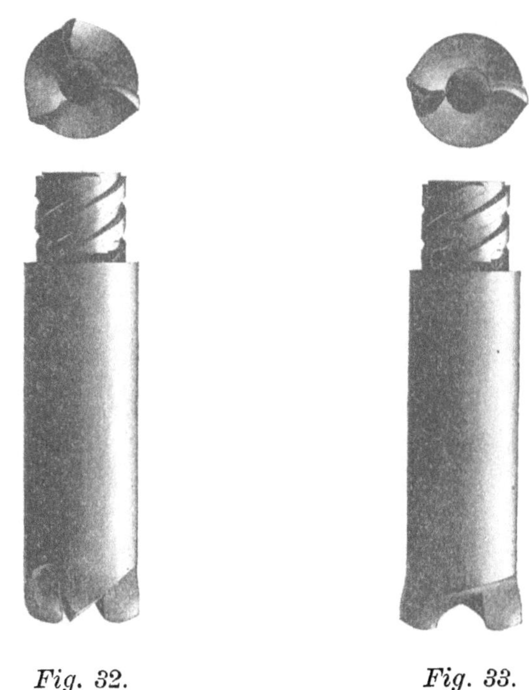

Fig. 32. *Fig. 33.*

Bohrer der Brandt'schen hydraulischen Bohrmaschine.

Die Bohrmaschine hat nun die doppelte Aufgabe, die Bohrerzähne fest gegen das Gestein zu pressen und ihnen ausserdem eine drehende Bewegung zu erteilen (vergl. Fig. 34a u. b). Zum Anpressen des Bohrers dient ein das Bohrgestänge tragender Vorschubcylinder, der auf einem fest mit dem Maschinengestell verbundenen Differentialkolben gleitet und je nach der Hahnstellung vorgedrückt oder zurückgezogen wird. Die Drehbewegung wird von einem kleinen zweicylindrigem Wasserdruckmotor erzeugt und mittels Schneckenradübersetzung auf einen den Vorschubcylinder umhüllenden Mantel übertragen. Dieser fasst mit Längsnuten um Vorsprünge des Cylinders und nimmt ihn bei der Drehung mit, ohne seine Bewegung in der Längsrichtung zu beeinträchtigen. In bestimmten kurzen Zeitabständen lässt der Arbeiter den Vorschubcylinder etwas zurückgehen, um den Bohrerzähnen andere Angriffspunkte zu geben. Das Abwasser der Maschine wird durch das hohle Bohrgestänge zur Spülung in das Lochtiefste geleitet.

Fig. 34a.

Hydraulische Bohrmaschine von Brandt. (Ansicht.)

Eine oder zwei Maschinen sitzen nach allen Seiten beweglich aut einer horizontalen Spannsäule, welche vermittels eines Balanciers von einem niedrigen Bohrwagen getragen, bei der Arbeit aber ausserdem durch

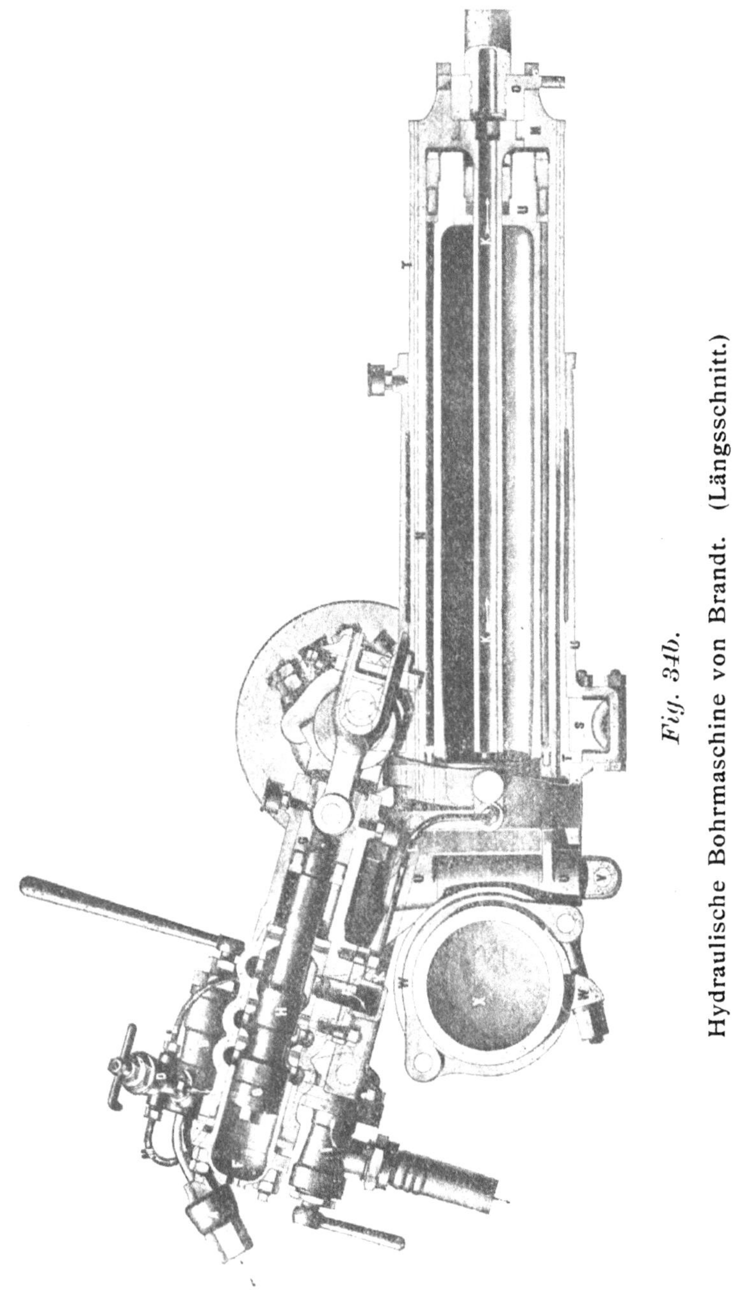

Fig. 34b. Hydraulische Bohrmaschine von Brandt. (Längsschnitt.)

zwei nach Art der Vorschubcylinder gebaute Plunger zwischen den Stössen festgespannt wird. So wird der Ortsstoss ganz von der Maschine beherrscht, während bei der Bewegung des Bohrwagens durch Eindrehung der Spannsäule in die Gleisrichtung nur ein kleiner Querschnitt beansprucht wird. Die Verbindung der Maschine mit der Wasserleitung wird durch sogenannte Kettenschläuche aus gelenkartig verbundenen Rohrkrümmern bewirkt.

Die Leistungen der Maschine hängen von dem zur Verfügung stehenden Druck ab, der mit grösserer Härte des Gesteins zunehmen muss. Dieser Druck wird bei Tunnelanlagen durch Presspumpen erzeugt; beim Grubenbetrieb begnügt man sich gewöhnlich mit dem natürlichen Gefälle von der Hängebank zur Arbeitssohle. Für zuverlässiges Arbeiten sind nach Brandt 30—40 Atm. bei mildem und 50—60 Atm. bei mittelhartem Gebirge erforderlich. Da die Maschinen ziemlich gleichmässig 1—2 l Wasser in der Sekunde gebrauchen, erfordert ihr Betrieb im letzten Fall einschliesslich der Reibungsverluste 17—20 PS, die in der billigen Form der Rückhebung des Wassers durch die Pumpenanlage der Grube geleistet werden. Da die Maschine höchstens während der halben Gesamtarbeitszeit in Thätigkeit ist, brauchen die Pumpen bei genügender Sumpfanlage auch nur um die Hälfte jenes Betrages für jede Bohrmaschine verstärkt zu werden.

Im übrigen sind die Anlagekosten hoch. Eine Anlage für zwei Maschinen an einer Säule kostet mit Wagen und den kleinen Nebenmaschinen für das ziemlich umständliche Schärfen der Bohrer etwa 12 bis 15 000 M. ohne Leitungen. Dagegen treten die Leistungen, deren Höhe wesentlich auch auf dem grossen Lochdurchmesser von 65 mm und der Verwendung schwerer Sprengladungen beruht, bei hartem Gebirge mit den besten Leistungen der Stossbohrmaschine in Wettbewerb. Es ist deshalb durchaus nicht unwahrscheinlich, dass die Maschine auch in Zukunft nicht wieder aus dem hiesigen Bezirk verschwinden wird. Während heute wegen zu geringen Druckes in den meisten Gruben die Vorzüge der Maschine noch nicht ausgenutzt werden können, dürfte die rasch wachsende Teufe in Zukunft, namentlich dort wo es sich um besonders widerstandsfähiges Gebirge handelt, ihre Anwendung begünstigen.

III. Die Hauptfortschritte der Sprengtechnik.

So wenig als ohne die Vervollkommnung der Bohrtechnik liessen sich die heutigen Leistungen bei Gesteinsarbeiten ohne die neuere Entwickelung der Sprengtechnik ermöglichen. Da jedoch den Sprengmitteln ein besonderer Abschnitt gewidmet ist, mögen hier einige Hinweise über den Zusammenhang der Fortschritte auf beiden Gebieten genügen.

Die Nachteile des Pulvers, dessen Verwendung beim Ruhrbergbau übrigens erst am Ende des 18. Jahrhunderts begonnen hat, sind seine geringe Sprengwirkung und seine Empfindlichkeit gegen Wasser. Es war daher seinerzeit, d. h. am Anfang der 60er Jahre, eine gar nicht unwesentliche Verbesserung, dass man lernte durch Verpackung des Pulvers in Oelpapierpatronen die bis dahin oft unüberwindlichen Schwierigkeiten der Sprengarbeit vor nassen Arbeiten erheblich herabzumindern. Auch für die erste Einbürgerung des Dynamits bezw. seines Vorgängers, des Sprengöls ist dieser Gesichtspunkt viel bedeutungsvoller gewesen, als die grosse Sprengkraft. Die ersten durch Nobel selbst ausgeführten Versuche auf den Zechen Carolus Magnus und Neu-Essen fanden beim Schachtabteufen statt und noch 1872, als Dynamit schon weiteren Eingang gefunden hatte, war sein Gebrauch in Querschlägen u. s. w. so gut wie unbekannt. Sein hoher Preis, ungefähr der fünffache des Pulvers, stand der weiteren Anwendung überall da entgegen, wo Pulver ohne Schwierigkeit zu gebrauchen war. Erst mit dem Bohrmaschinenbetriebe trat die ausserordentliche Sprengkraft des Dynamits in den Vordergrund, denn erst jetzt war man imstande, Löcher von solcher Tiefe zu bohren, dass zur Absprengung der ihnen zugewiesenen Vorgabe Pulver nicht mehr ausgereicht hätte. Das allmähliche Sinken des Preises und seine bequemere Handhabung verallgemeinerten dann die Benutzung des Dynamits, welches man selbst in der Kohle nicht selten anwandte. Auch die stärkeren Nitroglycerin-Sprengstoffe, Gelatine-Dynamit und Sprenggelatine sind seit 1880 bei Gesteinsarbeiten beliebt geworden. Seitdem hat die Sprengstoffherstellung keine weiteren Erfolge in Bezug auf höhere Leistung mehr zu verzeichnen, wohl aber in Bezug auf grössere Sicherheit gegen Schlagwetter und Kohlenstaubexplosionen. Allerdings sind mit der Anwendung der neueren Sicherheitssprengstoffe die unmittelbaren Kosten wieder gestiegen, doch ist diesen Stoffen allein unter manchen Verhältnissen die Beibehaltung oder Einführung der Schiessarbeit und damit auch eine grosse Ersparnis für den Betrieb zu danken.

Das Besetzen der Löcher hat ausser der Vereinfachung des Besatzes beim Dynamit, für das in abwärts gebohrten Löchern Wasser, in aufwärts gerichteten Letten als Besatz genügen, keine Veränderung erfahren, die auf die Arbeitsleistung von Einfluss gewesen wäre. Dagegen wurden die Zündungen in Bezug auf Zuverlässigkeit und Sicherheit gegen Schlagwetterexplosionen vielfach verbessert. Mit der Abnahme der Zahl der Versager ist eine Quelle der zeitraubendsten Störungen des Betriebes verschwunden, unter entsprechender Erhöhung des Durchschnittsfortschrittes. Neben der ursprünglichen Zündung der Pulverladung mit Halm war die Bickfordsche wasserdichte Zündschnur für nasse Betriebe schon um die Mitte des verflossenen Jahrhunderts in Gebrauch. Die Anwendung des Dynamits verallgemeinerte den Gebrauch wasserdichter Zündschnüre, die man seitdem immer sorgsamer und betriebssicherer herzustellen sich bemüht hat. Der Explosionsgefahr suchte man durch zahlreiche »Sicherheitszündungen« und durch Anwendung der elektrischen Zündung zu begegnen, die unter Umständen auch mit Erfolg zur Verbesserung der Schusswirkung durch gleichzeitiges Abthun namentlich der Einbruchslöcher benutzt worden ist. Im übrigen hat die elektrische Zündung gegenüber derjenigen mit Zündschnüren den betrieblichen Nachteil, dass es längere Zeit erfordert, sie anzubringen. Dieser Zeitverlust wird aber dadurch wieder ausgeglichen, dass die starke Rauchentwickelung der Zündschnur fortfällt, durch die besonders bei Anwendung von Guttapercha-Zündschnur das Wiederbetreten des Ortes erheblich länger unmöglich gemacht wird, als durch die Dynamitdämpfe selbst. Die früher recht grosse Zahl der Versager bei elektrischer Zündung ist heute durch Verbesserung der Maschinen und vor allem der Zünder auf ein geringes Mass heruntergedrückt.

IV. Die Ausführung der Schiessarbeit, besonders beim Auffahren von Gesteinsstrecken.

1. Die Arbeitsweise.

Für ein erfolgreiches Vordringen im Gestein ist es neben der Anwendung der besten Werkzeuge und Sprengmittel Vorbedingung, dass die Arbeit nach allen Richtungen hin richtig in Angriff genommen, eingeteilt und gegliedert wird. Geht man auch immer davon aus, jede einzelne Seite der Gesteinsarbeit so zweckentsprechend wie möglich auszuführen, so wird es in der Praxis doch sofort nötig, überall kleine Opfer zu Gunsten der Vollkommenheit des Gesamtverfahrens zu bringen. Nur dadurch wird es möglich, alle Thätigkeiten so aufeinander einzurichten, dass wirklich die höchsten Gesamtleistungen erzielt werden.

Beispielsweise läge es nahe, die Löcher so anzusetzen, dass nicht mehr Bohrlochlänge gebohrt wird, als unbedingt zur Lossprengung einer bestimmten Kubikeinheit Gebirge erforderlich ist. Da nun ein Schuss um so besser wirkt, je mehr freie Flächen das ihm vorgegebene Geschick hat, würde die weitgehendste Verringerung der reinen Bohrarbeit damit erreicht werden, dass jeder Schuss einzeln abgethan und das nächste Loch unter Berücksichtigung der entstandenen freien Flächen angesetzt würde. Nun ist aber jedes Schiessen mit einem beträchtlichen Zeitverlust verbunden, da vor Wiederaufnahme des Bohrens der Rauch verziehen und die Arbeitsstelle beräumt werden muss. Das Bestreben, die Wirkung der Schüsse zu erhöhen, muss daher mit dem ebenso berechtigten Verlangen, die Schiesszeit zu vermindern, in Einklang gebracht werden. Dies geschieht, indem die Löcher gruppenweise abgethan und so angesetzt werden, dass das Wegthun jeder Gruppe die Wirkung der nachfolgenden Schüsse möglichst begünstigt. Gewöhnlich werden auf das Ort drei oder vier Gruppen verteilt, die es zusammen jedesmal um einen „Abschlag“, eine bestimmte, von der Tiefe der Löcher abhängende Länge, weiterbringen. Zunächst wird in der Mitte des Ortes oder etwas unterhalb der Einbruch geschossen. Da hierbei die bedeutendste Gesteinsspannung zu überwinden ist, stehen die dazu erforderlichen 3 bis 6 Löcher nahe zusammen, laufen nach der Tiefe gegeneinander zu und werden besonders stark geladen. Zu den Seiten und oberhalb des Einbruchs wird dann der sogenannte Kranz und zuletzt unter ihm die Sohle geschossen. Bei einer anderen Einteilung schiesst man zunächst nach dem Einbruch die Stosslöcher und dann Firste und Sohle gleichzeitig. Den Einbruch in die Sohle zu legen, wie es letzthin der Sprengstoffersparnis wegen von Saarbrücken aus empfohlen wird*), ist im Ruhrbezirk nicht üblich.

Die Gesamtzahl der Löcher schwankt mit der Härte des Gesteins gewöhnlich zwischen 13 im Schiefer und 25 im Sandstein bei 6 qm Querschnitt. Statt nun jede Gruppe von Löchern nacheinander zu bohren und abzuschiessen, ist man bemüht, dadurch an Zeit zu sparen, dass man jede Arbeit für sich, das Bohren wie das Schiessen, möglichst ununterbrochen durchführt. Es wird daher in der Regel, wenigstens bei Maschinenarbeit, das Ort ganz abgebohrt, bevor mit dem gruppenweisen Schiessen begonnen wird. Die Gesamtbohrzeit fällt hier im Gegensatz zur Handarbeit mit der eigentlichen Thätigkeit des Bohrens, der reinen Bohrzeit, nicht zusammen. Sie umfasst vielmehr ausserdem noch das Abbauen, Heranschaffen und Umstellen der Maschinen. Durch jede Unterbrechung des Bohrbetriebes wird die auf diese ertraglose Arbeit verlorene wertvolle Zeit vermehrt. Ist das ganze Ort abgebohrt, so kann man auch die Schiesszeit in der Weise verkürzen, dass man alle Löcher auf einmal besetzt und anzündet, aber den Einbruchslöchern die kürzesten und je nach den Umständen den Kranz- oder Sohlenlöchern die längsten Zündschnüre giebt. Das Hintereinanderschiessen der verschiedenen Gruppen wird auch so erreicht, doch hat diese im milden Gestein häufig ausgeführte Arbeitsweise den grossen Nachteil, dass das Versagen oder die falsche Berechnung eines Schusses die Wirkung aller übrigen beeinträchtigt. Gruppenweises Abschiessen der Löcher ist daher das gebräuchlichste. Dabei müssen die zuletzt abzuschiessenden Löcher, namentlich die in der Sohle, während des Abschiessens der anderen sorgfältig angepflockt sein. Auch muss vor dem Schiessen der Sohlenlöcher wenigstens ein Teil der gefallenen Berge weggeräumt werden.

Der Zeitverlust, der dadurch entsteht, dass in mehreren Folgen geschossen wird, beruht hauptsächlich darauf, dass es nach jedem Abfeuern eine gewisse Zeit dauert, bis das Ort wieder betretbar wird. Vor ein Ort zu fahren, solange es noch voll Qualm steht, ist zwecklos und gefährlich. Hier tritt daher vor allem der Nutzen einer kräftigen Sonderbewetterung

*) Zeitschrift für das Berg-, Hütten- und Salinenwesen, Jahrgang 1900, Seite 480.

für die Fortschritte der Gesteinsarbeiten hervor, deren Einfluss natürlich auch während der Arbeitszeit durch Erhöhung der Leistungsfähigkeit der Arbeiter ein ausserordentlich günstiger ist. Wo eine gute Bewetterung fehlt, greifen die Arbeiter leicht dazu, sie sich durch Ausblasenlassen von Pressluft zu verschaffen, was ebenso ungenügend als kostspielig ist. Dagegen hat sich bei der Verwendung der Brandtschen Bohrmaschine das Ausspritzen und Zerstäuben eines feinen Wasserstrahls aus der Druckleitung als ein vortreffliches Mittel zum Niederschlagen der Dynamitdämpfe bewährt, das sich mit einigen Abänderungen recht wohl auch beim Pressluftbetrieb erfolgreich verwenden lassen dürfte.

Um die Wirkung der Schüsse zu erhöhen, hat man verschiedentlich die Zündung der Schüsse auch da elektrisch vorgenommen, wo eine Explosionsgefahr es nicht nötig machte. Man hat aber auf Shamrock sowohl wie auf Hannover dieses Verfahren wieder eingestellt, weil sich ergeben haben soll, dass das gleichzeitige Abthun die Wirkung der Schüsse beeinträchtigte, was indes bei Einbruchslöchern kaum zutreffen dürfte.

Nach dem Schiessen sind die gefallenen Berge auf das schnellste zu beseitigen. Geschickte Anordnung dieser Arbeit kann sehr viel zur Beschleunigung des Vorrückens beitragen. Zu ihrer flotten Durchführung ist zunächst die rechtzeitige Anlieferung und ungehinderte Abfuhr einer genügenden Anzahl Förderwagen notwendig, die dadurch unterstützt wird, dass zwei Gleise bis nahe vor Ort geführt, und womöglich mit einer verlegbaren Weiche verbunden werden. Etwa 10—15 m vor Ort bleiben die Schienen meist zurück, dafür wird aber seit einigen Jahren dieser ganze Raum mit eisernen Platten belegt gehalten. Die Wagen können sich auf diesen Platten leicht bewegen; viel grösser ist aber der Gewinn daraus, dass sich die Berge von ihnen unvergleichlich viel leichter entfernen lassen, als von der natürlichen Sohle.

Auch die richtige Verteilung der Arbeiter ist von Wichtigkeit. Vielfach hacken die älteren Arbeiter das Gestein nur auf, während die jüngeren die Wagen füllen. Bei flottem Betriebe erfordert das Füllen eines Förderwagens mindestens fünf Minuten, doch treten leicht Störungen ein. Während des Füllens ist ein besonders erfahrener Arbeiter damit beschäftigt, First und Stösse abzutreiben, was mit grosser Sorgsamkeit zu geschehen hat, da die Sicherheit des ganzen weiteren Betriebes davon abhängt. Oft wird es auch nötig werden, vor Fortsetzung des Bohrens Holz zu setzen, und es ist dann wichtig, dass die ganze Belegung darauf geschult ist.

Das richtige Ineinandergreifen aller Arbeiten wird am besten durch eine gute Aufsicht gefördert. Um einen gleichmässig guten Fortschritt zu erzielen, muss ausserdem darauf gesehen werden, dass jedes Ort immer in einem bestimmten Zustande von einer Schicht auf die andere übergeht. Sonst greift leicht das dem Fortgange des Auffahrens schädliche Bestreben zwischen den einzelnen Schichten Platz, sich gegenseitig möglichst viel Arbeit zuzuschieben.

Die Gesteinsbetriebe erhalten einen besonderen Charakter, je nachdem seitens der Betriebsleitung der Nachdruck auf billiges oder auf rasches Auffahren gelegt wird. Nicht selten können nämlich durch ein beschleunigtes Auffahren für den ganzen Grubenbetrieb solche Vorteile erreicht werden, dass die Kostenfrage demgegenüber vollständig zurücktritt. Die Mittel, welche man für diesen Zweck zur Verfügung hat, sind starke Belegung, günstige Arbeitsbedingungen und die vollständigste Ausnutzung des Maschinenbohrens, welche ihrerseits mit einem verhältnismässig grossen Sprengstoffaufwand verbunden ist. Für gewöhnlich ist man statt dessen natürlich bestrebt, die Arbeitskraft jedes einzelnen Mannes ebenso wie die Kraft der Sprengstoffe auf das vollkommenste auszunutzen. Bei Bohrmaschinen und Spannsäulen sieht man dann in erster Linie auf leichte Handhabung, die den Arbeiter nicht abschreckt, sie umzustellen und die Löcher so anzusetzen, dass bei der Sprengung die günstigste Wirkung erzielt wird. Eine Vermehrung der angreifenden Kräfte über einen gewissen Grad hinaus verursacht selbst beim Handbetrieb eine gewisse Behinderung, die ein Sinken der Einzelleistungen zur Folge hat, und führt allmählich zu einer Grenze, wo sie aufhört, den Gesamteffekt zu erhöhen. Rascher Fortschritt kann demnach nur mit unverhältnismässigem Arbeitsaufwand erzielt werden. Bei einer gewöhnlichen Arbeit geht man daher über die Anwendung von zwei Maschinen kaum hinaus. Da die Breite der Strecke die Aufstellung von drei Säulen nur ausnahmsweise zulässt, müssen bei Verwendung von drei oder vier Maschinen meist zwei an einer Säule arbeiten, womit die Möglichkeit zur Umstellung der Säule ohne weiteres entfällt und die Bewegung der Maschinen auf der Säule beschränkt wird. Damit geht der Hauptvorteil der leichten Maschine verloren. Daher werden bei Eilbetrieben lieber schwere Maschinen benutzt, um durch grössere Bohrleistungen zunächst die erforderliche grössere Zahl der Löcher, eine Folge ihres weniger kunstgerechten Ansatzes, auszugleichen. Die Aufstellung und Bewegung dieser kräftigen Maschinen ist aber eine sehr schwere und zeitraubende Arbeit, weshalb bei Eilbetrieben die Bohrwagen trotz ihres hohen Preises vielfach Verwendung finden. Der Vorteil, dass die Maschinen fast in ihrer Arbeitslage gemeinschaftlich bis vor Ort gefahren werden, und dann einfach durch Kurbeln in die endgültige Stellung gebracht werden, tritt bei Verwendung von schweren Maschinen ganz besonders hervor und besteht nicht zum wenigsten darin, dass die Arbeiter nicht schon bei Beginn der Schicht überanstrengt werden. Die Festigkeit und Widerstandsfähigkeit der Aufstellung gegen Erschütterungen ist trotz der vier arbeitenden Maschinen die gleiche wie bei Säulen für zwei Maschinen. Mit Recht wird auch als ein Vorzug des Bohrwagens hervorgehoben, dass die Bohrmaschinen ständig auf dem Gestelle sitzen bleiben und infolgedessen sehr geschont werden. Das Heranfahren und Aufstellen des Meyerschen Bohrwagens erledigt sich ausserdem in der verhältnismässig sehr kurzen Zeit von 20 bis 30 Minuten. Allerdings kann der Bohrwagen nicht eher wieder vor Ort geschafft werden, als bis alles gefallene Gestein weggeräumt ist. Auch mit Säulen pflegt man aber, schon aus Gründen der Sicherheit, zweckmässig nicht anders zu verfahren. Eine Vorbedingung für Anwendung der Bohrwagen ist ein genügender Streckenquerschnitt, damit sie nicht während des Wegräumens die Bergeförderung behindern, oder um dies zu vermeiden, zu weit zurückgefahren werden müssen. Die insgesamt mit der Aufstellung der Maschinen verloren gehende Zeit wird für Eilbetriebe endlich noch dadurch verkürzt, dass man mit jeder einzelnen Aufstellung so weit wie möglich zu kommen sucht. Je tiefer man aber die Löcher bohrt, mit desto mehr Sprengstoff auf die Kubikeinheit der Vorgabe müssen sie geladen werden. Der Nachteil dieser grossen Ladungen liegt nicht einmal so sehr in der unter Umständen bedeutenden Mehrausgabe; das Unangenehmste ist vielmehr die Erschütterung des Gebirges. Zumal da die Stosslöcher von der gegebenen Säulenstellung aus etwas schräg in den zukünftigen Stoss hineinlaufen müssen, wird das Nebengestein durch grosse Ladungen leicht derartig zerklüftet, dass die betreffenden Baue fortwährend kostspieliger Reparaturen bedürfen.

Alle übrigen Arbeiten, so das Beräumen und Wegfüllen, werden bei beschleunigtem Betriebe in derselben Weise wie sonst, aber unter grösster Anspannung aller Kräfte durchgeführt. Hier besonders macht sich eine gute Aufsicht bezahlt, selbst wenn durch sie das Meter zunächst um 5 bis 6 M. verteuert werden sollte. Daneben sind verkürzte Schichtzeit — sechs Stunden vor Ort sind bei Eilbetrieben gewöhnlich — und ein mit den Leistungen der Arbeiter steigender Gedingesatz die am häufigsten angewandten Mittel, um die volle Kraft und das volle Interesse der Arbeiter für die Beschleunigung der betreffenden Auffahrung nutzbar zu machen.

2. Der Einfluss der Gebirgsverhältnisse.

Die Erfolge auch der bestgeleiteten Bohrbetriebe bleiben stets in hohem Masse von den natürlichen Verhältnissen vor Ort abhängig, unter denen die Härte und Festigkeit des Gesteins wohl eine sehr wichtige, aber im Ruhrrevier keineswegs immer die ausschlaggebende Rolle spielt. Ihr Einfluss macht sich vor allem auf die Bohrzeit geltend, da mit zunehmender Festigkeit nicht nur langsamer gebohrt wird, sondern auch mehr Bohrlöcher herzustellen sind. Ferner können die Löcher nicht so tief genommen werden; auf eine bestimmte Streckenlänge entfallen infolgedessen mehr Abschläge und entsprechend vermehren sich die mit den Vorbereitungen zu jedem neuen Angriff ein für allemal verbundenen Zeitverluste. Kommt es auf schnelles Auffahren an, so kann diesen Nachteilen durch Verwendung von mehr und kräftigeren Maschinen entgegengewirkt werden, wie denn überhaupt der maschinelle Bohrbetrieb und jede Beschleunigung desselben gegenüber dem Handbetrieb um so vorteilhafter wird, je fester das Gebirge ist. Denn je grösser der Anteil der gesamten Arbeitszeit ist, der auf das Bohren entfällt, um so besser bezahlen sich alle Mittel, die ihn verkürzen. Infolge der grösseren Zahl von Löchern, die ausserdem in kleineren Partien abzuthun sind, nimmt natürlich auch das Schiessen bei festem Gebirge etwas längere Zeit in Anspruch als bei mildem. Dagegen könnte es auffällig erscheinen, dass auch das Wegräumen von Sandstein merklich mehr Zeit kostet, als das von Schiefer. Es mag dies hauptsächlich daran liegen, dass Schiefer lockerer und in kleineren Stücken fällt und viel leichter auf die Schaufel zu bringen ist als Sandstein. Hieran und an der üblichen Verstärkung der Bohrkräfte bei festem Gestein liegt es, dass in der Praxis das Verhältnis von Bohrzeit zur Gesamtarbeitszeit bei verschiedenen Gesteinsarten annähernd dasselbe, nämlich etwa gleich 1 : 2 bleibt.

Neben der Festigkeit hat die Art der Schichtung des Gebirges einen grossen Einfluss auf das Vordringen, der sich beim Bohren und in der Wirkung der Schüsse bemerkbar macht. Es ist für die Wirkung der Bohrlöcher, wie für die Bohrarbeit selbst von Bedeutung, dass die Schichtflächen möglichst rechtwinklig überbohrt werden. Beim spitzwinkligen Ueberbohren der Schichten besitzt der Bohrer die schwer zu überwindende Neigung, an den Schichtflächen abzugleiten und sich festzuklemmen. Es ergab sich daraus ein grosser Unterschied für den Fortschritt bei zufallenden und abfallenden Schichten, solange ansteigende Löcher schwierig herzustellen waren. Heute sind diese aber auch bei Handbetrieb mittels des Schlenkerbohrens ebenso rasch abzubohren wie andere und ebensowenig besteht beim Maschinenbetrieb im allgemeinen ein Unterschied in der Herstellungsweise von nach unten gebohrten nassen und nach oben gebohrten trockenen Löchern. Nur bei Anwendung von Brandtschen Bohrmaschinen sind abfallende Schichten der Arbeit besonders günstig.

Anders ist es mit dem Grad der Neigung gegen die Horizontale. Je steiler die Schichten in Querschlägen stehen, desto mehr Ablösungsflächen stehen zu Gebote, an denen die Schüsse abheben können, und desto besser ist ihre Wirkung, was sich gewöhnlich in tieferen Abschlägen äussert. Liegen die Schichten ganz flach, so kommen die Schichtungsflächen für die Tiefenwirkung der Schüsse überhaupt nicht mehr in Betracht.

Dasselbe gilt unabhängig vom Einfallen von allen streichenden Gesteinsbetrieben, für die flache oder ganz steile Lagerung die günstigste ist. Dann ist die Spannung in den loszuschiessenden Schichten und ihr Verband mit dem Nebengestein am schwächsten, während sie mit wachsendem oder abnehmendem Fallwinkel bis 45° zunimmt.

Die Gesamtleistungen werden durch die Verschiedenheiten in der Schichtung bis zu 20 % beeinflusst. Bei Maschinenleistungen von 60—70 m pro Monat bedingt flache oder steilere Lagerung in Querschlägen gewöhnlich 10 m Unterschied. Zwischen den Auffahrungsleistungen in Querschlägen und Richtstrecken ergeben sich aber beim gleichen Einfallen oft noch grössere Abweichungen.

Das grösste Hindernis für rasches Vordringen im Gestein ist unter allen Umständen zu geringe Standhaftigkeit des Gebirges. Gebräches, von Klüften durchsetztes Gestein ist schon ein grosses Hindernis beim Bohren, da es zu zahllosen Klemmungen und Aufenthalten führt. Die Hauptschwierigkeit liegt indes im Ausbau. Es ist das günstigste für Bohrmaschinenbetrieb, wenn dieser mindestens 10 m vom Ort zurückbleiben kann, wo besondere Verbauer, meistens zwei Mann in einer Schicht täglich, ihn nachführen. Muss gleich bis vor Ort verbaut werden, so geht einmal die dafür benötigte Zeit verloren; doch liegt der Hauptverlust darin, dass die Sprengladungen erheblich leichter genommen werden müssen, um die Zimmerung so nahe vor Ort nicht wieder zusammenzuschiessen. Trotzdem und trotz starker Verbolzung der Zimmerung geschieht dies aber häufig genug doch, zuweilen mit der Folge, dass ein grosser Firstenbruch niedergeht, dessen Aufräumung ganze Schichten in Anspruch nimmt. Die Hauptursache für den Rückgang der Leistung, der ein Drittel und mehr betragen kann, bleibt aber die Verkürzung der Abschläge, welche infolge der kleinen Ladungen nötig wird. Besonders unangenehm kann bei streichenden Strecken eine gebräche Schicht oder gar ein Flötz im Hangenden werden. An einen beschleunigten Betrieb kann in solchen Fällen fast nie gedacht werden. Wo er trotzdem gewagt werden musste, hat man häufig Strecken von der anderthalbfachen der ursprünglich beabsichtigten Höhe erhalten, deren Kosten allein durch den vermehrten Bergetransport und den sorgfältigen Ausbau sich ins Ungewöhnliche steigerten. In vielen Fällen zwingt Gebirge von einer geringen Standhaftigkeit geradezu zur Handarbeit, die bei geringer Gesteinsfestigkeit oft vorteilhaft mit Handbohrmaschinen ausgeführt wird.

Bei nicht ganz standhaftem Gebirge tritt die Notwendigkeit zu verbauen gewöhnlich um so eher ein, je grösser der Querschnitt ist. Weite Querschnitte können aus diesem Grunde die Leistung beeinträchtigen, während umgekehrt enge Strecken das Hantieren der Arbeiter und die Wirkung der Schüsse stören.

Eine recht unangenehme Verzögerung der Arbeiten wird auch durch das Auftreten von Wasser verursacht. Grössere Wasserzuflüsse belästigen und stören in hohem Masse die Arbeiter, gleichzeitig aber, und das ist vielleicht noch nachteiliger, das flotte Arbeiten der Bohrmaschinen. Das Wasser nimmt das Oel von der Vorschubspindel weg und wird von der Kolbenstange in das Innere der Maschine mitgenommen. Die Maschine läuft dann heiss und arbeitet immer langsamer, wenn es nicht gar vorkommt, dass sich die Kolbenstange in der Führungsbüchse festklemmt.

3. Leistungen.

Berücksichtigt man, dass die natürlichen Arbeitsbedingungen vor Ort namentlich in Querschlägen oft von Woche zu Woche sich ändern, dass ferner selten zwei sonst ähnliche Arbeiten unter übereinstimmenden Betriebsverhältnissen beobachtet werden können, so erhellt, dass eine Vergleichung der Leistungen des Handbetriebes und der maschinellen Bohrarbeit nur in grossen Umrissen möglich ist.

Die Angaben der Gruben über die Leistung mit gewöhnlichen Handbohrern beim Streckenbetriebe schwanken, auf drei Drittel Belegung umgerechnet, zwischen 0,3 und 2 m täglich oder zwischen 8 und 50 m monatlich in Abhängigkeit von Gebirgsbeschaffenheit, Streckenquerschnitt und Höhe der Belegung. In besonders mildem Gebirge sind auch ausnahmsweise Leistungen von über 50 m erzielt worden, während in festem Sandstein oder gar Konglomerat Leistungen von nur 10 m häufig sind. In solchem Gestein wird man daher immer Maschinenbohren anwenden. Im Gebirge von mittlerer Festigkeit können Monatsfortschritte von 15—25 m als die Regel betrachtet werden.

Nach den Angaben der Gruben weisen die Maschinenbetriebe Fortschritte von 1,5—5 m täglich auf, bei Annahme von drei, beziehungsweise vier Drittel Belegung. Als Mehrleistung gegenüber dem Handbetrieb wird nie weniger als das Anderthalbfache, dagegen wiederholt das Sechsfache und in einem Falle sogar das Achtfache angeführt. Die sechsfache Leistung ergab sich unter anderm in hartem Sandstein auf den Zechen Herkules, Schlaegel und Eisen und Osterfeld, die achtfache auf Zeche Charlotte. Die höchsten Leistungen werden, wie leicht erklärlich, im allgemeinen von Unternehmern erzielt. Bemerkenswert ist z. B. ein Querschlagsbetrieb vom Jahre 1898 auf Zeche Rheinpreussen, bei dem das Gebirgsmittel von Flötz Sonnenschein abwärts bis zur Girondeller-Partie in flacher Lagerung durchörtert wurde und bei 6 qm Querschnitt 1150 m in zwölf Monaten fertig gestellt wurden. Ein anderer Unternehmer durchörterte dasselbe, ziemlich viel Sandstein führende Mittel auf Dannenbaum im Jahre 1895, indem er 1211 m doppelspurigen Querschlags in 13½ Monaten auffuhr, also eine durchschnittliche Monatsleistung von 89,7 m erzielte. Die wechselnde Beschaffenheit des Gebirges kam darin zum Ausdruck, dass die Monatsleistungen von 70 bis zu 122 m schwankten. Auch beim Auffahren eines doppelspurigen Abteilungsquerschlags auf der IV. Sohle der Zeche Consolidation I wurden i. J. 1897 Monatsleistungen von 119 m erreicht mit der bemerkenswert schwachen Belegung von je sechs Mann in drei Dritteln und zwei Verbauern in einer Schicht, allerdings bei gutem, standhaften Gebirge.

Als Zechen, die ohne Unternehmer hohe regelmässige Leistungen erzielten, mögen hier Shamrock und Hamburg u. Franziska genannt sein. Auf ersterer sind Monatsleistungen von 100 m vielfach erreicht, während auf Hamburg unter Verwendung eines Meyerschen Bohrwagens Monate hindurch im Schiefer regelmässig 100—120 m Querschlag aufgefahren wurden. Die auf vier Drittel anfahrende Belegschaft betrug dabei 32 Mann ohne Aufseher und Verbauer. Beim Antreffen eines sehr harten, grobkörnigen Sandsteins mit starken Wasserzuflüssen ist diese Leistung später auf die Hälfte heruntergegangen, doch ist der relative Erfolg der Maschinenarbeit hier vielleicht noch grösser als im Schiefer. Handarbeit würde unter ähnlichen Verhältnissen so gut wie vollständig versagen. Es sei hier bemerkt, dass mit der Brandtschen Maschine auf Schwerin auch in sehr festem Gestein Durchschnitts-Auffahrungen von 80 m vertraglich übernommen sind. In der Regel wird mit Maschinenarbeit bei ruhigem Betriebe und unter bescheidener Vermehrung der vor Ort thätigen Arbeiter anderthalb bis zweimal soviel geleistet als mit Handarbeit, bei einem Eilbetriebe aber das 3—4fache in mittelfestem, das 4—6fache in sehr festem Gestein.

Bei mildem Gestein tritt die Ueberlegenheit der Maschinenarbeit um so mehr zurück, je gestörter das Gebirge ist. In einem solchen Falle bietet sich oft eine sehr günstige Gelegenheit für die Verwendung von Handbohrmaschinen, die thatsächlich schon in einer grossen Reihe von Querschlagsbetrieben im Thon- und Sandschiefer mit Erfolg arbeiten. Solche Betriebe waren schon 1898 unter anderem auf den Zechen Zollverein, Vollmond, Hannover, Dahlbusch, Holstein und Concordia eingerichtet und zeigten bei sinkendem Gedingesatz Mehrleistungen von 25—60 % gegen Meisselbohrbetrieb. Beispielsweise stieg mit ihrer Anwendung auf Zollverein VI der Tagesfortschritt von 0,8 auf 1,25 m täglich. Auf Concordia werden in drei mit je drei Mann belegten Schichten monatlich 20—22 m aufgefahren, wo man bei Hand 17 m mit je vier Mann erreichen würde. Ausser dem grösseren Fortschritt wird die Schichtenzahl pro Meter fast auf sechs Zehntel vermindert und dabei können der zweite und der dritte Mann bei Verwendung der Handbohrmaschine noch Schlepper oder jüngere Leute sein, während die sogenannten Querschläger in jeder Beziehung zu den anspruchvollsten Bergarbeitern gehören. Auf Concordia steht nur eine Maschine vor Ort in Arbeit, die von zwei Mann gedreht wird, während abwechselnd der dritte Nebenarbeiten vorrichtet oder ausruht. Der Hauptvorteil liegt auch hier darin, dass weitere Löcher zur Aufnahme grösserer Sprengladungen gebohrt werden können und die Gesamtzahl der Löcher sich entsprechend verringert. Es erscheint sicher, dass auch die Handbohrmaschinen bei nicht allzueiligen Gesteinsarbeiten im Schiefer noch ein grosses Feld vor sich haben.

Auffällig ist es, dass die heutigen Höchstleistungen beim Maschinenbohren kaum diejenigen übertreffen, welche schon aus dem Anfang der 70er Jahre vorliegen, so die, welche 1877 auf Zeche Heinrich mit Meyerschen und um dieselbe Zeit auf Hamburg mit Sachsschen und auf Sieben-Planeten mit Beaumont-Maschinen erreicht wurden. Auf Heinrich betrug der Tagesfortschritt 1,7—2 m in konglomeratartigem Sandstein bei starken Wasserzuflüssen, auf Hamburg 4 m, während auf Sieben-Planeten Monatserfolge von 100 m zu verzeichnen waren, wo bei Handarbeit im Sandstein 10 m, im Schiefer 20 m nicht überschritten werden konnten. Es waren dies allerdings Betriebe, die bahnbrechend wirken sollten und mit äusserster Anspannung aller beteiligten Personen durchgeführt wurden.

4. Kosten.

Bei hohen Leistungen war in den 70er Jahren maschinelles Bohren noch mit sehr grossen Unkosten im Vergleich zur Handarbeit verknüpft. Die Maschinen waren sehr teuer, eine Sachs-Maschine kostete noch 1880 700 M., ein dazu gehöriges Gestell für zwei Maschinen 2000 M.; fortwährende Reparaturen waren unvermeidlich und vor allen Dingen war die Zahl derjenigen, die mit den Maschinen zu arbeiten verstanden, noch sehr beschränkt. Mit der Vervollkommnung der Maschinen und der allmählichen Ausdehnung ihrer Verwendung sanken die Kosten, wozu der Wettbewerb der verschiedenen Unternehmer untereinander in günstigster Weise beigetragen hat. In der Mitte der achtziger Jahre waren Unternehmerpreise von 180 M. und selbst im Anfang der neunziger Jahre solche von 130—140 M. für das Meter Querschlag keine Seltenheit. Heute stehen die Kosten des Hand- nnd Maschinenbetriebs im allgemeinen gleich. Sachverständige Leitung vorausgesetzt steigen sie unter gewöhnlichen Gesteinsverhältnissen nur bei Eilbetrieben zu Ungunsten der Maschinenarbeit, die aber in wirklich festem Gestein fast ausnahmslos nicht nur erheblich schneller, sondern auch bedeutend billiger arbeitet. Die Gedingesätze für Handbohren, welche den Sprengstoffverbrauch einschliessen, betragen von 40 bis zu 100 M., die in festem Sandstein häufig genug zu zahlen sind. Verwendung von Handbohrmaschinen führt in günstigem Gebirge immer zu einer Ermässigung der Gedinge, gewöhnlich um 10—25 %.

Die Kosten des Maschinenbohrens setzen sich aus einer ganzen Reihe von Ausgaben zusammen, unter denen die an die Arbeiter oder Unternehmer gezahlten Sätze allerdings weitaus die erste Stelle einnehmen. Der Gedingesatz berechnet sich einmal aus dem Tagesfortschritt und der Zahl der täglich beschäftigten Arbeiter, die im Durchschnitt etwa so viel verdienen müssen, wie gute Gesteinshauer, wenn sie auch teilweise wie jeder zweite Mann an der Maschine, weniger geübte Leute zu sein brauchen. In zweiter Linie umfasst der Gedingesatz den Sprengstoffverbrauch, der in der Regel doppelt so hoch ist, wie beim Handbohren, aber auch noch höher steigen kann. Gewöhnlich werden auf das Meter $7^1/_2$—$12^1/_2$ kg Dynamit im Werte von 10—20 M. verbraucht, bei sehr festem Gebirge und grossem Querschnitt selbst 20 kg. Häufig wird auf das Loch 1 kg Dynamit gerechnet. Der Verbrauch pro Meter ergiebt sich dann aus der Zahl der Löcher und der Tiefe der Abschläge.

Während nun die den Arbeitern gezahlten Gedinge nur die Herstellung der Löcher und den Sprengstoffverbrauch umfassen, übernimmt der Unternehmer auch die Stellung der Bohrmaschinen nebst allem Zubehör, wie Gestelle, Schläuche und Bohrer und sorgt für ihre Instanderhaltung. Die Kosten hierfür, sowie der Unternehmergewinn müssen im Preise Ausdruck finden. Von der Amortisation der Beschaffungskosten abgesehen, rechnen die Unternehmer für Maschinenreparaturen, den laufenden Ersatz von Schläuchen u. s. w. 3—10 M. auf das Meter, für Instanderhaltung und Schärfen der Bohrer und des Gezähes 1—2 M. Die Kosten dafür können aber auch noch grösser werden. Bei stark beschleunigten Arbeiten findet man, dass täglich eine oder bei festem Sandstein $1^1/_2$ Schmiedeschichten allein für das Bohrschärfen erforderlich sind. Um die Unternehmerpreise mit den Gedingesätzen bei eigener Ausführung der Arbeiten vergleichen zu können, müssen den letzteren daher für Beschaffung der Bohrmaschinen, für Reparaturen und Nebenarbeiten 8—15 M. zugezählt werden. Wird dies berücksichtigt, so stellen sich die Unternehmerpreise, in denen doch auch noch der Unternehmergewinn steckt, meist als verhältnismässig niedrig und zuweilen sogar als niedriger wie die Selbstkosten der Grube heraus, woraus meist die grössere Erfahrung des Unternehmers und seiner geschulten Arbeiter und Aufseher spricht. Doch sind auch die Arbeitsbedingungen für die Mannschaften der Unternehmer zuweilen andere, als sie die Grube ihren Leuten bieten darf.

Beim Vergleich mehrerer Arbeiten ist ferner noch zu berücksichtigen, dass zuweilen die Wegförderung der Berge auf grössere Entfernungen ins Gedinge mit aufgenommen wird. Auf 100 m Förderlänge kostet dies je nach dem Querschnitt 1—2 M., kann also das Gedinge ganz unabhängig von der eigentlichen Gesteinsarbeit wesentlich beeinflussen. Endlich ist oft der Gedingesatz für Arbeiter wie für Unternehmer von der erreichten

Leistung abhängig gemacht, in der Weise, dass desto höhere Metergelder bezahlt werden, je mehr Meter im Monat aufgefahren werden. Z. B. sind bei einem kürzlich begonnenen, sehr eiligen Querschlagsbetrieb, der Schiefer, aber auch recht feste Sandsteinbänke der mageren Partie zu durchörtern hat, die Vertragsbedingungen so festgesetzt, dass der Unternehmer für jedes Meter soviel mal 90 Pf. erhält, als Meter im Monat aufgefahren werden, daraus ergiebt sich für 75 m Querschlag ein Preis von 67,50 M., für 90 m ein solcher von 81 M. und für 100 m von 90 M. pro Meter. Die Mehrzahl der Maschinengedinge bezw. Unternehmerpreise liegt zwischen 50 und 70 M.

Stets von der Grube zu tragen sind die Kosten für Verzinsung und Amortisation der Druckluftanlage und der Rohrleitungen, sowie für den Betrieb der Kompressoren. In den meisten Fällen sind sie sehr schwer festzustellen, da die Druckluft in der Regel auch für andere Zwecke benutzt wird. Am ungünstigsten gestalten sie sich, wenn für einen einzigen wichtigen Betrieb eine besondere Anlage beschafft werden muss. Wo dagegen jährlich grosse Längen Gesteinsstrecken maschinell aufgefahren werden und Druckluftantrieb auch für andere Maschinen in umfangreichem Masse eingeführt ist, vermindert sich zumeist der Einfluss der Anlagekosten auf den einzelnen Betrieb in dem Masse, dass er mit 5 M. auf das Meter in der Regel gedeckt sein dürfte. Sehr unsicher ist auch die Feststellung der Betriebskosten, die sich aus den Kosten für Dampf, Wartung und die beim Kompressorbetriebe eine grosse Rolle spielenden Schmiermittel zusammensetzen. Namentlich die Dampfkosten einer Pferdekraft sind je nach den Verhältnissen so verschieden, dass dieser Teil der Ausgaben für jede Grube besonderer Berechnung bedarf.

Ein Vorzug, den der Maschinenbetrieb fast regelmässig vor dem Handbetrieb aufzuweisen hat, ist der Minderbedarf an Arbeitskräften. Dieser ist zwar nicht so gross, wie angenommen werden könnte, und kann bei beschleunigtem Betriebe im Schiefer fast verschwinden, doch dürften im Durchschnitt mit der Maschine 20 % an Schichten erspart werden, in hartem Sandstein selbst 50 und mehr Prozent. Dazu kommt noch, dass wie bei den Handbohrmaschinen nur ein Teil der Maschinenhauer, nämlich an jeder Maschine der Mann, der das Vorschieben besorgt, ein erstklassiger Arbeiter zu sein braucht. Der Bedarf an guten Gesteinsarbeitern die nur in recht beschränkter Zahl vorhanden sind, wird also durch beide Umstände ganz erheblich verringert, die vorhandenen guten Kräfte werden aber an der Maschine ganz anders nutzbar gemacht. Es darf wohl behauptet werden, dass Gesteinsarbeiten in dem heutigen Umfange ohne Maschinen schon wegen Mangels der nötigen Gesteinshauer nicht möglich sein würden.

Neben den raschen Fortschritten der Maschinenarbeit, welche die der Handarbeit um ein Vielfaches übertreffen, hat dieser Umstand am meisten dazu beigetragen, die Bohrmaschinen im Ruhrbezirk einzubürgern, wo sie heute für die Durchführung einer umfassenden Ausrichtung zu unentbehrlichen Hülfsmitteln geworden sind. Auf annähernd 100 Schachtanlagen sind sie bisher in Benutzung gekommen und es ist anzunehmen, dass die wachsende Bekanntschaft der Beamten und Arbeiter mit ihnen dazu beitragen wird, die Kosten noch weiter zu ermässigen, und so, mehr als bisher, auch die Wirtschaftlichkeit des Maschinenbetriebes seiner weiteren Verbreitung dienstbar zu machen. Mit gründlichen eignen Erfahrungen wird man auch Wege finden, um den schädlichen Einfluss der Maschinenarbeit auf das Nebengestein zu einem grossen Teile zu beseitigen, den zu vermeiden die Unternehmer kaum ein persönliches Interesse haben.

Neben dem Streckenbetrieb, auf den sich die bisherigen Angaben bezogen, treten die übrigen Gesteinsarbeiten, namentlich das Abteufen und Aufbrechen blinder Schächte in den Hintergrund. Gewöhnliches Handbohren ist bei ihnen die Regel und erst neuerdings beginnen Handbohrmaschinen sich beim Aufbrechen im Schiefer als recht brauchbar und nützlich zu erweisen. Mechanische Bohrmaschinen sind in derartigen Betrieben verhältnismässig umständlich aufzustellen. Ferner geht ihr Nutzen auch dadurch wieder verloren, dass der Ausbau meist bis dicht vor Ort beigehalten werden muss und dass es bedeutend mehr, als in Strecken, auf die Schonung der Stösse ankommt. Auch ist die Beseitigung der Maschine vor dem Schiessen lästig und zeitraubend. Ebenso wie beim Schachtabteufen wird man daher höchstens in festem Sandstein Bohrmaschinen zur Anwendung bringen. Mit Handarbeit kommt man in Aufbrüchen fast ebenso rasch vorwärts als in von Hand betriebenen Strecken, doch hat der Ausbau der meist $^1/_3$ bis $^1/_4$ der Zeit in Anspruch nimmt, eine entsprechende Verringerung der Monatsleistung zur Folge. Leistungen von 10—25 m sind die Regel.

Die Preise schwanken ausserordentlich und gehen von 38 bis zu 120 M. hinauf, wozu noch die hohen Beträge für den Ausbau treten. Bei dem erst sehr allmählich in Aufnahme gekommenem Aufbrechen bewirkt offenbar die verschiedene Erfahrung der Gruben grosse Unterschiede in den Kosten, wenigstens sind sie allgemein auf den Zechen, die, wie z. B. Consolidation, schon lange diese Betriebsweise eingebürgert haben, am niedrigsten.

2. Kapitel: Kohlengewinnung.

I. Die einzelnen Arbeiten bei der Kohlengewinnung.

Auch die Kohlengewinnung, das eigentliche Ziel des Kohlenbergbaus, dem Schachtabteufen und Streckenauffahren nur als Vorbereitung und Hülfsmittel dienen, kommt der Natur ihrer Ausführung nach auf die Herstellung von Hohlräumen hinaus, die in der Praxis je nach dem in Anwendung stehenden Abbauverfahren als Pfeiler, Strebe oder Stossörter bezeichnet werden. Diese durch die Auskohlung der Flötze gebildeten Räume sind als richtige Grubenbaue zu betrachten, da sie von dem Augenblick ihrer Entstehung an ihrerseits wieder der weiteren Fortsetzung der Arbeit dienen und für diese Zwecke eine bestimmte Zeit lang offen erhalten werden müssen. Daher muss die Lösung der Kohlen aus ihrem natürlichen Zusammenhang mit der Sicherung der dadurch entblössten Flächen Hand in Hand gehen. Beide Arbeiten werden von denselben Arbeitern, den Kohlenhauern ausgeführt, denen ausserdem das Nachführen und oft auch die Unterhaltung der Abbaustrecken obliegt. Bei manchen Abbauarten müssen sie auch den Bergeversatz selbst besorgen und ebenso bleiben die Schlepper, die zur Beförderung der Kohlen aus den Abbauen an die Bremsberge oder Stapel jeder Kameradschaft beigegeben sind in vieler Beziehung auf die Unterstützung der Hauer angewiesen. Alle die genannten Arbeiten müssen in gegenseitiger Rücksicht auf einander ausgeführt werden, wodurch oft die vorteilhafteste Ausführung im einzelnen, besonders bei der eigentlichen Hereingewinnung behindert wird. Der Anteil an der Gesamtarbeitszeit, welcher auf jede einzelne Thätigkeit entfällt, wechselt sehr mit den Verhältnissen, doch ist für die Beurteilung der Arbeitsleistung und des Wertes mancher Gewinnungsverfahren der Umstand hervorzuheben, dass die Hereingewinnung selbst durchaus nicht immer an erster Stelle steht.

Dagegen tritt oft ein natürlicher Ausgleich zwischen den einzelnen Thätigkeiten des Kohlenhauers in der Weise ein, dass bei gutem Dach und festem, wenig Zimmerung benötigendem Gebirge die Kohle schwer zu gewinnen ist, während leichte Gewinnbarkeit häufig die Folge starken Druckes ist, der mühsames und zeitraubendes Verbauen erfordert.

1. Die Arbeit mit Hacke und Keil.

Die Mittel, welche dem Bergmann zur Gewinnung der Kohle zur Verfügung stehen, sind im wesentlichen noch dieselben, wie vor 50 Jahren, nämlich die Handarbeit mit der Keilhaue und die Schiessarbeit. Erst in neuester Zeit beginnt man dem amerikanischen Beispiel folgend, der maschinellen Schrämarbeit näher zu treten.

Die Ausführung der Keilhauenarbeit umfasst, wie in anderen Bezirken, die mehr vorbereitenden Thätigkeiten des Schrämens und Kerbens, welche dem Einbruchschiessen bei der Gesteinsarbeit entsprechen und alsdann das Hereinhauen der durch Schrämen oder Kerben freigelegten Kohlenbänke. Geschrämt wird vornehmlich in den meist vorhandenen Schieferlagen, den sogenannten Schrämpacken, die für sich heraus zu arbeiten auch noch den Vorzug hat, die Verunreinigung der Kohle zu vermindern; in vielen Fällen muss aber der Schram in der Kohle selbst geführt werden. Unter Kerben versteht man die Herstellung eines schmalen Schlitzes im Flötz, rechtwinklig zur Schichtung, wodurch der seitliche Zusammenhang des herauszugewinnenden Kohlenstreifens mit der Hauptmasse des Flötzes gelöst wird.

Trotz mancher neu eingeführten Abarten hat sich für alle diese Arbeiten die alte, schon im Anfang des Jahrhunderts benutzte westfälische

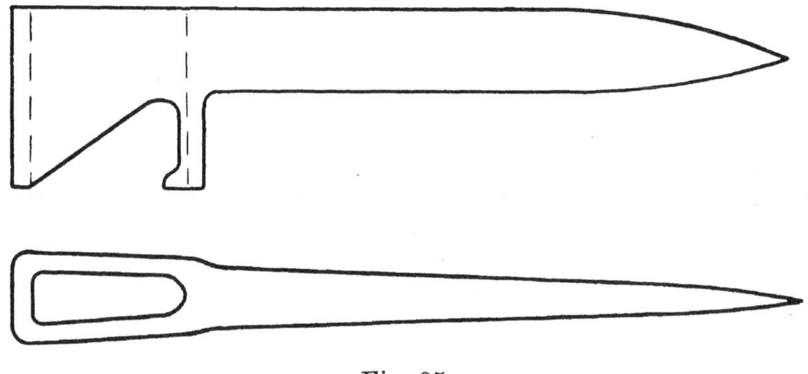

Fig. 35.

Keilhaue (Ruhrhacke).

Keilhaue noch in weitem Umfange im Gebrauch erhalten. Die obige, Karstens Archiv vom Jahre 1829 entnommene Abbildung einer Keilhaue (Fig. 35) ist noch heute für die sogenannte „Ruhrhacke“ zutreffend. Nur sind seit der Mitte des Jahrhunderts die eisernen Keilhauen mit eingeschweissten, stählernen Spitzen durch ganz stählernes Gezähe verdrängt worden. Die Grundsätze, nach denen eine Keilhaue geformt werden muss, sind seit Alters allgemein bekannt; sie kommen darauf hinaus, dass die Spitze genau rechtwinklig zum Helm stehen muss, damit eine rein keilende, keinesfalls aber eine biegende oder brechende Wirkung ausgeübt wird, die namentlich in harter Kohle sehr gering bleiben und mit sofortiger Abnutzung der Spitze verbunden sein würde.

Die neuesten Verbesserungen beschränken sich hauptsächlich auf die Vereinfachung des Transports der abgenutzten Keilhauen von der Arbeitsstätte zur Schmiede. Der erste Schritt hierzu war die Einführung der mit zwei gegenüberstehenden Spitzen versehenen »Kreuzhacken«, die in den 50er Jahren aus England herüberkamen. Die Zahl der für jeden Arbeiter erforderlichen Hacken wurde dadurch auf die Hälfte herabgesetzt. Auch wird der Kreuzhacke wegen der Ausgleichung des Gewichts ein ruhiges Liegen in der Hand nachgerühmt, was der zum Zuwachsen des Schrams führenden Neigung, die Spitze sinken zu lassen, mit Erfolg entgegenwirkt. Manche Gruben legen auch Wert darauf, dass der Arbeiter beim Zerkleinern grosser Stücke die Kohle mit der Kreuzhacke nur zerspalten, aber nie ganz zerschlagen kann. In engen Bauen und solchen mit dichter Zimmerung ist die Kreuzhacke dagegen hinderlich. Unter solchen Umständen sind auch Verwundungen durch die Mitarbeiter oder selbst durch die eigene Hacke nicht ausgeschlossen.

Eine weitere Vereinfachung und eine Erleichterung nicht nur für die Bergleute vor Ort, sondern auch für die Schmiedearbeiten bieten Anordnungen, bei denen die eigentliche Hacke vom Helm leicht gelöst und für sich zur Schmiede geschickt werden kann. So ist z. B. das Vorderende des Helms mit einer sich nach vorn etwas erweiternden stählernen Hülse umgeben, auf welche die eigentliche Hacke über den Stiel aufgeschoben wird, um dann mit einigen auf das Kopfende des Helms ausgeübten Stössen festgetrieben zu werden. Hülse und Hacke müssen in jedem Falle besonders zu einander verpasst sein. Eine andere Konstruktion verzichtet ganz auf die Hülse. Hier ist das Helm selbst konisch verdickt und die Hacke mit einem entsprechenden Auge versehen. Helm und Auge müssen für diesen Zweck genau nach Kaliber gearbeitet sein, was bei dem Helm durch die modernen Holzbearbeitungsmaschinen ermöglicht wird. Es kann dann jede Hacke ohne weiteres auf jedem Helm befestigt werden. Zur Prüfung der Lieferungen ist auf den mit solchen Hacken ausgerüsteten Gruben stets ein Normaldorn vorhanden. Auch wenn das Helm abbricht, ist das in der Hacke bleibende Kopfende mit Leichtigkeit zu entfernen, während es bei den älteren Hacken meist ausgebrannt werden musste.

Noch mehr als bei der Kreuzhacke ist das auszuwechselnde Gewicht bei den Hacken mit Einsatzspitze verringert, die bei den Bergleuten unter der Bezeichnung »Pinnhacke« etwa seit 1865 Eingang gefunden haben. Bei ihnen bleibt auch das Blatt der Hacke auf dem Helm sitzen und nimmt in einer meist konischen Vertiefung die 10—15 cm lange, leichte Einsatzspitze auf, die durch den Gebrauch selbst festgetrieben, und nachdem sie stumpf geworden, nötigenfalls durch einen Keil herausgeschlagen wird. Neuerdings erhält das Einsatzende der Spitzen trapezförmigen Querschnitt und wird nur mit dem unteren Teile des letzteren in einen oben offenen Schlitz eingeschoben. Die Einsatzspitze lässt sich dann ohne Keil mit jedem beliebigen Gegenstande wieder herausschlagen.

Das Gewicht der Keilhaue richtet sich nach ihrer Bestimmung. Die leichtesten werden zum Schrämen gebraucht. Da bei dieser Arbeit die Kohle in voller Spannung steht, lässt sie sich nur in kleinen Stücken gewinnen, die am besten mit scharfen Schlägen einer leichten, spitzen Hacke losgelöst werden; eine solche kann der Arbeiter in seiner unbequemen Lage auch am besten regieren. Neben leichten Kreuzhacken im Gewicht von 1,2 kg werden daher zum Schrämen ihres geringen Gewichtes wegen gerne Pinnhacken benutzt. Wo es auf einen sehr niedrigen Schram ankommt, bedient man sich auch des belgischen Schrämeisens, welches aus einer in eine hackenförmige flache Platte ausgeschmiedeten und mit Holzgriff versehenen Stahlstange besteht. Es steht z. B. auf Rhein-Elbe, Prosper und Wilhelmine Victoria in Anwendung.

Zu den Helmen für die Schrämhacken, welche bis zu 2 m lang sind, wird das gut federnde Eschenholz gewählt, doch findet sich auch das sonst allgemein übliche amerikanische Hickoryholz. Aus denselben Gründen wie beim Schrämen nimmt man auch zum Kerben gern leichte Hacken, besonders Pinnhacken. Kreuzhacken sind für diese Arbeit weniger beliebt.

Leichte Hacken werden endlich allgemein in niedrigen Flötzen benutzt, deren Gewinnung ja oft der Schrämarbeit nahekommt. Die schweren Kreuzhacken im Gewicht von 2,5 kg und die alten Ruhrhacken werden von den körperlich durchschnittlich kräftigen Bergarbeitern beim Hereinhauen unterschrämter Kohlenbänke oder in mächtigen Flötzen bei der Arbeit im Ganzen vorgezogen, sobald die Raumverhältnisse ihnen gestatten, ihre Kraft voll auszunutzen.

Eine grosse Rolle spielt aber immer die Gewöhnung. Viele Gruben überlassen es daher ganz den Arbeitern, welche Art von Hacke sie verwenden wollen; manche von diesen besitzen auch ihr eigenes Gezäh, an dem sie festhalten. Andere Gruben haben wieder Einheitsgezähe eingeführt und gefunden, dass nach längerer Gewöhnung die Leute auch mit einem ihnen ursprünglich fremden nnd unwillkommenen Gezäh wieder dasselbe leisteten wie früher. So hat die Gelsenkirchener Bergwerksgesellschaft auf ihren sämtlichen, unter den verschiedensten Verhältnissen arbeitenden Gruben dasselbe Gezähe eingeführt, eine Steinhacke, eine schwere und eine leichte Kreuzhacke und eine Pinnhacke, welch letztere indes nur auf einigen Gruben häufiger angewandt wird. Aus dieser Einheitlichkeit ergeben sich grosse Vorteile bei der Materialbeschaffung und im Betriebe: die einzelnen Gruben können sich im Notfall aushelfen, die Materialreserve kann kleiner sein und jeder Arbeiter, der von einer Zeche auf die andere verlegt wird, findet sofort das ihm geläufige Gezähe wieder vor. Im einzelnen ist die

Einheitlichkeit des Gezähes von der Gelsenkirchener Gesellschaft auch in der Weise noch durchgebildet, dass alle Gezähstücke mit Ausnahme der schweren Steinhacken mit dem gleichen konischen Auge versehen sind. Es brauchen deshalb nur zwei verschiedene Arten von Helmen gehalten zu werden und der Arbeiter in der Grube braucht ausser für die Steinhacke nur ein Reservehelm zu haben, das er, je nach Bedarf, für die Kreuzhacke, die Pinnhacke oder das Beil verwenden kann.

Statt des Hereinhauens der unter- oder überschrämten Kohlenbänke mittels der Hacke, ist in manchen Revieren noch die Hereintreibearbeit gebräuchlich. Man bedient sich dazu des Fimmels, eines langen, etwa 4,75 kg schweren Keiles mit breiter Schneide und eines etwa ebenso schweren Treibfäustels. Die in wenig mächtigen Flötzen sehr beschwerliche Hereintreibearbeit war früher in viel grösserem Umfange verbreitet, als heute. Meist ist sie durch die Schiessarbeit ersetzt worden.

Verschiedentlich hat man aber auch gerade mit der Absicht, die Schiessarbeit entbehrlich zu machen, Versuche mit Vorrichtungen angestellt, die eine bessere Ausnutzung der auf den Keil ausgeübten Arbeitskraft versprechen. So wurden auf den Zechen Helene, Nachtigall, Erin und Mansfeld in den Jahren 1894/96 die englischen Brechkeile der Harly Pick Compagnie erprobt. Ihre Anwendung setzte zunächst die Herstellung eines 55 mm weiten Bohrlochs von der Tiefe des Schrams voraus. In dieses wurden halbrunde Legekeile mit dem stärkeren Ende nach vorn eingeführt, zwischen die alsdann ein zweites Paar flacher Keile eingetrieben wurde. Der Querschnitt dieser vier Keile bildete einen vollständigen Kreis. Brach die Kohle durch das Eintreiben des zweiten Keilpaares nicht herein, so konnte noch ein dritter Plattkeil eingetrieben werden. Die Leistungen der Arbeit waren sehr von der Beschaffenheit des Flötzes abhängig, blieben aber besonders bei zäher Kohle weit hinter denen der Schiessarbeit zurück und haben nirgends zur dauernden Einführung des Keiles geführt. Dasselbe gilt von dem etwas später auf den Zechen König Ludwig, Mont-Cenis und Shamrock I/II versuchten sogenannten Gesteinsbrecher der Firma François, einer ähnlichen Konstruktion mit Backenkeilen. Das Eintreiben eines flachen Mittelkeiles geschieht hier nicht mit dem in steiler Lagerung oft schwer zu handhabenden Fäustel, sondern mit einem kleinen Rammbär, der auf einer an den Mittelkeil angeschweissten viereckigen Gleitbahn mittelst einer über eine Leitrolle geführten Schnur hin- und herbewegt wird und gegen einen Bund zwischen Keil und Gleitbahn schlägt.

Die günstigsten Ergebnisse hat noch der Heisesche Keil der Firma Korfmann in Witten aufzuweisen, der aus einer mechanisch sehr wirksamen Verbindung von Keil und Schraubenspindel besteht (Fig. 36a—e). Der etwa 1 m lange mittlere Hauptkeil a ist glatt durchbohrt und an seinem spitzen Ende gabelförmig ausgeschnitten. In der Bohrung bezw. dem Schlitz liegt eine Spindel b, die mit zwei am unteren Ende befindlichen Ansätzen c in die beiden Keilbacken eingreift, welche den Mittelkeil zu einem Cylinder ergänzen und in Schienen an ihm geführt werden. Durch Anziehen einer Mutter d mittelst einer gewöhnlichen Bohrknarre kann nun der mittlere Keil auf der Spindel nach vorn gepresst werden, wobei er die Seitenkeile auseinanderdrückt. Stösst der mittlere Keil gegen

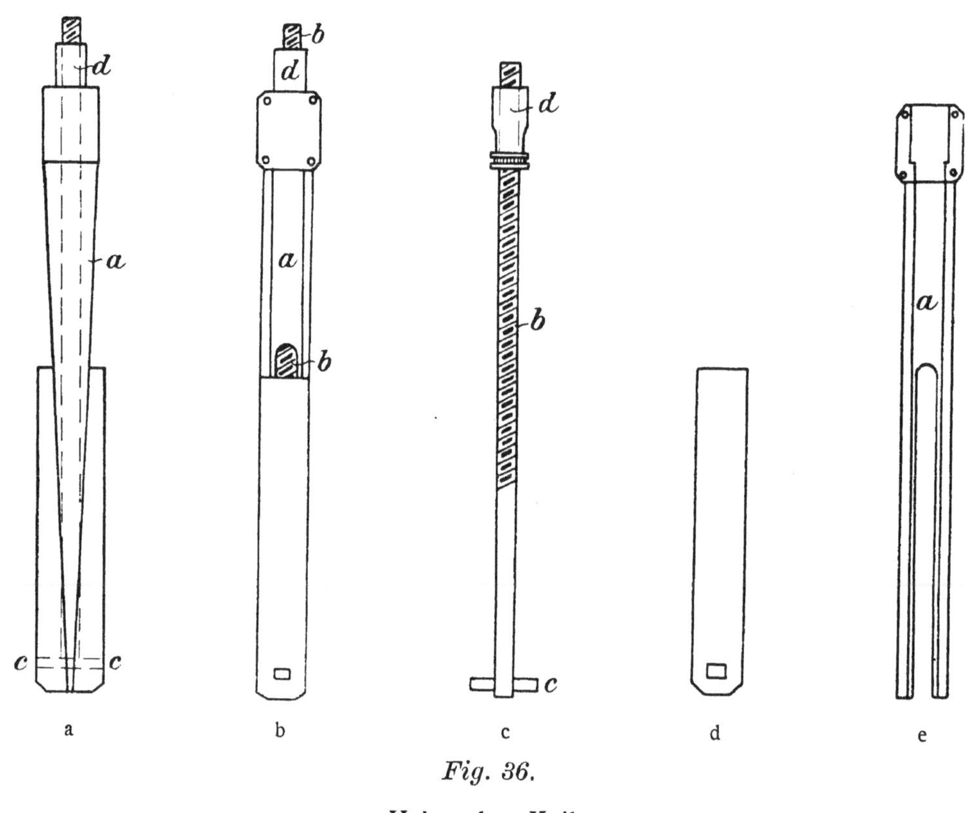

Fig. 36.

Heisescher Keil.

die Bohrlochsohle, so zieht die Spindel bei weiterem Anziehen der Mutter die Aussenkeile so lange nach vorn, bis die Kohle abbricht. Bei dem grossen Durchmesser des Apparats ist die Herstellung von 100 mm weiten Bohrlöchern mittelst eines besonderen Schlangenbohrers und der gewöhnlichen Handbohrmaschine notwendig, was sich nur in der Kohle ermöglichen lässt. Auch das hohe Gewicht des Heiseschen Keils ist in steiler Lagerung hinderlich. Versuche auf Kaiserstuhl, Germania und Mansfeld haben wegen zu weicher Kohle, in die sich der Apparat beim Anziehen hineindrückte, nicht zu der Einführung desselben geführt. Dagegen wurden auf Hibernia bessere Ergebnisse erzielt, wennschon es auch hier zu einer umfassenden Verwendung des Heiseschen Keils nicht gekommen ist.

2. Die Schiessarbeit.

Die Schiessarbeit in der Kohle, welche wirtschaftlich der Keilarbeit weit überlegen ist, unterscheidet sich nur wenig von der im Gestein üblichen. Das Bohren der Löcher geschieht jetzt fast ausschliesslich mit dem Schlangenbohrer und ist bei harter Kohle, in der naturgemäss am meisten geschossen wird, durchaus keine leichte Arbeit. In der Gaskohle, welche im allgemeinen am härtesten ist, kann die Herstellung eines Loches eine Stunde und länger dauern. Man lässt daher häufig den Lochdurchmesser auf das geringst mögliche Mass hinuntergehen. Auf Graf Bismarck, Ewald und einigen umliegenden Zechen bedient man sich zur Erleichterung eines eisernen »Bohrknechts« (Fig. 37), der über die Schulter des rückwärts

Fig. 37.

Bohrknecht.

sitzenden oder stehenden Mannes gelegt wird und den Bohrer trägt. Durch ihn kann der ganze Druck des Körpers auf den mit einem Bund versehenen Bohrer übertragen werden. Mit der Vorrichtung lässt sich auch zweimännisch bohren, indem der eine Mann nur gegendrückt, während der andere dreht. In sehr harten Flötzen, wo man sich früher nicht selten genötigt sah, zum Meisselbohrer zu greifen, aber auch allgemein da, wo viel in der Kohle gebohrt werden muss, gelangen in steigendem Masse Handbohrmaschinen zur Anwendung. Manche Gruben in der Gas- und Gasflammkohlenpartie besitzen mehrere Hunderte davon, zum Beispiel Ewald, Rhein-Elbe, Nordstern u. a. m.

Da die Maschinen äusserst leicht und beweglich sein müssen, auch leicht verloren gehen oder verkommen, können sich als Kohlenbohrmaschinen nur die einfachsten Vorrichtungen bewähren, wie sie am besten auf der Grube selbst aus einem Holzgestell, einer Mutter und einer Spindel zusammengestellt werden. Für verschiedene Härtegrade der Kohle muss man dann allerdings Maschinen mit verschiedenen Gewindehöhen bauen (vergl. oben unter »Gesteinsarbeiten«). Gewöhnlich hat man es aber bei der flachen Lagerung der Gaskohlen in jeder Steigerabteilung nur mit einem Flötze von gleichmässiger Härte zu thun.

Von einzelnen wenig mächtigen, aber sehr festen Flötzen wird wohl nicht mit Unrecht behauptet, dass sie erst durch die Bohrmaschine gewinnbar geworden seien.

Als Sprengmittel war lange Zeit hindurch bei der Kohlenarbeit ausschliesslich Schwarzpulver in Gebrauch. Die verhältnismässig langsame Wirkung des Pulvers wurde dabei als ein Vorzug geschätzt, da sie zur Erhöhung des Stückkohlenfalls beitrug, während das später besonders vor nasser Arbeit eingeführte Dynamit die Kohle zu sehr zertrümmert und in viel höherem Grade der Zimmerung gefährlich wird. Allerdings giebt es auch einige Flötze, die seitens der betreffenden Betriebsleitungen wegen ihrer ungewöhnlichen Härte nur bei Anwendung von Dynamit für gewinnbar erklärt werden.

Sowohl Dynamit wie Pulver haben aber in den letzten Jahren in steigendem Masse den neueren Sicherheitssprengstoffen Platz machen müssen, deren Zusammensetzung die bei Anwendung von Dynamit und Pulver vorhandene Gefahr beseitigt, dass durch den Schuss Schlagwetter oder Kohlenstaubansammlungen zur Explosion gebracht werden können.

War auch bisher schon den Schlagwetter- und Kohlenstaub-gefährlichen Betrieben die ausschliessliche Verwendung von Sicherheitssprengstoffen bergpolizeilich auferlegt, so ist ihre Anwendung vom 1. Januar 1902 ab im ganzen Bezirk allgemeine Vorschrift. Pulver darf von diesem Termin ab gar nicht mehr, Dynamit nur noch bei Durchörterung von Flötzstörungen und in besonders nassen Betrieben mit Genehmigung des Revierbeamten gebraucht werden, soweit das Oberbergamt nicht besondere Ausnahmen zulässt.

Zu den bei der Kohlenarbeit im hiesigen Bezirk am meisten eingeführten Sicherheitssprengstoffen gehören das Kohlenkarbonit, welches hauptsächlich an die Stelle des Pulvers tritt nnd das Roburit, Dahmenit und Westfalit für etwas stärkere Sprengwirkungen (vergl. Abschnitt »Sprengstoffe«). Die Erhöhung der Gewinnungskosten durch die Einführung der neuen Sprengmittel ist bei den heutigen Sprengstoffpreisen, soweit nicht andere Auslagen damit verknüpft sind, meist nicht sehr wesentlich, kann jedoch in Flötzen mit ausgedehnter Sprengarbeit immerhin bemerkbar werden. Unangenehm ist es zuweilen, die grösseren Bohrlöcher für die in stärkeren Patronen gelieferten Sicherheitssprengstoffe herzustellen.

3. Bohr- und Schrämmaschinen zur Herstellung von Durchhieben.

Für einige besondere Fälle der Kohlenarbeit wird die Herstellung sehr tiefer und weiter Bohrlöcher von Bedeutung, so namentlich für die Herstellung der schwebenden Pfeilerdurchhiebe. Diese kommen beim Pfeilerbau der Wetterführung wegen ständig in grosser Zahl zur Ausführung, sind indes ebenso mühsam in der Herstellung, wie explosionsgefährlich, denn auch mit guten Bewetterungsmitteln ist es schwer, den obersten Teil des Ueberhauens von Schlagwettern ganz frei zu halten. Man hat daher schon früh versucht, die Wetterverbindung einfach durch ein weites Bohrloch zu bewirken, zum mindesten aber dem Ueberhauen ein Bohrloch vorhergehen zu lassen, das dem leichten Grubengas den Abzug nach oben ermöglicht und das eigentliche Aufhauen ohne umständliche und kostspielige Bewetterungsvorrichtungen auszuführen gestattet.

Zum ersten Male sind, soweit nachweisbar, Ueberhaubohrmaschinen i. J. 1852 auf der Zeche Ver. Bickefeld zur Anwendung gekommen. Wie alle späteren Konstruktionen war auch die dort gebrauchte für drehendes Bohren und Handbetrieb eingerichtet. Die Aufstellung war noch äusserst einfach, sie erfolgte mittelst einer gewöhnlichen Wagenwinde, die Drehung ohne Uebersetzung durch ein Handrad. Dagegen zeigte das Bohrwerkzeug schon die später allgemein angenommene Form des stufenförmig verjüngten Bohrkopfes, dessen Stufen mit Schneiden besetzt oder zu Schneiden ausgebildet sind, so dass über die ganze spitz zulaufende Grundfläche des Bohrlochs eine schabende Wirkung ausgeübt wurde. Weitere Verbreitung erhielt die Ueberhaumaschine indes erst, als in den siebziger Jahren eine ganze Anzahl besserer Bauarten aufkam, unter denen als jetzt noch häufig in Gebrauch, die von Rosenkranz, Heintzmann & Dreyer, Munscheidt und Hussmann genannt sein mögen. Die Verbesserungen betrafen hauptsächlich die Aufstellung der Maschine, das Vordrücken des Gestänges gegen das Bohrlochtiefste und die bessere Ausnutzung der Kraft des Arbeiters durch handlichere Anordnung der Maschinenteile, welche zur Ausführung der Drehung dienen. Zum Teil wird das Gestänge wie bei Heintzmann & Dreyer und Hussmann durch eine Mutter hindurch gedreht, zum Teil wird der Druck nach vorn durch eine Feder erzeugt, während bei der Rosenkranzschen Maschine (Fig. 38) der Druck dadurch ausgeübt wird, dass eine Hülse durch Aufwinden einer Kette auf eine Trommel allmählich nach vorn gezogen wird. Zwischen den Fuss der Hülse und das darin ruhende Gestänge ist eine Feder eingeschaltet. Ein besonderer Rahmen gestattet, der Rosenkranz-Maschine trotz horizontaler Fussplatte jede beliebige Richtung zu geben, während die anderen Maschinen meist in der jeweils erforderlichen Richtung durch besondere Stempel festgehalten werden müssen. Die Maschinen von Hussmann

(Fig. 39) und Wegge & Pelzer unterscheiden sich dadurch von den übrigen, dass sie beide für Kernbohren eingerichtet sind. Ein kurz hinter dem ringförmigen Schneidewerkzeuge folgender centraler Schlangenbohrer zertrümmert den Kern, wie er sich bildet, so dass die einzelnen Stücke im Bohrloch herunterfallen können.

Fig. 38.

Bohrmaschine von Rosenkranz.

Natürlich können mit allen Maschinen Bohrlöcher der verschiedensten Durchmesser hergestellt werden, doch hat man 50 cm nicht überschritten. Die Leistungen sind ausser von der Bohrlochsweite noch von der Härte der Kohlen und etwaiger Einlagerungen, besonders aber von dem Einfallen des Flötzes abhängig. Bei flachem Einfallen — als Grenze wird 55^0 angegeben — fällt das Bohrmehl nicht mehr von selbst aus dem Bohrloch heraus. Es muss deshalb immer wieder das Bohrgerät herausgezogen werden, um das Bohrmehl entfernen zu können. Bei steilerem Einfallen kommen die erzielten Durchschnittsleistungen im allgemeinen darauf hinaus, dass mit drei, bei einzelnen Maschinen auch nur zwei Mann Bedienung Pfeiler von 8—15 m Höhe in einer Schicht mit 30—40 cm Lochdurchmesser durchbohrt werden.

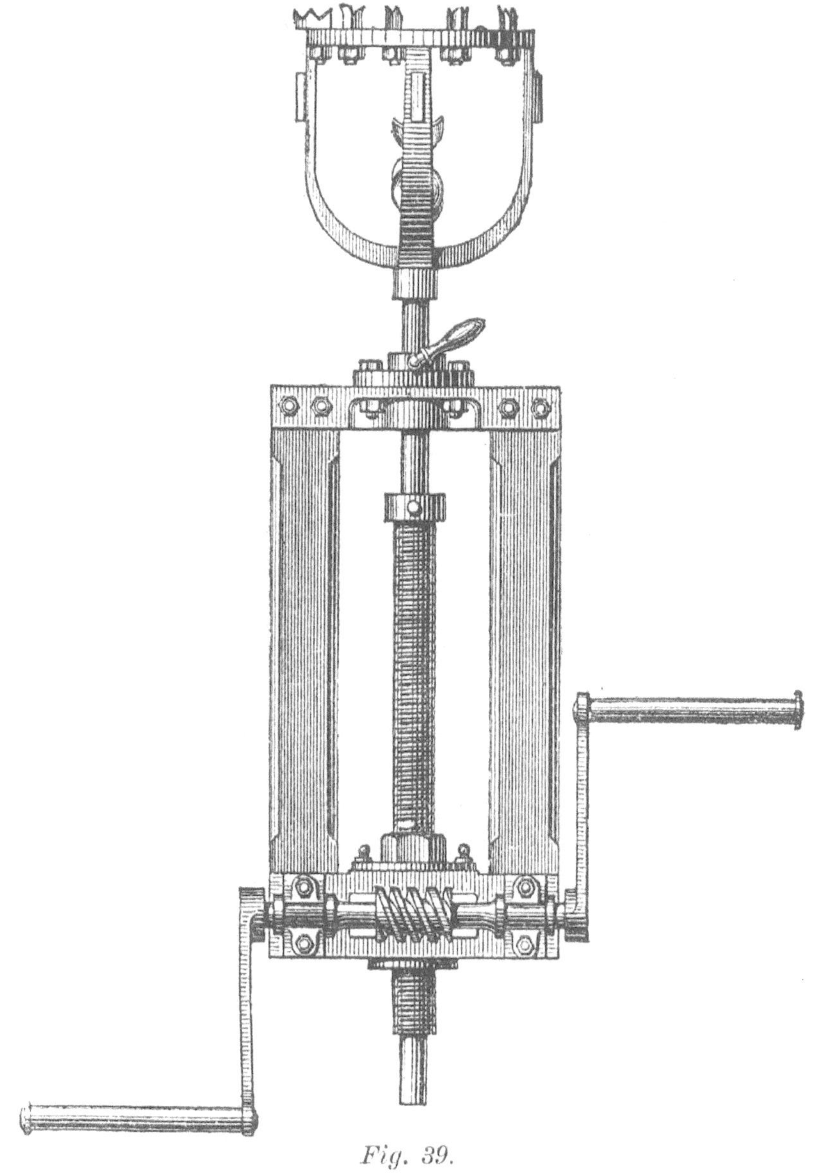

Fig. 39.

Kohlenbohrmaschine von Hussmann.

Seit Erlass der Bergpolizeiverordnung von 1887, die für Ueberhauen einen Querschnitt von 1 qm vorschreibt, ist es nun aber unmöglich geworden, mittels Bohrmaschinen gleich die fertige Wetterverbindung

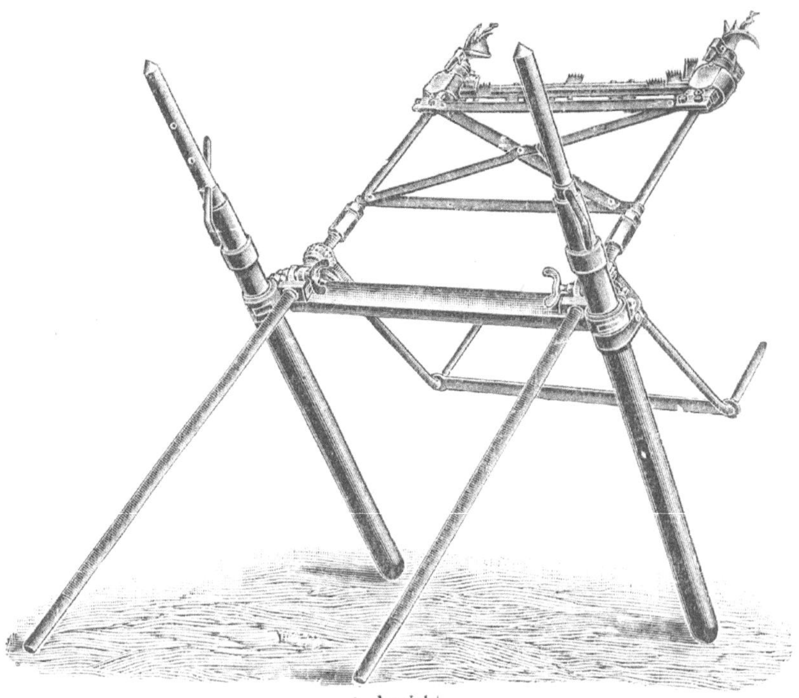

a. Ansicht.

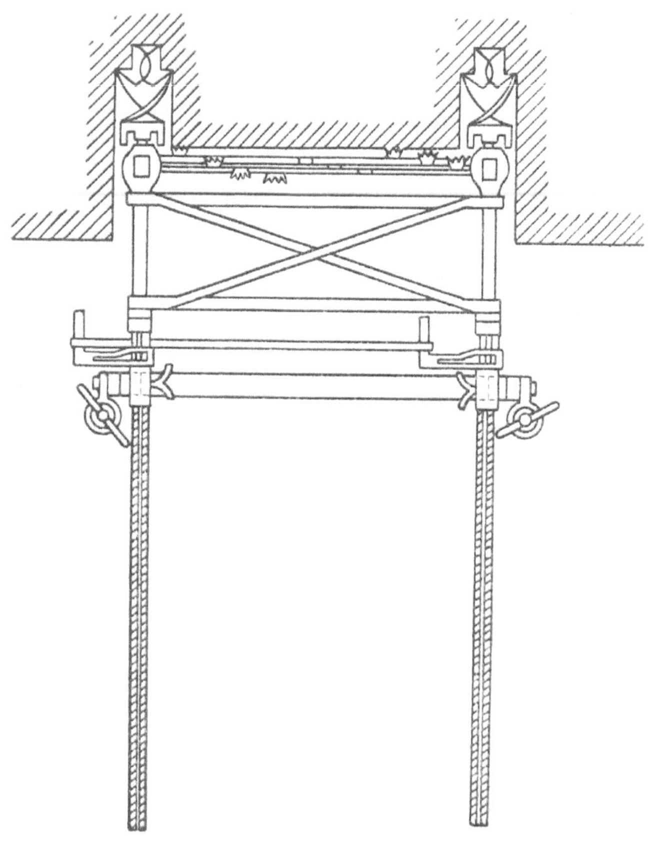

b. Grundriss.

Fig. 40.

Schrämmaschine von Sommer.

herzustellen. Man ist deshalb seitdem wieder auf Vorbohren mit kleinem Durchmesser zurückgekommen, welches insofern auch bergpolizeilich noch immer eine Erleichterung darstellt, als es von der sonst nötigen Beschaffung zweier Wetterwege in den Aufhauen entbindet, sobald nur die Offenhaltung des Bohrloches gewährleistet ist. Zu diesem Vorbohren mit 100 bis 200 mm Durchmesser bedient man sich zum Teil noch der ehemaligen Ueberhau-Bohrmaschinen, zum Teil begnügt man sich aber auch mit ganz einfachen Vorrichtungen, Schlangenbohrern mit breiter Schneide und verlängerbarem Gestänge. Selbst stossendes Bohren mit gewöhnlichen Meisselbohrern unter Ausgleich des Gestängegewichts ist auf einigen Gruben, z. B. Rheinpreussen, beim Vorbohren eingeführt. In jüngster Zeit werden sehr viel die kräftigeren Handbohrmaschinen unter Verwendung eines entsprechenden Bohrkopfes auch zum Vorbohren benutzt. Einige Fabrikanten haben sie zu dem Zweck noch besonders ausgebildet und zum Beispiel Spindel, Gestänge und Bohrer für Wasserspülung durchbohrt; so hofft man auch in flacher Lagerung das Verfahren durchführen zu können, das nicht nur für die Herstellung von Ueberhauen, sondern allgemein zur Sicherung gegen Wasser oder schlechte Wetter von grosser Bedeutung ist.

Ein neuer Gedanke besteht darin, das Vorbohren der Ueberhauen durch Vorschrämen zu ersetzen und so die Herstellung eines provisorischen Wetterdurchlasses mit der Erleichterung der Arbeit des Aufhauens zu verbinden.

Die für diesen Zweck gebaute Sommersche Schrämmaschine (Fig. 40a und b) besteht aus zwei in einer Entfernung von 1 m durch einen Rahmen parallel geführten Bohrern, zwischen denen eine mit Schneidewerkzeugen versehene Schrämwelle angeordnet ist. Die Schrämwelle wird durch Kegelräder in Umdrehung versetzt, wenn die Bohrer durch die Muttern der Spannsäulen mit Hülfe zweier zwangläufig verbundener Knarren gleichmässig hindurch gedreht werden. Zwischen die Bohrspindeln und die Maschine wird beim Vorrücken der Arbeit nach Bedürfnis Röhrengestänge eingeschaltet, womit das Durchbohren von 20 m hohen Pfeilern ermöglicht wird. Die Höhe des Schrams beträgt 75 mm Mit zwei bis drei Mann sollen 1 bis 2 qm in der Stunde geschrämt werden. Bei Motorenbetrieb soll sich die Leistung noch erhöhen. Versuche auf Zeche Langenbrahm haben trotz einzelner guter Ergebnisse die Einführung der Maschine nicht zur Folge gehabt.

Auch die Korfmannsche Schrämmaschine (Fig. 41) gestattet einen niedrigen Schram von geringer Breite mehrere Meter weit vorzubringen und selbst Pfeiler zu durchschrämen. Den arbeitenden Teil bei ihr bilden fünf mit ihren Schneiden etwas übereinander greifende Schlangenbohrer, die hinter den Schneiden durch starr mit einander verbundene

Hülsen geführt werden. Der Antrieb aller fünf Bohrer erfolgt durch eine Bohrspindel unter Vermittlung von Zahnrädern. Die Bohrspindel ihrerseits wird durch eine in einem Gestell verlagerte Mutter vorgedreht. Verlängerungsstücke können eingesetzt werden. Die Maschine ist unter anderm auf den Zechen Mansfeld und Hibernia in Thätigkeit gewesen, hat aber bisher noch keine befriedigenden Ergebnisse geliefert.

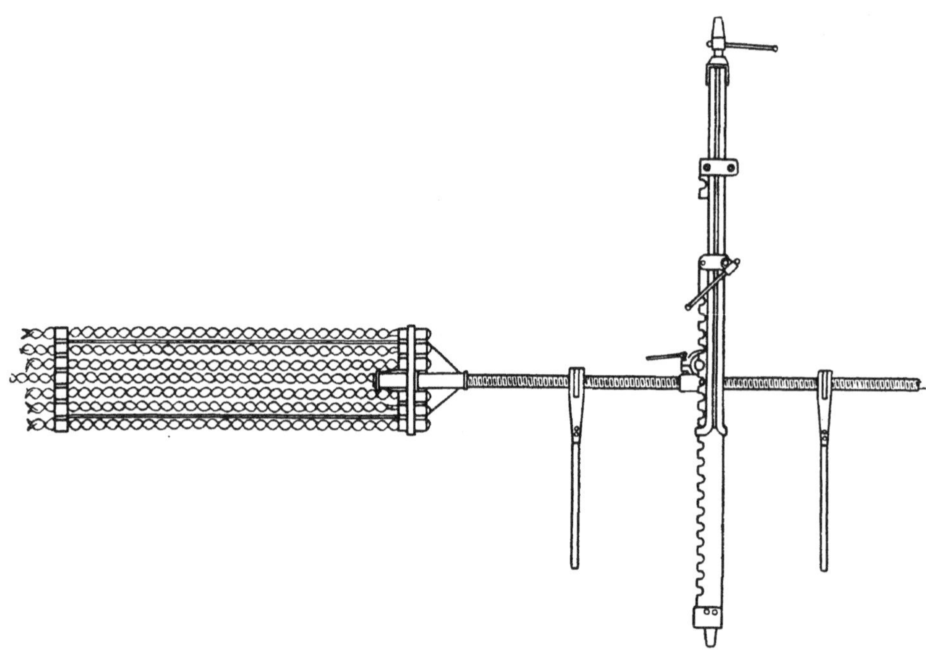

Fig. 41.

Schrämmaschine von Korfmann.

II. Das Verfahren bei der Kohlengewinnung.

1. Die Berücksichtigung der natürlichen Verhältnisse.

Wenn auch die Ausbildung der einzelnen Gewinnungsarten ihren heutigen Stand im grossen und ganzen schon vor Jahrzehnten erreicht hatte, so hat doch die Kunst, durch zweckmässige Anwendung dieser Mittel und durch geschickte Benutzung der natürlichen Verhältnisse die Kohle mit möglichst geringem Arbeitsaufwande und in guter Beschaffenheit, das heisst rein und stückreich zu gewinnen, in neuerer Zeit noch manche Fortschritte gemacht. Vor allem geht man heute mehr wie früher mit Ueberlegung darauf aus, die Hauptarbeit bei der Hereingewinnung dem natürlichen Gebirgsdruck zuzuweisen und die äusseren Angriffsmittel auf dessen geeignete Unterstützung zu beschränken. Die Mittel, die der Bergmann dazu in der Hand hat, sind in der Stellung der Arbeit und in der Behandlung des Hangenden in den ausgekohlten Räumen vor dem Kohlenstoss gegeben. Zum Teil sind sie schon bei der Wahl des Abbauverfahrens zu berücksichtigen und vielfach ist die Einführung neuer Abbauarten, besonders des Strebbaues, mag sie auch aus anderen Gründen erfolgt sein, gerade der Hereingewinnung zu gute gekommen.

Es ist nötig, das Hangende so zu stützen, dass es einen leichten, durch die Erfahrung näher bestimmten Druck auf den Kohlenstoss ausübt, auf welchen es sich auflegt. Wird der Druck zu stark, so kann er die Kohle entweder so verfestigen, dass ihre Gewinnung ausserordentlich schwer wird, oder aber sie ganz zu wertloser Kleinkohle zerdrücken. Ist der Druck zu gering oder ganz aufgehoben, was leicht infolge davon eintritt, dass das Hangende dicht an der Kohle zerreisst, so fällt alle Hülfe von der hebelartig wirkenden Durchbiegung des Hangenden fort und die Kohle zeigt sich so fest wie in einem Ortsbetriebe.

Neben der Bemessung des Abstandes, in welchem der Ausbau im Rücken des Arbeiters aufrecht erhalten wird, wirkt auch die Schnelligkeit, mit welcher der Verhieb der Kohle vorrückt, wesentlich auf die Stärke des Druckes ein.

Das absichtliche Zubruchewerfen des Hangenden durch das Rauben der Zimmerung, welches in anderen Bergwerksbezirken besonders zu dem Zwecke geschieht, den Druck auf den Kohlenstoss zu beeinflussen, ist in Westfalen sehr wenig verbreitet. Dagegen hat sich der zu einer grösseren Bedeutung gelangte Bergeversatz als ein vorzügliches Mittel erwiesen, die Kohlengewinnung zu erleichtern. Bei sorgfältiger Ausführung und der Innehaltung der den Verhältnissen entsprechenden Entfernung zwischen Versatz und Kohle kann er sich unter Umständen allein durch die bequemere Gewinnung bezahlt machen. Eine Gelsenkirchener Zeche erzielt z. B. in einem bestimmten Flötz mit zwei Häuern und einem Bergeversetzer eine grössere Leistung, als früher ohne Bergeversatz drei Häuer unter denselben Verhältnissen erreichen konnten.

Die Stellung der Arbeit mit Rücksicht auf den Druck hat zunächst so zu erfolgen, dass dieser auch wirklich auf eine grössere Erstreckung wirken kann. Fast gar nicht kann er sich naturgemäss in schmalen Ortsbetrieben äussern, wo er gewissermassen von den Stössen aufgenommen wird. Wesentlich auch, um die Auskohlung zu erleichtern, ist man schon seit langem dazu übergegangen, Grundstrecken und selbst Bremsberge und Ueberhauen »breit« aufzuhauen, nötigenfalls unter Zuführung fremder Berge. Ortsbetriebe von 10 bis 15 m Breite sind heute nicht mehr selten.

In Abbaubetrieben wird die stärkste Druckwirkung gewöhnlich dort erzielt, wo in einer langen Linie, »mit breitem Blick«, vorgegangen wird. Die in Westfalen meist bevorzugte Art und Weise, den Strebbau mit abgesetzten Stössen zu führen, gestattet nur eine unvollkommene Ausnutzung des Druckes, der in verstärktem Masse auf die vorstehenden Ecken wirkt. Die Sicherheit der Baue wird dadurch nur beeinträchtigt, statt dass, einer weitverbreiteten Anschauung nach, das Dach besser getragen wird.

Eine weitere Rücksicht ist auf die Stellung der Arbeit nach den Schlechten zu nehmen, die als parallele Ablösungen meist ziemlich rechtwinklig zur Schichtung die Kohle durchsetzen und besonders charakteristisch in den Gas- und Gasflammkohlenflötzen ausgebildet sind, während sie in der Fettkohle zurücktreten. Die von zwei Schlechten begrenzte Kohle wird von den westfälischen Bergleuten gewöhnlich eine »Lage« genannt.

Die Stärke der ausgeprägteren Lagen schwankt meist zwischen 20 und 50 cm. Die Schlechten folgen oft einer bestimmten Richtung durch viele Abteilungen oder ganze Grubenfelder, in anderen sind sie einem ständigen Wechsel der Richtung unterworfen. Sie treten sowohl schwebend, wie streichend und diagonal auf, zuweilen in Abhängigkeit von den Gebirgsstörungen, namentlich den streichenden. In diesem Falle setzen sie häufig als Schnitte auch ins Hangende und Liegende hinein.

Wird nun der Arbeitsstoss parallel zu den Schlechten gestellt, so wirkt der Druck des Hangenden auf ein Abschieben der Lagen hin, das oft fast ohne äussere Hülfe erfolgt, wogegen bei rechtwinkliger Stellung des Stosses der innere Zusammenhang der Lagen dem Abdrücken wirksam widerstrebt.

Aber auch ganz unabhängig von der Wirkung des Gebirgsdrucks ist es für die praktische Ausführung der Gewinnungsarbeit viel einfacher, an einem entsprechend gestellten Stosse Lage für Lage »abzuschwarten«, als mit jedem Hieb die Kohle aus dem festen Zusammenhang mit ihrer Lage herauszuhauen. Auch die Schüsse heben an den Schlechten sehr gut ab, weshalb die Löcher am liebsten auf ihnen hin gebohrt werden.

Aus allen diesen Gründen sucht man die Schlechten auch in allen den Fällen nach Möglichkeit zu verwerten, in denen die Hauptarbeitsrichtung unabhängig von ihnen gegeben ist. Man thut es, indem man das Flötz in einzelnen Streifen verhaut, die ihrerseits nach den Schlechten angesetzt werden. So geht man zum Beispiel gern beim streichenden Pfeilerbau mit schwebenden oder fallenden Abschnitten vor, wenn die Schlechten streichend oder diagonal verlaufen. Die Breite dieser Absätze beträgt meist 3 bis 5 m. In der Grubensprache sind für sie, auch wenn sie auf einen kurzen Vorsprung zusammenschrumpfen, die Bezeichnungen »Kropf«, »Kropp« oder »Knapp« gebräuchlich.

Bei diagonalem Verlauf der Schlechten muss der Absatz oder Kropf, mit dem vorgegangen wird, mag er auch mit Rücksicht auf die Wetterführung oder das Verbauen nicht nach den Schlechten gestellt werden dürfen, diese doch stets so überschneiden, dass ihr Zusammenhang mit der Hauptmasse aufgehoben ist. Das vermindert die Spannung in den freigelegten Lagen und giebt so der Einwirkung des Gebirgsdrucks freiere Hand. In der Praxis wird dieser Regel der Ausdruck gegeben, dass man immer über, nicht unter den Schlechten arbeiten müsse. Bei schwebendem

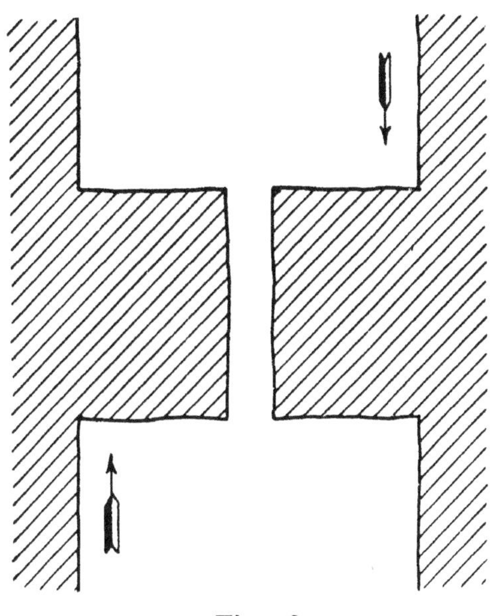

Fig. 42.

Verhieb der Abschnitte hat sie zur notwendigen Folge, dass, wo zweiflügelig gebaut wird, auf einer Seite des Bremsberges die Kröpfe oder Absätze von oben nach unten, auf der anderen von unten nach oben verhauen werden müssten (vergl. Fig. 42).

Auch die durchschnittlich leichte Gewinnung der Pfeilerkohle beruht zum grossen Teil darauf, dass durch die Durchörterung der Zusammenhang in der Kohle aufgehoben ist.

2. Die Kerbarbeit und die Gewinnung der Kohle mit der Hacke aus dem Vollen.

Im kleinen ist die Zerstörung des Flötzzusammenhanges durch Kerb- oder Schlitzarbeit eins der wichtigsten und wohl das nächstliegende Hülfsmittel, mit dem der Bergmann dem natürlichen Druck zu Hülfe kommt.

Sie wird immer an den Stellen ausgeführt, wo die Trennung des unmittelbar zu gewinnenden Streifens von der Hauptmasse der Kohle erfolgt, also z. B. an den inneren Ecken der Kröpfe. Es giebt eine grosse Anzahl von Gruben, die alle oder mehrere ihrer Flötze, namentlich solche der Gas- und Gasflammkohlenpartie nach vorangegangenem Kerben, bequem mit der Hacke hereingewinnen. Die eigentliche Kerbarbeit wird häufig durch das Wegthun eines Einbruchschusses ersetzt.

Viele Flötze lassen sich auch ohne jedes Kerben ganz aus dem Vollen hereinhacken. Das gilt besonders von manchen der an sich weicheren Fettkohlenflötze, zumal den steil gelagerten. Denn fast alle Flötze weisen in steiler Lagerung geringere Festigkeit auf, als dort, wo sie flach gelagert sind, vielleicht weil die aufgerichteten Gebirgsteile mehr den zerstörenden Druckkräften bei der Gebirgsbildung ausgesetzt waren. Gerade die Fettkohlenflötze neigen in steiler Lagerung sogar zum »Auslaufen«, durch das zahlreiche Unfälle entstehen. Es besteht darin, dass auf einmal bedeutende feinstückige Kohlenmassen sich loslösen und den ganzen Betriebspunkt dicht verfüllen.

3. Die Schrämarbeit.

Wo Kerbarbeit nicht genügt, die Spannung der Kohle so zu ermässigen, dass sie mit der Hacke zu gewinnen ist, ergab sich früher als nächste Aushilfe die Lösung der Spannung auch zwischen Liegendem und Hangendem durch vollständiges Herausschrämen eines Kohlen- oder Bergestreifens. In Verbindung mit Schlitzen — im Ortsbetrieb womöglich an beiden Stössen — musste es dann gelingen, die blossgelegte Kohlenbank mit der Hacke hereinzubekommen oder durch Brecheisen und Keile hereinzutreiben. Auch heute wird eine ordnungsgemässe Schrämarbeit — allerdings oft in Verbindung mit dem Hereinschiessen der durch den Schram blosgelegten Kohle — dem für die Hauer bequemeren Schiessen aus dem Vollen vorgezogen, des besseren Stückkohlenfalls, der grösseren Betriebssicherheit und der meist besseren Leistungen wegen. Es giebt sogar viele Flötze, in denen das Schiessen aus dem Vollen einfach versagt und die Schrämarbeit die notwendige Vorbedingung zum Schiessen ist. Das Abthun einzelner Einbruchschüsse hat das Unterschrämen der Vorgabe fast stets zur Voraussetzung.

Der Natur der Sache nach findet sich regelrechte Schrämarbeit mehr in Vorrichtungsbetrieben als in Abbauen und mehr in flacher als in steiler Lagerung. Bei steiler Lagerung steht sie z. B. in ausgedehnter Anwendung auf Courl und Wilhelmine Victoria, bei mittelflacher auf Schlägel und Eisen III, bei flacher auf Prosper II, Rheinelbe und Bismarck.

Auf Courl werden mächtige Flötze von fünf und mehr Meter Mächtigkeit bei fast seigerem Einfallen durch Schrämarbeit gewonnen. Es wird Stossbau mit 12—14 m hohen Stössen getrieben, die in drei oder vier strossenartig gestellten »Knäppen« von 3 m Höhe und Tiefe gewonnen werden. Am Liegenden wird in der Kohle ein so breiter Schram geführt, dass ein Mann sich hineinstellen und auf diese Weise die ganzen 8—9 qm Seiten- oder eigentlich Grundfläche eines Knappes unterschrämen kann. Es genügt dann ein Schuss, um die ganze darüber befindliche breite Kohlenbank für die Arbeit mit der Hacke zu lösen. Die Herstellung des Schrams nimmt zwei Schichten, die Arbeit des Wegförderns einschliesslich des Verbauens weitere 2—3 Schichten in Anspruch. Der Bergeversatz wird durch besondere Arbeiter nachgeführt. Die Hauerleistung beträgt wegen des mühsamen Verbauens in den mächtigen Flötzen nur 2 t, sie ist also nicht höher als in Flötzen von nur 1—2 m Mächtigkeit.

Auf Schlägel und Eisen III wird bei 30 ° Einfallen und streichendem Strebbau zunächst von oben nach unten über den ganzen Stoss hin 1,20 m tief in einem Bergmittel vorgeschrämt, dann durch Wegnehmen der Verbolzung die Oberbank hereingebracht und endlich nach Sicherung des Hangenden die Unterbank meist von unten nach oben aufgebrochen.

Wo es sich einrichten lässt, wird am liebsten an der Sohle geschrämt, da dann das eigene Gewicht der Kohle bei der Hereingewinnung mitwirkt. Dagegen hat auch das Schrämen am Hangenden seine Vorteile. So findet auf Graf Bismarck in ganz flacher Lagerung eine sehr gut ausgebildete Schrämarbeit, zuweilen unter Zuhilfenahme leichter Schüsse, im Nachfall statt, der sonst bei der Gewinnung hereinkommen, die Kohle verunreinigen und die Mannschaften gefährden würde. Eine Schicht beschränkt sich ganz auf das Schrämen, die andere auf das Losbrechen und Wegfördern der Kohlen. Trotz der Festigkeit des Nachfalls sind die Leistungen gar nicht gering. Mit 13 Arbeitern werden in einem Streb täglich 50 und mehr Wagen hervorragender Stückkohle gewonnen oder rund 2 t auf den Mann. Das Schrämen macht hier, wie bei den meisten ähnlichen Arbeiten, annähernd die Hälfte der ganzen Arbeitsleistung aus.

Als ein besonderer Vorzug regelmässiger Schrämarbeit ist endlich noch die bessere Ueberwachung des Betriebes hervorzuheben, da jeder Schicht ihre ganz bestimmte Aufgabe zugewiesen ist. Dies wirkt dann auch auf die regelmässige Ausführung mancher Nebenarbeiten wie des Verbauens oder Versetzens zurück.

Im allgemeinen ist aber doch die richtige Schrämarbeit, welche früher das Kennzeichen des zünftigen Bergmanns war, in den letzten Jahrzehnten im rheinisch-westfälischen Kohlenrevier im Rückgang begriffen. Die Schuld daran ist zu einem grossen Teile dem Zuzug vieler ungelernter Arbeiter beizumessen, welche zur Ausführung der Bergarbeit nur ein paar kräftige Arme mitbrachten. Ihretwegen war es vielfach nötig, zu einer einfacheren Art der Gewinnung überzugehen. Das Beispiel der Zeche Prosper II zeigt indes, was selbst mit solchem Arbeiterersatz bei sorgsamer Anleitung geschafft werden kann. Obgleich die Grube seit ihrer Eröffnung im Anfang der 70er Jahre fast ausschliesslich mit zugezogenen, meist polnischen Arbeitern betrieben wird, gehört sie zu denen, welche Schrämarbeit am meisten pflegen. Nicht weniger als 400—500 Mann sind vor Betriebspunkten mit Schrämarbeit angelegt, und so sehr ist die Belegschaft daran gewöhnt, dass eine Gedingeerhöhung nötig wird, wenn wegen Versteinerung des Schrames einmal aus dem Vollen geschossen werden muss.

4. Die Schiessarbeit.

Wo das Schrämen aufgegeben wurde, ist fast stets die Schiessarbeit an seine Stelle getreten, deren Verbreitung ausser dem Zuzug ungeübter Arbeiter auch die Verbilligung der Sprengstoffe und die Verbesserung

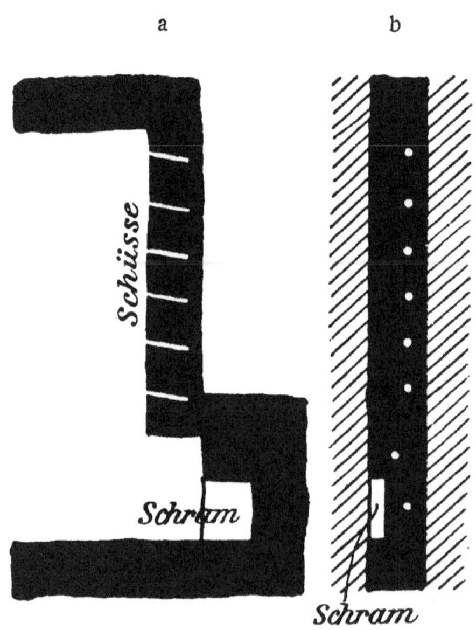

Fig. 43.

Gewinnung des Flötzes Bismarck der Zeche Nordstern.

der Wetterführung begünstigt haben. Auf den alten Ruhrzechen war die Schiessarbeit einfach der geringen Wetterbewegung wegen ausgeschlossen, da der Rauch nicht abzog und die Leute erst nach langem Warten die Arbeit wieder betreten konnten. Infolgedessen blieb ein Teil der Flötze ungebaut, während andere bei Schräm- und Keilarbeit sehr niedrige Arbeitsleistungen aufwiesen. Dazu kam der sehr hohe Preis des Pulvers, der noch 1868 als ein Grund gegen die Schiessarbeit angegeben wird. In vielen Fällen bezeichnete daher die Annahme der Schiessarbeit einen grossen Fortschritt. Viele Gruben führen jetzt die Schiessarbeit aus dem Vollen in sehr überlegter und regelmässiger Weise aus. Als ein Beispiel sei das Auffahren breit gehauener Strecken in dem äusserst festen 1 m mächtigen Flötze Bismarck der Zeche Nordstern erwähnt (Fig. 43a und b). Hier wird zunächst für einen Einbruch von der doppelten Tiefe der Kohlenschüsse gesorgt. Eine Schicht von 2 Mann ist allein damit beschäftigt, ihn dem Vorrücken der Arbeit entsprechend vorzutreiben. Der eigentliche Einbruchsschuss wird unterschrämt, was trotz der geringen Tiefe von wenig über 1 m einen Arbeiter fast eine ganze Schicht in Anspruch nimmt. Ausserdem wird daneben noch ein zweiter Einbruchsschuss im Vollen abgethan. Die zweite Schicht schiesst dann einen Kohlenstreifen, am Einbruch beginnend, Loch für Loch mit sogenannten Streifschüssen ab und fördert die Kohlen weg. Die Schüsse heben an den Schlechten ab, welche in den Stoss hineinlaufen. Jeder Schuss wird mit 4 Patronen Wetterdynamit geladen.

Unter Einwirkung der oben erwähnten Ursachen hat sich nun aber das Schiessen in bedeutend grösserem Umfange eingebürgert, als nötig war. Auf vielen Gruben bildete sich die Praxis heraus, die Kohlen anfangs wohl mit der Hacke zu gewinnen, nach Bedürfnis — schon um die Berge zu entfernen — auch wohl etwas vorzuschrämen, aber sobald die Arbeit zu schwer wird, zu schiessen. Die sonst sehr nützlichen und oft schon unentbehrlichen Kohlenbohrmaschinen haben diese Neigung an manchen Stellen noch gefördert, im Zusammenhang mit der auf vielen Gruben beobachteten, wachsenden Abneigung der Bergleute gegen anstrengende Handarbeit. Man erwartet alles von dem Sprengstoff und die Folge davon ist die Gewinnung einer geringwertigen Kohle und womöglich noch eine Verringerung der Leistungen. Denn oft ist die Arbeitsweise mit einem ganz ungeordneten Vorgehen und der Vernachlässigung der natürlichen Hülfsmittel verbunden.

Viele der Nachteile, so die Zertrümmerung, Verunreinigung und Entgasung der Kohlen sind auch bei der ordnungsgemässen Ausführung der Schiessarbeit unvermeidlich und lassen namentlich das Schiessen aus dem Vollen als ein zuweilen notwendiges Uebel erscheinen. Zu berücksichtigen ist ferner, dass stärkere Schüsse leicht das Hangende beschädigen und dadurch Betriebsstörungen veranlassen. Wo nur der Bequemlichkeit wegen geschossen wurde, hat man schon oft gefunden, dass es vorteilhafter war, mit der Hacke zu arbeiten, als alle paar Tage einen umfangreichen Bruch aufzuwältigen. Viele Unfälle durch Steinfall sind nur auf die Schiessarbeit zurückzuführen, selbst dort, wo der unmittelbare Zusammenhang nicht erkennbar ist; die Ursache liegt dann sicherlich in der Erschütterung des Hangenden durch die Schüsse. In anderen Fällen liegt die Schuld daran, dass der Ausbau nicht rechtzeitig eingebracht wird, weil er durch das Schiessen doch wieder zerstört werden würde, ein provisorischer Ausbau aber den Bergleuten zu umständlich erscheint.

Die schlimmsten Vorwürfe werden der Schiessarbeit wegen der Explosionsgefahr in Schlagwetter- und Kohlenstaubflötzen gemacht, der man auch durch Anwendung von Sicherheitssprengstoffen und Sicherheitszündern nicht mit voller Ruhe begegnen kann. Es ist daher bergpolizeilich auf manchen Gruben die Schiessarbeit für einzelne oder für alle Flötze gänzlich verboten, so auf Kaiserstuhl, Neu-Iserlohn und zahlreichen anderen. Der Einfluss des Verbots der Schiessarbeit auf die Selbstkosten hat sich nun kaum in einem Falle als so bedenklich herausgestellt, wie gefürchtet wurde, wobei allerdings zu beachten ist, dass die weichsten Flötze auch am meisten Staub zu geben pflegen, und dass ein hoher Gasdruck auf die Hereingewinnung der Kohle vorteilhaft einwirkt. Die wegen Staub- und Schlagwetterentwickelung gefährlichsten Flötze sind daher meist die am leichtesten gewinnbaren. Nur in sehr wenigen, mit zweifelhaftem Vorteil gebauten Flötzen hat das Schiessverbot die Einstellung des Betriebes zur Folge gehabt. Gewöhnlich zeigten sich zwar im Anfang Schwierigkeiten; sobald aber erst die grosse Aufgabe durchgeführt war, die Belegschaften, welche die Aenderung in der Arbeitsweise ihrerseits zur Lohnerhöhung auszunutzen suchten, wieder an die schwierigere Handarbeit zu gewöhnen, konnte die Kohle wieder zu denselben Kosten und mit denselben Arbeitsleistungen auch von Hand gewonnen werden. Wenn gelegentlich in Vorrichtungsarbeiten höhere Löhne, selbst die doppelten bezahlt werden müssen, so stehen dem auf der anderen Seite ein höherer Stückkohlenfall, reinere Kohlen und grössere Betriebssicherheit als Gewinn gegenüber. Für tiefe, warme Gruben ist auch der Fortfall der Rauchgase von hohem Werte; daher suchen Werke wie Preussen und Grimberg grundsätzlich die Schiessarbeit bei der Gewinnung zu vermeiden. Dabei ist die Arbeitsleistung des Mannes auf Grimberg die gleiche, wie auf der Schachtanlage Grillo, wo in denselben Flötzen Schiessarbeit umgeht.

Zu den behördlichen Massnahmen, die geeignet sind, die Schiessarbeit zu beschränken, ist auch die Einrichtung der Schiessmeister zu rechnen, das heisst die Anstellung zuverlässiger Leute seitens der Grube, denen allein das Besetzen und Abthun der Löcher obliegt. Ist dieser Anordnung, die gleichzeitig mit dem gänzlichen Verbot des Pulvers überall durchgeführt werden muss, auch in dicht beieinander liegenden Bauen ziemlich leicht nachzukommen, so erfordert sie doch bei zerstreutem Betriebe ein unverhältnismässig zahlreiches Personal, das der Kohlengewinnung leicht die besten Kräfte entzieht. Sie ist ausserdem mit erheblichem Zeitverlust verbunden, da die Hauer vielfach unthätig auf die Ankunft des Schiessmeisters warten müssen und trägt so in vielen Fällen dazu bei, den Verkehrsverwaltungen den Ersatz der Schiessarbeit durch wirtschaftlich gleichwertige Verfahren, als ein, wenn auch nicht immer erreichbares, so doch erstrebenswertes Ziel erscheinen zu lassen.

5. Der Ausbau vor der Kohle.

In unmittelbarem Zusammenhang mit der Arbeit der Hereingewinnung steht die Ausführung des Ausbaues. Bald kann es nötig werden, dass sich der Ausbau nach dem Gewinnungsverfahren richtet, wie öfter bei der Schiessarbeit oder zuweilen auch beim Schrämen, bald kann umgekehrt die Rücksicht auf das Verbauen eines gebrächen und schnittigen Daches ein besonderes Vorgehen bei der Gewinnung bedingen. Im allgemeinen verlangt die Beschaffenheit des Daches und bei steiler Lagerung auch die der Sohle im rheinisch-westfälischen Bergbau eine sehr ausgiebige Sicherung. Ein Vergleich der Holzkosten auf die Tonne in den verschiedenen europäischen Bergrevieren zeigt denn auch den Ruhrbergbau, in dem ein Durchschnitt von etwa 0,6 M. mit einiger Sicherheit angenommen werden kann, mit an der Spitze und beweist, dass am Holz nicht gespart wird. Die genannte Zahl erscheint um so höher, wenn bedacht wird, dass die Magerkohlenpartie meist ein ausgezeichnetes Hangendes besitzt und selten mehr als 20—30 Pf. Holzkosten auf die Tonne aufweist. Anderseits muss aber in Betracht gezogen werden, dass viele der im Revier gebräuchlichen Abbauverfahren einen bedeutenden Holzverbrauch bei der Vorrichtung bedingen.

Wegen der bei den einzelnen Abbauarten gebräuchlichen Formen des Ausbaus wird auf die Abschnitte »Vorrichtung« und »Abbau« verwiesen.

Das Setzen des Holzes ist meist der Einsicht der Bergleute überlassen und geschieht leider oft willkürlich unter Vernachlässigung der eigenen Sicherheit zu Gunsten einer flotten Arbeit. Sehr häufig verhindert auch die unregelmässige Stellung des Stosses ein ordnungsmässiges Verbauen. Der am häufigsten begangene Fehler ist in allen diesen Fällen aber nicht der, dass man überhaupt nicht genügend verbaut, sondern dass man zu lange damit wartet und zu grosse freie Flächen zwischen dem Ausbau und der Kohle entstehen lässt. Es wird deshalb seit einiger Zeit dem systematischen Verbauen der Arbeit erhöhte Aufmerksamkeit zugewandt, das natürlich seinerseits wieder ein genau geregeltes Vorgehen beim Abkohlen voraussetzt. Bei sehr schlechtem Dach hat sich der Schalholzausbau mit starkem Firstenverzuge in Westfalen schon lange in durchaus systematischer Weise ausgebildet. Besonders charakteristisch steht solcher Ausbau unter der Bezeichnung »Pfändungsbau« auf den Gruben Schlägel und Eisen, Consolidation und Shamrock III/IV in Anwendung, auf den beiden ersten bei streichendem, auf Shamrock bei schwebendem Strebbau. Beim Beginn der Arbeit muss sich allemal unmittelbar längs der Kohle ein Schalholz am Hangenden befinden. Es wird dann ein Kohlenstreifen fortgenommen, dessen Breite der des erforderlichen Abstandes der Schalhölzer gleichkommt. So wie dieser Kropf vorrückt, werden Verzughölzer mit einem Ende über das Schalholz gelegt und mit dem anderen in den neu entstehenden Kohlenstoss eingebühnt, gelegentlich auch statt dessen mit verlorenen Stempeln gestützt. Ist man auf diese Weise eine ganze Schalholzlänge weitergekommen, so werden die äusseren Enden der Verzugspitzen mit einem neuen Schalholz unterfangen, das mit der nötigen Anzahl endgültiger Stempel gestützt wird. Der Arbeiter bleibt also fortwährend unter verbautem Dache. Die Ausführung im einzelnen richtet sich wesentlich nach den Schnitten im Hangenden. Auf Schlägel und Eisen werden bei diagonalen Schlechten je nach der Richtung im Felde schwebende oder fallende Kröpfe von 1 bis 1,20 m Breite genommen. Die Schalhölzer werden dabei parallel zum Einfallen gelegt. Auf Consolidation folgen bei abwärtsgehendem Verhieb drei Kröpfe von gleichfalls 1 m Breite unmittelbar aufeinander, was die Anlegung einer grösseren Anzahl von Arbeitern gestattet, ohne die Art des Ausbaues zu ändern. Auf Shamrock hat man zeitweise versucht, die Kohle längs eines ganzen Schalholzes lagenweise fortzunehmen und die Spitzen oder Pfändungen nach und nach vorzutreiben, ähnlich wie bei der gewöhnlichen Getriebearbeit. Wenn starker Druck auf dem Ausbau liegt, erscheint das aber ausgeschlossen. Es macht dann sogar schon Mühe, die neuen Pfändungen zwischen Dach und Schalhölzern einzubringen, so stark sind diejenigen des vorhergehenden Feldes bereits zusammengedrückt. Die Stärke des Ausbaues lässt sich in ziemlich weiten Grenzen durch die Abstände der Schalhölzer, Stempel und Spitzen, sowie durch die Stärke der einzelnen Hölzer regeln. Immerhin ist der Ausbau sehr kostspielig. In einem Falle belaufen sich die Holzkosten für Vorrichtung und Abbau auf 1,20 M. pro Tonne. In früheren Zeiten würde man aber ein derartiges Flötz einfach haben aufgeben müssen.

III. Die Leistungen und deren Beeinflussung.

Als ein Hauptergebnis der Entwickelung, welche die Kohlengewinnung in den letzten Jahrzehnten genommen hat, tritt immer wieder die Thatsache hervor, dass sich die Zahl der abbaufähigen Flötze bedeutend erhöht hat. Dieser Fortschritt ist aber auch, soweit er ein reines Verdienst der Kohlenarbeit und nicht verbesserter Ausrichtungs- und Abbauverfahren ist, durchaus nicht immer die Folge der Vervollkommnung der einzelnen Gewinnungsarten. Eine viel grössere Leistung steckt vielmehr darin, die Kohlengewinnung mit den vorhandenen Hülfsmitteln unter Verhältnissen durchgeführt zu haben, die früher entweder ganz fremd waren oder nach allgemeiner Ansicht für den Abbau zu ungünstig lagen. Schon die Ausdehnung des Bergbaues nach Norden in die flache Lagerung der Stoppenberger und Recklinghäuser Mulde brachte in den sechziger und siebziger Jahren grosse Schwierigkeiten mit sich, da der Ruhrbergmann bis dahin überwi gend an steilere Flötzstellung und weichere Kohle gewöhnt war. Durch das dort meist übliche »Hineinhacken« in die Kohle war er aber für die flache Lagerung verdorben, gegen die er ausserdem wegen des ihm bis dahin meist erspart gebliebenen Einschaufelns der Kohle in die Wagen eine persönliche Abneigung hatte. So musste denn allmählich eine geeignete Arbeiterschaft herangebildet werden, für die man den Ersatz zunächst aus den benachbarten landwirtschaftlichen Kreisen der Provinz und später aus dem Osten bezog. Ein Erfolg konnte mit diesen Leuten anfänglich nur in den besten Flötzen erzielt werden, und solche unter 1 m Mächtigkeit galten auf vielen Zechen bis in die neueste Zeit ohne weiteres als unbauwürdig. Mit der fortschreitenden Erfahrung und Gewöhnung der Arbeiter konnte dieser Standpunkt aber nach und nach aufgegeben werden und jetzt beabsichtigt die Zeche Rhein-Elbe sogar, für die früher verschmähten hangenden Flötze eine vollständig neue Sohle auszurichten.

Bei gutem Hangenden werden auch ganz flach gelagerte Flötze jetzt bis hinab zu 50 cm Mächtigkeit gebaut. Zum Teil ist dies allerdings unter der Einwirkung der hohen Kohlenpreise geschehen, aber es ist als sicher anzunehmen, dass nach einmal erfolgter Anlernung der Arbeiter diese Flötze auch in weniger guten Zeiten bauwürdig bleiben werden.

Auch in steiler Lagerung ist es gelungen, den Kreis der baufähigen Flötze noch zu erweitern. So werden jetzt in der Fettkohle, wo die Zerkleinerung der grösstenteils zu verkokenden Kohle weniger schädlich ist, nach dem Vorgange der Zeche Königin Elisabeth steile Flötze bis zu 40 und 35 cm hinunter gebaut, wozu es unter Umständen sogar einer körperlichen Auswahl unter den Leuten bedarf. Zur Einleitung des Betriebes waren einige belgische Hauer herübergezogen, doch lernten bald auch die heimischen Arbeiter sehr befriedigende Leistungen zu erzielen.

Wurde die erste Durchführung solcher und ähnlicher Betriebe nur durch den hohen Preis der Kohle ermöglicht, so ist dagegen die Einführung mancher anderer Arbeiten nur in ungünstigen Zeiten gelungen, da nur dann der Widerstand der Bergleute gegen eine ihnen ungewohnte Thätigkeit überwunden werden konnte. Dies gilt unter anderem vom

Bergeversatzbau in flachen Flötzen, welcher oft mit dem Schleppen schwerer Bergewagen und der Aufmauerung der Berge durch die Hauer verbunden ist, während bei steiler Lagerung die Berge nur von der oberen Strecke gestürzt zu werden brauchen. Wo eine regelrechte Versatzarbeit im Flachen nicht, wie z. B. auf Rhein-Elbe zu einer Zeit durchgedrückt ist, als Arbeit für den Bergmann schwer zu finden war, kann sie in Zeiten des Arbeitermangels nur mit den grössten Opfern eingeführt werden.

Alles in allem steht daher heute für die Kohlengewinnung gegen früher nicht nur eine Reihe neuer Hülfsmittel, sondern auch eine erheblich vielseitiger zusammengesetzte Arbeiterschaft zur Verfügung, mit der Aufgaben zu lösen sind, welche vor 50 Jahren noch niemand zu stellen wagte.

Das andere Hauptergebnis am Ende des Jahrhunderts ist die beträchtliche Erhöhung der Leistung des einzelnen Arbeiters, die allerdings wohl in reichlich so hohem Masse, als den Fortschritten der eigentlichen Kohlengewinnung auch der Verbesserung der allgemeinen Arbeits- und Betriebsbedingungen zuzuschreiben ist. Die ausreichende Versorgung mit frischen Wettern, welche früher viel zu wünschen übrig liess, und die Erhöhung der Leuchtkraft der Sicherheitslampen gestatten dem Hauer heute, sein Kraft viel besser auszunutzen; die heutige Einrichtung der Förderung sorgt ferner in ganz anderer Weise dafür, dass jeder Arbeitspunkt auch soviel Wagen erhält, als er zu füllen imstande ist.

Statistische Nachweisungen über die durchschnittliche Jahresleistung der Kohlenhauer sind nicht vorhanden, aber die Durchschnittsleistung sämtlicher Arbeiter kann für einen schätzungsweisen Vergleich als Grundlage benutzt werden, da sie wesentlich durch die Leistungen der Kohlenhauer, der grössten geschlossenen Arbeitergruppe bestimmt wird. Auf den rund 12 000 Mann beschäftigenden Gruben der Gesellschaft Hibernia machen sie 40 % der gesamten und 50 % der unterirdischen Belegschaft aus, ein Verhältnis, das als Durchschnitt für den ganzen Bezirk eher zu niedrig als zu hoch gegriffen sein dürfte. Auch ist nicht anzunehmen, dass die Kohlenhauer heute einen grösseren Prozentsatz als früher unter der Belegschaft bilden. Denn wenn es auch vielen Zechen gelungen ist, durch Aufwendung einmaliger grösserer Ausgaben die Zahl der regelmässig auf Reparaturen und Förderung verwandten Arbeitskräfte erheblich zu verringern, so dürfte dies doch durch die inzwischen nötig gewordene Vermehrung der Ausrichtungs- und Gesteinsarbeiten durch die Ausdehnung der Tagesarbeiten und durch die gegen die Zeit vor 50 Jahren erfolgte Verlängerung der Förderwege wieder ausgeglichen werden. Wenn daher die Jahresleistung eines Mannes von 130 t im Jahre 1850 auf 261 im Jahre 1900 gestiegen ist, so kann daraus mit Sicherheit geschlossen werden, dass die Leistungen bei der Kohlengewinnung in demselben Verhältnis zugenommen haben. Ob der Statistik früherer Jahre ebenso wie der heutigen die durchschnittliche täglich beschäftigte Arbeiterzahl zu Grunde gelegt ist, und nicht etwa die damals häufigen Unterbrechungen der Bergarbeit die niedrige Leistung in etwa mitverschulden, ist zweifelhaft, doch ist das letztere nicht wahrscheinlich, denn einige Einzelnachrichten bestätigen den aus der Statistik gewonnenen Eindruck.

Die höchsten im Industriebezirk erreichten Jahresleistungen liegen heute schon wieder mehr als 10 Jahre zurück. Im Jahre 1888 stieg die Durchschnittsleistung auf 315 t, allerdings unter ausnahmsweisen Verhältnissen. Eine plötzliche, gewaltige Nachfrage musste mit den vorhandenen Arbeitskräften befriedigt werden, ohne dass es möglich war, rasch Ersatz zu schaffen. Von dieser Höhe sank die Leistung zuerst infolge des grossen Streiks sprungweise auf 259 t im Jahre 1892, um nach einer vorübergehenden Erholung abermals langsam auf 261 t zu sinken. Diese Abwärtsbewegung dürfte aber nur zum Teil durch eine wirkliche Verringerung der Arbeiter-, insbesondere der Hauerleistung zu erklären sein, wie sie immer in Zeiten hoher Löhne und starken Zuströmens neuer, mit den Verhältnissen der Bergarbeit nicht vertrauter Leute eintritt. Es ist sogar zu verwundern, dass z. B. im Jahre 1900 trotz einer Vermehrung der Arbeiterschaft um 22 700 Köpfe oder um mehr als 11 % nur ein Rückgang der Leistung um 5 t gegen das Vorjahr eingetreten ist, was wohl nur durch die ausnahmsweise hohe Zahl der Ueberschichten zu erklären ist. Denn gewöhnlich wird durch die Heranziehung ungeübter Leute die Leistung auch der älteren erfahrenen Arbeiter herabgesetzt. Die ersteren sind nur für einen bestimmten Mindestlohn zu haben, auf den die Gedingesätze gegründet werden müssen. Um diese Sätze nicht wieder zu drücken, begnügen sich dann die geübten Kameraden mit einer geringeren Arbeitsleistung.

Im übrigen ist aber die Tonnenzahl durchaus nicht immer der wahre Ausdruck für den Arbeitseffekt. Wie auf einzelnen Gruben die Förderung auf den Mann ganz bedeutenden Schwankungen ausgesetzt sein kann, je nach den Flötzen, die gerade gebaut werden, so kann sie auch in ganzen Revieren sich ohne Schuld der Arbeiter verringern, wenn man — wie dies vielfach in den letzten Jahren geschehen ist — auch weniger vorteilhaft zu bauende Flötze in Angriff nimmt. Die verringerte Leistung kann dann wirtschaftlich einen grossen Fortschritt bedeuten, wenn damit die bessere Ausnutzung kostspieliger Ausrichtungsarbeiten und die Erhöhung der Reserven und der ganzen Lebensdauer der Grube verbunden ist. Auch die an sich meist mit geringerem Gesamtausbringen verbundenen Abbauverfahren mit Bergeversatz können wirtschaftlich ausserordentlich vorteilhaft sein, wenn sie die Abbauverluste vermindern und den Abbau sonst unbauwürdiger Flötze ermöglichen, oder wenn der Erhöhung der Betriebskosten und der Verringerung der Arbeiterleistung eine umso grössere Ersparnis auf dem Konto der Bergschäden gegenüber steht. Beide Umstände haben viel dazu beigetragen, dass die Höhe der Förderleistung auf den Arbeiter in den letzten 10 Jahren verhältnismässig niedrig stand.

Nun kommt aber die wirkliche Leistung des Arbeiters selbst bei gleichen Betriebsverhältnissen nicht allein in der Tonnenzahl zum Ausdruck, sondern ebensosehr in der Güte der Erzeugnisse, der Reinheit und dem Stückreichtum der Kohlen. In diesen beiden Beziehungen sind die in den letzten Jahren vielfach erhobenen Klagen über den Rückgang der Arbeitsleistungen leider als vollberechtigt anzuerkennen, was um so bedauerlicher ist, als im Wettbewerb mit anderen Kohlenrevieren die Güte der Ware von allergrösster Wichtigkeit ist und kaum in Zeiten ganz dringenden Bedarfs einmal ohne Schaden für die Zukunft leiden darf. Da indes die Ursache auch dieser Erscheinung in dem Arbeitermangel zu suchen ist, der es den auf die Erhaltung ihrer Belegschaften bedachten Zechen verbot, mit Strenge auf bessere Arbeit zu halten, und der ausserdem die Anwendung weniger kunstgemässer Gewinnungsverfahren zur Folge hatte, so ist zu erwarten, dass mit dem Einlenken in eine Zeit weniger stürmischer Entwickelung sich von selbst eine Besserung dieser Zustände ergeben wird.

IV. Die Anwendung von Schrämmaschinen.

Bilden die Gewinnungsarbeiten schon in Zeiten ruhiger Entwicklung den grössten einheitlichen Faktor in der Selbstkostenrechnung, so erlangen sie noch eine erhöhte Bedeutung für das wirtschaftliche Ergebnis des Bergbaues in Zeiten stürmischer Nachfrage und einer rasch anwachsenden Förderung, denn sie sind mehr als die übrigen bergmännischen Thätigkeiten mit der in solchen Zeiten oft schwierigen Arbeiterfrage verknüpft. Fortschritte auf dem Gebiet der Gewinnung können daher nicht nur dadurch von sehr weitgehendem Vorteil werden, dass sie die Selbstkosten ermässigen und zur Verbesserung der Erzeugnisse beitragen, sondern ebensosehr dadurch, dass sie einer Grube ermöglichen, ihre Förderung ohne starke Vermehrung der Arbeiter zu erhöhen. Da andere Länder, namentlich die Vereinigten Staaten, in allen diesen Richtungen bedeutende Erfolge mit Einführung des Schrämmaschinenbetriebes erzielt haben, sieht man sich daher jetzt auch in Westfalen veranlasst, dieser Frage näher zu treten.

Bestrebungen, die Handarbeit beim Schrämen durch mechanische Vorrichtungen zu ersetzen oder doch zu unterstützen, reichen auch in Westfalen bis 1875 zurück, in welchem Jahre die Zeche Ruhr und Rhein dahingehende Versuche machte. Einen sehr interessanten Versuch stellte die Mansfelder-Gewerkschaft auf ihrer Zeche Mansfeld bei

Langendreer im Jahre 1892 an, durch Uebertragung der im Mansfelder Kupferschiefer mit Erfolg angewandten sogenannten Bosseyeusen auf den Steinkohlenbergbau. Es sind dies kleine mit der Hand zu haltende, durch Pressluft betriebene Stoss-Bohrmaschinen, die mit der hohen Zahl von 1000 Schlägen in der Minute arbeiten und vom Arbeiter vor dem Schram hin und her geführt, diesen in kleinen Stückchen lossprengen. Die in einem mit 60° einfallenden Flötze vor einem Ortsbetrieb unternommenen Versuche haben nicht ungünstige Ergebnisse gehabt, die sich aber unter anderen Verhältnissen nicht wiederholt zu haben scheinen. Jedenfalls ist das Schrämverfahren, gegen das schon bald der Einwurf erhoben wurde, dass die übergrosse Zahl der Schläge die Gesundheit der Arbeiter zerrütte, nicht betriebsmässig eingeführt. Die schon an anderer Stelle beschriebenen Schrämmaschinen von Ko fmann und Sommer sind ihrer ganzen Bauart nach nicht dazu geeignet, andere Arbeitsweisen in irgend welcher Ausdehnung zu ersetzen. Sie können, nur soweit sich mit ihrer Anwendung besondere Vorteile, wie beim Herstellen vom Ueberhauen ergeben, als gelegentliche Hülfsmitel in Frage kommen.

1. Rad-Schrämmaschinen.

Die in einzelnen Fällen recht günstigen Ergebnisse, welche in den letzten Jahren bei Versuchen mit Schrämmaschinen englischen und amerikanischen Ursprungs und einer auf einem ähnlichen Prinzip beruhenden deutschen Maschine erzielt sind, liegen nicht zum geringsten Teile an der Erkenntnis, dass mit Schrämmaschinen nur dann Erfolge zu erzielen sind, wenn man sie nicht einfach als ein Mittel betrachtet, sich die Arbeit zu erleichtern, sondern wenn man den ganzen Betrieb der betreffenden Arbeitspunkte nach ihnen einrichtet.

Unter Berücksichtigung dieses Umstandes, der umsomehr Bedeutung erlangt, je kostspieliger die Schrämmaschinenanlage wird und je mehr es also darauf ankommt, sie auch so vollkommen wie möglich auszunutzen, sind auf der Zeche Dorstfeld Rad-Schrämmaschinen des englischen Systems Garforth (Fig. 44—46) mit vollem Erfolg in grösserem Massstabe eingeführt worden. Der arbeitende Teil dieser Maschinen ist eine kreisförmige Scheibe von 1,6 m Durchmesser. Sie ist an ihrem Umfang mit Zähnen versehen, die 20 cm weit vorragen. Je drei Zähne sitzen immer übereinander — der mittelste etwas vorgerückt — in einem gemeinsamen Schuh und können bequem ausgewechselt oder, wenn die Maschine in der umgekehrten Richtung arbeiten soll, auch umgesetzt werden. Das Rad wird unter Vermittelung einer im Winkel gebogenen starken Stahlplatte (von den Arbeitern »Schmetterling« genannt) von dem Rahmen der Antriebsmaschine getragen, welcher auf 4 Rädern ruht. Die für Druckluft

Fig. 44.
Rad-Schrämmaschine von Garforth. (Schram am Liegenden.)

Fig. 45.
Rad-Schrämmaschine von Garforth. (Schram in der Flötzmitte.)

eingerichtete Antriebsmaschine ist zweizylindrig und überträgt die Bewegung mittelst einer gekröpften Welle und eines Kegelrades auf das Schramrad, dessen Umfang als ringförmige Zahnstange ausgebildet ist. Die äusseren Abmessungen der sehr kräftig gebauten Maschine sind

Fig. 46.

Rad-Schrämmaschine von Garforth. (Schram am Hangenden.)

Länge 310 cm, Breite 85 cm, Höhe einschliesslich der Schienenhöhe 70 cm. Das Gewicht beträgt ca. 2000 kg, der Preis 7—8000 M.

Je nach der Lage des Schrams im Flötzprofil hat man die Maschine auszuwählen oder besonders bauen zu lassen. Auf Dorstfeld sind sowohl Maschinen für das Schrämen im Liegenden (Fig. 44) wie für das im Hangenden (Fig. 46) und in der Flötzmitte (Fig. 45) in Gebrauch.

Der Maschinenbetrieb beginnt damit, dass die Maschine sich zunächst einbruchartig in den Stoss hineinarbeitet. Die Vorwärtsbewegung muss ihr dazu von aussen erteilt werden und geschieht in der Weise, dass man mit Winden, die sich gegen einen Stempel legen, das verschiebbare Gleisstück vorpresst, auf dem die Maschine ruht. Sobald die volle Schramtiefe erreicht ist, arbeitet die Maschine selbständig an einem Drahtseile nach oben oder nach unten weiter. Bei geneigter Lagerung und aufwärtsarbeitender Maschine, hat dieses Seil, welches um einen Seilkloben an einem festverlagerten Schienenstempel geführt wird, auch noch den Zweck, das Gewicht der Maschine zu halten. Je nach der Beschaffenheit des Schrams wird es durch eine kleine einstellbare Hülfsmaschine mehr oder weniger rasch aufgewunden. Bei abwärtsarbeitender Maschine ist diese Einrichtung überflüssig, sobald das Einfallen etwas stärker wird, da dann das eigene Gewicht das Schrämrad nach unten drückt, welches seinerseits wieder die Maschine hält. Bei dem grossen Gewicht und den grossen Abmessungen der Maschine ist es natürlich nicht möglich, sie über ein bestimmtes Einfallen hinaus zu verwenden. Bis jetzt bilden 25° die Grenze, doch soll auf Dorstfeld ein Versuch gemacht werden, bis 40° damit zu gehen.

Um die Maschine auszunutzen, ist es erforderlich, das Einbruchschrämen, das immer verhältnismässig langsam vor sich geht, möglichst einzuschränken und alle Unterbrechungen der Arbeit zu vermeiden. Diese Bedingungen lassen sich nur beim Strebbau mit breitem Blick erreichen, der denn auch auf Dorstfeld überall zugleich mit der Schrämmaschine eingeführt ist. Es werden bei streichendem Vorgehen Stösse von 80 bis 120 m in Angriff genommen, vor denen je eine, bei grösseren Höhen auch wohl zwei Maschinen arbeiten. Die Arbeit wird dann aber so geführt, dass nur einmal Einbruch zu schrämen ist. Die Zahl der Strecken bestimmt sich durch die Bergemenge, die nötig ist, um den Versatz nachzuführen. Die sorgfältige Ausführung des Versatzes ist bei dem recht schlechten Dach auf Zeche Dorstfeld eine Grundbedingung für die Anwendung der maschinellen Schrämarbeit, zumal entlang dem Stosse auf einen Abstand von der Breite der Maschine Stempel nicht gesetzt werden können. Hier lässt sich nur eine vorübergehende Sicherung des Daches durch Spitzen anbringen, die mit einem Ende auf Schalhölzer gelegt und mit dem anderen in die Kohle eingebühnt werden.

Der Betrieb ist auf drei Schichten verteilt. Während einer wird geschrämt. Die Maschine schrämt dabei einen Stoss von 60 bis 70 m Höhe ab, wobei die Schramtiefe unter 1,50 m nicht heruntergeht. So wie der Schram entsteht, dessen Höhe 10 cm beträgt, wird die Kohle bezw. das Dach verbolzt. Die zweite Schicht hat die Kohle hereinzubäncken und zu fördern. Nachdem mit einem Schusse Einbruch geschossen ist, genügt meist das Fortschlagen der Bolzen, um die Kohle hereinzubekommen. Die dritte Schicht verbaut und führt die Strecken nach.

Störungen im Betrieb sind selten, wenn die Kohle und das Dach von guter Beschaffenheit sind. Bröckeln sie jedoch ab und fallen sie in grösseren Stücken auf das Schrämrad, so kann der Betrieb sehr gehindert werden. Verlaufen die Schlechten parallel zum Stoss, so tritt das Niederbrechen am leichtesten ein. Es ist daher oft besser den Stoss gegen die Schlechten zu stellen, auch wenn dies später das Hereinbrechen erschweren sollte. In einigen Fällen quillt auf Dorstfeld auch der am Liegenden hergestellte Schram vor dem Abkohlen wieder zu und muss dann von Hand noch einmal erweitert werden. Sehr unangenehm sind ferner alle Gebirgsstörungen und regelmässige Lagerung muss geradezu als eine der nötigen Voraussetzungen zur Benutzung der Rad-Schrämmaschine bezeichnet werden. Hinter jeder Störung muss der Stoss von neuem angesetzt werden, was immer mit besonderen Schwierigkeiten verbunden ist.

Auf Dorstfeld liegen nun in jeder Beziehung die Verhältnisse für maschinelles Schrämen besonders günstig. Selbst das schlechte Dach hält sich infolge des raschen Vorschreitens des Abbaues und des mit der Maschinenarbeit verknüpften systematischen Ausbaues sehr viel besser als früher. Die 80—100 cm mächtigen Gaskohlenflötze, in denen die Maschinen in Anwendung stehen, sind so hart, dass hier früher nur aus dem Vollen mit Dynamit geschossen werden konnte, dessen Kosten in einem Flötze bis zu 35 Pf. auf die Tonne betrugen. Durch Verschlechterung des Daches erhöhte das Schiessen auch die Holzkosten, vor allem aber lieferte es überwiegend Feinkohle von sehr geringem Verkaufswert. Das war der Grund, dass viele der Dorstfelder Flötze trotz vorzüglicher Güte der Kohlen nicht gebaut werden konnten. Die hervorragende Stückkohle, welche bei der Schrämmaschinenarbeit gewonnen wird und als beste Generatorkohle Absatz findet, änderte hier vollständig die wirtschaftlichen Bedingungen für den Abbau, den sie selbst bei einer Erhöhung der Betriebskosten noch lohnend erscheinen liess. Thatsächlich werden die Kohlen bisher mit Schrämmaschinen kaum billiger gewonnen, als früher mit Schiessarbeit, da die Anlagen sehr teuer geworden sind und der Verbrauch an Pressluft eine wichtige Rolle spielt. Die Häuerleistung erwies sich meist als beträchtlich höher bei Anwendung der Maschine, in einem Falle um 20 %.

Nach und nach sind auf Dorstfeld sieben Maschinen beschafft worden, die heute ca. 200 000 t gewinnen helfen und der Grube einen sehr guten Gewinn aus Flötzen ermöglichen, die sonst gar nicht, oder nur mit zweifelhaftem Vorteil zu bauen gewesen wären. Besonders in Zeiten mit schwierigem Absatz ist die Förderung von Stückkohlen doppelt wichtig.

Die einzige andere Grube, welche bisher einen Versuch mit der Garforth-Maschine gemacht hat, ist die Zeche Heisinger Tiefbau. Hier arbeitete die Maschine in einem flachen Stücke des 75 cm mächtigen Flötzes Finefrau, welches aus Rücksichten auf die Tagesoberfläche mit Versatz, statt mit dem gewöhnlichen Pfeilerbau gewonnen werden musste. Trotz der Mehrarbeit des Versetzens war die Häuerleistung in beiden Fällen die gleiche, während die besonderen Mehrkosten der Maschinenarbeit durch den höheren Stückkohlenfall ausgeglichen wurden.

2. Stoss-Schrämmaschinen.

Ausser den Rad-Schrämmaschinen sind letzthin in Westfalen mehrere Arten von Stoss-Schrämmaschinen versuchsweise in Betrieb genommen. Während die Einführung der Garforth-Maschine das eigenste Verdienst

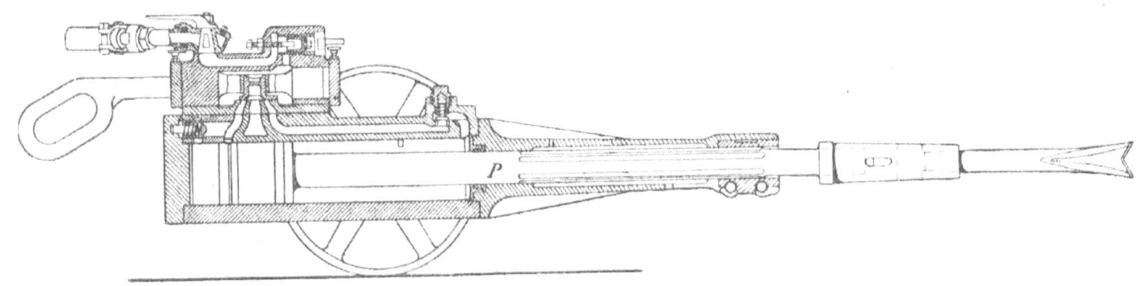

Fig. 47.

Ingersoll-Maschine.

der Zeche Dorstfeld ist, welche alles versuchen musste, um den grossen, aber schwer gewinnbaren Schatz ihrer dünnen Gaskohlenflötze zu heben, geht die Einführung der Stoss-Schrämmaschinen von den Verfertigern aus. Es ist bezeichnend für die Erfolge, welche sich die im Schrämmaschinenbetrieb weit vorgeschrittenen Amerikaner auch in Westfalen von dieser Betriebsweise versprechen, dass eine der bedeutendsten amerikanischen Firmen, die Ingersoll Sergeant Drill Co. es sich der Mühe nicht verdriessen lässt, hier einen Markt für ihre Maschinen zu suchen.

Von einheimischen Firmen ist u. a. die Duisburger Maschinenfabrik zu nennen, welche die Bauart »Eisenbeis« liefert.

Beide Konstruktionen kommen im Grunde auf gewöhnliche Gesteinsbohrmaschinen mit Pressluftantrieb hinaus, die mit einem geeigneten Meissel versehen längs des Schrams hergeführt werden und diesen je nach der Festigkeit in kleineren oder grösseren Stücken absprengen. Die Wirkungsweise der Ingersoll-Maschine (Fig. 47) unterscheidet sich indes dadurch von der einer Bohrmaschine, dass eine Umsetzung des Meissels nicht stattfindet, vielmehr der Kolben durch gradlinige Nuten fest geführt wird. Der zweizackige Meissel wird dann mit seiner flachen Seite senkrecht zu der Richtung eingesetzt, in welcher die Arbeit fortschreitet, so dass er immer Stücke lossprengt, die auf einer Seite schon frei liegen. Entsprechend ist er auch einseitig geschärft. Die Zahl der Stösse in der Minute beträgt 160—250, wechselnd mit der Höhe des Luftdrucks, der zwischen $3^1/_2$—6 Atmosphären betragen muss und je nach Bedürfnis durch einen Zulasshahn geregelt werden kann.

Die Arbeit der Eisenbeis-Maschine wird dagegen von einer gewöhnlichen Duisburger Bohrmaschine mit Umsetzung geleistet. Ueber die zweckmässigste Form des Meissels sind die Ansichten noch geteilt, doch scheint man sich immer mehr der amerikanischen Form zu nähern.

Der Hauptunterschied beider Maschinen besteht in der Führung und Handhabung. Die Ingersoll-Maschine, deren Gewicht etwa 320 kg beträgt, ist auf 2 Räder von 40—50 cm Durchmesser gesetzt. Im Betrieb steht sie damit auf einer gegen den Stoss geneigten 2,5 m langen hölzernen Bühne, deren Ansteigen so bemessen ist, dass der Rückstoss durch das grosse Gewicht der in die Höhe laufenden Maschine rasch aufgehoben wird. Ein auf der Bühne liegender Arbeiter regiert die mit zwei Handhaben versehene Maschine gewöhnlich mit einer Hand und einem Fuss, den er mit einem kleinen Klotz ausgerüstet gegen eins der Räder stellt. Es sind sehr kräftige und gleichzeitig gewandte Leute zur Handhabung der Maschine erforderlich und es bedarf fast immer einer längeren Uebung, bis sie gelernt haben, die Maschine unter Ausnutzung deren eigener Bewegungen, besonders des Rückstosses, auf den gewünschten Punkt zu richten, statt dieses mit ihrer eigenen Körperkraft erzwingen zu wollen.

Zunächst wird ein Schram von 30 cm Tiefe und 5 cm Höhe hergestellt. Da die Maschine schräg von oben nach unten arbeitet und ausserdem die Führung des Kolbens einen sehr grossen Durchmesser besitzt, muss, damit weiter gearbeitet werden kann, dieser Schram nach oben erweitert werden. Durch Wiederholung dieser Arbeiten erhält man zuletzt einen von vorn nach hinten abgeschrägten Schram bis zu 1,50 m Tiefe, dessen Höhe vorn 35, hinten etwa 7 cm beträgt. Die Stossbreite, welche

Fig. 48.

Schrämmaschine von Eisenbeis.

von einer Lage der Bühne aus unterschrämt werden kann, beträgt annähernd 1,50 m. Dann muss die Bühne umgelegt werden.

Die Anordnung von Eisenbeis (Fig. 48) besitzt im Gegensatz zu der Ingersoll-Maschine ein eigenartiges Zwischenstück, mittels dessen die zum Schrämen benutzte Bohrmaschine an einer gewöhnlichen Bohrspreize befestigt wird. Das Zwischenstück ist zweiteilig und zwar ist der unmittelbar an der Spannsäule sitzende Teil zu einem Kreissektor mit Zahnkranz ausgebildet. Der zweite Teil mit der Arbeitsmaschine wird um einen Zapfen im Mittelpunkt des Sektors durch Vermittelung eines kleinen Schneckenrades gedreht, welches in den Zahnkranz eingreift. Auf diese Weise lässt sich mit dem Schramwerkzeug, das auf die Spitze einer kürzeren oder längeren Bohrstange gesteckt wird, ein Kreisbogen von gleicher Winkelgrösse, aber bedeutend verlängertem Radius beschreiben, welcher gestattet, von einer Aufstellung der Maschine aus einen 2,50—3 m breiten Stoss auf 2 m zu unterschrämen. Die Schramhöhe bleibt dabei von vorn nach hinten ziemlich gleich 15 cm, kann aber auch niedriger gehalten werden. Natürlich lassen sich nicht entfernt so kräftige Schläge wie mit der Ingersoll-Maschine ausüben, doch wird dies in vielen Fällen durch die grössere Zahl der Schläge mehr als ausgeglichen. Für die Ausführung der Arbeit haben sich die Schramhauer nach ihren bisherigen Erfahrungen am besten dabei gestanden, wenn sie die Meissel ziemlich rasch über den ganzen Schram hinweg führten und diesen ganz gleichmässig tiefer brachten.

Verglichen mit der Garforth-Maschine haben die Ingersoll- und Eisenbeis-Maschine die gemeinsame Eigenschaft, verhältnismässig billig und leicht transportabel zu sein. Beide Umstände gestatten auch vor weniger breiten Stössen und selbst in gewöhnlichen Ortsbetrieben damit vorteilhaft zu schrämen, wenn nur andere Arbeiten in der Nähe sind, um dort die Arbeit mit denselben Maschinen fortzusetzen. Namentlich die Ingersoll-Maschine lässt sich, da sie auf Rädern läuft, leicht von einem Ort zum andern bringen. Dagegen setzt ihre vorteilhafte Anwendung eine Menge nicht leicht zusammentreffender, natürlicher Bedingungen voraus. In erster Linie muss das Flötz flach liegen. Bei schwebendem Vorgehen darf das Einfallen nur wenige Grad betragen, beim Abhauen dagegen, welches die Arbeit mit der Maschine bis zu einem gewissen Grade erleichtert, darf es bis zu 15° hinaufgehen. Wird in streichender Richtung abgebaut, so sind infolge des horizontalen Schrams 10—12° das Höchste. Dabei muss die Bühne schon sorgfältig darnach gebaut sein, dass keine seitliche Neigung vorhanden ist, welche das Abrutschen der Maschine zur Folge haben würde.

Ferner muss der Schram immer dicht über der Sohle liegen. Die Erhöhung der Bühne, um einen etwas höher gelegenen Schram herauszuarbeiten ist mit Schwierigkeiten verknüpft und auch das Auskunftsmittel, der Maschine höhere Räder zu geben, reicht nicht weit. Kann das Flötz in mehreren Bänken gebaut werden, so lässt sich die Maschine natürlich auf die Unterbank stellen, in jedem Falle sind aber mindestens 75 cm lichte Höhe über der Schramsohle für die Arbeit mit der Maschine nötig. Auch die grosse Höhe oder Weite des Schrams wirkt ungünstig, wenn dadurch Schramberge und Kohlen zusammengeraten; in reiner Kohle ist dagegen ein hoher Schram kein Uebelstand, da die meisten Kohlen in ziemlich grossen Stücken abgesprengt werden. Auch mag der von amerikanischer Seite stark betonte Nutzen des hohen Schrams, dass die Kohle beim Schiessen besser auseinanderrollt und leichter verladen werden kann, nicht ganz gering sein. Sehr lästig ist es beim Betrieb, dichten Ausbau nahe vor der Kohle zu haben. Das hindert nicht nur das Wegschaufeln der losgeschrämten Kohlen, welches bei flotter Arbeit nur schwer dem Fortschreiten der Maschine nachkommen kann, sondern macht auch das Umlegen der Bühne, das sonst in fünf Minuten geschehen ist, zu einer sehr lästigen und zeitraubenden Arbeit. Für die Neueinführung ist endlich der Umstand wohl zu beachten, dass die Arbeit mit der Ingersoll-Maschine nicht leicht zu erlernen und namentlich für Anfänger sehr schwer ist, wodurch die Leute abgeschreckt werden. Die von den fortwährenden Stössen befürchtete Schädigung des ganzen Körpers scheint indessen nach den amerikanischen Erfahrungen nicht einzutreten.

Die Eisenbeis-Maschine ist während des Ganges leicht zu handhaben und auch in der Aufstellung nicht an so enge Grenzen gebunden als die amerikanische. Es liesse sich praktisch, wenn auch wohl nicht mit wirtschaftlichem Vorteil, ermöglichen, sie bei jedem Einfallen in Anwendung zu bringen. Das schon in flachen Arbeiten lästige Umstellen der Säulen würde in Flötzen mit starkem Einfallen zu zeitraubend und gefährlich werden. Die Maschine hat aber bei jeder Lagerung den grossen Vorteil, in beliebiger Höhe des Flötzprofils, selbst nahe an der Firste schrämen zu können. Auch nimmt sie weniger Raum ein als die Bühne der Ingersoll-Maschine, ihre Umstellung und ihr Arbeiten wird daher weniger durch den Ausbau behindert.

Auch die der Eisenbeis-Maschine ähnlichen deutschen Schrämmaschinen von Fröhlich & Klüpfel (Fig. 49), Korfmann und Flottmann arbeiten von einer Bohrsäule aus. Diese Systeme sind in neuester Zeit versuchsweise auf mehreren Gruben des Bezirks mit gutem Erfolge eingeführt worden.

Bisher sind Stossschrämmaschinen fast ausschliesslich vor solchen Arbeiten, meist breitgehauenen Oertern, in Betrieb gesetzt, wo es weniger auf die Verbilligung der Kohlengewinnung als auf rasches Vordringen ankam, vielleicht, weil man ohne rechtes Zutrauen in Bezug auf den ersten Punkt doch wenigstens *einen* Nutzen von dem Versuch haben wollte. Die Ingersoll-Maschine ist besonders auf den Gruben Dorstfeld, Nordstern und Ewald längere Zeit erprobt und zur Zeit auch auf Prosper und Alma in Anwendung. Die Versuche haben fast übereinstimmend gute Ergebnisse in Bezug auf die Leistungsfähigkeit geliefert, selbst mit einheimischen, von einem Monteur der amerikanischen Firma angelernten Arbeitern. Allerdings bleiben auch nach mehrmonatlicher Thätigkeit geschickte Arbeiter noch weit hinter dem Amerikaner zurück,' der oft fast das Dreifache leistet.

Fig. 49.

Schrämmaschine von Fröhlich & Klüpfel.

Auf Zeche Nordstern wird z. Z. mit zwei Ingersoll-Maschinen in dem sehr harten und sonst nur durch Schiessarbeit gewinnbaren Flötz Bismarck geschrämt und zwar in einer breiten Strecke und in einem Abhauen. In der ersteren wird der 12 m breite Stoss von zwei Arbeitern, dem Maschinenführer und dem Wegfüller, in der achtstündigen Schicht auf 1,50 m unterschrämt, was einer Schramleistung von rund 20 qm entspricht. Meist bleibt noch Zeit, ein Loch zu schiessen. Die nächste Schicht schiesst die Oberbank herein und fördert. Auf die Weise kommt man in zwei Schichten um 1,50 m weiter, während man mit Schiessarbeit allein höchstens auf 1 m rechnen konnte. Dazu kommt der Gewinn einer guten Stückkohle und trotz sehr hoher Häuerlöhne eine Ermässigung des Gedinges, welche die Kosten der Pressluft und der Unterhaltung reichlich decken dürfte. Unangenehmer wird der Betrieb, wenn die Kohle leicht über dem Schram hereinbricht, oder wenn das gewöhnlich 1 m hohe Flötz zu niedrig wird. Der Bühne kann dann nicht das nötige Ansteigen gegeben werden, besonders wenn Holz am Hangenden eingebaut ist, das dem Hauer den Blick auf den Schram verdecken würde.

Die Zeche geht damit um, die Maschine auch im Abbau einzuführen, und hofft allmählich auch die Leistungen der Arbeiter erhöhen zu können, da bei den amerikanischen Leistungen von 60—70 qm auch beim Abbau ein Nutzen in der flachen und gleichmässigen Lagerung zweifellos wäre. Die geringe Leistung der deutschen Arbeiter liegt namentlich darin, dass sie noch nicht mit dem vollen Druck arbeiten können.

Auf Dorstfeld und Ewald hat man mit Ingersoll-Maschinen in einem recht festen Bergmittel gleichfalls mit gutem Erfolge geschrämt, nachdem man zuerst auf Dorstfeld wegen Anwendung der Maschine bei zu starkem Einfallen keine günstigen Erfahrungen gemacht hatte. Zur Zeit wird ein Flötz von 1,50 m Mächtigkeit bei 10° Einfallen auf 30 cm am Liegenden unterschrämt. Bei gleicher Belegung rückt die 12 m breite Arbeit täglich 1,30 m statt früher 0,80 m vor. Die Schrämschicht schiesst auch noch Einbruch und schlägt die Bolzen unter der Kohlenbank weg, worauf diese gewöhnlich von selbst hereinbricht. Das Gedinge ist sehr erheblich ermässigt worden. In einem besonders eiligen Betrieb beabsichtigt man innerhalb 24 Stunden zweimal zu schrämen und rechnet darauf, 3 m täglich voranzukommen. Die einheimischen Arbeiter haben sich verhältnismässig rasch an die Maschine gewöhnt.

Auf Ewald stellte der amerikanische Monteur in einem etwa 30 cm oberhalb der Sohle gelegenen sehr festen Bergmittel in der Schicht vor zwei Ortsbetrieben einen Schram von 1,50 m Tiefe und 8 m Breite her. Mit dieser Leistung würde der Monats-Fortschritt vor jedem Ort 37—38 m betragen haben, während er bis dahin 13—17 m betrug. Trotz des günstigen Ergebnisses hat die Grube auf die Einführung der Ingersoll-Maschine bei ihren recht eiligen Vorrichtungsarbeiten verzichtet und sich für die Eisenbeis-Maschine mit verbessertem Meissel entschieden, die sich unter denselben Verhältnissen gleichfalls sehr gut bewährt hatte und unter allen Umständen den Vorzug besitzt, dass man sehr leicht Arbeiter zu ihrer Bedienung finden kann.

Es waren mit einer Eisenbeis-Maschine zwei Oerter von 3 m Breite täglich 2 m vorgetrieben worden. Der 2 m tiefe Schram wurde vor beiden

Oertern von einer Schicht hergestellt, die ausserdem noch die Schrämmaschine zum Bohren von ein oder zwei Löchern benutzte. Das Ergebnis war ein Gewinn von **5** M. auf das Meter. Anderwärts — die Eisenbeis-Maschine wird jetzt auf etwa 12 Gruben versucht — sind die ersten Erfahrungen nicht immer so günstig gewesen, doch ist die Maschine noch immer im Entwickelungszustande. Sie lässt sich übrigens ebenso wie die Ingersoll-Maschine auch zum Kerben benutzen; letztere muss zu dem Zweck bei mächtigen Flötzen auf entsprechend höhere Räder gesetzt werden.

So wenig die Beobachtungszeit und der kleine Massstab, in dem Schrämmaschinen bisher versucht wurden, jetzt schon ein abschliessendes Urteil gestatten, so haben sie doch klar erwiesen, dass wenigstens die Möglichkeit besteht, auch im Ruhrbezirk aus der Einführung der maschinellen Kohlengewinnung Vortheil zu ziehen. In allen Fällen hat sich die Erhöhung des Wertes der Erzeugnisse und die Beschleunigung des Fortschrittes der Vorrichtungsarbeiten gezeigt.

Wird man die Maschine erst besser den natürlichen Verhältnissen anzupassen und den Abbau- und Vorrichtungsbetrieb besser auf die Anwendung von Maschinen einzurichten gelernt haben, so dürfte auch in grösserem Umfange eine Ermässigung der Gewinnungskosten und eine Erhöhung der Arbeitsleistung, mittelbar also auch eine Verringerung des Arbeitermangels zu erwarten sein. Besonders wünschenswert erscheint es, das Anwendungsgebiet der Maschine auch auf steilere Lagerung auszudehnen. Die von den Amerikanern besonders hervorgehobene Erhöhung der Sicherheit in der Grube durch den Schrämmaschinenbetrieb, die sich aus der Regelmässigkeit und der methodischen Durchführung der Arbeit, der Verminderung des Schiessens und dem Wegfall der Schrämarbeit von Hand mit ihrer grossen Kohlenfall-Gefahr ergiebt und durch die bisherigen Erfahrungen bestätigt wird, dürfte neben den unmittelbaren Vorteilen noch wesentlich dazu beitragen, der maschinellen Kohlengewinnung überall da Bahn zu brechen, wo die natürlichen Verhältnisse ihre Anwendung gestatten.

Wasserhaltung.

1. Kapitel: Allgemeines.

Von Bergassessor Wilh. Müller.

I. Die Wasserverhältnisse auf den Zechen des Ruhrkohlenbezirks.

Auf dem weiten Gebiet der technischen Einrichtungen des Ruhrkohlenbergbaues hat kein Zweig des Grubenhaushaltes und des Grubenbetriebes eine so hervorragende Bedeutung als die Wasserhaltung, die heute, wo die hiesigen Zechen durchweg den Charakter der Tiefbau-Anlagen tragen, mit dem stetigen Vordringen in immer grössere Teufen den Grubenbetrieb in empfindlicher Weise erschwert und immer grössere Anforderungen an die Leistungsfähigkeit und Betriebssicherheit der zur Hebung der Wasser dienenden Maschinen stellt.

Hinsichtlich der Wasserwirtschaft befindet sich der westfälische Bergbau gegenüber seinen Hauptkonkurrenten, dem englischen und dem Saarbrücker Bergbau, in einer ungünstigen Lage.

Die englischen Gruben sind auf dem Gebiete der Wasserwirtschaft ganz besonders bevorzugt, indem manche grossen Werke daselbst künstliche Vorrichtungen zur Wasserhebung überhaupt nicht nötig haben und solche daher auch nicht besitzen. In Saarbrücken entfiel auf 1 cbm minutliche Wasserzuflüsse im Jahre 1885 eine jährliche Produktion von 260 000 t Kohlen, in Westfalen eine solche von nur 130 000 t (im Jahre 1899 von 170000 t).

In der Tabelle 1 auf Seite 116 sind die Wasserzuflüsse der Ruhrkohlenzechen in drei getrennten Gruppen aufgeführt, von welchen die erste die Gruben ohne Mergelüberlagerung, die zweite die Gruben mit teilweiser Mergelüberlagerung und die dritte die ganz unter dem Mergel belegenen Zechen umfasst. Neben diesen minutlichen Wasserzuflüssen enthält die Tabelle eine Gegenüberstellung der jährlichen Wasserzuflüsse mit der jährlichen Förderung. Sämtliche Angaben beziehen sich auf die Jahre 1885 und 1899.

Die gesamten Wasserzuflüsse im Jahre 1899 betrugen hiernach durchschnittlich pro Minute 322,51 cbm. Was diese Wassermenge bedeutet, erkennt man, wenn man bedenkt, dass der Ruhrfluss bei Mühlheim bei gewöhnlichem Wasserstand rund 1800 cbm führt.*) Es würde demnach die von der Gesamtheit der Ruhrkohlenzechen gehobenen Wasser etwa $^1/_6$ der von der Ruhr in normalen Jahreszeiten geführten Wassermenge ausmachen.

Diese Wasser wurden entsprechend den lokalen Verhältnissen auf den einzelnen Gruben aus verschiedenen Teufen gehoben. Die Gesamtleistung gehobenen Wassers, berechnet aus den auf den einzelnen Gruben vorhandenen Wasserzuflüssen und der jedesmaligen Sohlenteufe, beträgt 105 502 tm, woraus sich eine durchschnittliche Wasserteufe von rund 327 m ergiebt. Für die Gesamtleistung in Meter-Tonnen ist eine Pumpenleistung von 23 445 HP aufzuwenden.

Während auf den unter der Mergelüberlagerung bauenden Zechen die Wasserzuflüsse während des ganzen Jahres ziemlich unveränderlich sind, haben diejenigen Zechen, deren Flötze direkt zu Tage ausgehen, im allgemeinen mit einem bedeutenden Wechsel der Zuflüsse zu kämpfen.

Aus einer vom Verfasser für das Jahr 1899 angestellten Berechnung ergiebt sich, dass von der Gesamtsumme der Wasserzuflüsse des Ruhrreviers in Höhe von 322,51 cbm je Minute 162,81 cbm als veränderlich anzusehen sind, während die übrigbleibenden 159,70 cbm im ganzen Jahre ungefähr konstant bleiben. Das Maximum der Wasserzuflüsse der 64 Zechen mit schwankenden Zuflüssen betrug 179,35 cbm je Minute im Monat Februar, das Minimum 144,35 cbm im Monat November.

Setzt man für letztere Menge die Zahl 100 ein, so betrugen die durchschnittlichen Wasserzuflüsse für die übrigen Monate des Jahres 1899 in den entsprechenden Verhältniszahlen:

November	100
Dezember	101
Oktober	102
September	104
August	107
Juli	111
Januar	117
März, Mai, Juni	119
April	121
Februar	124

*) Denkschrift über den Entwurf eines Rhein-Elbe-Kanals, von Prüsmann, Kgl. Wasser-Bau-Inspektor. Seite 71.

Für einzelne Zechen mit wechselnden Wasserzuflüssen sind die monatlichen Schwankungen natürlich wesentlich höher. So ergeben sich, wenn man das Monatsminimum in jedem Falle zu 100 annimmt, nachfolgende Monatsmaxima:

Julius Philipp	295
Pauline	244
Wiendahlsbank	230
Baaker Mulde	214
Langenbrahm	212
Alte Haase	200
Blankenburg	200
Pörtingsiepen	195
Hagenbeck	192
Trappe	187
Hasenwinkel	183
Bommerbänker Tfb.	166
Maria Anna Steinbank III.	165
Steingatt	155
Dannenbaum II.	150
Eintracht Tfb. I.	141
Amalie	139
Graf Schwerin	122

Ueber die Frage der Herkunft der Grubenwasser und der hiermit zusammenhängenden Schwankungen der Wassermenge sind im Jahre 1885 für den Ruhrkohlenbezirk umfangreiche Beobachtungen angestellt worden.*) Hiernach rühren die Grubenwasser abgesehen vom Grundwasser vorwiegend aus atmosphärischen Niederschlägen und nur in vereinzelten Fällen aus offenen Wasserläufen her. Der Versuch, die Höhe der Schwankungen der Wasserzuflüsse mit der Niederschlagshöhe der einzelnen Monate in Verbindung zu bringen und hier einen direkten Zusammenhang nachzuweisen, ist jedoch vollkommen fehlgeschlagen. Es kommen in dieser Richtung so mancherlei Gesichtspunkte, wie die Art und Weise des Schneeschmelzens, die Zeit, während welcher das Flössen der Wiesen zu erfolgen pflegt, der Verbrauch an Wasser durch die Vegetation in Frage, dass der vorhandene Zusammenhang hierdurch leicht vollständig verwischt wird.

Die Höhe der Wasserzuflüsse war im Jahre 1899 am grössten auf der Zeche Gneisenau mit 14,00 cbm je Minute; es folgen dann Courl mit 11,05, Mansfeld mit 9,067, Victor mit 7,60, Maria Anna und Steinbank mit 7,40,

*) Technische Mitteilungen des Vereins für die Bergb. Interessen im O. B. A. B. Dortmund, von Bergassessor a. D. Nonne.

Präsident II mit 5,69, Amalia mit 5,52, Wiendahlsbank mit 5,50, Rheinpreussen I/II mit 5,33 cbm je Minute.

Der Durchschnitt der Wasserzuflüsse sämtlicher 186 Schachtanlagen mit selbständiger Wasserwirtschaft beträgt 1,74 cbm je Minute. Von diesem Mittelwert weicht auch der Durchschnitt der einzelnen Zechengruppen nur verhältnismässig wenig ab. Gruppe a (Felder ohne Mergelüberlagerung) weist einen Durchschnitt von 2,11 cbm, Gruppe b (Felder mit teilweiser Mergelüberlagerung) einen solchen von 2,06 cbm und Gruppe c (vollständig vom Mergel überdeckte Felder) einen solchen von 1,49 cbm minutlicher Zuflüsse auf.

Ein wesentlich anderes Bild erhält man bei einer Gegenüberstellung der jährlichen Wassermengen und der jährlichen Kohlenförderung (vgl. Tabelle 1). Hiernach wurden im Jahre 1899 bei einer Gesamtkohlenförderung von rund 55 Millionen Tonnen 169½ Millionen cbm Wasser gehoben, sodass auf die Tonne Kohlen 3,08 cbm Wasser entfallen. Hinsichtlich der Verteilung der Wasserzuflüsse ergiebt sich, dass die Steinkohlenzechen ohne Mergelüberlagerung und diejenigen mit teilweiser Mergelüberlagerung beinahe die Hälfte des Gesamtquantums sämtlicher Zechen, nämlich 157,38 cbm je Minute zu heben haben, während die Förderung nur 22,5% der Gesamtförderung aller Gruben ausmacht. Am ungünstigsten ist natürlich das Verhältnis zwischen Förderung und Wasserzuflüssen auf den südlichen Zechen ohne jede Mergelüberlagerung.

Tabelle 1.

	Jahr	a. Felder ohne Mergelüberlagerung	b Felder mit teilweiser Mergelüberlagerung	c. Vollständig vom Mergel überdeckte Felder	Summe bezw. Durchschnitt
Gehobene Wasser cbm	1899	61 090 488	21 626 863	86 793 905	169 511 256
	1885	*34 211 304*	*24 619 104*	*54 531 000*	*113 361 408*
Geförderte Kohlen t . .	1899	7 791 679	4 877 462	42 312 861	54 982 002
	1885	*4 055 472*	*3 575 542*	*17 942 574*	*25 573 588*
Auf 1 t Kohlen kommen cbm Wasser	1899	7,84	4,43	2,05	3,08
	1885	*8,40*	*6,90*	*3,04*	*4,43*
Wasserzuflüsse je Minute in cbm . . .	1899	116,23	41,15	165,13	322,51
	1885	*65,09*	*46,84*	*103,75*	*215,68*

Im Durchschnitt mussten im Jahre 1899 auf den Feldern ohne Mergelüberlagerung für jede Tonne Kohle 7,84 cbm Wasser gehoben werden, während diese Verhältniszahl bei der Zechengruppe b 4,43 und bei den ausschliesslich unter dem Mergel bauenden Zechen nur 2,05 beträgt. Bei einzelnen Zechen der ersten Gruppe stellt sich dieses Verhältnis noch bedeutend ungünstiger, wie ein Blick auf die Zusammenstellung (Seite 115) lehrt. Es wurde schon in dem bereits erwähnten Bericht aus dem Jahre 1885 von Nonne mit Recht darauf hingewiesen, dass ein ungünstiges Verhältnis zwischen der Kohlen- und Wasserförderung in der Regel auch zusammenfällt mit schlechten finanziellen Resultaten des ganzen Bergwerksunternehmens, und die berechtigte Schlussfolgerung gezogen, dass, ganz abgesehen von den direkten Kosten, welche die Wasserhaltung verursacht, die indirekten Erschwernisse in Bezug auf den ganzen Betrieb und die Ausdehnungsfähigkeit des einzelnen Werkes von ganz wesentlichem Einfluss auf die Rentabilität sein müssten, wobei nicht ausser Acht zu lassen sei, dass auf mancher Grube noch grosse Wasserzuflüsse hinter Dämmen zurückgehalten würden, welche ohne neue Maschinenkräfte nicht gewältigt werden könnten. Die damals aufgestellte Behauptung findet auch heute noch in zahlreichen Beispielen ihre Bestätigung.

Eine Gegenüberstellung der Zahlen aus dem Jahre 1899 mit denen des Jahres 1885 (Tabelle 1) zeigt, dass sich das Verhältnis zwischen Kohlen- und Wasserförderung wesentlich zu Gunsten der ersteren verschoben hat. Dasselbe betrug 1 : 4,43 im Jahre 1885 und 1 : 3,08 im Jahre 1899; es ist also eine Verbesserung um rund 30% eingetreten. Am weitaus stärksten beteiligt an dieser günstigen Gestaltung sind die Zechen der dritten Gruppe, deren Felder vollkommen vom Mergel überdeckt sind. Den Fortschritten auf dem Gebiete des Schachtabteufens und der Vervollkommnung des wasserdichten Schachtausbaues ist wohl in der Hauptsache dieser in wirtschaftlicher Hinsicht ausserordentlich wichtige Erfolg zu danken.

Es kann nicht Wunder nehmen, dass sich die westfälischen Zechen schon früh mit dem Plane beschäftigt haben, sämtliche Wasserzuflüsse ihrer Gruben an einer Stelle zu vereinigen und dieselben hier durch eine grosse Centralwasserhaltung zu heben. Durch eine solche Massnahme wären nicht nur die einzelnen Gruben der Sorge um die Wältigung der Wasser überhoben worden, sie wären auch für alle Zeit vor der Gefahr des Ersaufens geschützt gewesen, ganz abgesehen davon, dass die Hebung der Wasser viel geringere Kosten verursacht hätte und manche unnötige Anlage von Reservemaschinen hätte unterbleiben können. Gerade in den schweren Zeiten des wirtschaftlichen Niederganges Mitte der achtziger Jahre, in denen man sich unter Leitung des Vereins für die bergbaulichen Interessen der Lösung einzelner wichtigen technischen Aufgaben zuwendete, zog die mit der Ausarbeitung entsprechender Vorschläge beauftragte Kommission die Frage einer gemeinsamen Wasserhaltung für alle Gruben in den Kreis ihrer Untersuchungen. Durch die sehr eingehenden und überaus sachlichen Untersuchungen dieser Kommission wurde festgestellt, dass etwa ein Drittel der damals vorhandenen Wasserhaltungsmaschinen bei zweckmässiger Vereinigung genügt hätte, die vorhandenen Wasserzuflüsse zu heben. Dieses auffallende Resultat findet seine Erklärung in der Thatsache, dass wegen des Wechsels in den Wasserzuflüssen die meisten Zechen sehr erhebliche Reserven an Maschinen und Pumpen beschafft hatten.

Der Vorschlag der Kommission ging deshalb dahin, die Wasserlösung des ganzen Ruhrkohlenbeckens so zu gestalten, dass die Wasser auf einer gemeinsamen tiefsten Sohle, als welche die II. Tiefbausohle des Schachtes Hugo I bei 539,51 m Teufe in Vorschlag gebracht wurde, gesammelt werden sollten, um von hier aus gehoben zu werden. Dabei sollten die Gesamtzuflüsse auf verschiedene besonders herzustellende Hauptlösungslinien verteilt werden, von welchen die beiden querschlägigen Linien Hattingen—Buer und Witten—Castrop vorgesehen wurden, während streichend die Schächte Hugo, Ewald, König Ludwig und Victor in Verbindung zu bringen waren. Ausser diesen Hauptlösungslinien waren verschiedene Hülfsquerschläge zum Anschluss entfernt liegender Felder vorgesehen. Durch eine derartige einheitliche Gestaltung der Wasserwirtschaft wäre man in der Lage gewesen, eine vollständige Unabhängigkeit des Grubenbetriebes von der Wasserwirtschaft zu erreichen und zugleich alle Vorteile einer vollkommenen Ausnützung der Maschinen für sich zu gewinnen.

Wenn auch die damaligen Arbeiten der Kommission einen direkten Erfolg nicht erzielt haben, so ist es denselben doch zu verdanken, dass die Aufmerksamkeit der Bergbautreibenden auch auf diesem Gebiete auf die hohe Bedeutung der wirtschaftlichen Vereinigung mehrerer Zechen gelenkt wurde und dass den Zechenverwaltungen, die vielfach hinsichtlich der Kosten ihrer Wasserhaltungen und deren Bedeutung für die Oekonomie des Betriebes im Dunkeln tappten, sehr wertvolle Fingerzeige gegeben, und verborgene Schäden aufgedeckt wurden.

Die Entwickelung des Ruhrkohlenbergbaues hat später gezeigt, dass die Grundideeen der damaligen Vorschläge in den industriellen Kreisen reichen Anklang gefunden haben.

II. Die Einrichtungen unter Tage zum Fernhalten der Grubenwasser.

1. Strecken- und Schacht-Verdämmungen.

Mit der Herstellung von Tiefbauanlagen und der hierdurch bedingten Notwendigkeit, die erschrotenen Wasser mittels Maschinen und Pumpen künstlich zu heben, war die Sicherheit der Gruben von der Zuverlässigkeit ihrer maschinellen Einrichtungen abhängig geworden. Gegen plötzliche, die Stärke der Maschinen übersteigende Wasserdurchbrüche oder in Zeiten, wo Reparaturen an den Maschinen oder Kesseln einen längeren Stillstand der Wasserhaltung erforderten, boten die maschinellen Einrichtungen keine genügende Sicherheit. In solchen Fällen suchte man sich schon frühzeitig durch Herstellung von Dämmen, welche die Wasser zeitweise oder dauernd absperren sollten, zu sichern. Auf den alten Stollenzechen, die mit dem allmählichen Verhieb der über der Stollensohle anstehenden Kohlen mehr und mehr zum Tiefbau übergegangen waren, begnügte man sich anfangs damit, den Abschluss der Wasser durch Holzdämme oder auch wohl durch Latten und Rasendämme zu bewirken, da ja wegen der geringen Teufe der Baue nur ein geringer Wasserdruck hinter dem Damm zu erwarten war. Die geringe Haltbarkeit dieser Dämme sowie der Umstand, dass sie sich für einen dauernden Abschluss als durchaus untauglich erwiesen, führten indess sehr bald zur Herstellung von gemauerten Dämmen. In der einschlägigen Litteratur findet sich als ältestes Beispiel eines Mauerdammes ein auf der Zeche Gewalt in der III. Tiefbausohle im Jahre 1837 errichteter Damm vor. Der Körper des Dammes, dargestellt in Fig. 50, wird durch einen Abschnitt eines senkrechten Hohlcylinders gebildet, der in Firste und Sohle auf besonders ausgehauenen Widerlagern ruht.

Die cylindrische Form der Mauerdämme wurde indess bald durch die nach der Kugelform construierten Dämme verdrängt, bei welchen die Wölbung der Mauerung den Ausschnitt einer Hohlkugel bildet. Ein solcher Damm wurde im Jahre 1845 auf der Zeche Franziska-Erbstollen bei Witten ausgeführt; die Konstruktion des Dammes ist aus Fig. 51 ersichtlich.

Hinsichtlich ihrer äusseren Form haben die geschlossenen Mauerdämme bis heute keine wesentlichen Aenderungen erfahren. Auch heute noch ist der in Westfalen übliche Damm der Kugeldamm. Dagegen sind mit der zunehmenden Teufe der Gruben die Anforderungen, welche an die Haltbarkeit und Widerstandsfähigkeit der Dämme gestellt werden müssen, ausserordentlich gestiegen. Die Dammstärke wird, wie bei einem Gewölbe nach dem Druck, den es zu ertragen hat, berechnet.

Beim Schlagen eines Dammes ist es äusserst wichtig, eine passende Stelle in der Strecke auszuwählen. Als Hauptgesichtspunkt gilt dabei, dass alle Begrenzungsflächen des Dammes aus gesundem und von möglichst wenig Klüften durchzogenem Gestein bestehen, weil sich sonst die Wasser leicht einen Abfluss um den Damm herum suchen. Da der Kohlensandstein meist sehr porös ist und Wasser durchlässt, so eignet sich im allgemeinen eine Stelle, wo fester Schieferthon, mag er nun rein oder sandig sein, ansteht, am besten zur Dammanlage.

Das Aushauen der Widerlager in Stössen, Firste und Sohle muss mit grösster Sorgfalt ausgeführt werden. Man verwendet dabei nur Schlägel und Eisen oder Keilhaue, weil durch Schiessarbeit das Gestein Risse er-

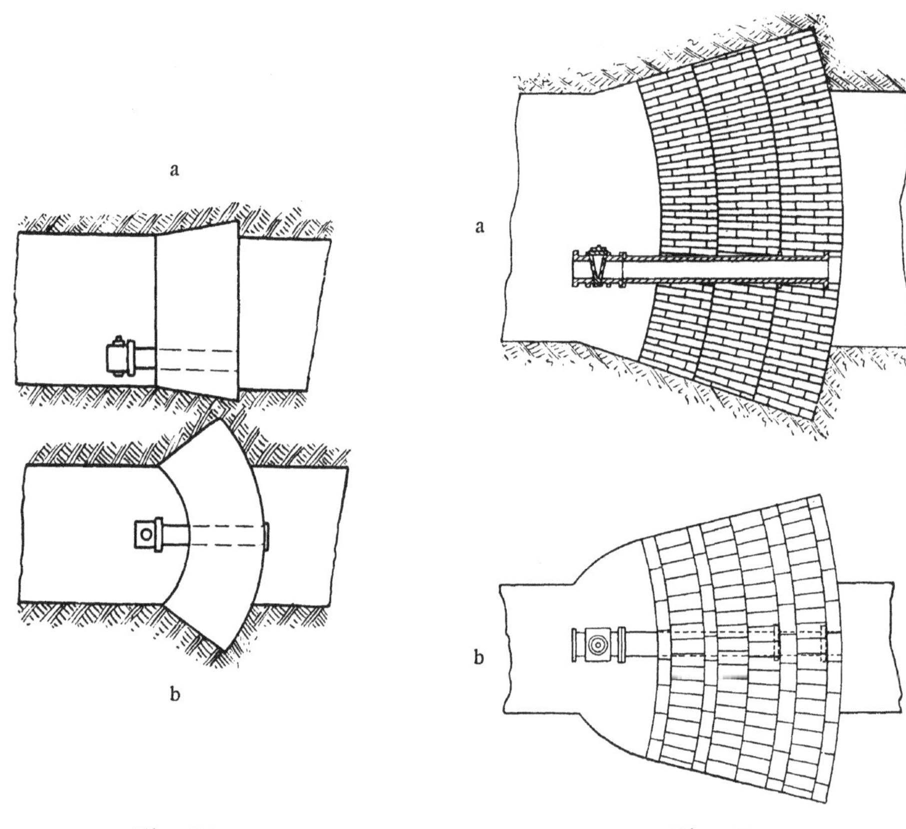

Fig. 50.
Mauerdamm der Zeche Gewalt aus dem Jahre 1837.

Fig. 51.
Mauerdamm der Zeche Franziska Erbstollen aus dem Jahre 1845.

halten könnte. Die Widerlager sollen möglichst glatte Flächen haben und bei Kugeldämmen genau im Radius der Kugel liegen, was sich vermittelst einer Schnur leicht feststellen lässt.

Als Material für die Aufführung des Mauerkörpers verwendet man heute durchweg Ziegelsteine.

Im Jahre 1853 wurde auf der Zeche Nachtigall der Versuch gemacht, Bruchsteine zu verwenden, jedoch ohne Erfolg. Die Ziegelsteine*) müssen vor ihrer Verwendung gründlich gereinigt und in Wasser abgespült

*) Die Ziegelsteine wurden anfangs von auswärts bezogen, so die für die Ausmauerung des Schachtes Matthias bei Essen im Jahre 1842 von Cleve.

werden, teils um sie von anhaftendem Staube, der ihre innige Verbindung mit dem Mörtel hindern könnte, zu befreien, teils, damit der poröse Stein mit Wasser gesättigt ist und solches nicht aus dem Mörtel einsaugt, wodurch letzterer entmischt werden würde.

Was weiterhin die Herstellung des Mörtels und die Ausführung der Mauerarbeit anlangt, so sind alle die Regeln zu beobachten, welche überhaupt für eine gute, sorgfältige wasserdichte Mauerung gefordert werden. Näheres über diesen Gegenstand ist in dem Kapitel »Schachtabteufen« enthalten, worauf hier verwiesen sei.

Während des Mauerns dürfen die Wasser nicht über die Sohle abfliessen. Sie würden den Mörtel wegspülen und auch schon beim Zurüsten des Widerlagers hinderlich sein. Man führt deshalb hinter dem Mauerdamm einen verlorenen Bretterdamm auf, hinter welchem die Wasser aufgestaut und über welche sie in Bütten abgeleitet werden. In dem Mauerdamm wird nahe über der Sohle ein gusseisernes Rohr mit eingemauert, durch welches während des Mauerns und bis zum vollendeten Erhärten das Wasser abfliesst. Der Verschluss des Rohres geschieht entweder an der Innenseite des Dammes durch eine gusseiserne Platte oder mittels eines Hahnes oder Ventiles oder endlich durch einen konischen Holzpflock.

Für den vorübergehenden Abschluss der Grubenwasser oder in Fällen, in welchen es sich darum handelt, später zu erwartende Wasser möglichst rasch abschliessen zu können, gelangen in Westfalen keine geschlossenen Mauerdämme, sondern Dammthüren zur Verwendung.

Eine sehr primitive Art solcher Dammthüren stammt aus der Mitte der 50er Jahre, wo auf mehreren westfälischen Zechen in den zum Schacht führenden Querschlägen zur Sicherheit Mauerdämme eingebaut wurden, in welche gusseiserne, durch einen Deckel verschliessbare Röhren von elliptischem Querschnitt eingebaut waren. Das Verschrauben des Deckelverschlusses von etwa 1,50 m Höhe und 0,90 m Breite war natürlich schwierig auszuführen. Man ersetzte bald nachher die Rohre durch viereckige gusseiserne Rahmen, welche vermittelst gusseiserner oder hölzerner in Angeln drehbarer Thüren verschlossen wurden. Die gusseisernen Thüren sind wegen ihres grossen Gewichtes sehr schwer zu handhaben, bei der schwierigen Anfertigung verhältnismässig teuer und bei hohem Wasserdruck nicht zuverlässig. Die hölzernen Dammthüren boten sogar schon bei einer Belastung von 6—8 Atm. keine Sicherheit mehr. Der Bruch einer solchen hölzernen Thür auf der Zeche v. d. Heydt führte zuerst zu der Anwendung einer geschmiedeten gekümpelten Dammthür. Die erste Dammthür dieser Art, welche zugleich der damals immer mehr in Aufnahme gekommenen Pferdeförderung Rechnung trug, wurde im Jahre 1868 auf der Zeche Constantin der Grosse eingebaut. Die Blechstärke dieser von der

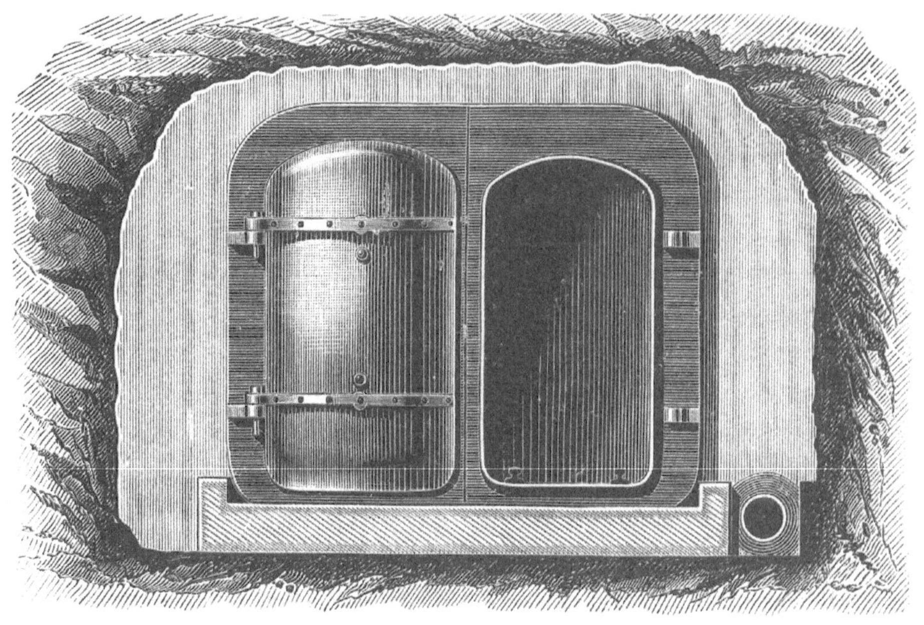

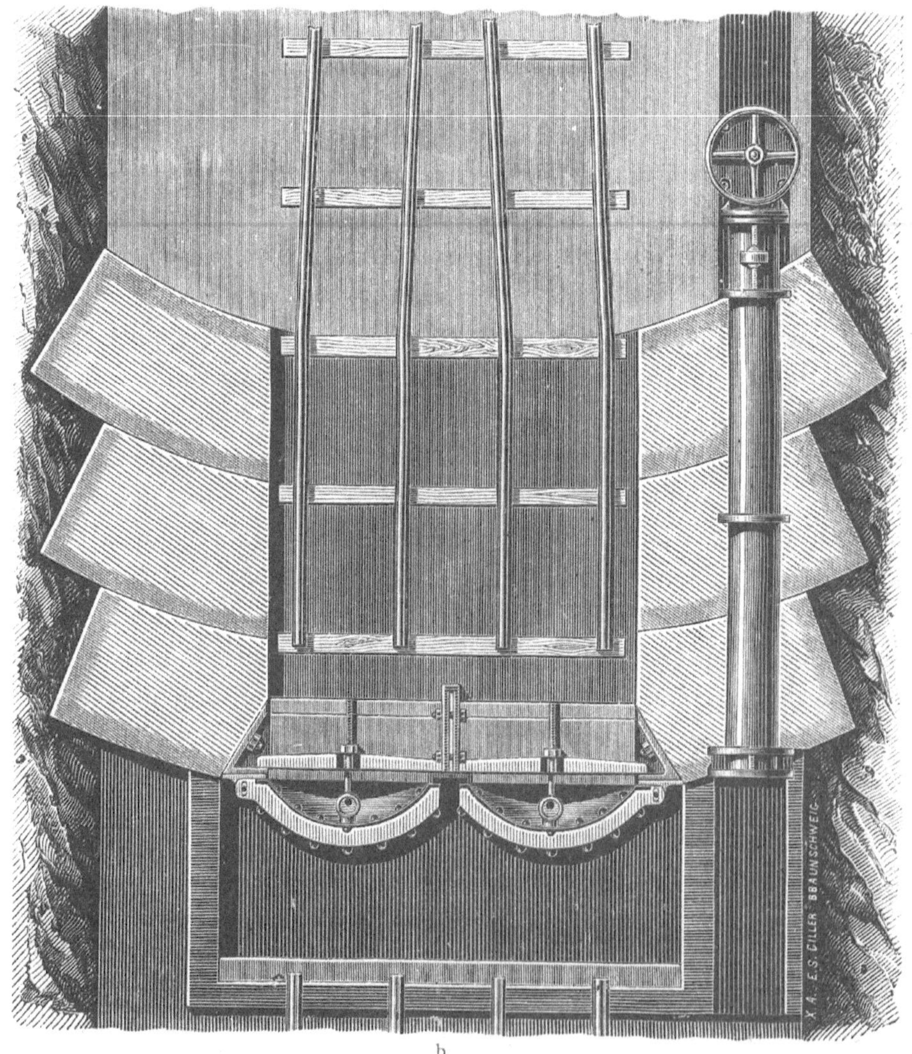

b

Fig.

Eiserne Dammthür ausgeführt

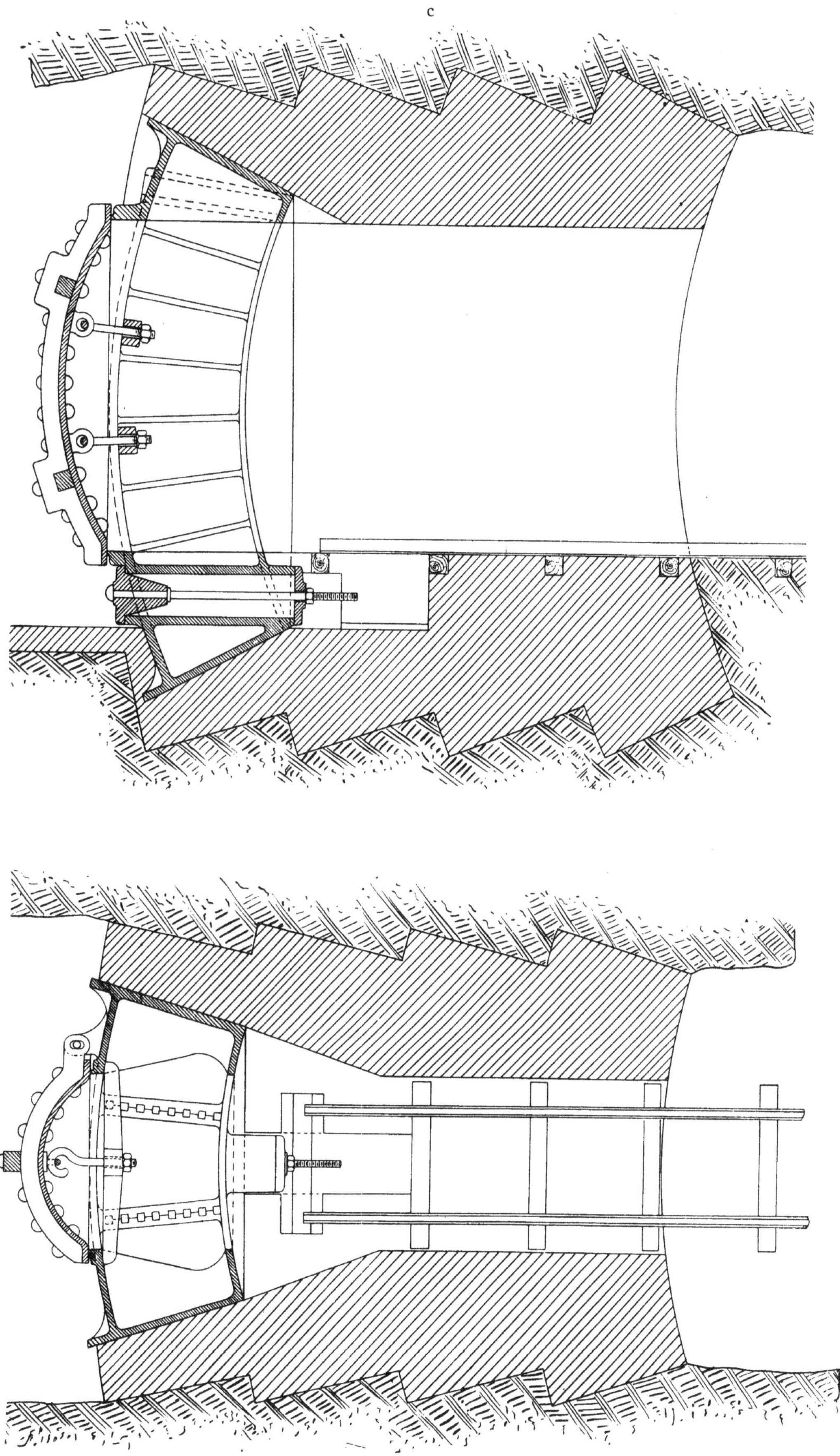

52.

von der Bochumer Eisenhütte.

Bochumer Eisenhütte gelieferten Thür betrug 20 mm; sie widerstand einem Druck von 6 Atm. Bei späteren Ausführungen derselben Firma wurde die Widerstandsfähigkeit einer für den Eschweier Bergwerksverein bestimmten, 30 mm starken Thür auf 25 Atm. durch Versuche festgestellt. Eine von der Bochumer Eisenhütte für einen Druck bis zu 20 Atm. gebaute zweiflügelige Dammthür ist in Fig. 52a und b wiedergegeben. Die lichte Oeffnung eines jeden Thürloches beträgt 1740 × 940 mm, sodass ein grosses Grubenpferd dieselbe leicht durchschreiten kann. Der Rahmen besteht aus Gusseisen, die Thüren sind aus Schmiedeeisen hergestellt und 250 mm tief gekümpelt. Die Stärke des Thürbleches schwankt je nach der Höhe des zu erwartenden Druckes zwischen 20 und 30 mm. Eine doppelte Dammthür für einen Druck von 20 Atm. wiegt 5000 kg und kostet 2100 M., eine ebensolche einfache für 25 Atm. kostet bei einem Gewicht von 3 700 kg 1350 M.

Die zunehmende Teufe der Gruben stellte auch an die Widerstandsfähigkeit der Dammthüren immer höhere Anforderungen. Die obengenannte Firma fertigt heute solche Thüren an, die einem Druck bis zu 60 Atm. zu widerstehen vermögen. In Fig. 52c und d ist eine Dammthür in

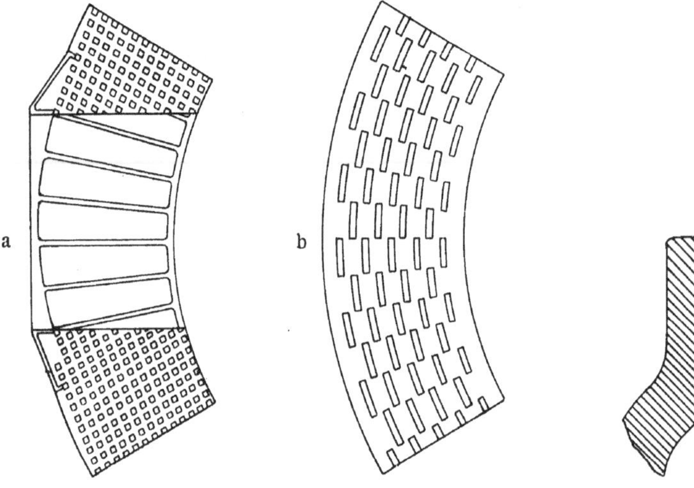

Fig. 53a u. b.
Seitliche Berührungsflächen von einzelnen Thürrahmenstücken.

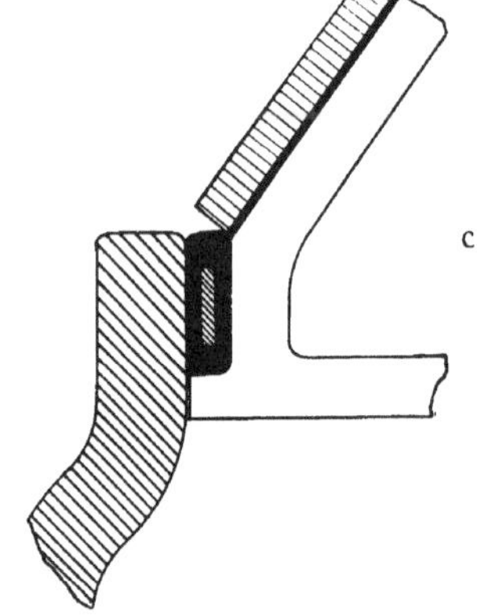

Fig. 53c.
Dichtungsring eines eisernen Thürrahmens.

einflügeliger Ausführung wiedergegeben. Für diese Thüren ist charakteristisch, dass der gusseiserne Thürrahmen aus sieben keilförmig zusammengesetzten Stücken besteht, gegenüber vier bei der einfachen Thür. Das Verdichten dieser Keilstücke untereinander erfolgt folgendermassen: Die gegeneinanderliegenden Flächen der Rahmenstücke sind schachbrettförmig mit 10 bis 15 mm hohen Ansätzen versehen (Fig. 53a), welche so aufeinander gestellt werden, dass die vorstehenden glattgehobelten Flächen genau aufeinander passen; es bilden sich hiernach beim Aneinanderschrauben zweier Rahmenstücke zwischen den Berührungsflächen umlaufende Nuthen von 30—40 mm Weite. Beim Aufstellen des Thürrahmens werden diese Nuthen mit gutem Rostkitt gefüllt und mittels Stahltreiber verstemmt. Nach dem Erhärten ist eine gegen Druck und saure Wasser sichere Dichtung erzielt. Um weiterhin zu verhindern, dass der in die Mauerung eingesetzte mit Cement vergossene Thürrahmen durch den Wasserdruck verrückt werden könnte, sind die Widerlagerflächen des Rahmens mit senkrecht zur Druckrichtung angegossenen Leisten versehen (Fig. 53b).

Die Abdichtung der schmiedeeisernen Thüren gegen die Rahmen erfolgt in der in Fig. 53c dargestellten Weise vermittelst eines mit teergetränktem Segeltuch umwickelten Dichtungsringes.

Ausser der im Unterteil des Rahmenstücks befindlichen für den Durchlass des in der Wasserseige fliessenden Wassers bestimmten Oeffnung

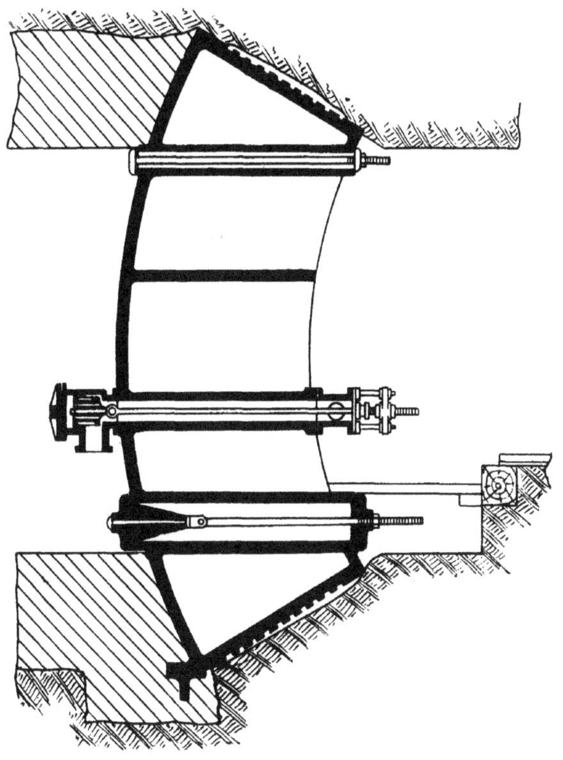

Fig. 54.
Schnitt durch einen eisernen Thürrahmen.

(Fig. 54), welche durch einen konischen Deckel geschlossen wird, ist in etwa 0,3 m Höhe über der Sohle ein zweites Rohr von 100 mm Durchgangsöffnung eingegossen, das erforderlichenfalls zum Ablassen der angestauten Wasser dient. Dieses Rohr ist durch ein auf der Druckseite vorgeschraubtes Doppelsitzventil, welches von der Schachtseite aus reguliert werden kann, abgesperrt. Dadurch, dass das ganze Ventilgehäuse durch den Wasserdruck gegen den Rahmen gepresst wird, wird keine Schraube auf Festigkeit beansprucht. Endlich befindet sich im oberen Teil des Rahmens unmittelbar unter der Firste des Querschlages ein drittes Rohr von 75 mm Weite, welches die Abführung der hinter der geschlossenen Dammthür sich ansammelnden Luft ermöglichen soll.

Nach Mitteilungen der Bochumer Eisenhütte kostet eine einflügelige Patent-Dammthür für 60 Atm. Wasserdruck und 940 × 1740 mm Durchgangsöffnung bei 8000 kg Gesamtgewicht 4000 M., eine zweiflügelige Thür für 35 Atm. bei 13 500 kg 5400 M. und eine ebensolche für 60 Atm. Druck bei 14 000 kg Gewicht 7000 M.

Auf einigen Zechen des hiesigen Bezirks, hauptsächlich solchen, deren Wasserzuflüsse grossen Schwankungen unterworfen sind, hat man

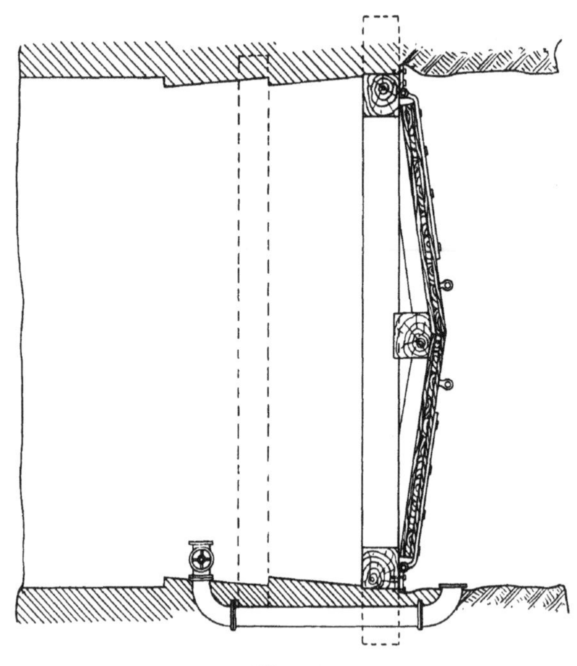

Fig. 55.

Hölzerne Dammthür, Zeche Gneisenau.

zur zeitweisen Abdämmung einzelner Bauabteilungen in den Querschlägen hölzerne Dammthüren eingebaut. Die Widerstandsfähigkeit dieser Thüren ist naturgemäss nur gering. Sie stellen indess auch nur eine Art Provisorium dar. In Figur 55 ist eine solche Thür der Zeche Gneisenau zur Darstellung gebracht. Der Rahmen besteht aus einem geschlossenen

Geviert. In demselben bewegen sich in Angeln drehbar zwei Schleusenthore, welche aus mehrfach übereinander gelegten Bohlen bestehen, die durch Schraubenbolzen miteinander verbunden und durch Eisenbeschlag verstärkt sind. Die Abdichtung der Thore erfolgt durch Gummieinlagen und Wettertuch. Sind die Thore geschlossen, so bilden sie miteinander einen stumpfen Winkel.

2. Sümpfe.

Mit der Einführung unterirdischer Wasserhaltungen gewann auch die Frage der zur Aufnahme und Ansammlung der Grubenwasser dienenden Sümpfe wachsende Bedeutung. Solange die Hebung der Grubenwasser durch oberirdisch aufgestellte Maschinen erfolgte, war eine Gefährdung der Wasserhaltung durch übermässige Zuflüsse nicht zu befürchten. Das Schlimmste, was eintreten konnte, war ein Ersaufen der Tiefbausohle, ohne dass die Wasserhaltung selbst in Mitleidenschaft gezogen wurde. Anders bei den unterirdischen Wasserhaltungen. Bei der üblichen Aufstellung dieser Maschinen im Niveau der Tiefbausohle oder einige Meter höher musste gegen ein plötzliches, die Stärke der Maschinen übersteigendes Anwachsen der Zuflüsse oder gegen Störungen des regelmässigen Betriebes der Wasserhaltung eine Reserve geschaffen werden, die, wenn auch nur für einige Zeit im Stande war, ein Ansteigen der Grubenwasser über den Flur der Maschinenkammer zu verhindern und so eine Gefährdung der Maschine zu verhüten. Dies geschah am einfachsten durch Herstellung einer unterirdischen Sumpfanlage.

Eine solche muss, wenn sie den an sie zu stellenden Anforderungen genügen soll, zunächst so gross sein, dass sie auch bei grösseren Reparaturen der Maschine die laufenden Wasserzuflüsse aufzunehmen vermag, es sei denn, dass eine andere Reserve, z. B. in Gestalt einer zweiten Wasserhaltung in Bereitschaft steht. Auf den hiesigen Zechen schwankt die Aufnahmefähigkeit der verschiedenen Sumpfanlagen sehr bedeutend. Auf den Schächten, welche mit viel Wasser zu kämpfen haben, ist der Sumpf bei Stillstand aller Maschinen meist schon in kurzer Zeit vollgelaufen. In diesen Fällen ist aber stets eine zweite, häufig sogar eine dritte und vierte Wasserhaltung in Reserve vorhanden. Zechen mit Wasserzuflüssen von mittlerer Höhe und mit nur einer einzigen unterirdischen Wasserhaltung reichen mit ihrer Sumpfanlage dagegen meistens 24—48 Stunden aus.

Neben der Grösse bzw. der Aufnahmefähigkeit des Sumpfes spielt seine Lage zur unterirdischen Maschinenkammer bzw. zu der betreffenden Tiefbausohle eine wesentliche Rolle. Während bei den oberirdischen Wasserhaltungsanlagen das Niveau der Sumpfstrecke verhältnismässig tief (durchschnittlich 10 m) unter die eigentliche Fördersohle gelegt wurde — der letzte Pumpensatz stand dann gewöhnlich etwas unter der Sohle des Füllorts —, wird bei den unterirdischen Anlagen besonders in neuerer Zeit der Höhenunterschied zwischen Sumpfsohle und Tiefbausohle möglichst gering bemessen. Derselbe beträgt in sehr vielen Fällen

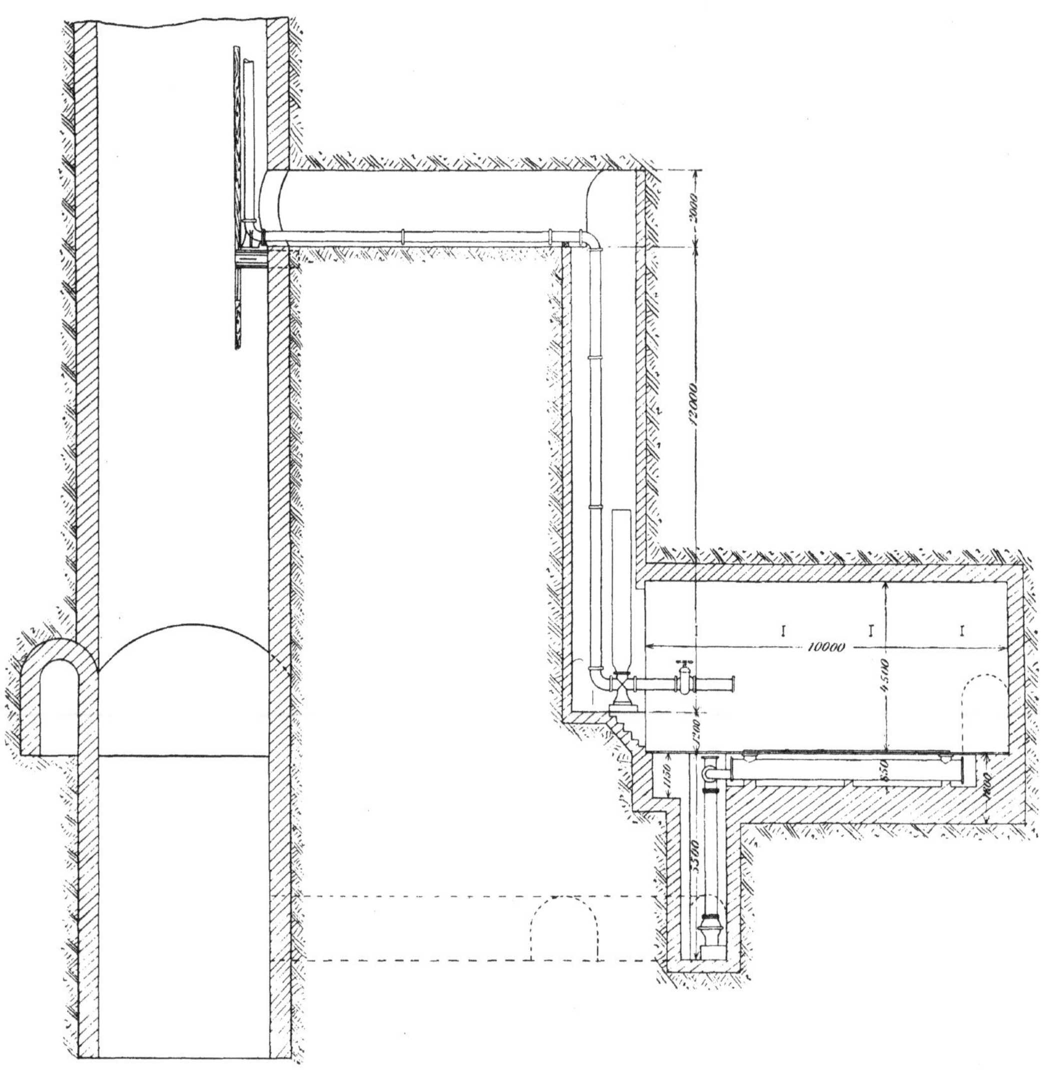

Fig. 56.

Disposition der hydraulischen Wasserhaltung auf Zeche Königsborn II.

nur 3 oder 4 m, seltener 5 m. Für den ruhigen und sicheren Gang einer unterirdischen Pumpe, namentlich für solche mit hohen Tourenzahlen, ist es dringend wünschenswert, die von den Pumpen zu überwindende Saughöhe möglichst gering (nicht über 5 m) zu nehmen. Je kleiner man also den Höhenunterschied zwischen Sumpfsohle und Fördersohle nimmt, um so eher ist die Gelegenheit gegeben, den Flur des Maschinenraumes über das Niveau der Tiefbausohle zu verlegen, was insofern wiederum von Vorteil ist, als bei einem etwaigen Uebertreten der Grubenwasser auf die Tiefbausohle die die Maschinenkammern schützenden Dammthüren nicht sofort geschlossen zu werden brauchen. Am meisten verbreitet ist auf den westfälischen Zechen die Anordnung, dass bei einem Höhenunterschied zwischen Sumpf und Tiefbausohle von etwa 4 m der Flur des Maschinenraumes mit der Tiefbausohle in gleicher Höhe, die Mitte der Pumpenplunger also rund 1 m höher liegt (Fig. 56).

Wird auf einem mit einer oberirdischen Wasserhaltung ausgerüsteten Schachte eine neue Anlage in Gestalt einer unterirdischen Pumpe geschaffen, so ergiebt sich, will man nicht auf die Weiterbenutzung des für die oberirdische Anlange angelegten Sumpfes verzichten und eine vollständig neue Sumpfanlage entsprechend höher anlegen, die Notwendigkeit, die Maschinenkammer unter das Niveau der Tiefbausohle zu verlegen. Solche Anlagen finden sich unter anderen auf den Zechen Amalia bei Bochum, auf Schacht II der Zeche Graf Bismarck, auf Hibernia, Kaiserstuhl II und Zollverein IV/V.

Eine dritte, allerdings weniger verbreitete Anordnung von Maschinenkammer und Sumpfstrecke zeigt Figur 57, welche die unterirdische Dampfwasserhaltung auf Schacht Preussen I wiedergiebt. Hier liegt die Maschinenkammer nicht im Niveau der Fördersohle bei 549 m Teufe, sondern zur Sicherheit gegen das Ersaufen etwa 10 m höher bei 539 m. Der Sumpf befindet sich bei 560 m Teufe. Diese Anordnung bedingt eine Aenderung in der Konstruktion der Maschine, weil die Wasser aus der Sumpfstrecke zunächst durch besondere Zubringerpumpen in ein über der Maschine liegendes Reservoir gehoben werden müssen, um von dort aus der Druckpumpe zuzufliessen. Es ist deshalb auf der einen Maschinenseite hinter der Kondensationsluftpumpe ein Kunstkreuz zur Bewegung der Gestänge für die unmittelbar über der Sumpfstreckensohle verlagerten Zubringerhubpumpen angeschlossen. Die Hubhöhe dieser Pumpen beträgt etwa 18 m. Ausser dieser ganz neuen, aus dem Jahre 1899 stammenden Anlage sind im Ruhrbezirk noch einige ältere Anlagen gleichen Systems in Betrieb, so z. B. auf Zeche Monopol, Schacht Grimberg, woselbst eine Maschine aus dem Jahre 1891 bei 50 Umdrehungen 3 cbm je Minute auf 610 m Höhe drückt. Die Maschine liegt hier 15 m über der Fördersohle, während die Sumpfstrecke 4,7 m tiefer aufgefahren ist. Aehnliche Anlagen finden sich auf Langenbrahm, Hugo Schacht I und einigen anderen Zechen.

Bei der zuletzt genannten Anordnung, bei welcher die Maschine in beträchtlicher Entfernung über der Tiefbausohle verlagert wird, ist eine Sicherung der Maschinenkammer gegen die aufsteigenden Grubenwasser

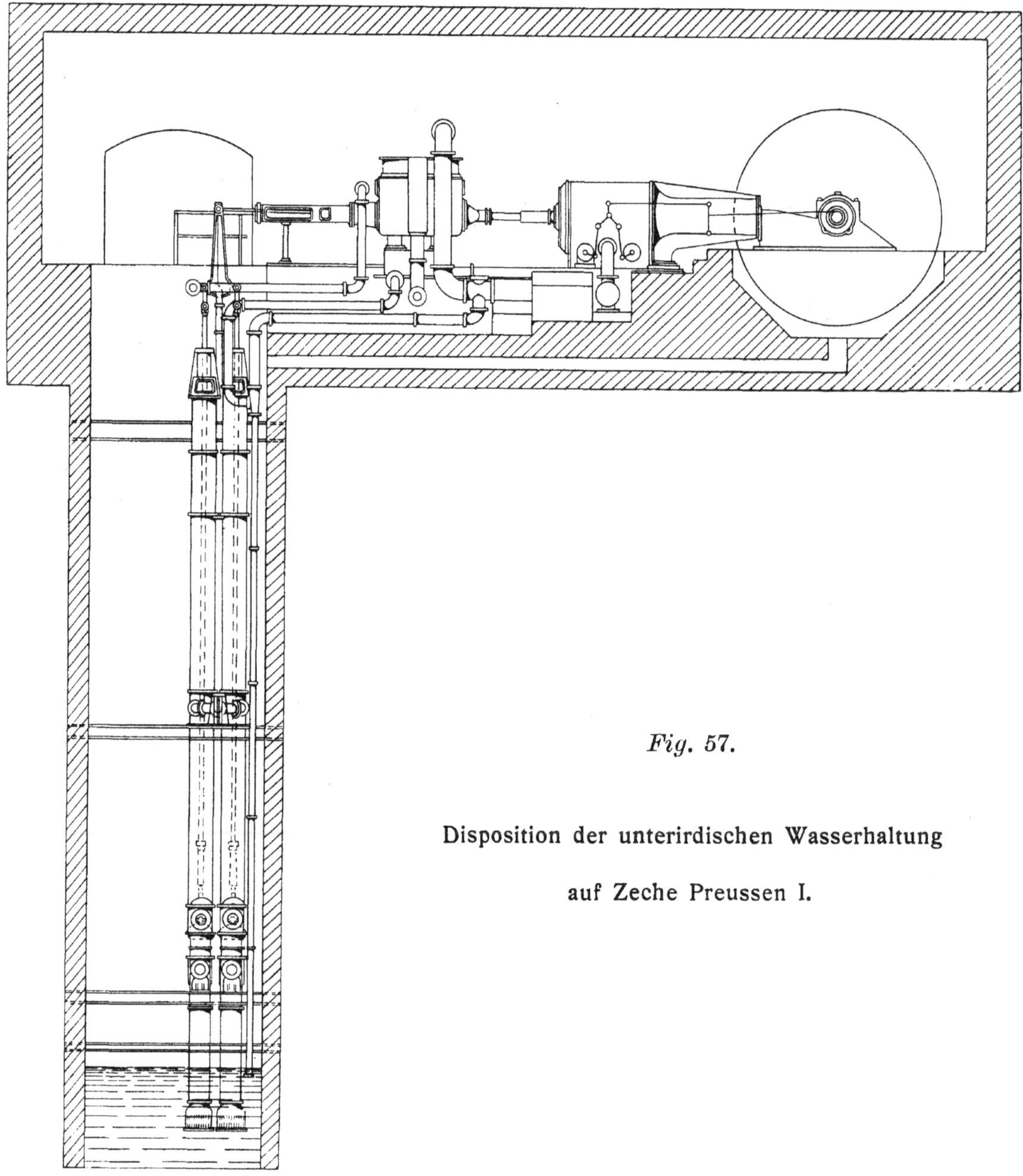

Fig. 57.

Disposition der unterirdischen Wasserhaltung auf Zeche Preussen I.

nicht erforderlich, weil ja die Tiefbausohle selbst im Notfalle einen sehr aufnahmefähigen Sumpf darstellt. Bei der Aufstellung der Maschinen in Höhe der Fördersohle oder gar unter derselben ist es dagegen im Ruhrbezirk, falls keine sonstigen Reserven vorhanden sind, üblich, für eine eventuelle Abschliessung der Maschinenkammer gegen die aufsteigenden Grubenwasser Sorge zu tragen. Die Abdämmung muss, falls sie nicht in allen zwischen Maschinenkammer und Schacht befindlichen Querschlägen und Richtstrecken hergestellt wird, in sämtlichen Zuführungsstrecken zur Maschinenkammer, vor allem auch in der Sumpfstrecke selbst erfolgen. Ausgenommen ist nur die aus der First der Maschinenkammer zum Schacht führende Strecke, die zur Aufnahme der Rohre und zur Wetterführung bestimmt ist und in 10 bis 20 m Höhe über der Fördersohle in den Schacht einmündet. Die Abdämmung der Sumpfstrecke erfolgt in der Weise, dass zwischen der eigentlichen Sumpfstrecke und dem Maschinen- oder Vorsumpf ein Mauerdamm geschlagen wird, in welchem ein durch einen Schieber verschliessbares Durchlassrohr die Zuflüsse zum Maschinensumpf reguliert (Fig. 58).

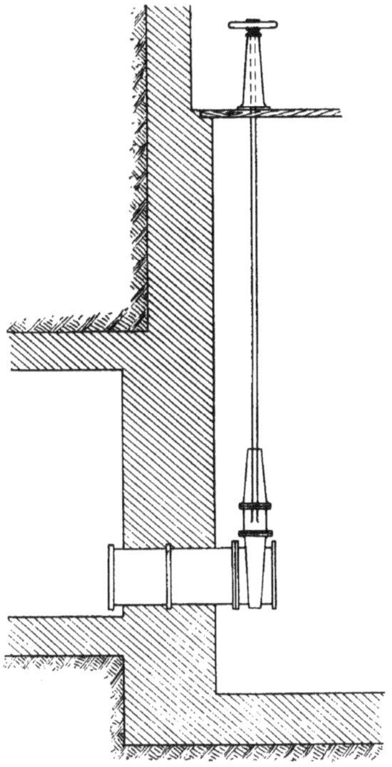

Fig. 58.
Mauerdamm zwischen Maschinensumpf und Sumpfstrecke.

Der in Höhe der Sohle belegene Zugang zur Maschinenkammer wird entweder durch eine eiserne Dammthür oder durch eine Holzthür oder auch wohl in der Weise abgeschlossen, dass ein Mauerdamm bis auf den Kern fertiggestellt wird, welcher im Notfalle nur ausgemauert zu werden braucht.

Im übrigen empfiehlt es sich die Sumpfstrecken und Sumpfquerschläge durch Dämme in zwei selbständige Hälften zu zerlegen, um eine Entleerung und Reinigung der einzelnen Teile zu ermöglichen.

III. Die Wasserhaltungsmaschinen und ihre Entwickelung im Allgemeinen.

Bis zum Anfang des 19. Jahrhunderts herrschte auf den Ruhrkohlenzechen ausschliesslich Stollenbetrieb und die tiefen Stollen waren das gegebene Mittel die erschrotenen Wasser abzuführen. Zum Teil waren allerdings schon damals die über der tiefsten Stollensohle anstehenden Kohlen abgebaut, wie z. B. bei Steele, Dahlhausen und Rauendahl, und es trat hier schon im Jahre 1786 die Notwendigkeit ein, durch Anlage von Wasserkünsten den Bau unter dem Stollentiefsten zu ermöglichen. Diese Wasserkünste, von Menschen und Pferden durch Treträder und Göpel in Bewegung gesetzt, waren immerhin eine Ausnahme, indem die Lösung der Wasser durch Stollenbetrieb noch weit bis in das 19. Jahrhundert die Regel bildete. Die erste Dampfwasserhaltung,*) eine Newcomensche atmosphärische Maschine von 12 Pferdestärken, kam im Jahre 1801 auf der v. Rombergschen Zeche Vollmond unter Leitung des bekannten Bergrats Bückling in Betrieb, nachdem die erfolgreiche Aufstellung einer Wattschen Dampfmaschine auf der Königlichen Saline Unna-Königsborn im Jahre 1798 die Einführung der Dampfmaschine in Westfalen angebahnt hatte. Trotz des grossen Aufsehens, das die Errichtung und Leistung dieser »Feuermaschine« erregte, fand das Maschinenwesen nur langsam Aufnahme. Nur der Essen-Werdensche Bezirk bildete insofern eine Ausnahme, als man hier wegen der weniger günstigen Verhältnisse gegenüber der Mark bereits zu Anfang des 19. Jahrhunderts gezwungen war, unter die Stollensohle zu gehen und mittelst Maschinen die Grubenwasser zu Tage zu h ben. Dazu beförderte ein besonderer Umstand diese Entwickelung im Maschinenwesen. Bei der Aufstellung der Dampfmaschine auf Zeche Vollmond war als Zimmergeselle Franz Dinnendahl zugegen gewesen. Dieser befähigte Mann gründete bald darauf eine Werkstatt in der Nähe von Steele und liess sich dort als Mechaniker nieder. In ihm haben wir den ersten Dampfmaschinenfabrikanten Westfalens vor uns. Die Gusssachen und sonstigen schweren Maschinenteile bezog Dinnendahl von der Guten Hoffnungshütte in Sterkrade, einem schon lange bestehenden Hüttenwerk, das auch die ausgebohrten Cylinder lieferte. Dinnendahl baute die Maschinen fertig, welche lediglich Wasserpumpmaschinen waren und daher ausser den von Sterkrade gelieferten Gussstücken in der Hauptsache aus dem hölzernen Balancier von schweren eichenen Balken und einigen schmiedeeisernen Gestängestücken bestanden.

Schon im Jahre 1802 schloss Dinnendahl mit der im Werdenschen belegenen Zeche Wohlgemuth (modo Kunstwerk) einen Vertrag auf Lieferung einer 20zölligen atmosphärischen Maschine mit offenem Cylinder zur Wasserhaltung aus 8 Lachter Saigerteufe für den Preis von 2400 Thalern ab. Da der Gewerkschaft die Beschaffung der nötigen Mittel schwer fiel und sie erst ein Darlehn von 400 Thalern aus der Knappschaftskasse nachsuchen musste, verzögerte sich die Inbetriebnahme der Maschine bis zum 14. Juni 1804. Sie bewährte sich indes gut, hatte einen Hub von 5 bis 6 Fuss, machte pro Minute 17 bis 18 Hübe und verbrauchte dabei durchschnittlich 22 bis 24 Ringel (ein Ringel zu 4400 Kubikzoll) Kohle. Der Gewerkschaft erwuchs aus dem Betriebe des Tiefbaus eine Ausbeute von etwa 13000 Thalern.

*) Die Zeichnung einer ähnlichen Wasserhaltung ist auf Tafel II u. III Seite 146 wiedergegeben.

Dieser Erfolg gab der Zeche Sälzer & Neuack, und zwar auf Betreiben der Bergbehörde, Veranlassung zur Anlage eines Tiefbaues. Im Jahre 1807 brachte Dinnendahl daselbst eine 40zöllige Niederdruckmaschine zur Aufstellung, welche am 13. Januar 1809 in Betrieb kam und die Wasser aus einer Tiefe von 22 Lachtern hob. Dieselbe erhielt bald darauf als Nachbarin eine 18zöllige Fördermaschine, wohl die erste des Bezirks. Neben Dinnendahl darf der Name der Harkortschen Kesselschmiede zu Freiheit-Wetter (gegründet im Jahre 1819) nicht unerwähnt bleiben. Die Herstellung dichter Dampfkessel bot damals grosse Schwierigkeiten. Da es noch keine gelernten Kesselschmiede gab, so versuchte man durch Zwischenlegen von Leinwand und ähnliche Mittel die Kesselnähte zu dichten. Harkort war es, der unter Anleitung aus England herbeigeholter Vorarbeiter zuerst tüchtige Kesselschmiede in Deutschland heranbildete.

Es kann nicht wunder nehmen, dass bei dem guten Erfolg der beiden Wasserhaltungen auf Vollmond und Sälzer & Neuack bald der Bau weiterer Anlagen folgte, wie aus Tabelle 2 ersichtlich.

Entwickelung der Wasserhaltungsmaschine im Essenschen.

Tabelle 2.

Jahr der Aufstellung	Name der Zeche	Cylinder-Durchmesser in Zoll	Schachtteufe in Lachtern	Dauer des Tiefbaues bis	Erfolg der Anlage
1805	Nottekamps-Bank .	30	$31^1/_2$	1827	13 000 Thlr. Zubusse
1808	Rosendelle	36	$23^1/_2$	1817	Zubusse
1810	Gewalt	$25^2/_3$	$6^1/_2$	1814	2500 Thlr. Ausbeute
1812	Wiesche	40	22	?	Ausbeute
1813	Sonnenschein (später Kunstwerk) . . .	28	$17^3/_4$	1820	ansehnliche Ausbeute
1813	Caroline	44	$22^1/_2$	1817	grosse Zubusse
1814	Wasserschneppe . .	28	$33^1/_8$	1821	36 000 Thlr. Zubusse
1814	Klefflappen	26	12	1819	Zubusse
1814	Sellerbeck	26	48	?	Zubusse

Meistens erwiesen sich diese Maschinen bei den starken Wasserzuflüssen als zu schwach, sodass sich schon bald Vergrösserungen der Anlagen als notwendig erwiesen.

Im Jahre 1820 wurde auf der Zeche Gewalt bei Steele die erste von John Cockerill in Seraing erbaute doppelt wirkende Wasserhaltungsmaschine mit niedriger Pressung, Schwungrad und Vorgelege aufgestellt. Mit ihr kam der erste gusseiserne Balancier nach Westfalen; zugleich wurde die erste Druckpumpe eingebaut.

In den Jahren 1820 bis 1830 wurden sodann folgende Maschinen gebaut:

Tabelle 3.

Jahr der Aufstellung	Name der Zeche	Cylinder-Durchmesser in Zoll	Teufe in Lachter	Preis in Thalern	Name der Fabrik
1821	Gewalt	34	52	—	Cockerill
1822	Kunstwerk	30	?	?	Fr. Dinnendahl
1827	„	44	?	14 530	J. Dinnendahl
1824	Sälzer & Neuack . .	48	50	23 700	Harkort
1827	Sellerbeck	50	44	11 000	Englert, Ruleaux & Dopps, Eschweiler

Es muss dabei bemerkt werden, dass die Bergbehörde bei der Genehmigung von Tiefbauanlagen sehr zurückhaltend war, weil sie bei der zu erwartenden Mehrförderung dieser Anlagen eine Beeinträchtigung des gesamten Kohlenbergbaues durch die entstehende Konkurrenz befürchtete. So wurde der Zeche Schölerpad 10 Jahre lang die beantragte Genehmigung zur Errichtung einer Tiefbauanlage versagt und die in dieser Angelegenheit ergehende Kabinetsordre vom 14. April 1826 sprach ausdrücklich nur der Bergbehörde ein Urteil über die Frage, ob eine Tiefbauanlage zu eröffnen sei, zu.

Auch in der Mark blieb das Beispiel von Vollmond nicht ohne Nachahmung, obschon hier die dem Stollenbetriebe ungleich günstigeren Verhältnisse weniger Veranlassung zur Anlage der kostspieligen und bei dem zersplitterten Betriebe wenig rationellen Tiefbauzechen mit Dampfmaschinen gaben. Nächst Zeche Vollmond hat — soviel hier bekannt — Zeche Friedrich Wilhelm im Jahre 1815 eine Dampfmaschine in Betrieb genommen und im Jahre 1822 waren immerhin auch in der Mark 5 Tiefbauzechen im Betriebe. Im Jahre 1827 traten die Zechen Schürbank und Charlottenburg, Haberbank und Schelle und kurz darauf die Hardensteiner Gruben und die Zeche Bickefeld infolge der sowohl nach der Lippe als nach Iserlohn verbesserten Absatzverhältnisse hinzu. Von Anfang der 30er Jahre an ging man mit den sich immer günstiger gestaltenden Absatzbedingungen Schritt haltend sowohl im Märkischen als auch im Essen-Werdenschen, mehr zum Tiefbau und zur Benutzung von Dampfmaschinen über und da trotz der höheren Abgaben die Rentabilität der Tiefbau-Anlagen immer bestimmter hervortrat, konnte es nicht überraschen, dass im Jahre 1843 im Märkischen 28 Tiefbauzechen mit 41 Dampfmaschinen von 1220 Pferdekräften und im Essen-Werden-Mülheimschen 20 Tiefbauzechen mit 54 Dampfmaschinen von zusammen 3289 Pferdekräften in Betrieb standen.

Zahl und Bedeutung der Tiefbaue steigerte sich von Jahr zu Jahr, sodass schon 1850 am Schlusse dieser Periode im Märkischen 57 Dampfmaschinen (von denen 23 zur Wasserhaltung, 29 zur Förderung und 5 zu beiden Zwecken dienten) mit einer Gesamtkraft von 3981 Pferdestärken, im Essen-Werdenschen 66 Dampfmaschinen mit einer solchen von 4700 Pferdekräften im Betriebe waren.

Die älteren kornischen Wasserhaltungsmaschinen waren sämtlich Balanciermaschinen, bei welchen der Dampf von oben auf den Kolben wirkt. Anfang der 50 er Jahre kamen Maschinen ohne Balancier hinzu, bei welchen der Dampf unterhalb des Kolbens eintritt und denselben in die Höhe drückt. Bei beiden blieb freilich die Wirkung des Gestänges dieselbe. Eine andere Beanspruchung des Gestänges trat bei den direkt und doppelt wirkenden Maschinen ein, welche seit 1864 durch den Civilingenieur Ehrhardt zu Mülheim an der Ruhr auf mehreren westfälischen Zechen (Gewalt, Wasserschneppe, Nachtigall) eingeführt wurden.

Die Veranlassung zur Erfindung dieser direkt und doppelt wirkenden Maschinen war die im Jahre 1860 durch den Maschineninspektor Crone zu Hörde erfolgte Einführung eiserner Schachtgestänge an Stelle der hölzernen auf Zeche Margarethe. Die grosse Widerstandsfähigkeit dieser Gestängeart bei verhältnismässig geringem Gewicht führte Ehrhardt auf den Gedanken, das Gestänge beim Niedergange auf Druck zu beanspruchen. Der Erfolg war ein überraschender. Bei der ersten Anlage dieser Art (auf Zeche Gewalt im Jahre 1865) wurden an Anlagekosten 13 000 Thlr. gespart, indem diese Maschine nur 12 000 Thlr. kostete, während eine einfach und direkt wirkende Maschine 25 000 Thlr. gekostet haben würde.

Ueber die Verbreitung der Wasserhaltungen bis zum Jahre 1866 giebt Tabelle 4 Auskunft. Besonders aufgeführt sind diejenigen Maschinen, welche gleichzeitig zur Wasserhaltung und Förderung dienten. Die allgemeine Anordnung einer solchen Maschine ist aus der Zeichnung der auf der Zeche ver. Trappe in Betrieb gewesenen Maschine (Band V Förderung, Figur 325 Seite 467) ersichtlich.

An dem alten System der Cornwall-Maschinen, welche je nach der Ausführung einfach oder doppelt, direkt oder indirekt wirkten, wurde lange Zeit festgehalten, bis Ende der siebziger Jahre das bereits im Anfang des Jahrhunderts in Cornwall gebräuchliche, später wieder gänzlich ver-

Tabelle 4.

Jahr.	Maschinen für Wasserhaltung					Maschinen für Wasserhaltung und Förderung					Gesamtsumme.
	einfach wirkend ohne Kondensation	doppelt wirkend ohne Kondensation	einfach wirkend mit Kondensation	doppelt wirkend mit Kondensation	Sa.	einfach wirkend ohne Kondensation	doppelt wirkend ohne Kondensation	einfach wirkend mit Kondensation	doppelt wirkend mit Kondensation	Sa.	
1854	16	9	22	17	64	—	16	—	3	19	83
1855	16	11	38	7	72	—	14	—	4	18	90
1856	21	22	42	9	94	—	20	—	3	23	117
1857	?	?	?	?	?	?	?	?	?	?	—
1858	29	43	49	17	138	—	31	—	8	39	177
1859	36	52	56	16	160	—	29	—	8	37	197
1860	36	38	55	15	144	—	22	—	4	26	170
1861	40	41	57	16	154	—	19	—	6	25	179
1862	45	43	65	16	169	—	23	—	6	29	198
1863	35	23	77	7	142	1	21	—	4	26	168
1864	43	29	72	5	149	1	24	1	3	29	178
1865	45	28	71	6	150	—	32	—	2	34	184
1866	43	32	74	6	155	—	35	—	1	36	191

schwundene Woolfsche Zweicylindersystem Aufnahme fand, bei welchem beide Kolben bei ihrem Aufgange durch Zug — und zwar der grosse direkt und der kleine mittelst des Gegengewichtsbalanciers — auf das Pumpengestänge wirken. Die erste direkt und doppelt wirkende Woolfsche Maschine wurde im Jahre 1869 von der Friedrich Wilhelmshütte zu Mülheim für die Zeche Gewalt bei Steele erbaut; später im Jahre 1878 wurden auch von der Gute Hoffnungshütte einige Woolfsche Maschinen erbaut und zwar für die Zeche Osterfeld eine 500-pferdige, für die Zeche Helene und Amalie eine 1000-pferdige. Die Vorteile des Woolfschen Systems lagen darin, dass bei demselben der Dampf unter allen Umständen mittelst seiner Expansivkraft arbeitet, dass es ferner nicht in der Macht des Maschinisten liegt, diese Expansivwirkung — wenigstens nicht gänzlich — zu beseitigen und dass drittens die Leistung der Maschine nicht allein durch Veränderung der Hubzahl, sondern auch für den einzelnen Hub durch Aenderung der Dampffüllung des kleinen Cylinders innerhalb gewisser Grenzen veränderlich ist.

Eine Verbesserung erhielt die Woolfsche Maschine durch Ausbildung der doppeltwirkenden Balanciermaschine mit Kurbelbewegung. Der wesentlichste Vorteil dieses Systems liegt in der stetigen Hubbewegung; ferner bietet die grosse Geschwindigkeit des Ganges der Maschine ein

Mittel, die Grösse der rotierenden Massen in engeren Grenzen zu halten und doch hohe Expansionsgrade zu erzielen.

Als ein wesentlicher Nachteil der Kurbelmaschine stellte sich der Uebelstand heraus, dass die Hubzahl nicht so veränderlich ist wie bei den Maschinen mit freier Gestängebewegung. Man traf deshalb bei diesen Maschinen auch wohl die Einrichtung, dass sie nach Loskupplung von der Kurbel auch als Kataraktmaschinen zu arbeiten vermochten. Den Fehler der rotierenden Maschinen, nicht mit geringer Hubzahl arbeiten zu können, hat der Civilingenieur Kley dadurch beseitigt, dass er eine Maschine mit Hülfsrotation und Hubpausen konstruierte. Diese Maschine ist mit Katarakt und mit Schwungrad versehen und geht mit intermittierend-rotierender Bewegung. Das Schwungrad macht eine halbe oder ganze Umdrehung und bleibt dann stehen, bis der Katarakt den Anstoss zu einer neuen Bewegung giebt.

Die erste Wasserhaltung nach dem System Kley wurde im Jahre 1878 auf der Zeche Fröhliche Morgensonne in Betrieb genommen. Die Maschine hatte 1,65 bezw. 1,25 m Cylinderdurchmesser und 3,82 bezw. 2,86 m Hub und leistete 560 PS. Bei 12 Hüben in der Minute hob die Maschine je Minute 6,3 cbm Wasser auf 400 m Teufe. Im folgenden Jahre wurde eine ähnliche Maschine von 500 PS auf Zeche Rheinpreussen aufgestellt, seit welchem Zeitpunkte sich dieses Maschinensystem immer mehr Eingang verschafft hat.

Ungefähr um dieselbe Zeit der Einführung der oberirdischen Rotationsmaschinen erfuhr der Steuermechanismus der noch sehr verbreiteten Cornwallmaschinen eine wesentliche Verbesserung durch den Einbau der Daveyschen Differentialsteuerung. Die erste Ausführung dieser aus England stammenden Steuerung wurde im Jahre 1878 an der Maschine auf Zeche Helene Amalie durch den Civilingenieur Wippermann angebracht. Heute sind im Ruhrbezirk nur noch wenige Wasserhaltungen des alten Systems vorhanden, welche nicht an Stelle der früheren Klinkensteuerung mit der genannten Verbesserung ausgerüstet wären. Der wesentliche Vorzug der Differentialsteuerung besteht darin, dass jede unregelmässige Bewegung der Maschine, sei sie nun veranlasst aus einer Veränderung in der Last oder aus irgend einer anderen Ursache, sofort eine entsprechende Veränderung in der Dampfverteilung bewirkt, sodass die Steuerung gewissermassen den Regulator selbst in sich trägt.

Der Erfolg dieser Regulierung ist ein flottes Arbeiten und sanftes Anfassen aller Pumpenorgane. Die Hubzahl der Maschine konnte daher bei ruhigem Gange um 35—40% gesteigert werden. Der Einführung dieser Neuerung kam der Umstand zu statten, dass der Apparat an den vorhandenen Wasserhaltungen leicht anzubringen war.

Mit der stets wachsenden Teufe insbesondere der im Norden niedergebrachten Schächte, sowie mit dem ausserordentlich hohen Geldaufwand, welchen die Niederbringung dieser Schächte gemeinhin erforderte, ging das Bestreben Hand in Hand, nach Fertigstellung der Anlage sich vor allem gegen die Folgen etwaiger Wasserdurchbrüche zu sichern. So wurden denn, wenn auch die Wasserzuflüsse nur geringe waren, die Schachtanlagen mit oberirdischen Wasserhaltungen ausgerüstet, deren Grössenverhältnisse sich der Grenze des maschinentechnisch überhaupt Erreichbaren näherten. In manchen Fällen verlangte man obendrein von der Maschine, dass sie auch bei dem geringsten überhaupt vorkommenden Dampfdruck noch zu arbeiten imstande war, wodurch sich die Dimensionen der oberirdischen Anlagen bei den ohnehin schon hohen Ansprüchen an ihre Leistungsfähigkeit noch mehr steigerten. Ja, es gab sogar eine Zeit, wo man stolz war, — wie den grössten Kamin — so die grösste Wasserhaltungsmaschine auf der Grube zu besitzen. So kam es, dass zur Hebung von nur ganz geringen Wassermengen tausendpferdige Maschinen beschafft wurden, die natürlich in ökonomischer Hinsicht nicht besonders günstig arbeiteten.

Um ein Bild von den Grössenverhältnissen solcher Maschinen zu geben, sind in der folgenden Zusammenstellung die wichtigsten Masse einiger Anlagen aufgeführt:

Tabelle 5.

No.	Name der Zeche	Jahr der Erbauung	Durchmesser der Cylinder in mm	Hub in mm	System der Maschine
1	General Blumenthal .	1885	2400 bzw. 1800	4500	ind. u. doppelt wirkend
2	Graf Bismarck II . .	1884	2400 „ 1800	4500	„ „ „ „
3	Erin	1883	2400 „ 1800	4500	„ „ „ „
4	König Ludwig	1882	2400 „ 1800	4500	„ „ „ „
5	Victor	1881	2400 „ 1800	4500	„ „ „ „
6	Marie Anna u. Steinbank	1868	1752	4394	direkt u. doppelt wirk.
7	Heinrich Gustav . . .	1869	1752	4394	„ „ „ „
8	Hansa	1885	2400	4500	direkt u. einfach wirk.
9	Graf Moltke	1876	2275	4000	„ „ „ „
10	Minister Stein	1872	2406	3766	„ „ „ „
11	Dannenbaum	1873	2615	3766	indirekt u. einfach wirk.
12	Königin Elisabeth . .	1871	2720	3766	„ „ „ „

Die unter 1 genannte Maschine ist bei einem Dampfüberdruck von 6 Atm. Betriebsspannung im kleinen Cylinder, bei 5,3 Hüben in der Minute imstande, 11,25 cbm je Minute aus 400 m Teufe, also 4500 Meter-Tonnen oder 1000 Pferdestärken in gehobenem Wasser zu leisten.

Es hat lange Zeit gedauert, bis die in England und Frankreich*) längst eingeführten unterirdischen Wasserhaltungen auch im Ruhrbezirk ihren Einzug hielten. Die oberirdische Maschine ist ihrem Wesen nach lange Zeit überschätzt vornehmlich deshalb, weil die Dampfmaschine vom Maschinisten über Tage spielend reguliert werden konnte und weil das Gestänge und seine Führungen sowie die langsam laufende Pumpe im allgemeinen wenig Störung verursachten. Obendrein war die Antriebsmaschine in Notfällen bei Wasserdurchbrüchen immer ausser dem Bereiche der Gefahr. Die viel grössere Sicherheit, die man durch Reservemaschinen und durch umfangreiche Sumpfquerschläge ohne grösseren Kapitalaufwand erhalten konnte, wurde wenig gewürdigt.

Allerdings hat sich wohl nicht ganz mit Unrecht der westfälische Bergbau gegen den Dampf in der Grube lange Zeit standhaft gewehrt. Dieser Widerstand war Anfang der 70er Jahre noch allgemein und noch in den achtziger Jahren überwiegend. Dieser im Zusammenhang mit der Eigenart der bergtechnischen Verhältnisse stehende und z. T. berechtigte Widerstand wurde erst durch die wachsenden Aufgaben gehoben, welche die zunehmenden Teufen und Wassermengen an die zur Wasserhebung dienenden Dampfmaschinen stellten.

Die erste unterirdische Wasserhaltung in Westfalen scheint die im Jahre 1869 auf der Zeche Neu-Iserlohn in Betrieb gesetzte Maschine zu sein. Wenigstens erwähnt v. Detten in seiner im Jahre 1869 abgefassten Schrift „Die im Oberbergamtsbezirk Dortmund zur Anwendung kommenden Wasserhaltungsmaschinen und Pumpensysteme“ nichts von unterirdischen Maschinen. Es ist bezeichnend für die damalige Auffassung über die Verwendung von Dampf in der Grube, dass diese erste unterirdische Maschine nicht mit Dampf, sondern mit Pressluft betrieben wurde. Die Anlage bestand aus 3 hintereinander liegenden Cylindern, von denen zwei als Betriebscylinder, der dritte als Druckpumpe diente. Es folgten dann in der ersten Hälfte der siebziger Jahre eine ganze Reihe von unterirdischen Wasserhaltungen, welche zum Teil von der Firma H. R. Lamberts in Burtscheid geliefert wurden, z. B. diejenigen für die Zechen Westende im Jahre 1871 und Ruhr und Rhein im Jahre 1872. Bis zum Jahre 1880 waren insgesamt 7 eincylindrige und 23 Zwillingswasserhaltungen in Betrieb. Trotzdem das unterirdische Maschinensystem vornehmlich wegen seiner Wohlfeilheit immer mehr Anhänger fand, haben diese Maschinen doch seit ihrer Einführung Anfang der siebziger Jahre noch 20 Jahre lang mit entschiedenem Misserfolge gegen die Woolfsche oberirdische Balancier-

*) Schon 1845 war auf Grube Lucy bei Blancy (Frankreich) eine unterirdische Dampfmaschine in Thätigkeit, welche mittelst doppeltwirkender Kolbenpumpe die Wasserzuflüsse aus einer Teufe von 90 m hob.

Gestänge-Maschine ankämpfen müssen, bis sie endlich in der verbesserten Gestalt als Compound- bezw. Tandem-Maschine Ende der achtziger Jahre siegreich den ersten Platz unter den Wasserhaltungssystemen Westfalens errangen. Bis zu jenem Zeitpunkte wurde das unterirdische Maschinensystem nur als Aushülfsmittel angesehen, zu dem man griff, wenn die geringe Menge der Wasserzuflüsse die Aufstellung einer schweren oberirdischen Maschine nicht rechtfertigte oder wenn bei plötzlichem Wachsen der Zuflüsse möglichst schnell eine provisorische Maschine aufgestellt werden musste, bevor die in Aussicht genommene oberirdische Maschine von der Fabrik angeliefert werden konnte. Die verhältnismässig schnelle Aufnahme des unterirdischen Maschinensystems um die Mitte der siebziger Jahre begünstigte ferner der Umstand, dass der nach den Gründerjahren plötzlich eingetretene Rückgang in der Konjunktur die Zechenverwaltungen veranlasste, bei Beschaffung neuer Maschinen die grösstmöglichste Sparsamkeit zu beobachten, und man daher mit Rücksicht auf die Billigkeit das unterirdische System wählen musste. Man rechnete allerdings schon beim Einbauen der Maschine damit, dass sie, sobald die Zeiten sich besserten, wieder abgeworfen und durch eine oberirdische Maschine ersetzt werden sollte.

Nonne schreibt noch in seiner Festschrift zum dritten allgemeinen deutschen Bergmannstage im Jahre 1886, dass man in vielen Fällen die unterirdischen Maschinen nur als Aushülfe aufgestellt hätte. Er selbst äusserte sich sehr abfällig über die unterirdischen Wasserhaltungen, da sie zahlreiche Mängel besässen, die Zimmerung in den Schächten verdürben, die Verlagerung der Pumpen verschlechterten u. s. w. Die Nachteile des unterirdischen Systems seien in dem Falle doppelt verhängnisvoll, dass das Wasserhaltungstrumm gleichzeitig zur Wetterführung benutzt würde. Nonne hob zugleich hervor, dass die genannten Uebelstände ihren tieferen Grund allein in der andauernd ungünstigen Geschäftslage hätten, durch welche eine ganze Reihe technisch unvollkommener Anlagen geschaffen worden wäre.

In der Beurteilung des unterirdischen Maschinensystems trat erst eine Aenderung ein, nachdem man diejenigen Mittel kennen gelernt hatte, welche geeignet waren, die früher beobachteten Uebelstände zu beseitigen. Als solche sind insbesondere zu nennen: Anwendung des Eisenausbaus in gemauerten Schächten, welche Dampfleitungen aufzunehmen haben, planmässiger Einbau der Dampfleitung unter Rücksichtnahme auf die Bewetterung und auf die Bedürfnisse des unterirdischen Betriebes, Einbau von Dampfleitungen mit möglichst geringem Querschnitt und Verwendung hoher Dampfspannung und ausgedehnter Expansionswirkung des hochgespannten Dampfes, wirksame wärmebeständige Umhüllung der Rohrleitungen, sowie endlich Wärmeschutz nicht nur der Dampfrohre, sondern auch aller Flanschen und aller wärmestrahlenden Maschinenteile. Erst als man unter Anwendung dieser kleinen Mittel gelernt hatte, den Betrieb der unterirdischen Wasserhaltungen rationeller zu gestalten, schwand die früher allgemein geltende Auffassung, dass eine unterirdische Wasserhaltung ein notwendiges Uebel sei.

Was nun die Einteilung der im Ruhrbezirk laufenden unterirdischen Wasserhaltungen anbetrifft, so lassen sich dieselben in zwei Gruppen zusammenfassen, in solche ohne und solche mit Kurbelbewegung.

Schon vor Einführung der rotierenden Maschinen sowie auch später sind Hubdampfmaschinen ohne Schwungrad, wenn auch nur für geringe Leistungen, in ziemlich grosser Anzahl zur Ausführung gelangt. Da bei diesem Maschinensystem jede drehende Bewegung fehlt, so kann die Steuerung nur vom Dampfkolben aus oder von der Kolbenstange erfolgen und wird dadurch erreicht, dass man zwei Dampfpumpen als Duplexpumpen nebeneinander anordnet und den Steuermechanismus der einen Maschinenhälfte zwangläufig durch die Kolbenstange der anderen Hälfte bewegen lässt. Diese Pumpen lassen, da sich schwere schwingende Massen kaum unterbringen lassen, den zur Expansion des Dampfes erforderlichen Ausgleich des veränderlichen Dampfdruckes gegenüber dem nahezu gleichbleibenden Kolbenwiderstande der Pumpe ohne andere Hülfsmittel nur in sehr bescheidenem Masse zu, arbeiten deshalb nur gegen Ende des Hubes in geringem Umfange mit Expansion. Man hat daher in neuerer Zeit bei diesem System die Dampfwirkung einerseits durch Anwendung von Verbund- und Dreifach-Expansionsmaschinen gesteigert, andrerseits haben einige Maschinenfabriken eigens konstruierte Druckausgleicher angebracht. Dieselben bestehen aus zwei drehbar verlagerten Cylindern mit Kolben, welche auf Wasser pressen, das mit einem hochgespannten Windkessel in Verbindung steht. Während der ersten Hubhälfte werden die Kolben in die Cylinder gedrückt und pressen hierbei mittels des Wassergestänges die Luft im Windkessel zusammen, während bei der zweiten Hubhäfte der Wasserdruck auf die in rückläufiger Bewegung befindlichen Kolben treibend wirkt.

Die zweite Gruppe der unterirdischen Dampfwasserhaltungen, diediejenige mit Kurbelbewegung und Schwungrad, ist im Ruhrbezirk am meisten verbreitet. Der herrschende Typus dieses Systems ist die liegende Verbundmaschine mit langem Hub und direkt dahinter gekuppelten Druckpumpen und Kondensatoren. Neben dieser Anordnung ist auch die Eincylindermaschine und neuerdings die Tandem-Verbundmaschine stark vertreten. Dadurch dass bei den letztgenannten Anordnungen Dampfcylinder, Pumpen und Kondensator in einer Geraden hintereinander Aufstellung finden, sind für die Unterbringung solcher Maschinen nur schmale, tunnelartige und in ihrer Herstellung und Unterhaltung verhältnismässig billige Räume erforderlich.

Bis zu welcher Leistungsfähigkeit unterirdische Dampfwasserhaltungen für den hiesigen Bezirk gebaut worden sind, lassen folgende Daten erkennen. Auf Graf Beust ist seit 1894 eine Compoundmaschine in Betrieb, welche bei 60 Touren in der Minute 596 ind. PS leistet und 5 cbm Wasser auf eine Höhe von 443 m hebt. Auf Erin leistet die im Jahre 1893 erbaute Zwillingsmaschine bei 32 Umdrehungen 7 cbm auf 464 m Druckhöhe, auf Courl eine im Jahre 1894 erbaute Compoundmaschine bei 36 Touren 7,2 cbm bei 400 m Teufe. Die Zeche Victor hat im Jahre 1896 eine Zwillingstandem-Maschine in Betrieb genommen, die eine Maximal-Pumpenleistung von 13,5 cbm auf 496,5 m Druckhöhe aufweist. Eine noch grössere Leistung zeigt eine kürzlich für die Zeche Scharnhorst gelieferte Wasserhaltung. Die Maschine hat dreifache Expansion und arbeitet mit einem Kesselüberdruck von 12 Atm. Die Maschine ist imstande, mit 60 Touren in der Minute 17 cbm aus 400 m Teufe zu heben. Der garantierte Dampfverbrauch beträgt 5,4 kg pro ind. PS und 7,10 kg pro effekt. PS.

Der Nutzeffekt der Maschine ist auf 77 % garantiert.

Die grösste bisher wohl überhaupt gebaute Wasserhaltung ist die von der Harpener Bergbau-Aktien-Gesellschaft der Firma Haniel & Lueg in Auftrag gegebene Maschine, welche für die Zechen Courl, Gneisenau und Scharnhorst gemeinsam die Wasser heben soll.*) Die Maschine soll bei 12 Atm. Kesselspannung und bei $10^1/_2$ Atm. Betriebsspannung im Hochdruckcylinder 25 cbm aus 500 m Teufe heben bei 60 Umdrehungen in der Minute.

Die Pumpmaschine besteht aus einer liegenden dreifachen Expansionsmaschine mit einem Hochdruckcylinder, einem Mitteldruckcylinder und zwei Niederdruckcylindern, die so angeordnet werden, dass sich hinter dem Hoch- und dem Mitteldruck-Cylinder je ein Niederdruckcylinder befindet. Auf jeder Seite der Maschine ist eine doppeltwirkende Pumpe angeordnet, deren Plunger durch Traversen unter sich sowie mit den hinter den Druckpumpen liegenden beiden Luftpumpen verbunden sind. Die wichtigsten Abmessungen der Maschine sind nachstehende. Es beträgt

der Durchmesser des Hochdruckcylinders . . .	950	mm.
» » » Mitteldruckcylinders . . .	1500	»
» » der beiden Niederdruckcylinder	1650	»
» » » der Plunger	285	»
» gemeinsame Hub	1700	»

*) Die Maschine ist auf der diesjährigen Düsseldorfer Industrie- und Gewerbe-Ausstellung in dem Pavillon des Bergbaulichen Vereins zur Ausstellung gelangt.

Die indizierte Dampfleistung soll 3500 PS und der Dampfverbrauch an trockenem Dampf bei dieser Leistung etwa 5,6—5,8 kg per PS und Stunde bei 3 % Toleranz betragen.

Die jüngste Errungenschaft auf dem Gebiete der Wasserhaltungstechnik sind die hydraulischen und die elektrischen Wasserhaltungen. Sieht man von der auf Gneisenau arbeitenden hydraulischen Gestängemaschine ab, die als unterirdische Wasserhaltung nicht gelten kann, da sie mit Gestänge und im Schacht aufgehängten Drucksätzen arbeitet, so lässt sich der Entwickelungsgang der hydraulischen Wasserhaltungen durch folgende drei Systeme kennzeichnen:

1. Die Herbstsche Wasserhaltung,
2. die von Schwartzkopff-Berlin gebaute Wasserhaltung, Patent Kaselowsky-Prött und
3. die von der Maschinenfabrik Haniel & Lueg gebaute Maschine.

Ueber die konstruktiven Unterschiede dieser drei Systeme, sowie über deren Verbreitung ist das Nähere in dem maschinentechnischen Abschnitt über Wasserhaltungen enthalten, ebenso ist über die Verbreitung der einzelnen Systeme das Wissenswerte dort mitgeteilt.

Dass mit der grossen Entwickelung der Elektrotechnik in den letzten Jahren und der überraschenden Ausdehnung, welche die Verwendung des elektrischen Stromes auf allen Gebieten des industriellen Lebens erfahren hat, der Bau elektrisch angetriebener Wasserhaltungen und Pumpen nicht gleichen Schritt gehalten hat, ist in der Hauptsache dem Umstande zuzuschreiben, dass die Vorteile des raschlaufenden Elektromotors nicht ohne weiteres für den Antrieb langsamlaufender Pumpen richtig ausgenutzt werden konnten. Obendrein stellte sich einer gesunden Entwickelung dieses Zweiges der Wasserhaltungstechnik die beklagenswerte Thatsache in den Weg, dass bereits vorhandene Pumpen, besonders im Anfang, von Elektrikern mit Elektromotoren zusammengekuppelt wurden, ohne dass auch nur irgendwie versucht wurde, die Pumpen den völlig veränderten Anforderungen eines Elektromotors anzupassen.

Auf diesem Wege sind eine ganze Reihe unvollkommener Pumpenanlagen entstanden.

Die angemessene Herabsetzung der hohen Geschwindigkeiten der elektrischen Primärmaschinen für den Betrieb langsam laufender Pumpen wird entweder durch Zwischenschaltung einer Zahnrad- oder Seilübertragung bewirkt oder es wird durch Vermehrung der Polzahl im Motor die hohe Umdrehungszahl der Primärmaschine in einer für den Pumpenantrieb angemessenen Weise verringert. Es sind daher zwei verschiedene Arten elektrisch betriebener Pumpenanlagen entstanden, solche mit zwischengeschalteter Seil- bezw. Zahnradübertragung und solche mit direkt gekuppeltem Elektromotor.

Bei den neuesten Fortschritten auf dem Gebiete des Baues elektrisch betriebener Pumpen hat man jedoch den bisherigen Standpunkt, die ganzen Schwierigkeiten und Kosten der Verbindung eines Motors mit einer Pumpe auf den elektrischen Teil abzuwälzen, verlassen und ist jetzt dazu übergegangen, zu dem raschlaufenden Motor eine raschlaufende Pumpe zu schaffen.

Die letztere gestattet unter Beibehaltung der normalen und vorteilhaftesten Geschwindigkeit des Elektromotors die Möglichkeit, die Vorteile des elektrischen Antriebes, welche der rasche Gang mit sich bringt, insbesondere die geringen Abmessungen und Anlagekosten aufs beste auszunutzen. Elektrisch angetriebene Pumpen mit hoher Tourenzahl (200—300 Umdrehungen in der Minute) kommen für den Ruhrkohlenbezirk bisher in Gestalt zweier Systeme in Betracht, als Riedler-Express-Pumpe und als Bergmanns schnelllaufende Pumpe. Wenn auch keine Anlage beider Systeme im hiesigen Bezirk betriebsfähig fertiggestellt worden ist, so ist doch in dem späteren maschinentechnischen Abschnitte mit Rücksicht auf die von mehreren hiesigen Zechenverwaltungen erteilten Aufträge zur Lieferung solcher Pumpen auf die Konstruktion derselben eingegangen worden. Das dritte System schnelllaufender Pumpen, dasjenige von Ehrhardt & Sehmer hat sich im Ruhrkohlenbezirk bisher noch keinen Eingang verschafft. Dagegen darf an dieser Stelle die von der Firma Sulzer in Winterthur konstruierte Hochdruckcentrifugalpumpe — das einzige Exemplar dieser Art steht auf Schacht III der Zeche Constantin der Grosse in Betrieb — nicht unerwähnt bleiben. Ueber die Verbreitung der einzelnen Systeme elektrisch angetriebener Pumpen wird bei der Beschreibung der Systeme das Wissenswerte mitgeteilt werden.

Ein Gesamtbild von der Verbreitung der verschiedenen Wasserhaltungssysteme auf den Zechen des Ruhrkohlenbezirks giebt die graphische Darstellung auf Tafel I, deren Angaben sich auf den Anfang des Jahres 1900 beziehen. Indem die Darstellung zugleich die Reihenfolge, in welcher die neueren Maschinensysteme die älteren verdrängt haben, erkennen lässt, spiegelt sich in ihr die Geschichte des Maschinenbaues für den Ruhrbezirk auf dem Gebiete der Wasserhaltungsmaschinen wieder. Die Zusammenstellung lässt ferner erkennen, wie die verschiedenen für den Ruhrkohlenbergbau in den letzten 50 Jahren von tief einschneidender Bedeutung gebliebenen Ereignisse und Umwälzungen auf dem Gebiete des wirtschaftlichen Lebens auch die Maschinentechnik in gewissem Sinne beeinflusst haben. Der mächtige Aufschwung der Produktion und des Absatzes zu Anfang der fünfziger Jahre (1852 u. 1853), drückt sich auch in einer verstärkten Neuanschaffung von Wasserhaltungsmaschinen aus, während der im Jahre 1859 beginnende Rückschlag ein erhebliches Nachlassen in der Beschaffung von grossen, teueren Maschinen erkennen lässt. Die zweite

Additional material from *Gewinnungsarbeiten, Wasserhaltung,*
ISBN 978-3-642-90160-7 (978-3-642-90160-7_OSFO1),
is available at http://extras.springer.com

Periode des wirtschaftlichen Aufschwunges, welche nach dem glücklich beendigten Kriege 1870/71 bis zum Jahre 1873 zu einer geradezu glänzenden Lage der Industrie führte, bewirkte, dass in dem vierjährigen Zeitraum von 1872 bis 1875 nicht weniger als 64 neue grosse Wasserhaltungen in Betrieb genommen wurden, während der auf diese Blüteperiode folgende gewaltige und nachhaltig wirkende Niedergang die äusserste Einschränkung bei Neuanschaffung von Wasserhaltungen zur Folge hatte.

In noch augenfälligerer Weise lässt die graphische Darstellung den Einfluss der seit dem Jahre 1889 mit geringen Unterbrechungen anhaltenden Fördersteigerung auf die Ausführung neuer Wasserhaltungsmaschinen erkennen. Das Abteufen neuer Schächte in den bereits in Bau befindlichen Grubenfeldern sowie die Ausbeutung neuer Felder und Feldesteile nahm in dieser Periode in solchem Masse zu, dass in dem Dezennium vom Jahre 1890 bis 1899 jährlich im Durchschnitt 22 oder insgesamt 221 neue Wasserhaltungen in Betrieb genommen wurden.

Die Gesamtzahl der Anfang 1900 auf den Zechen des Ruhrkohlenbezirks betriebenen Wasserhaltungen betrug 424, davon waren 153 unterirdische Schwungradmaschinen, 72 solche ohne Schwungrad, 50 oberirdische indirekt und einfach wirkende, 49 direkt und einfach wirkende und 40 oberirdische Woolfsche Maschinen. Nach den von den einzelnen Zechenverwaltungen gemachten Mitteilungen wurden von den gesamten Wasserzuflüssen in Höhe von 322,51 cbm je Minute nach Ausweis umstehender Tabelle 134,53 cbm oder 41,71 % von unterirdischen Schwungradmaschinen, 40,62 cbm oder 12,59 % von oberirdischen Woolfschen Maschinen, 35,94 cbm gleich 11,14 % von unterirdischen Maschinen ohne Schwungrad und 33,94 cbm oder 10,52 % von oberirdischen indirekt und einfach wirkenden Maschinen gehoben, während sich der Rest auf die übrigen Maschinensysteme verteilte:

Nach einer überschlägigen Ermittelung lässt sich die Gesamtleistungsfähigkeit sämtlicher Maschinen auf etwa 1400 cbm pro Minute schätzen, d. i. ungefähr das Dreifache der heutigen Wasserzuflüsse.

In historischer Hinsicht mag hier noch erwähnt sein, dass die älteste der im Jahre 1900 noch in Betrieb befindlichen Wasserhaltungen aus dem Jahre 1845 stammt, also eine Betriebszeit von über einem halben Jahrhundert hinter sich hat, sicherlich ein Zeichen für die Solidität der in jener Zeit gebauten Maschinen. Die Wasserhaltung ist eine indirekt und einfach wirkende Maschine von 1873 mm Cylinderdurchmesser und 2825 mm Hub und steht auf der Zeche Freie Vogel und Unverhofft. Sie ist von der Eisenhütte Prinz Rudolph zu Dülmen erbaut worden.

Tabelle 6.

Lfd. No.	System der Maschinen	Anfang 1900		
		Anzahl der Maschinen	Von dem Gesamtzuflusse wird gehoben je Minute	
			in cbm	%
1	Oberirdische, indirekt und einfach wirkende Maschinen	50	33,94	10,52
2	Oberirdische, direkt u. einfach wirkende Maschinen	49	29,48	9,15
3	Oberirdische, indirekt und doppeltwirkende Maschinen	6	5,83	1,81
4	Oberirdische, direkt und doppeltwirkende Maschinen	7	5,52	1,71
5	Oberirdische Woolfsche Maschinen . .	40	40,62	12,59
6	Sonstige oberirdische Maschinen . . .	10	10,10	3,13
7	Unterirdische Schwungradmaschinen .	153	134,53	41,71
8	dto. Maschinen ohne Schwungrad	72	35,94	11,14
9	Hydraulisch betriebene Maschinen. . .	23	18,97	5,88
10	Elektrisch " " . . .	14	7,58	2,36
		424	322,51	100,—

2. Kapitel:

Die Wasserhaltungsanlagen mit Dampfbetrieb.

Von Ingenieur Stach.

I. Die Wasserhaltungs-Anlagen mit Maschinen über Tage (Gestängemaschinen).

1. Maschinen mit einem Cylinder.

a) Indirekt und einfach wirkende Maschinen.

Die erste eincylindrige Wasserhaltungsmaschine, welche im Ruhrkohlenbezirk zur Aufstellung gelangte, ist, wie bereits im einleitenden Teile erwähnt wurde, eine Newcomensche atmosphärische Maschine von 12 PS, aufgestellt auf Zeche Vollmond im Jahre 1801. Eine Zeichnung dieser Maschine ist leider nicht mehr vorhanden. Wir geben jedoch in Tafel II und III zwei aus den Akten des Königlichen Oberbergamts zu

Additional material from *Gewinnungsarbeiten, Wasserhaltung,*
ISBN 978-3-642-90160-7 (978-3-642-90160-7_OSFO2),
is available at http://extras.springer.com

Dortmund stammende Zeichnungen einer ähnlichen Maschine wieder, welche eine »48-Feuer-Maschine nach dem Alten Princip, gezeichnet im Monat October 1806 durch Bilger« darstellt. Nach der noch vorhandenen Beschreibung werden die einzelnen Teile, wie folgt, erläutert: *)

Zu Tafel II:

A Cylinder nebst Kräntzen und Schrauben.

B Cylinder-Stange, wo nur eine Kette gezeichnet, jedoch zwey daran kommen sollen, desgleichen auch über dem Schachte.

C Ballengshire-baum mit all daran kommenden Schrauben, lagers, zapfen und Ketten. Hat von »a« bis an den Fang Bolden »b« 8 Fuss Hub. **)

d Fang Federn.

e Einfallungsröhre bis zum Vondil Kasten der kalten Wasser 6" D.

F Vondil Kasten der Kaltwasser.

G Dampf Vondil Kasten.

H Hals zum Vondil Kasten und Sitz zum Vondil.

I Cylinder Hals durch welchen die Dämpfe unter den Cylinder Kolben gehen.

K Vondilsitz zum Kaltenwasser.

L Einsprützungsröhre durch welche die Kaltewasser zum Cylinder zum ein sprützen laufen.

M Blommervendil, durch welches die schon eingesprützten Wasser wieder ablaufen und in den Kasten »n« fallen, wo selbige den von selbst nach beyde Käfsel gefürth werden können und die nicht nödigen Wassers zu den Käfsels laufen den in gefludern ausserdem fort.

o Kleiner Ballengshire zu der unter Haltung Pumpe mit zubehör.

p unter Haltungs Pumpe, welche die Wasser vom Schachte bis ins gefluder »q« hept, wo sie den zum Röfserver laufen.

R Rahmen, woran 2 Ketten befestigt, und zum Einlegen der Gewichte, wie auch zur lothrecht Haltung der Schacht Stange dienth.

U Steinener Pfeiler zur Unterstützung des Gewichtes in der Mitte unter dem Ballengshir.

Zu Tafel III:

a der Käfsel mit Maurung.

b Schürloch.

*) Die Schreibweise des Originals ist beibehalten.

**) Der Buchstabe C fehlt in der Zeichnung.

c Tühr zum Reinmachen des Käfsels.
d Pfropf.
e Dampfröhren.
f Dampfbehälter.
g Vondilkasten.
H 3 Vondile.
I Wechsel nach dem Cylinder.
K Röhre durch welche die Wasser nach dem Käfsel laufen, welche durch eine Kugel »l« das Vondil »m« hebt und die nödigen Wasser in den Käfsel lesst.
n Ställungsstange zum Vondil.
o Wasser Han.
p Dampf Han.
q Standt des Wassers.
R Röhre durch welche das Feuer mitten durch den Käfsel geht.
S Einfallungsröhre.
T Dicke der Mauer.

In seinen weiteren Ausführungen giebt der Verfertiger der Zeichnung an, wie die Dampfleitung zu der Maschine anzuordnen ist, um Wasseransammlungen zu verhüten, »denn beim Einlassen von Dampf will das Wasser nicht weichen, den entstehen solche harte Knalle als Bistolen Schüsse und hierdurch springen die Dampfröhren, wie ich bei der Vollmonder Maschine oft wahrgenommen habe«.

Die Newcomenschen atmosphärischen Maschinen wurden in Westfalen bald durch andere englische Konstruktionen verdrängt, nachdem Watt mit Erfolg gezeigt hatte, dass die hohen Dampfverbrauchsziffern der ersteren durch Verlegung der Kondensation aus dem Bereich des Dampfcylinders, Ersatz des Wasserverschlusses am Kolben durch den verbrauchten Arbeitsdampf vor seinem Weg zum Kondensator, Isolirung der Dampfcylinder, Anwendung höherer Dampfspannungen u. s. w. erheblich verringert werden konnten.

Es bildeten sich nach und nach die heute noch vorhandenen Konstruktionen heraus, deren einfachster und noch vielfach verbreiteter Typ die indirekt und einfach wirkende Cornwall-Maschine ist.

Die älteste noch vorhandene Maschine dieser Art ist die bereits erwähnte von Zeche Freie Vogel und Unverhofft bei Hörde aus dem Jahre 1845 *) Ihr

---

*) Nach den »Technischen Mittheilungen des Vereins für die bergbaulichen Interessen«, von Nonne dem III. deutschen Bergmannstage gewidmet, 1886, stand die damals älteste, aus dem Jahre 1832 stammende Wasserhaltung auf Zeche Henriette bei Werden.

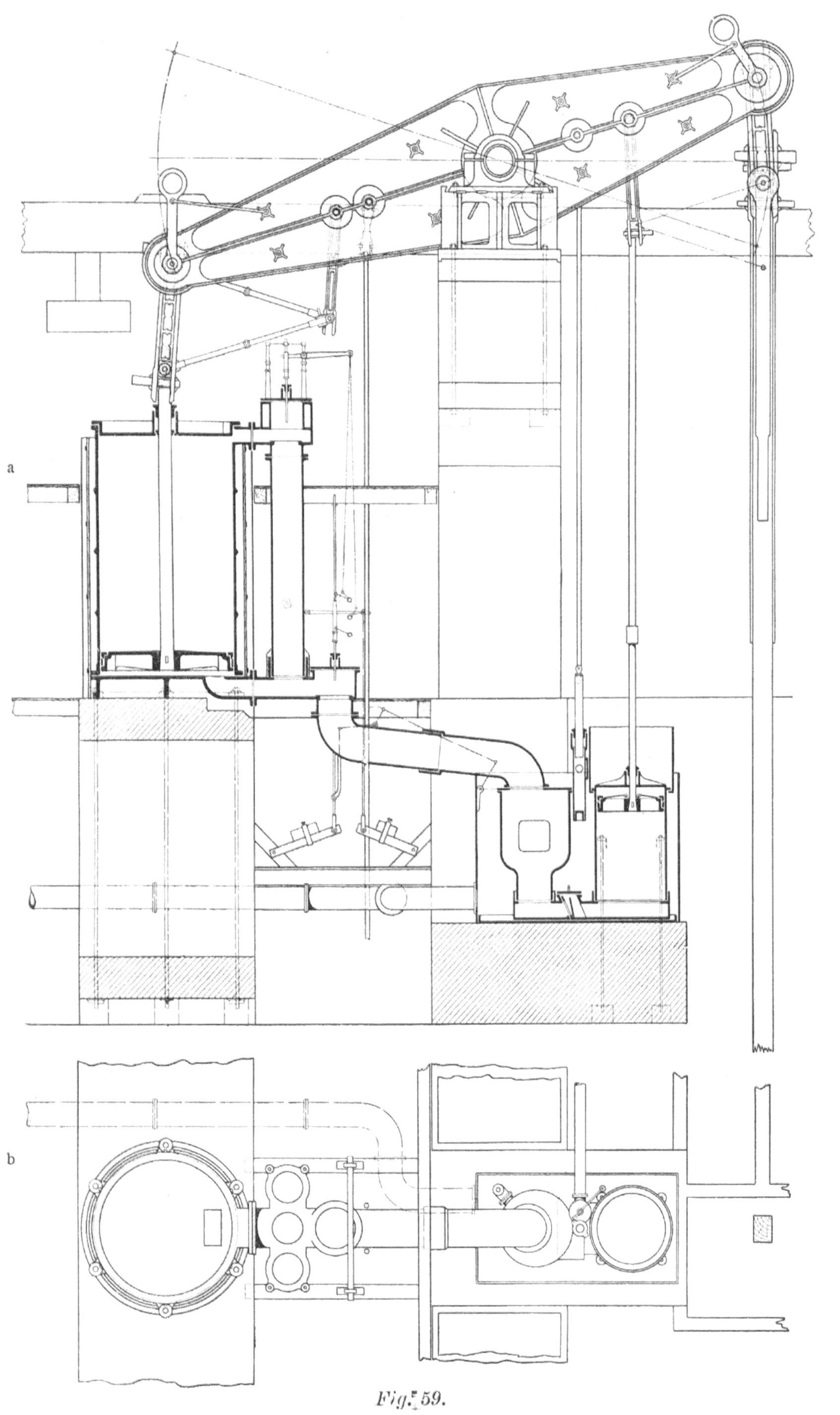

Fig. 59.

Indirekt und einfach wirkende Wasserhaltungsmaschine. Zeche Königin Elisabeth.

reihen sich in gleichartiger Ausführung an die 1848 erbaute Wasserhaltung der Zeche Königin Elisabeth und aus dem Jahre 1849 diejenige der Zeche Ver. Trappe. Die von der »Dülmer Eisenhütte Prinz Rudolph« gebaute Maschine von Zeche Königin Elisabeth ist in Figur 59a u. b wiedergegeben.

Von den noch vorhandenen indirekt und einfach wirkenden Wasserhaltungsmaschinen sind fast alle — etwa 85 Prozent — mit Kondensator ausgerüstet. Ihre Arbeitsweise hat sich nur wenig im Laufe der Jahre geändert und ist unter Bezugnahme auf die Zeichnung in Figur 59 folgende:

Wie schon die Bezeichnung andeutet, wirkt die Kolbenkraft auf das Gestänge indirekt mittelst des als zweiarmiger Hebel konstruierten Balanciers.

Da auf hohe Expansion in den meisten Fällen verzichtet wird, hat der Arbeitsdampf allein das Gestänge zu heben, indem der Dampf über dem Kolben eintritt und diesen herabdrückt. Das Gestängegewicht selbst soll so bemessen sein, dass es imstande ist, beim Niedergang dem Wasser in der Steigleitung die gewünschte Beschleunigung zu erteilen und die Widerstände in der Leitung, in den Führungen sowie in der Maschine zu überwinden. Der Dampfeintritt über dem Kolben erfolgt durch ein Ventil, welches durch die äussere Steuerung so bethätigt wird, dass es kurz vor Beendigung der Kolben-Abwärtsbewegung absperrt. Während der Arbeitsdampf auf den Kolben wirkt, ist die untere Cylinderseite mit dem Kondensator verbunden; der wirksame Kolbendruck wird also um den Unterdruck vermehrt. Die Verbindung mit dem Kondensator kann am Cylinder durch das Kondensatorventil unterbrochen werden. Dieses schliesst sich ungefähr gleichzeitig mit dem Frischdampfventil. Der über dem Kolben befindliche Arbeitsdampf strömt durch ein neben dem Frischdampfventil sitzendes Gleichgewichtsventil während des Gestängeniederganges bezw. Kolbenaufganges von der oberen Cylinderseite nach der unteren; es werden also über und unter dem Kolben *nahezu gleiche Spannungen* herrschen. Nach dem Niedergang des Gestänges tritt gewöhnlich eine durch die äussere Steuerung regulierbare Pause ein, und der Arbeitsvorgang spielt sich von neuem ab. Durch Verlängerung dieser Pause oder durch Einschalten einer solchen nach jedem Hube hat man es in der Hand, die Maschinen mit einem Hub oder auch mit fünf bis sechs in der Minute arbeiten zu lassen, ganz wie es der Wasserzufluss erfordert.

Bei Maschinen ohne Kondensator strömt der verbrauchte Dampf beim Kolbenaufgang teils ins Freie, teils unter den Kolben. Die Maschine hat nur zwei obere Ventile, das untere Ventil fehlt.

Für beide Arten von Maschinen ist die Art und Weise, den Kolbenstillstand vor dem Ende des Hubes zu bewerkstelligen, die gleiche; bei der Abwärtsbewegung wird der Dampf etwas vor dem Hubende abgesperrt, damit der Kolben infolge Druckabnahme, bei einer Expansion auf kurzem Wege, zum Stillstand kommt; bei der Aufwärtsbewegung erreicht man denselben Zweck durch frühzeitige Absperrung der Ueberströmung und dadurch bewirkte Kompression bis auf Admissionsspannung.

Aus Gründen der Sicherheit nutzt man die vorhandene Cylinderlänge nicht ganz aus, sondern belässt auf jeder Seite des Kolbens einen schädlichen Raum von 10% des Cylinderinhalts. Dementsprechend ist der Dampfverbrauch ein hoher.

Die Abmessungen der Cylinder hat man gemäss den vielseitigen Anforderungen, welche die Grubenverwaltungen an Wasserhaltungsmaschinen stellten, für normale Betriebsverhältnisse, wie bereits im einleitenden Teil hervorgehoben, in vielen Fällen sehr gross genommen. Die Gründe hierfür lassen sich, wie folgt, zusammenfassen:

1. Die Wasserhaltung soll nicht nur die gegenwärtigen Zuflüsse zu wältigen imstande sein, sondern auch gegen unvorherzusehende Wassereinbrüche oder Vermehrung der Zuflüsse nach Erweiterung der Grubenbaue Sicherheit gewähren.
2. Die zu sümpfenden Wassermengen sind bei den Zechen ohne Mergelüberlagerung je nach den Witterungsverhältnissen sehr wechselnd; man muss daher auch gegen die Folgen von Wolkenbrüchen und starken Schneeschmelzen gesichert sein.
3. Die erforderliche Kolbenkraft muss ausgeübt werden können, selbst wenn der Dampfdruck erheblich unter den normalen bezw. konzessionierten sinkt.
4. Die Maschine muss imstande sein, die Grubenwasser auch nach Verlängerung des Gestänges bis zu einer tieferen Sohle und nach Vermehrung der Drucksätze zu heben.

Eine grosse Maschinenleistung erfordert auch grosse Dampfmengen, woraus sich das Erfordernis einer grossen Kesselanlage ergiebt, welche unter normalen Verhältnissen nur schlecht ausgenutzt werden kann. Mit der Grösse der Cylinder wachsen aber auch die Verluste durch Innenkondensation, es wachsen mit ihr die Schwierigkeiten der Kolbendichtung und die Grösse der Leergangsarbeit. Nicht zum geringsten kommen ausserdem die erheblich höheren Anschaffungskosten in Frage. Alle genannten Punkte im Verein ergeben dann so erstaunlich hohe Gestehungskosten für eine Pferdestärke und Stunde, dass man von vielen älteren Anlagen mit Recht sagen kann, es wurde früher mit Wasserhaltungs-Anlagen ein Luxus getrieben, der Unsummen verschlungen hat, welche an anderen Stellen besser verwendet worden wären.

Hinsichtlich des Betriebes dieser, auf solchen Grundlagen entstandenen Wasserhaltungen hat man nun zu sehr unökonomischen Hülfsmitteln greifen müssen.

Ist der Dampfdruck für die bestehende Maschine zu hoch, so arbeitet man mit gedrosseltem Dampf, da eine Verkleinerung der Füllung infolge

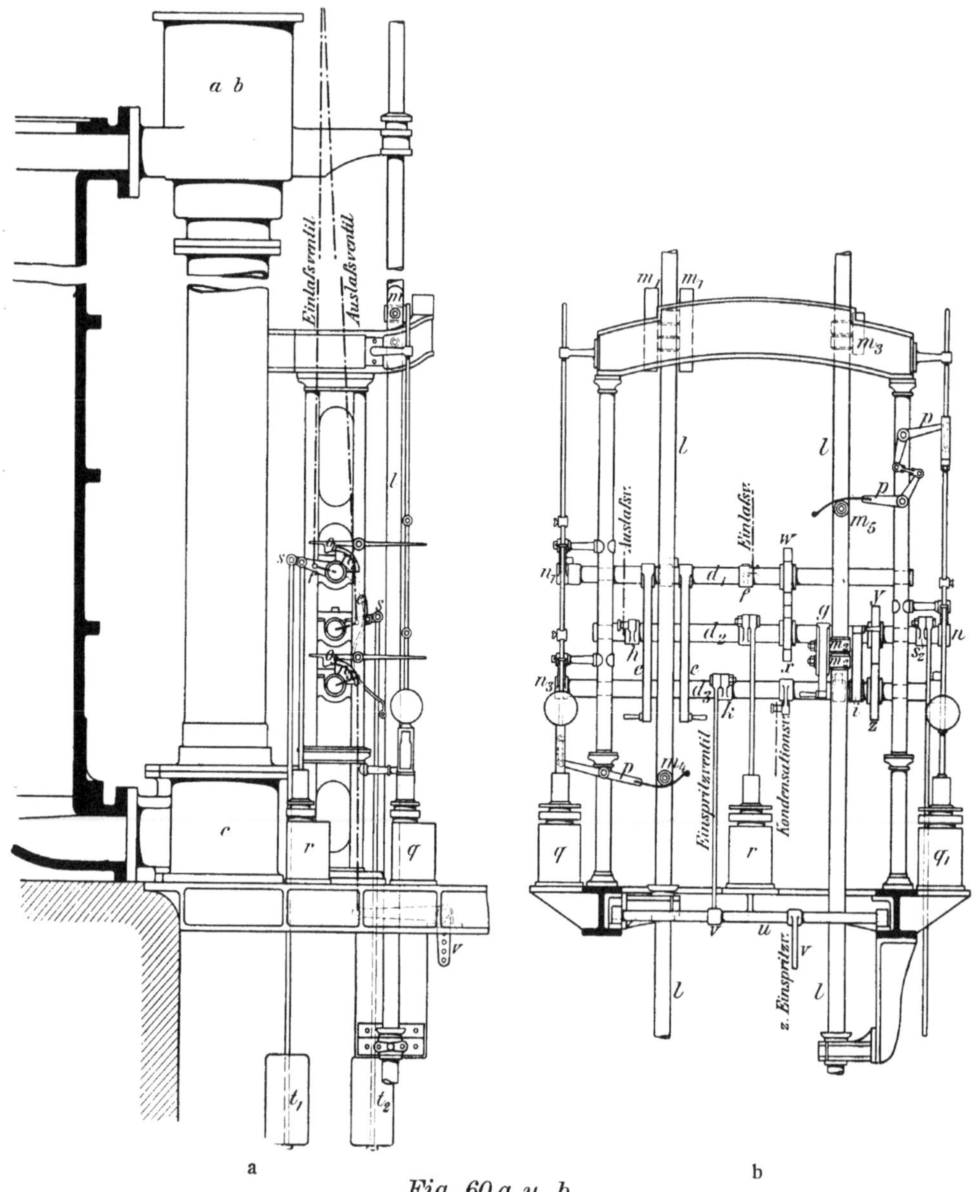

Fig. 60 a u. b.

Kataraktsteuerung einer einfach und indirekt wirkenden Wasserhaltungsmaschine (Zeche Mathias Stinnes).

fehlender Schwungmassen nicht angängig ist. Es findet daher bereits vor dem Dampfeintritt in den Cylinder eine Kraftverschwendung statt. Steht das Gestängegewicht im Missverhältnis zu der gehobenen Wassermenge, d. h. ist es zu schwer, so wird, um es zu heben, bei jedem Hub Kraft vergeudet, also ebenfalls Dampf verschwendet. Um beim Gestängeniedergang die Geschwindigkeit nicht zu gross werden zu lassen, drosselt man den austretenden Dampf durch eine im Ueberstromrohr befindliche Klappe.

Auf einer grossen Anzahl von Zechen, wo die Grösse der Wasserzuflüsse es gestattete, hat man, wie bereits erwähnt, die beregten Missstände durch Anlage von Sumpfstrecken beseitigt und den Betrieb so geregelt, dass die Wasserhaltungsmaschine nur während der Nachtschicht, also beim Stillstand der Förderung arbeitet. Bei dieser Betriebsweise kann man die Kesselanlage gut ausnützen und die Wasserhaltung meistens bei konstanter Dampfspannung während der Betriebszeit voll belasten.

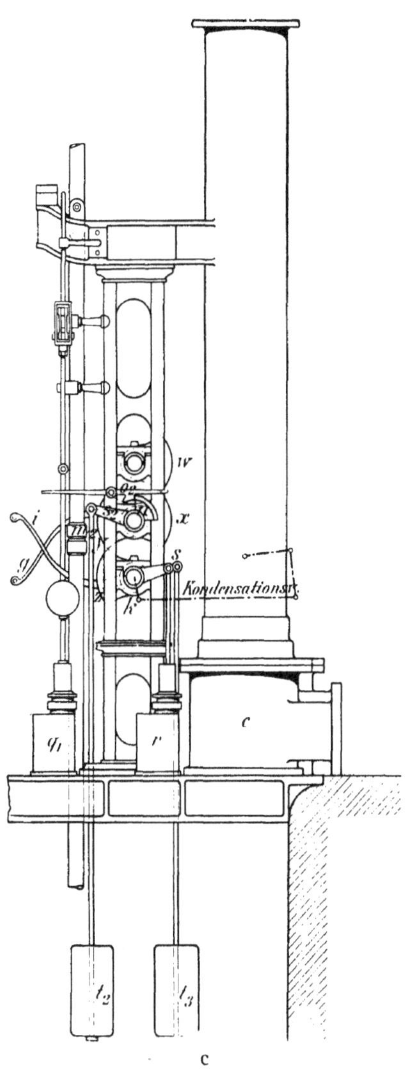

c

Fig. 60 c.
Kataraktsteuerung einer einfach und indirekt wirkenden Wasserhaltungsmaschine (Zeche Mathias Stinnes).

Als Organe für die Dampfverteilung benutzte man bei allen oberirdischen Maschinen entlastete Glockenventile von grossem Durchmesser, welche in geräumigen, am Dampfcylinder angeflanschten Ventilkästen untergebracht sind. Die Ventilspindeln sind durch die Ventilkastendeckel in Stopfbüchsen dampfdicht geführt und je nach Anordnung der äusseren Steuerung entweder mit den Steuerstangen direkt verbunden oder durch ein Kugelgewicht belastet, welches den Ventilschluss besorgt. Die Dampfcylinder sind in den meisten Fällen ohne Heizmantel ausgeführt, durch horizontal verlaufende Rippen verstärkt und gewöhnlich mit Holz verkleidet.

Nach der Lage des Balanciers über oder unter dem Cylinder ist die Kolbenstange durch den oberen oder unteren Cylinderdeckel durchgeführt. Die erstere Anordnung ist die ursprüngliche, bedingt aber hohe und daher teure Fundamente für die Balancierlager. Bei der zweiten Konstruktion fallen die hohen Fundamente fort, dafür versperrt aber der Balancier einen Teil der Schachtscheibe, und man hat ausserdem den Nachteil einer hängenden

Stopfbüchse, welche infolge der starken Innenkondensation schwer dicht zu halten ist.

Die äussere Steuerung der indirekt und einfach wirkenden Maschinen hat im Laufe der Jahrzehnte manche Wandlung erfahren. Die ursprünglichen Konstruktionen waren nur darauf eingerichtet, Oeffnung und Schluss der Ventile bei bestimmten Kolbenstellungen herbeizuführen und konnten für den ungestörten Betrieb der Wasserhaltungen als wohl ausreichend und geeignet gelten. Kam jedoch infolge eines Gestänge- oder Pumpenbruches eine Störung vor, so versagten sie, und der ohne Widerstand arbeitende Dampf trieb den Kolben gegen den Boden oder Deckel des Cylinders, wodurch schwere Betriebsstörungen hervorgerufen wurden, welche grosse Opfer an Zeit und Geld zur Folge hatten. In vielen Fällen wurde auch der Grubenbetrieb infolge aufgehender Wasser in Mitleidenschaft gezogen. Eine Kataraktsteuerung älteren Systems für Zeche Mathias Stinnes ist in Figur 60 a—c abgebildet. Mit Bezugnahme auf die darin gewählten Bezeichnungen ist die Wirkungsweise derselben folgende:

Es sei angenommen, dass der Dampfkolben oben steht und die Maschine von Hand in Bewegung gesetzt werden soll. Um den Gegendruck auf den Kolben möglichst zu verringern, wird das Kondensationsventil c geöffnet, indem der Händel i in die in Figur 60 c gezeichnete Lage gebracht wird, wodurch sich Welle d^3 und mit ihr der Hebel k dreht; durch Hebelübertragung wird dann das Kondensationsventil und durch Hebel v auf Welle u das Einspritzventil geöffnet. Darauf öffnet man mittelst des Doppelhändels e und des Ventilhebels f durch Drehen der Welle d^1 das Einlassventil a im oberen Ventilkasten. Der Dampfkolben geht nun abwärts und mit ihm die Steuerstangen l, welche vom Balancier aus angetrieben sind. Auf den Steuerstangen sind verschiebbar die Frösche m_1, m_2, m_3, m_4 und m_5 angebracht, welche zum Schliessen der Ventile a, b, c durch die Händel e, g, i und zum Auslösen der Katarakte q und q_1 durch die Hebel p dienen.

Beim Abwärtsgang des Kolbens und der Steuerstangen wird zunächst durch m_4 der Katarakt q gehoben, um später in Thätigkeit treten zu können. Sodann drücken m_1 und m_3 die Händel e und i herunter (für e in die in Fig. 60 a gezeichnete Stellung), dabei gleichzeitig die Gewichte t_1 und t_3 hebend. Die Dampfzufuhr ist damit abgeschnitten und der Kolben bewegt sich infolge der Expansionswirkung noch ein kurzes Stück nach unten. Darauf tritt eine Pause ein, deren Länge durch die Ventileinstellung am Katarakt q_1 zu bemessen ist. Nach einiger Zeit wird durch einen an der Kataraktstange sitzenden Bund der Sperrhebel o_2 (Fig. 60 c) gedreht. Damit wird der Quadrant n_2 freigegeben, und Gewicht t_2 dreht mittelst Hebels s_2 die Steuerwelle d_2, sodass das Gleichgewichtsventil b geöffnet wird; das Gestängegewicht kommt damit in Thätigkeit und hebt den Kolben. Die aufwärtsgehenden Steuerstangen bethätigen mittels der Frösche m_5 und m_2 den Katarakt q_1 und den Auslasshändel g, wodurch vor dem Hubende die Dampfüberströmung geschlossen wird und die Maschine durch die eintretende Kompression des eingeschlossenen Dampfes zum Stillstand kommt. Während der jetzt eintretenden Pause tritt Katarakt q in Thätigkeit, indem er die Quadranten n_3 und n_1 auslöst, wodurch das Kondensations- und darauf das Einströmventil geöffnet wird und der Arbeitsvorgang sich von neuem abspielt.

Die Steuerwellen d_1, d_2, d_3 sind durch Hebel und Stangen mit besonderen, durch kleine Ventile regulierbaren Gewichtspumpen verbunden, wodurch die Geschwindigkeit der Ventilöffnungen genau eingestellt und das schädliche schnelle Aufreissen der Ventile vermieden werden kann.

Die Quadranten w, x, y, z verhindern wechselseitig, dass ein Katarakt in Thätigkeit tritt, bevor das entsprechende Absperrorgan die vorhergehende Kolbenbewegung beeinflusst hat.

Soll der Hubwechsel in der Maschine rasch aufeinanderfolgen, so werden die Kataraktpumpen abgehängt, sofern sie dem rascheren Gange der Maschine nicht folgen können. Der Hubwechsel ist alsdann nur von den Quadranten w, x, y, z abhängig gemacht, welche eine direkte Aufeinanderfolge der Steuerwellendrehungen bezw. ein schnelleres Oeffnen der Ventile zulassen.

Die beiden Einlassventilhändel (e e) unterscheiden sich von den beiden anderen (g i) dadurch, dass erstere durch einen Frosch gethätigt werden. Dieser kann verstellt werden und so wird es möglich, das Einlassventil früher oder später zu schliessen und die Maschine mit mehr oder weniger Expansion arbeiten zu lassen.

Ohne die Wirkungsweise der Kataraktsteuerungen selbst zu ändern, hat man die späteren Konstruktionen hauptsächlich durch Herabminderung der Steuerwellenzahl von drei auf zwei wesentlich einfacher gestaltet. Es war diese Verringerung der Steuerwellenzahl sehr gut möglich, da Einström- und Kondensationsventil fast gleichzeitig geöffnet und geschlossen werden, sodass die betreffenden Hebel sehr gut auf einer Welle angebracht werden können. Um jedoch zu bewirken, dass die Ventile nicht beide zur selben Zeit, sondern kurz nacheinander geöffnet werden, hat man die Ventil-Hebel und -Stangen mit Schlitzen versehen.

Die Katarakte sind kleine mit Wasser oder Glycerin gefüllte Behälter, in welchen ein mit Mönchkolben versehener Cylinder befestigt ist, in dessen Boden sich ein regulierbares Ventil befindet. Sie arbeiten durch Gewichtsbelastung meistens von oben nach unten. Hin und wieder besitzt auch der eine Katarakt eine Aufwärts- und der andere eine Abwärtsbewegung, je nach den Verhältnissen der Steuerung.

Aus der Wirkungsweise der gewöhnlichen Kataraktsteuerung ergiebt sich, dass in ihnen ein Regulator für wechselnde Widerstände und unvorhergesehene Störungen fehlt, da ihre Thätigkeit durch die Kolbengeschwindigkeit in keiner Weise beeinflusst wird. Die Kataraktsteuerung schützt also nicht gegen die Folgen von Unregelmässigkeiten im Betriebe und versagt vollständig bei Gestängebrüchen. Sie vermag also nicht die Ursachen solcher Betriebsstörungen zu beseitigen, welche zum Teil in den Beschleunigungsverhältnissen des Kolbens liegen. Die Massenbeschleunigung wird bei den alten Steuerungen zu Beginn des Hubes zu gross; infolgedessen erhält das Gestänge einen in zu kurzer Zeit von Null bis zum Maximum wachsenden Zug, gegen den selbst mit sehr hoher Sicherheit berechnete Gestänge nicht standhalten. Hierin ist bei den nach der alten Weise gesteuerten Wasserhaltungen der hauptsächlichste Grund für die zahlreichen und oft in kurzen Zwischenräumen auftretenden Gestängebrüche zu suchen.

Unter diesen Umständen verschaffte sich daher eine Steuerung schnell Eingang, welche den erwähnten Nachteilen in der Gangart der Wasserhaltungen mit Erfolg begegnete und ausserdem noch eine Erhöhung der Leistung durch Vermehrung der Hubzahl gestattete.

Diese Vorzüge vereinigt die Daveysche Differential-Steuerung in sich, welche zum ersten Male im Jahre 1878 auf der Pariser Weltausstellung vorgeführt wurde.

Die Wirkungsweise beruht auf einer aus zwei Bewegungen resultirenden Bewegung, welche die Steuerventile des Dampfcylinders beinflusst. Die erste Bewegung ist unabhängig und gleichmässig, die zweite Bewegung ist abhängig und veränderlich und steht in ursächlichem Zusammenhang mit der Maschine.

Irgendwelche unregelmässige Bewegung, die durch eine Veränderung in der Last oder aus anderer Ursache entsteht, bringt eine entsprechende Veränderung in der Dampfverteilung durch die korrespondirende Bewegung der Ventile hervor.

Zur weiteren Erklärung möge Figur 61a-g dienen. Der Haupthebel A in Figur 61 f und g ist an seinem Ende a mittels einer Stange c mit einem bewegenden Teile der Maschine, dem Balancier oder dessen Achse, verbunden.

Diese Verbindung hat zur Folge, dass alle Bewegungen des Punktes a mit denen der Maschine korrespondieren. Der Punkt b des Hebels A ist an der Kolbenstange eines Hülfscylinders D befestigt und muss daher den Bewegungen des Kolbens des Hülfscylinders folgen. Letzterer wird durch

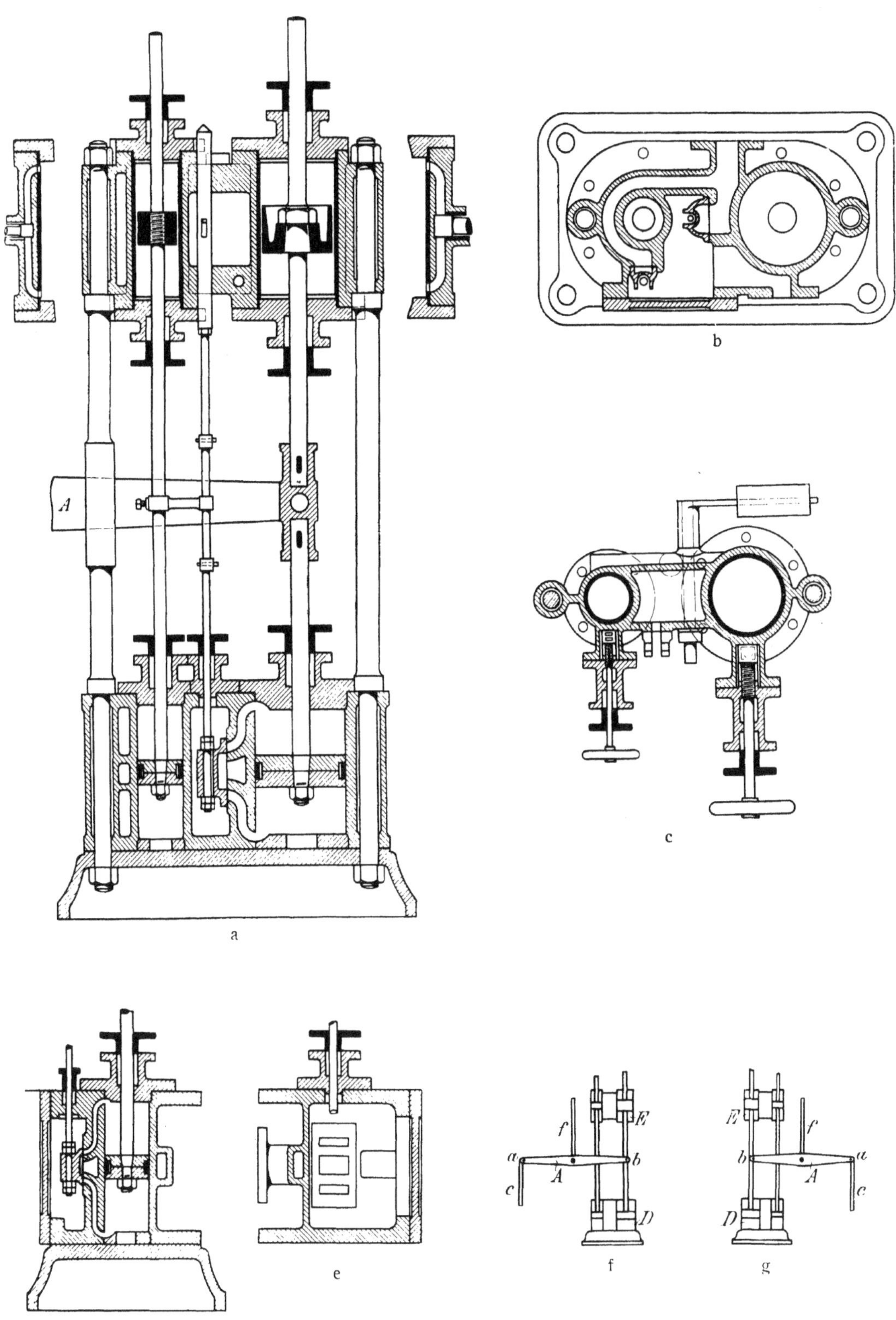

Fig. 61.

Daveysche Differentialsteuerung.

den Katarakt E reguliert. Der Hülfscylinder hat einen Schieber, der sowohl durch einen zweiten Kataraktcylinder als auch durch einen Handhebel bewegt werden kann. An den Katarakten befindet sich ein grosses und ein kleines Handrad. Durch ersteres wird die Geschwindigkeit der Maschine während des Hubes, durch letzteres die Dauer der Hubpausen reguliert. Der Handhebel gestattet ausserdem die Führung der Maschine durch den Maschinisten.

Die Wirkungsweise der Steuerung während des Ganges der Maschine ist folgende:

Beim Beginn des Hubes befindet sich der Maschinenarm des Haupthebels A in seiner höchsten, der entgegengesetzte Arm in seiner tiefsten Stellung, der sekundäre Hebel ist aber so gehoben, dass Dampf am Boden des sekundären Cylinders eintritt. Die Maschine wird nun so lange pausieren, bis der Kolben des sekundären Cylinders seinen Hub vollendet hat und der Schieber des Hülfscylinders gehoben ist. Die Dauer der Hubpause ist abhängig von der Regulierung des sekundären Kataraktes. Der Kolben des Hülfscylinders, der dann in seiner tiefsten Stellung Dampf hat, wird nach aufwärts arbeiten und dabei den Haupthebel mit einer von der Regulierung des Kataraktes abhängigen Geschwindigkeit betreiben. Nun öffnet sich durch eine Verbindungsstange f das Dampfventil der Maschine und zwar ziemlich rasch, weil der Maschinenarm des Hebels für diese Zeit stillsteht. Der jetzt auf den Maschinenkolben wirkende Dampf wird, nachdem er die Massen in Bewegung gebracht hat, eine allmählich wachsende Geschwindigkeit in der Maschine hervorbringen, welche dann auch dem Maschinenarm des Haupthebels mitgeteilt wird. Infolgedessen wird der entgegengesetzte Arm des Hebels sich gleichförmig in der entgegengesetzten Richtung bewegen, sodass der Drehpunkt bald nach dieser, bald nach jener Richtung reversiert und das Dampfventil, welches durch die Bewegung des Hülfskolbens geöffnet war, durch die Differentialbewegung geschlossen wird.

Da nun die Differentialbewegung nur durch eine Aenderung in der Maschinenbewegung verändert werden kann, weil eine Komponente konstant ist, so wird eine Vergrösserung oder Verringerung der ersteren das Dampfventil früher oder später schliessen. Wird nun die Bewegungsänderung in der Maschine aus irgend einem Grunde eintreten, so ist nach dem Gesagten leicht zu erkennen, dass z. B. bei Steigerungen der Dampfspannung bzw. bei Verminderung der Last, Punkt a sich mit gesteigerter Geschwindigkeit bewegt, während die Bewegung von Punkt b konstant bleibt; das Dampfventil wird demnach durch Stange f früher geschlossen werden. Würden die Widerstände der fallenden Last geringer, so wirkte die gesteigerte Geschwindigkeit auf einen teilweisen Schluss des Gleichgewichtsventils.

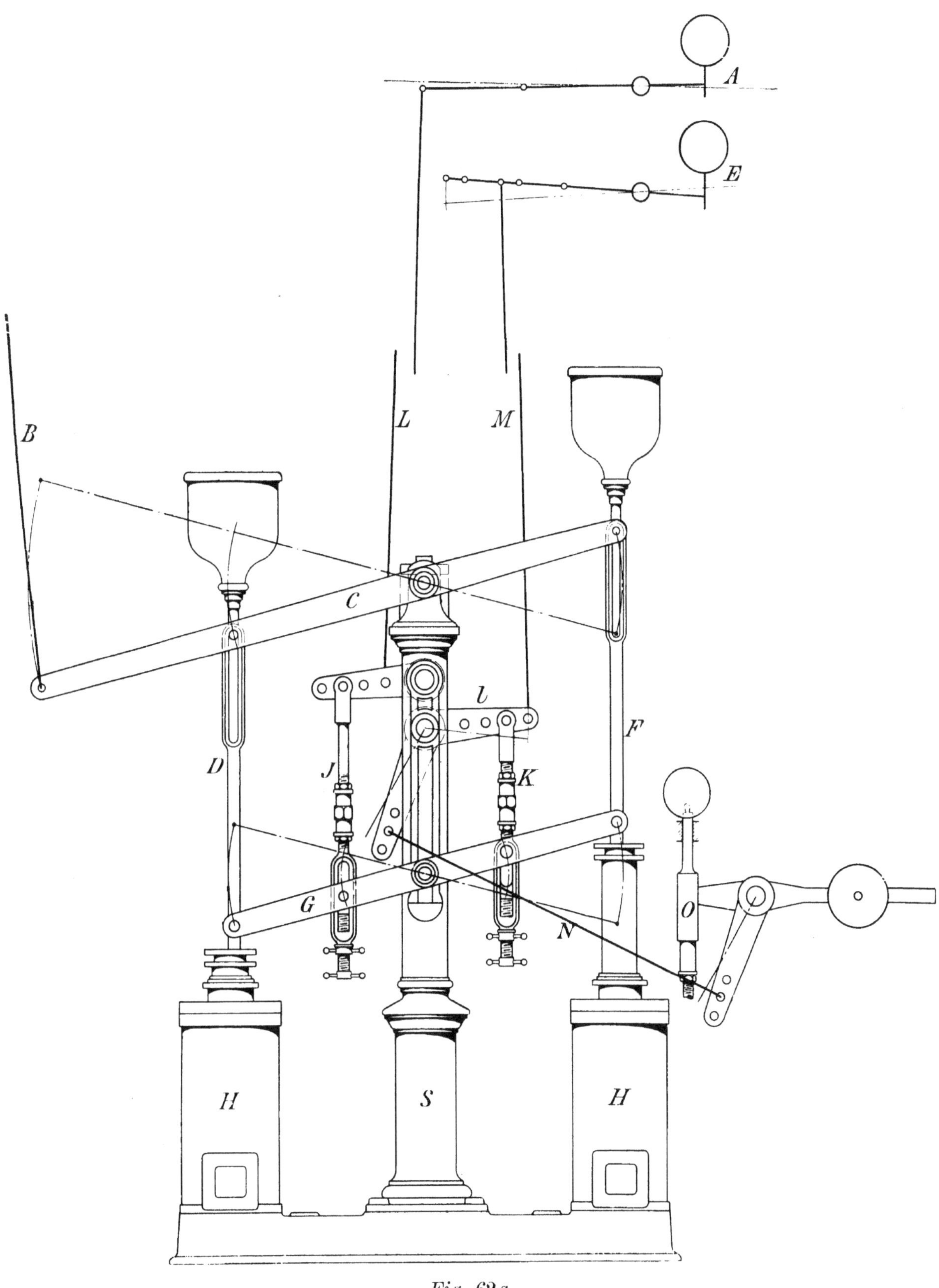

Fig. 62a.

Fernis-Sicherheitssteuerung für eine indirekt und einfach wirkende Wasserhaltungmaschine.

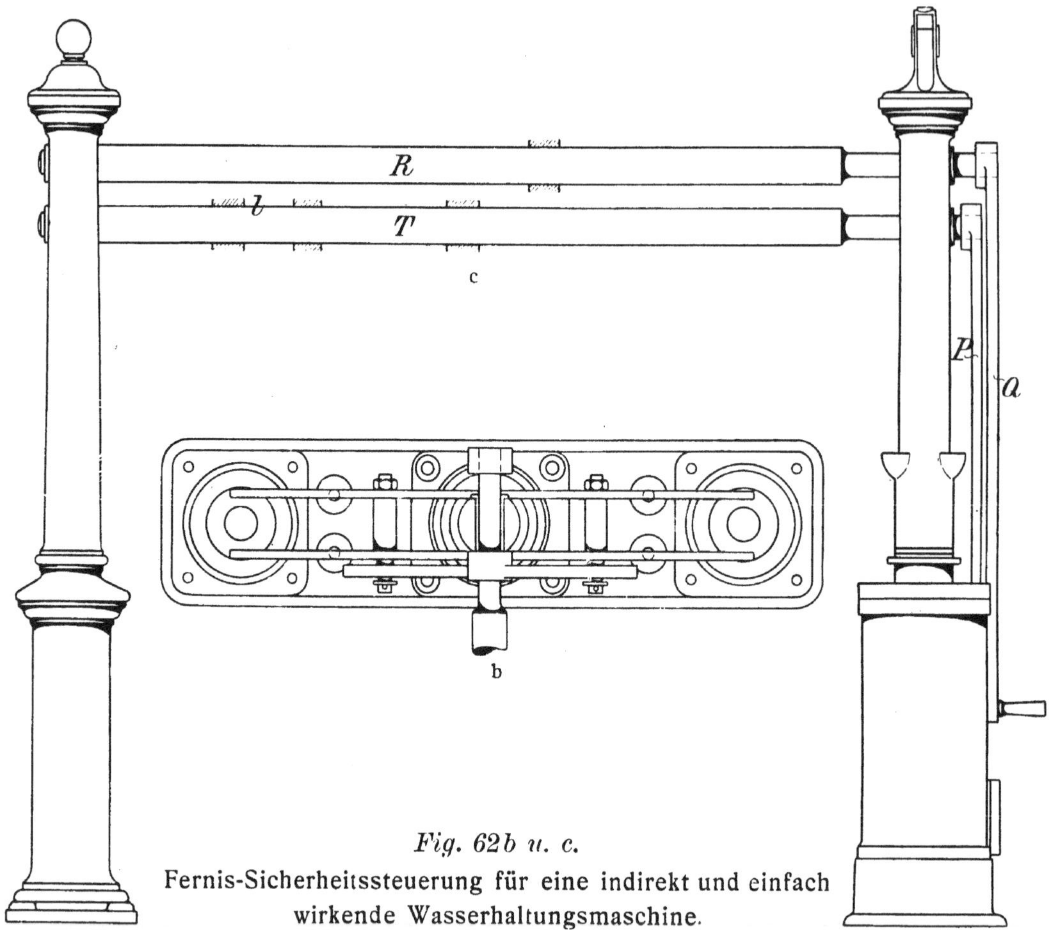

Fig. 62b u. c.
Fernis-Sicherheitssteuerung für eine indirekt und einfach wirkende Wasserhaltungsmaschine.

Versuchsweise ist an Wasserhaltungen plötzlich die volle Last bei normaler Geschwindigkeit beseitigt worden, ohne dass für die Maschine irgend welche Nachteile entstanden sind.

Gleichen Zwecken wie die Davey-Steuerung dient die von der Isselburger Hütte gebaute Fernis-Sicherheitssteuerung, deren Konstruktion bei gleicher Sicherheit etwas einfacher ist. Die Wirkungsweise ist unter Bezugnahme auf die in Fig. 62 a—c gewählten Bezeichnungen für eine indirekt und einfach wirkende Maschine folgende:

Auf einer Säule S ist ein zweiarmiger Hebel C drehbar gelagert, an dessen einem Hebelende eine auf Zug und Druck beanspruchte Verbindungsstange vom Balancier aus angreift. Der Hebel C macht infolgedessen die Bewegungen des Balanciers vollkommen mit und hebt dadurch alternierend die Stangen D und F, die in Verbindung mit zwei Oelkatarakten H stehen. Auf den Kataraktstangen sitzen die Belastungsgefässe für die Bethätigung der Abwärtsbewegung der Stangen D und F, deren Geschwindigkeit am Katarakt einzustellen ist. Hebel G ist ebenfalls in der Säule S drehbar gelagert und zwar in der Weise, dass sich der Drehpunkt in einem Schlitz der Säule entsprechend der gegenseitigen Stellung von D und F verschieben kann. Hebel G wirkt wiederum auf zwei Stangen J und K, die am unteren Ende einen durch Schraube verstellbaren Schlitz haben.

J wirkt durch Hebel und Zugstangenübertragung auf das Gleichgewichtsventil A und K und in gleicher Weise auf das Einlassventil E. Das an Stange O angeschlossene Kondensatorventil endlich wird ebenfalls durch die Bewegung der Stange K vermittelst Hebelübersetzung gethätigt.

Denkt man sich nun das Gestänge aus beliebiger Ursache mit grosser Beschleunigung abwärts gehend, so wird B entsprechend beschleunigt aufwärts gehen, während F gleichförmig wie früher herabgeht; es erfolgt früheres Schliessen von A und entsprechend früheres Oeffnen von E und O, wodurch dem Durchgehen des Gestänges hauptsächlich in dem Frischdampf wirksamer Widerstand geleistet ist, während die Einwirkung des Kondensators, da die Luftleere nicht plötzlich stark steigt, weniger von Belang ist. Durch die auf den Wellen R und T ausser A und E aufgekeilten Hebel P und Q lässt sich die Maschine auch von Hand regulieren.

Von den noch im Ruhrbezirk vorhandenen 49 indirekt und einfach wirkenden Wasserhaltungen sind 19 mit Kataraktsteuerung, 25 mit Davey- und 5 mit Fernissteuerung ausgerüstet.

Wie bereits erwähnt, fehlt nur bei wenigen der vorstehend angegebenen Maschinen ein Kondensator. Die Kondensation wird bei allen Ausführungen durch Spritzwasser bewirkt. Die Mischung erfolgt in einem cylindrischen Gefäss, welches mit einer Nassluftpumpe verbunden ist, welche das Gemisch von Einspritzwasser und Kondensat absaugt, fortdrückt und unter dem Kolben ein Vakuum erzeugt.

Den Antrieb der Nassluftpumpe übernimmt der Balancier, welcher in vielen Fällen auch noch eine kleine Pumpe bedient, die einen Teil des Wassers aus dem Auswurfkasten der Luftpumpe absaugt und nach dem Kesselhause drückt (vgl. Fig. 59).

Der Aufbau der Luftpumpenkondensatoren zeigt für die älteren oberirdischen Systeme wenig Abweichungen. Fast überall findet sich mit geringen konstruktiven Aenderungen dieselbe Anordnung, weshalb wir hier auf die im nächsten Abschnitt gemachten Angaben, sowie auf den dort näher beschriebenen Letoret-Kondensator verweisen, welcher auch ausnahmsweise an einer indirekt wirkenden Maschine (Zeche Königsgrube) angebracht worden ist.

Hinsichtlich der Grösse und Leistungen indirekt-einfach-wirkender Maschinen ist zu erwähnen, dass die Leistungen zwischen 0,5 und 6,2 cbm in der Minute, die Teufen zwischen 150 m (ver. Trappe) und 548 m (Consolidation II) schwanken. Die grösste Gesamtleistung zeigt die Maschine auf der Zeche Hasenwinkel mit 6 cbm in der Minute bei 363 m Teufe. Der Dampfcylinder dieser Maschine hat 2400 mm Durchmesser und 3768 mm Hub, das Gestänge 3140 mm Hub; der Dampfdruck beträgt 4 Atm. Diese Maschine wird noch im Cylinderdurchmesser (2720 mm) übertroffen von denjenigen der Zechen Roland, Königin Elisabeth (Schacht Friedrich Joachim) und Germania I, während der Hub derselbe ist.

Die höchste zulässige Hubzahl in der Minute beträgt 7 und zwar bei drei Ausführungen der Friedrich-Wilhelmshütte in Mülheim a. d. Ruhr für die Zechen Bonifacius, Mathias Stinnes und Hasenwinkel.

Der Dampfdruck auf den in Frage kommenden Zechen schwankt zwischen 3,5 und 8 Atm. Ueberdruck.

Einige der älteren Maschinen sind später umgebaut worden, so z. B. die aus den fünfziger Jahren stammenden Maschinen der Zechen Concordia I, Königsgrube und Mansfeld, Schacht Urbanus.

Die beiden letzten Maschinen waren ursprünglich durch die Maschinenfabrik Buckau gebaut.

An der Herstellung aller dieser wie auch der später besprochenen oberirdisch betriebenen Wasserhaltungsmaschinen sind in der Hauptsache die bekannten westfälischen und rheinischen Werkstätten beteiligt gewesen, welche sich mit dem Bau von Wasserhaltungsanlagen noch heute vorzugsweise beschäftigen.

b) Direkt und einfach wirkende Maschinen.

Bildet das zum Betriebe der Schachtpumpen dienende Gestänge die Verlängerung der Kolbenstange, wirkt also die Kolbenkraft unmittelbar auf das Schachtgestänge, so hat man es mit einer direkt wirkenden Wasserhaltungsmaschine zu thun. Sie ist ausserdem noch einfach wirkend, wenn der Arbeitsdampf nur zum Heben des Gestänges zuzüglich der Ueberwindung der Reibungswiderstände und zum Ansaugen der Grubenwasser benutzt wird, während die Hebung der Wasser, deren Beschleunigung und die Ueberwindung der inneren und äusseren Widerstände bei der entgegen gesetzten Bewegung dem Gestängegewicht nebst Kolben überlassen bleibt.

Die Vorgänge bei der Dampfverteilung werden demnach dieselben sein, wie sie im vorigen Abschnitt erörtert wurden, nur in umgekehrter Reihenfolge.

Direkt und einfach wirkende Wasserhaltungen haben den indirekt wirkenden Maschinen gegenüber den Vorzug grösserer Einfachheit und erfordern geringere Anschaffungskosten als diese, indem sie im Schachtgebäude selbst Aufstellung finden und daher den hohen und weitläufigen Anbau vermeiden, den indirekt wirkende Maschinen bedingen. Voraussetzung ist jedoch, dass die Bodenverhältnisse am Schacht eine sichere Fundamentierung zulassen.

Die erste direkt wirkende Wasserhaltungsmaschine wurde provisorisch zum Schachtabteufen auf Zeche Germania im Jahre 1846 aufgestellt; ihr folgten später zu gleichem Zweck direkt wirkende Maschinen auf den Zechen Hamburg, Tremonia und Heinrich Gustav; die letztere hatte 42" Cylinder-Durchmesser und 8' Hub und konnte 10—12 Hübe in der Minute machen. Später wurde dieselbe zu einer Balanciermaschine umgeändert.

Als ständige Wasserhaltung kam die erste direkt wirkende Maschine auf Zeche Johann Deimelsberg zur Aufstellung. Aus örtlichen Verhältnissen war hier die Aufstellung einer Balanciermaschine nicht gut ausführbar, weil man den erforderlichen Raum aus einer Felswand hätte ausbrechen müssen. Die Maschine besass 86" Cylinder-Durchmesser und stand 24' über der Rasenhängebank.

In den Jahren 1857 bis 1868 sind von den heute noch vorhandenen 34 Maschinen nur sieben entstanden, wohingegen ihr Bau in den nachfolgenden Jahren 1871 bis 1879 sehr lebhaft betrieben wurde. Es kamen in dieser Zeit 22 Maschinen zur Aufstellung, davon im Jahre 1874/75 allein zwölf. Die noch verbleibenden fünf Maschinen verteilen sich auf die Zeit von 1885 bis 1895. Die letzte derartige Maschine erhielt die Zeche Dahlbusch II/V von Haniel & Lueg in Düsseldorf-Grafenberg.

Die Förderhöhen bewegen sich in Grenzen von 88 m (Julius Philipp) bis 525 m (Dahlbusch II/V), die Leistungen schwanken zwischen 0,6 cbm (Dahlbusch III) und 7 cbm in der Minute (Siebenplaneten). Die grössten Cylinderabmessungen haben die Wasserhaltungsmaschinen der Zechen Crone mit 2197 mm Durchmesser, bezw. 4394 mm Hub, und Graf Moltke mit 2275 mm Durchmesser und 4000 mm Hub. Der Dampfdruck schwankt zwischen zwei und sieben Atmosphären Ueberdruck. 15 Maschinen sind mit einem Kondensator versehen, eine Maschine ist an eine Centralkondensation angeschlossen (Schleswig).

Hinsichtlich der Steuerungen besitzen 15 Maschinen alte Kataraktsteuerung, 18 Maschinen Davey- und eine die Fernissteuerung.

Ueber Cylinder und Ventile ist dasselbe zu sagen wie bei den indirekt wirkenden Maschinen.

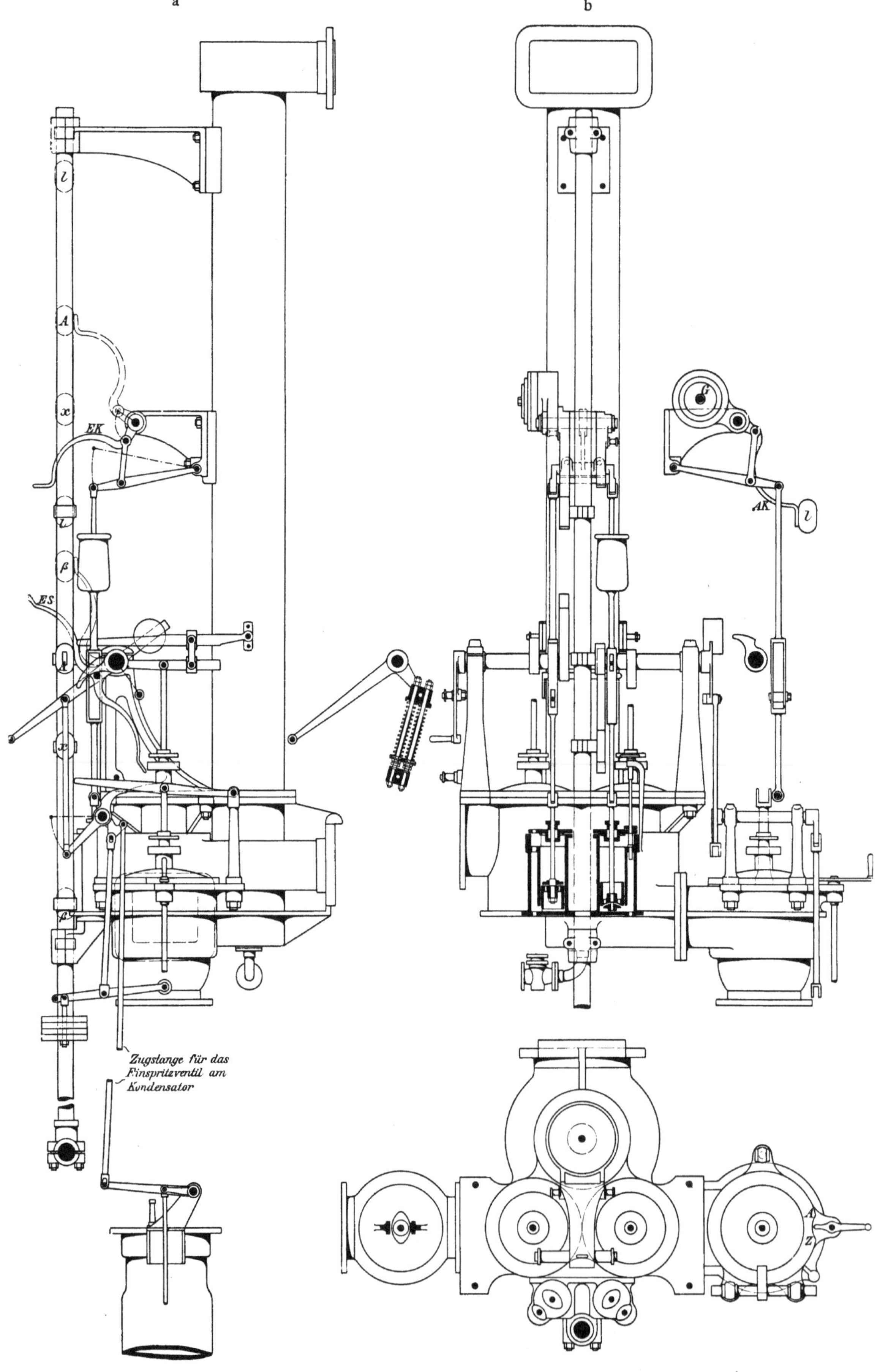

Fig. 63.

Katarakt-Steuerung für eine direkt und einfach wirkende Wasserhaltung.

Der Antrieb der Steuerung erfolgt bei den meisten Maschinen infolge Fehlens eines Balanciers vermittelst eines von der Kolbenstange angetriebenen einarmigen Hebels, dessen Drehpunkt in eine Schachtnische verlegt wird. Dieser Hebel dient vielfach gleichzeitig zum Luftpumpenantrieb.

In Figur 63a—c ist die Anordnung einer älteren Kataraktsteuerung wiedergegeben. Dieselbe ist an der Wasserhaltungsmaschine der Zeche Mont Cenis, Schacht I, angebracht und zeigt folgende Arbeitsweise:

Der Kolben steht unten. Die Maschine hat beim letzten Abwärtsgang des Kolbens das Anlassventil durch Frosch x und den zugehörigen Streichhebel geschlossen. Der Anlassfrosch x hat den Streichhebel zurückgedrängt und hält ihn in einer der Schlussstellung des Ventils entsprechenden Lage fest. Der ebenfalls heruntergegangene Frosch A für den Einlasskatarakt hat den Streichhebel E K freigegeben, wodurch der rechte (Einlass-) Katarakt sein Spiel beginnt. Dieser bewegt sich nach abwärts, arretiert die Federkurbel und bringt dieselbe etwas über ihre Mittellage nach rechts; in diesem Augenblick kommt der Federapparat zur Thätigkeit und öffnet das Einlass- und das Kondensatorventil.

Die beiden Streichhebel des Einlassventils sind durch den Katarakt bezw. den Federapparat in die gezeichnete Lage gebracht worden.

Kolben und Steuerstange gehen jetzt nach oben. Der Einlassfrosch β hat auf diesem Wege den Streichhebel E S erfasst und das Einlass- und das Kondensatorventil geschlossen. Der Streichhebel ist hierbei in die punktierte Lage und die Federkurbel annähernd in die Mittellage zurückgebracht worden.

Der Frosch A für den Einlass-Katarakt hat den Streichhebel E K mitgenommen, hierbei den Kataraktkolben zurückgehoben und hält denselben fest bis zum nächsten Spiel.

Während der Pause beginnt der Auslasskatarakt, welcher bei Beginn der Bewegung des Steuerbaumes nach oben freigegeben war, sein Spiel. Das Gewicht G hebt beim Sinken das Gestänge des linken Kataraktes, arretiert den mit der Federkurbel verbundenen Bolzen und bringt den Federapparat etwas über seine Mittelstellung nach links, in welchem Moment der Apparat wieder zur Mitwirkung gelangt und das Auslassventil sich öffnet. Hierauf bewegt sich der Kolben wieder nach unten, ebenso der Steuerbaum. Letzterer schliesst auf diesem Wege durch Frosch x und den zugehörigen Streichhebel das Auslassventil, bringt den Auslasskatarakt wieder zurück bis zur Anfangsstellung und hält ihn durch Frosch l in dieser Stellung fest. Gleichzeitig giebt der Frosch A den Streichhebel E K frei, wodurch der Einlasskatarakt sein Spiel wieder beginnt und am Ende der Hubpause das Eintritts- und das Kondensatorventil öffnet.

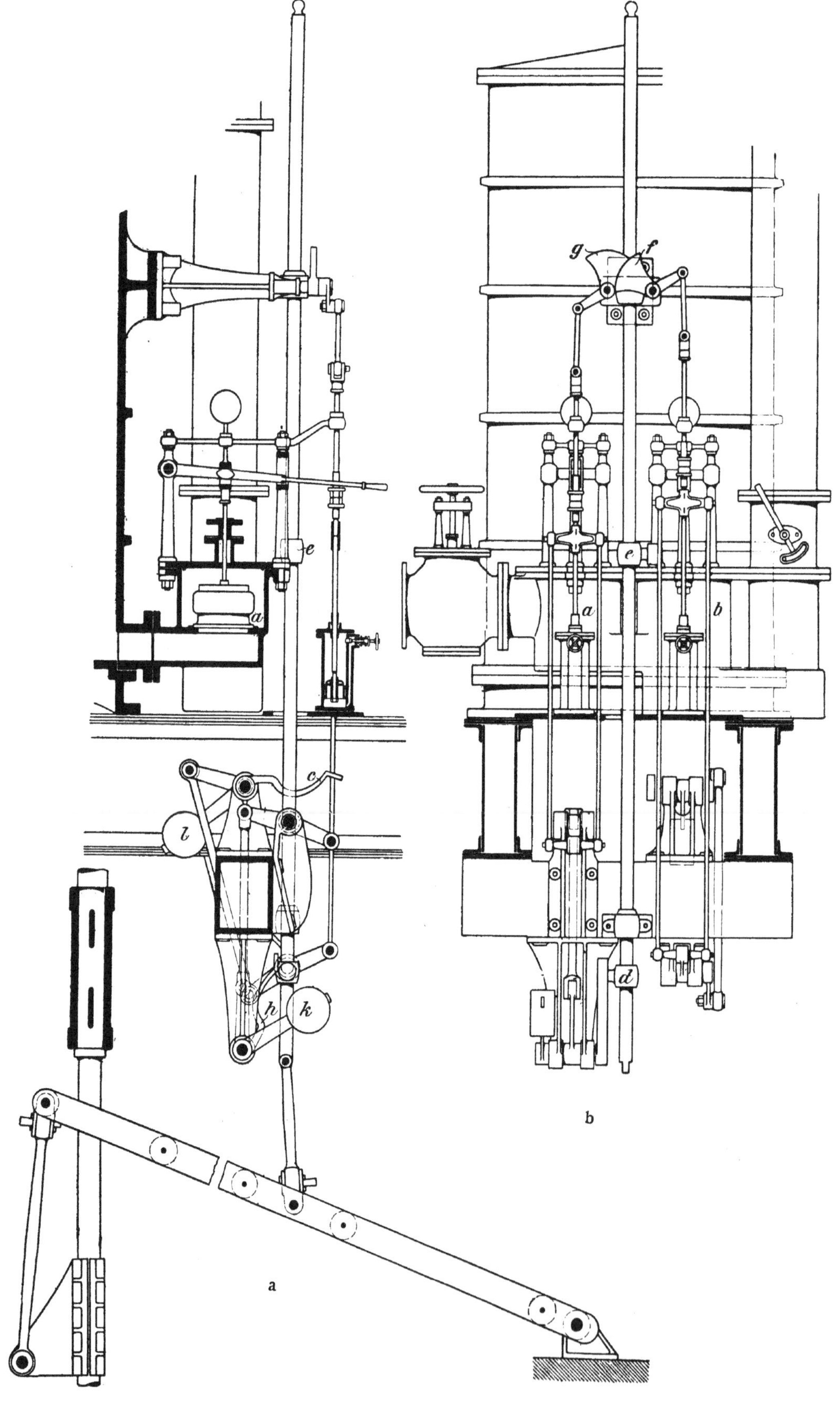

Fig. 64.
Katarakt-Steuerung für eine direkt und einfach wirkende Wasserhaltung ohne Kondensation.

Eine andere Art der Kataraktsteuerung, ausgeführt für Zeche Neu-Essen zeigt Figur 64 a und b für eine direkt wirkende Maschine ohne Kondensation.

Der Antrieb der Steuerstange erfolgt wiederum durch einen mit dem ersten Gestängeteil gelenkig verbundenen Hülfshebel, welcher seitlich im Schachtgebäude gelagert ist. Auf der Steuerstange sitzt der Frosch d für das Einlass- und der Frosch e für das Auslassventil. In der gezeichneten

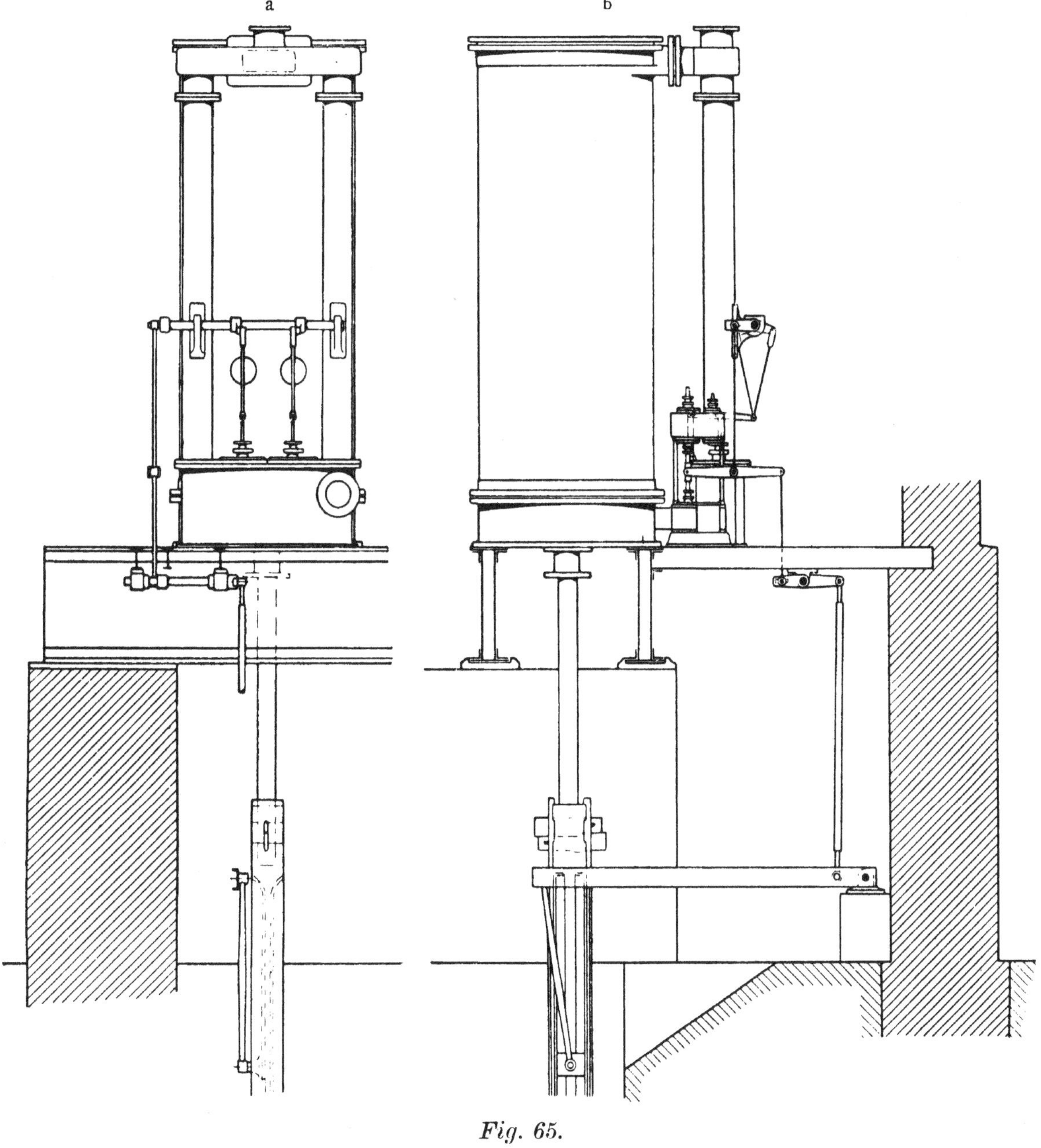

Fig. 65.

Schematische Anordnung einer Daveyschen Steuerung für eine direkt und einfach wirkende Wasserhaltung ohne Kondensation.

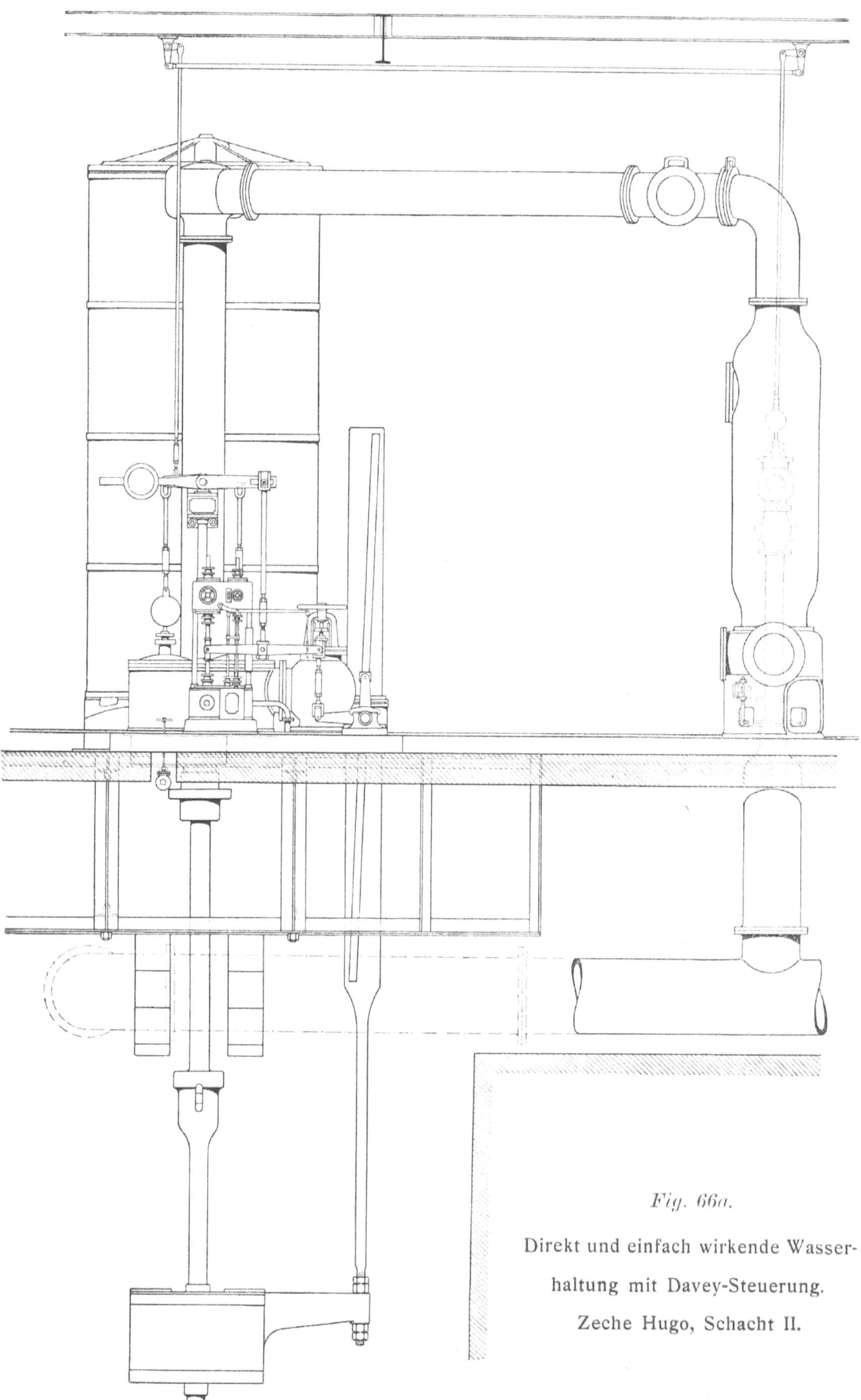

Fig. 66a.

Direkt und einfach wirkende Wasserhaltung mit Davey-Steuerung. Zeche Hugo, Schacht II.

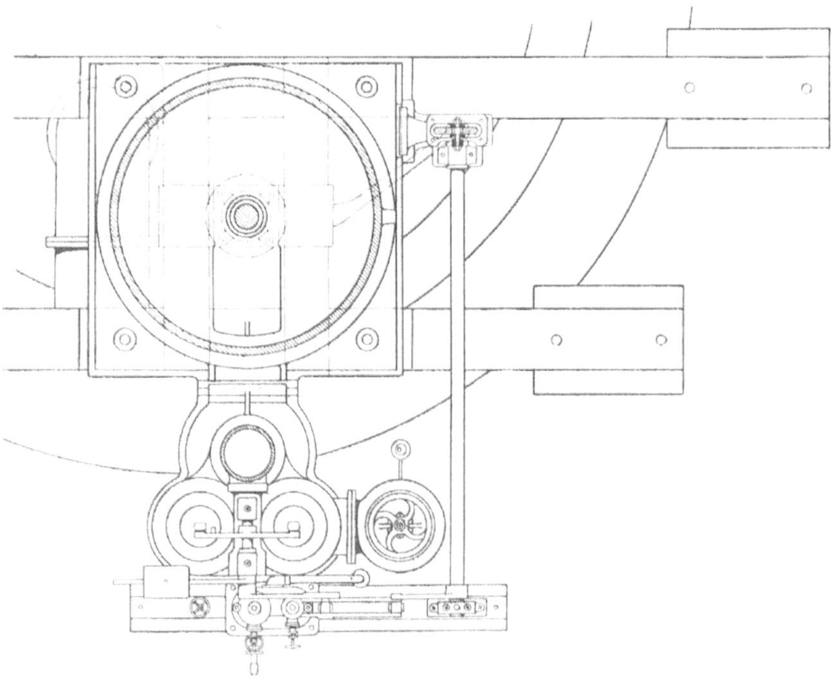

Fig. 66b.

Direkt und einfach wirkende Wasserhaltung mit Davey-Steuerung.

Zeche Hugo, Schacht II.

Steuerlage ist das Auslassventil geöffnet, der Kolben wird also seine Abwärtsbewegung antreten. Das Segment f giebt das Segment g nicht frei, es wird also auch der Streichhebel h in der gezeichneten Lage festgehalten. Während des Kolbenniederganges drückt der Frosch e der Steuerstange den Streichhebel c herunter, wodurch mit Hülfe der Hebel- und Stangenverbindung das Auslassventil vor dem Hubende geschlossen wird. Das Segment f giebt g frei und das Gewicht k kann zur Wirkung kommen und je nach der Katarakteinstellung mittelst Hebel und Zugstangenübertragung das Einlassventil mehr oder weniger schnell öffnen.

Durch die gegenseitige Lage der Segmente g und f wird nun das Auslassventil so lange geschlossen gehalten, bis Frosch d beim Aufgang den Streichhebel h hebt und das Einlassventil a schliesst. Sodann treten das Gewicht l und der zugehörige Katarakt in Wirkung, das Anlassventil b öffnet sich und der geschilderte Vorgang spielt sich von neuem ab. Soll die Hubzahl vermehrt werden, so schaltet man die Katarakte aus.

Der Antrieb der Daveysteuerungen, deren Wirkungsweise hier ganz dieselbe bleibt, wie im vorigen Abschnitt beschrieben, ist in den meisten Fällen auch von einem Hülfshebel aus vorgenommen. Da der Anschlag der mit der Maschine verbundenen Seite des Haupthebels (in Figur 61 mit

A bezeichnet) nur gering zu sein braucht, so liegt der Angriffspunkt der die Bewegung vermittelnden Verbindungsstange nahe am Drehpunkt des Hülfshebels. Schematisch ist die Anordnung der Daveysteuerung für eine direktwirkende Maschine ohne Kondensation aus Figur 65a und b zu ersehen.

Auf den Hülfshebel zum Antrieb der Daveysteuerung kann auch verzichtet werden, wenn der Haupthebel mittelst einer vom Gestänge ausgehenden schräg geschlitzten Stange bewegt wird, wie dies in Figur 66a und b dargestellt ist. Die Steuerung bedient hier drei Ventile, das Einlass-, Auslass- und Kondensatorventil. Die hier abgebildete Maschine ist neuerer Konstruktion und von der Maschinenbau-Akt.-Ges. Union für Zeche Hugo Schacht II erbaut worden.

Die wenig günstigen Antriebsverhältnisse und wohl auch die Platzfrage am Schacht haben bewirkt, dass man die Vorteile der Kondensation des Abdampfes bei den direkt wirkenden Maschinen sich nicht in dem Umfange zu Nutzen machte, wie dies bei den indirekt wirkenden der Fall ist. Es sind nur 44% der ersteren mit Kondensation versehen. Der allgemein übliche Antrieb einer mit einem Kondensator in Verbindung stehenden Nassluftpumpe geschieht durch einen Balancier, welcher durch das Gestänge angetrieben wird und seitlich im Schachtstoss verlagert ist. Die näheren Einzelheiten einer Nassluftpumpe werden durch Figur 67a, diejenigen des Einspritzkondensators durch Figur 67b erläutert. Die Pumpe arbeitet in der Weise, dass beim Kolbenaufgang der Wasserhaltungsmaschine die Verbindung des Raumes über dem Kolben mit dem Kondensator hergestellt und von der Steuerung ein Doppelventil vor der Einspritzdüse des Kondensators geöffnet wird. Infolgedessen strömt eine nach der Stellung des zwischengeschalteten Regulierhahnes bemessene Wassermenge aus dem Wasserkasten dem Abdampf entgegen. Da der Luftpumpenkolben während dieser Bewegung ebenfalls eine Aufwärtsbewegung ausführt, wird das Gemisch aus Kondensat und Einspritzwasser nebst etwaiger Luft aus dem Kondensator abgesaugt. Beim Kolbenniedergang schliesst sich das Saugventil der Pumpe, während das angesaugte Wasser das Kolbenventil passiert, um beim nächsten Kolbenaufgang durch das obere Abschlussventil ausgeworfen zu werden. Das letztere Ventil kann ohne wesentlichen Nachteil auch fortfallen. Als Abschlussorgane der Ventile dienen Gummiklappen, deren Lebensdauer ganz von der Einspritzwassermenge und dem dadurch erzielten Vakuum abhängt. Letzteres wird während eines Hubes schwanken und namentlich beim Beginn des Kolbenaufganges nur gering sein und erst mit fortschreitender Kolbenbewegung ansteigen.

Für den Gang der Maschine und deren Handhabung wäre ein gleichbleibendes und recht hohes Vakuum jedenfalls vorteilhafter, es dürfte sich daher der Anschluss der Wasserhaltungen an eine vorhandene Centralkondensation empfehlen, wie dies z.B. auf den Zechen Schleswig und Centrum

Fig. 67.

Nassluftpumpe und Kondensator einer direkt und einfach wirkenden Wasserhaltung.

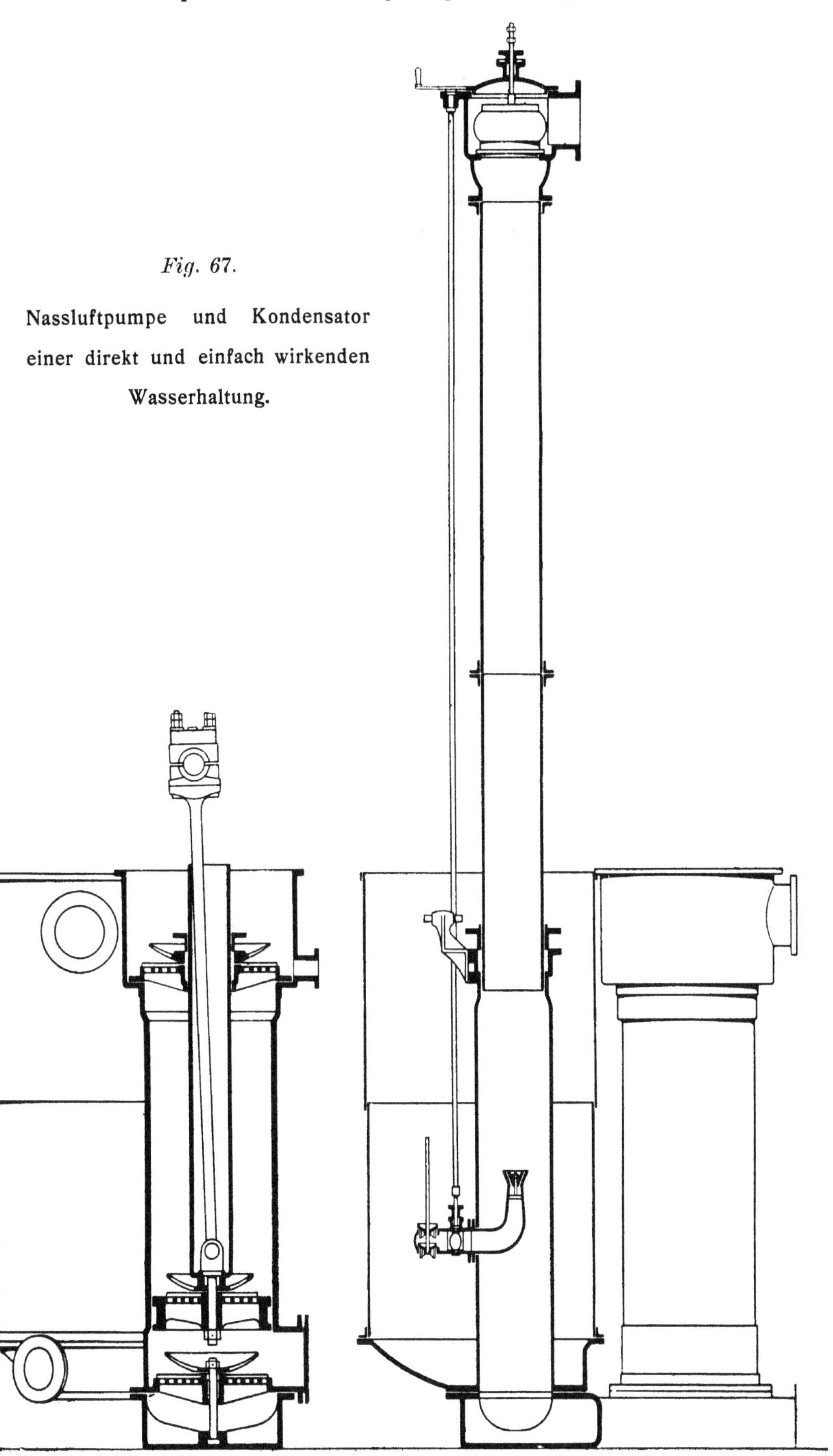

bereits geschehen und für einige andere Zechen geplant ist. Die in dieser Hinsicht gemachten Erfahrungen sind günstige, da Centralkondensationen um so wirtschaftlicher arbeiten, je stärker sie belastet sind. In der Wasserhaltungsmaschine kann dann auf ein konstantes Vakuum von 70 bis 80% gerechnet werden, während man bei Einzel-Kondensation periodisch selten über 60, höchstens 65% kommt.

Ausser den erwähnten Luftpumpen-Kondensatoren hat für direkt wirkende Maschinen noch ein Kondensatorsystem Aufnahme gefunden, welches besondere Betriebskraft nicht erfordert und nach dem Konstrukteur als Letoret-Kondensator bezeichnet wird. Nach Figur 68a und b besitzt der Letoret-Kondensator folgende Wirkungsweise:

Der Abdampf tritt durch das Ventil A in den Kondensator B und öffnet gleichzeitig das nach dem Auswurfkasten C führende Auspuffventil D. Der Kasten C steht durch eine Rohrleitung am Ausguss E in Verbindung mit der Atmosphäre. Sobald der Dampfdruck im Kondensator nur noch 1 Atmosphäre beträgt, schliesst sich das Ventil D wieder infolge der bei F angebrachten Gewichte. Das gesteuerte Einspritzventil G wird geöffnet und der nachströmende Dampf kondensiert. Einspritzwasser und Kondensat sammeln sich über dem Ventil D an und werden beim nächsten Auspuff hinausgeschleudert.

Gewöhnlich entströmt dem Rohr am Ausguss E Dampf und Wasser, nur bei langen Leitungen kondensiert aller Dampf.

Nach einer Angabe aus dem Jahr 1882 soll mit dem Letoret-Kondensator eine Kohlenersparnis von 26% und ein Vakuum von 65 bis 80% erzielt worden sein. Wenn auch letzteres der Fall ist, so geht doch die Kondensation noch sprunghafter als bei einem Luftpumpenkondensator vor sich.

Als Vorteile des Letoret-Kondensators werden bezeichnet:

1. geringere Anschaffungskosten als bei einer Luftpumpen-Kondensation,
2. unbedeutender Verschleiss und daher seltene Reparaturen,
3. geringer Verbrauch an Wasser, weil ein Teil des Dampfes auspufft und nicht kondensiert zu werden braucht.

Da die Anordnung dieses Kondensators unabhängig von dem Standort der Maschine ist, scheint er besonders bei direkt wirkenden Maschinen bevorzugt zu sein. Bei indirekt wirkenden Maschinen dagegen ist er nur selten angebracht.

Die in Figur 66 abgebildete direkt wirkende Wasserhaltungsmaschine der Zeche Hugo, Schacht II besitzt ebenfalls einen Letoret-Kondensator.

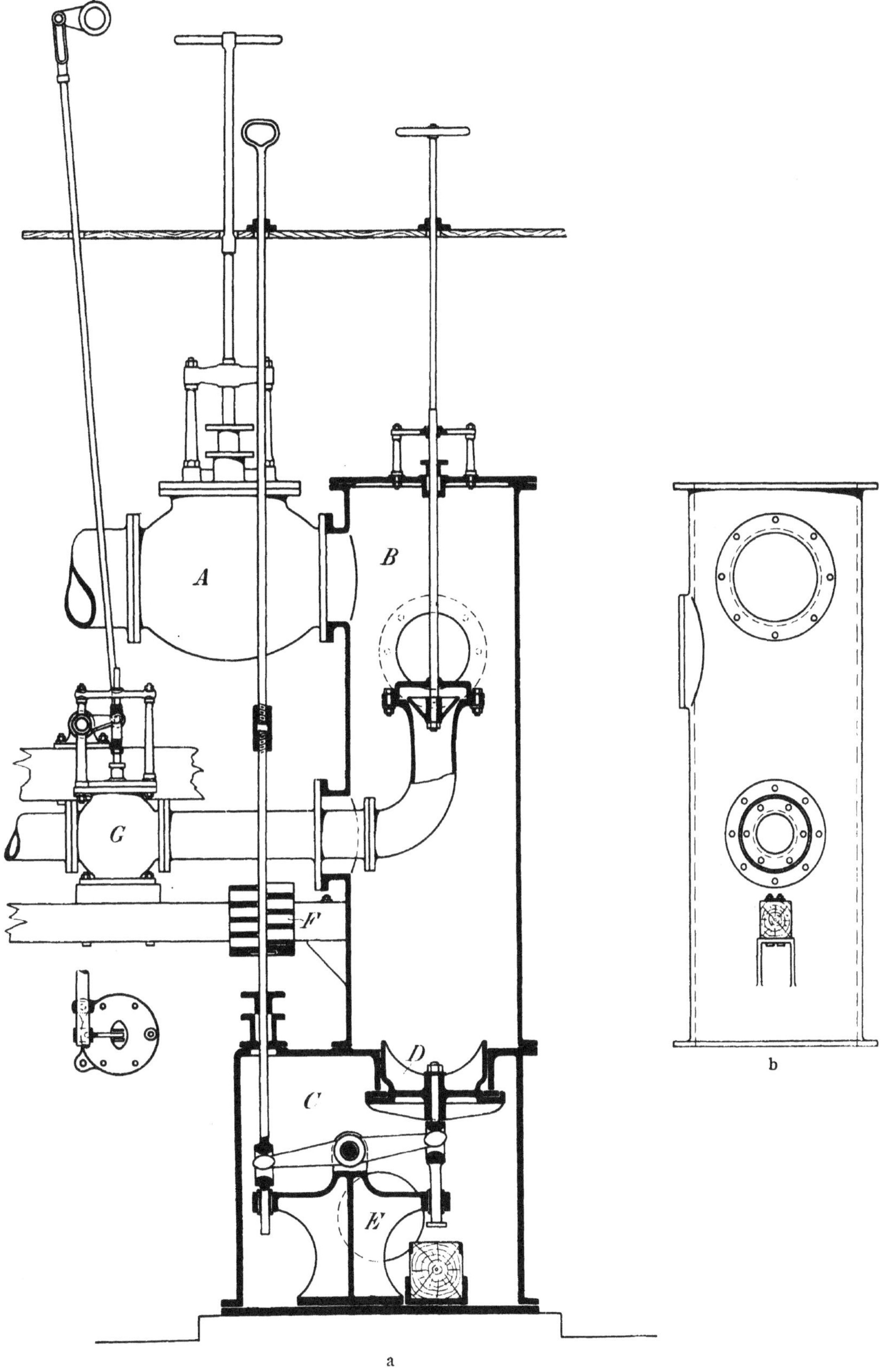

Fig. 68.

Letoret-Kondensator der Eisenhütte Prinz Rudolf.

c) Direkt und doppelt wirkende Maschinen.

Als doppelt wirkend bezeichnet man eine Maschine, wenn der Arbeitsdampf abwechselnd auf beiden Kolbenseiten wirkt.

Im Vergleich mit den einfach wirkenden Maschinen wird bei gleichen Cylinderabmessungen die Leistung verdoppelt, oder man erhält bei Doppelwirkung — gleiche Leistungen und gleichen Hub vorausgesetzt — nur den halben Cylinderquerschnitt bezw. den 0,707fachen Durchmesser des Cylinders einer einfach wirkenden Maschine.

Zu der Erkenntnis dieses Vorteils kleinerer Cylinderabmessungen war man längst gekommen, ehe man sie für Wasserhaltungsmaschinen ohne Drehbewegung in Anwendung brachte, gezwungen durch grosse Wasserzuflüsse, welche in den an der Ruhr gelegenen Zechen auftraten und denen mehrere alte einfach wirkende Maschinen nicht mehr gewachsen waren. Wäre man bei Neubeschaffung grösserer Maschinen bei dem alten System geblieben, so hätte man praktisch unausführbare Cylinderabmessungen erhalten.

Bei Doppelwirkung im Dampfcylinder ergeben sich auch andere Bedingungen für die Grösse des Gestängegewichts. Denkt man sich die Kolbenkraft direkt auf das Gestänge wirkend, so werden bei der Abwärtsbewegung Gestängegewicht und Dampfdruck die Wassersäule einschliesslich der Widerstände im Gleichgewicht halten. Sind der Reihenfolge nach G, D, W, w die entsprechenden Bezeichnungen, so muss also sein

$$G + D = W + w$$

(in G ist das Gewicht des Kolbens mit Stange einbegriffen.) Ist ferner S die Grösse der Saugwassersäule, so ist für die Aufwärtsbewegung

$$D = G + w + S,$$

bei Annahme gleicher Widerstände für Auf- und Abwärtsbewegung. Setzt man diesen Wert für D in die erste Gleichung ein, so ergiebt sich

$$2\,G = W + w - w - S \text{ oder } G = \frac{W - S}{2}$$

Aus diesen Beziehungen erhält man dann die Cylinderabmessungen. Ausserdem ist ersichtlich, dass das Gestängegewicht annähernd die Hälfte desjenigen für einfach wirkende Maschinen beträgt und dementsprechend auch die Kolbenkraft bedeutend kleiner ausfällt.

Aus Festigkeitsrücksichten hat man das Gestängegewicht in vielen Fällen grösser als voriger Bedingung entsprechend nehmen müssen. Die Uebergewichte sind dann ausgeglichen worden. Auf die Gestängeausgleichung sowie auf den Einfluss der durch die Doppelwirkung bedingten Zug- und Druckbeanspruchung des Gestänges in Beziehung auf deren Ausführung und Haltbarkeit soll in dem die Gestänge behandelnden Abschnitt näher eingegangen werden.

Die Verkleinerung der Cylinderquerschnitte und die Verringerung des Gestängegewichts giebt den doppelt wirkenden Gestängemaschinen den besonderen Vorzug der Billigkeit, verglichen mit den Anlagekosten gleich starker einfach wirkender Maschinen. Da man durch die kleineren Abmessungen der Maschinen ferner den Platz am Schacht nicht allzu sehr verengte, so sparte man auch die Kosten eines Balanciers und der damit zusammenhängenden Ausgaben für Fundamente und Gebäude. Wir finden daher ausschliesslich direkt wirkende Maschinen vor.

Das Verdienst der Einführung doppelt wirkender Gestängemaschinen gebührt dem Ingenieur Ehrhardt in Mülheim-Ruhr, welcher die erste derartige Maschine auf Zeche Gewalt bei Steele i. J. 1864 aufstellte.

Die Cylinder doppelt wirkender Maschinen müssen an beiden Cylinderenden Dampf-Abschlussorgane haben. Ein Gleichgewichtsventil, wie bei den einfach wirkenden Maschinen, wird hier entbehrlich, da der Dampf nach vollzogener Arbeit sofort in den Kondensator strömt oder auspufft; man findet daher überall bei doppelt wirkenden Maschinen oben und unten je zwei Ventile, ein Einströmventil und ein Kondensatorventil, oder an Stelle des letzteren bei fehlender Kondensation ein Auspuffventil.

Die Ventile liegen oben und unten in Kästen symmetrisch angeordnet, welche miteinander durch Rohre verbunden sind, von denen das eine der Dampfeinströmung dient und einen Stutzen zum Anschluss für das Hauptabsperrventil trägt. Das zweite Rohr schliesst an den Kondensator oder an das Auspuffrohr an.

Die Steuerung bewegt nun die Ventile in der Weise, dass zur Einleitung des Kolbenaufganges zunächst das obere Ausströmventil und kurz darauf das untere Einströmventil geöffnet wird. Für die entgegengesetzte Kolbenbewegung treten in gleicher Reihenfolge das untere Ausström- und das obere Einströmventil in Thätigkeit.

Als Beispiel einer Kataraktsteuerung für doppelt wirkende Maschinen dient Figur 69. Die Arbeitsweise ist folgende:

e_1, e_2 sind Einlassventile, a_1, a_2 Auslassventile, w_c ist die Steuerwelle für die Katarakte, w_v die Steuerwelle für die Ventile. Katarakt c_1 wirkt abwärts durch das Gewicht g_1, Katarakt c_2 aufwärts durch das Hebelgewicht c_2. Der Streichhebel s_1 sitzt lose auf der Welle w_c, die Streichhebel s_2, s_3 und s_4 sind auf die Wellen w_c und w_v aufgekeilt, ebenso die Gewichtshebel zu g_2 und g_3.

In der gezeichneten Steuerstellung hat der Frosch f_1 den Streichhebel s_1 und somit den Katarakt c_1 gehoben. Katarakt c_2 bewegt sich

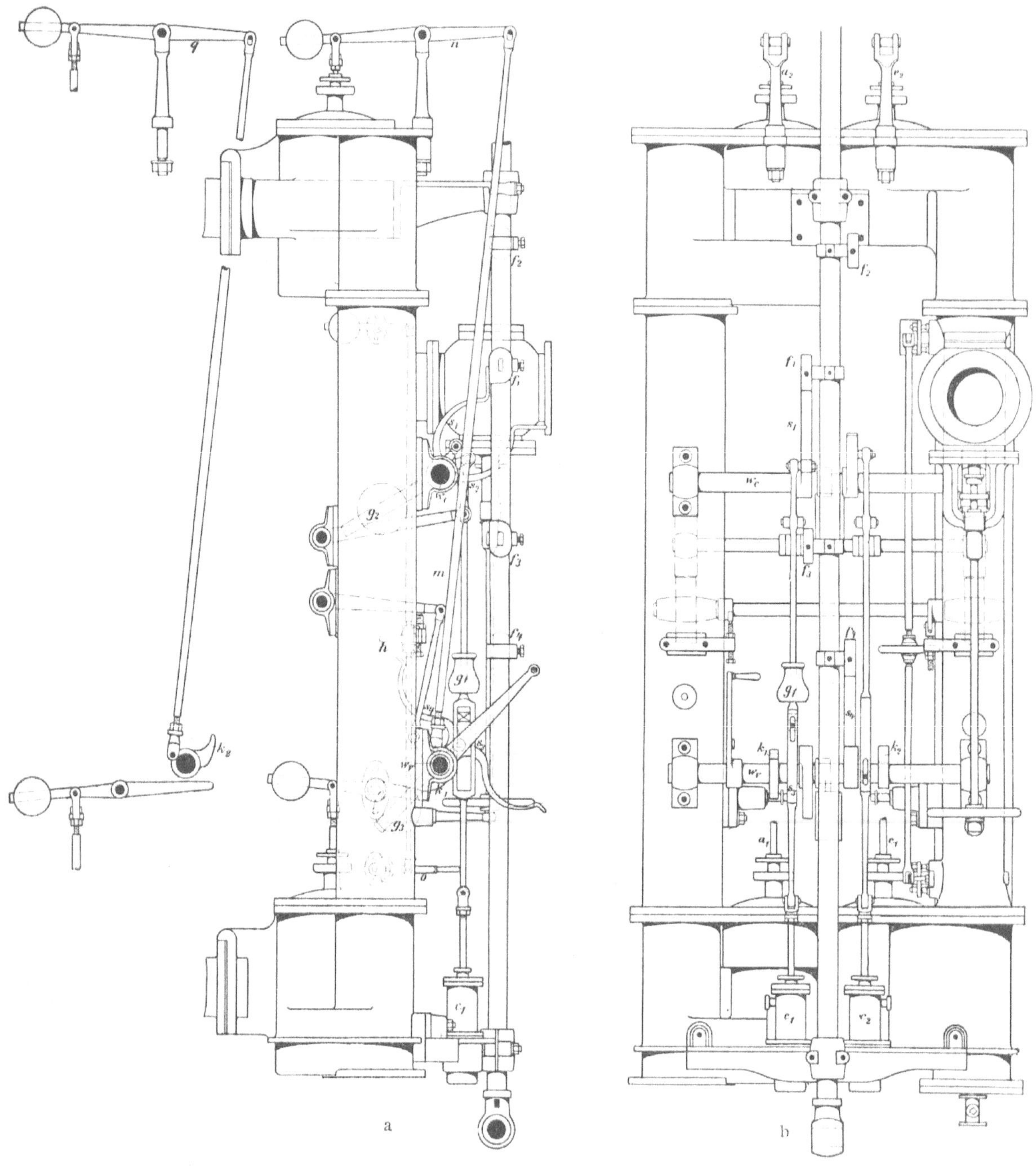

Fig. 69.

Katarakt-Steuerung für eine direkt und doppelt wirkende Wasserhaltungsmaschine.

nun durch g_2 aufwärts und dreht w_v, sodass Daumen k_1 das untere Austrittventil und q mit der zugehörigen Zugstange das obere Eintrittventil öffnet.

Der Kolben wird nun abwärts gehen und die Steuerstange zunächst durch Frosch f_1 den Streichhebel s_1 frei geben, f_2 drückt dann s_2 herunter und bereitet Katarakt c_2 für den übernächsten Hubwechsel vor; f_4 geht leer und f_3 drückt s_3 abwärts, sodass a_1 und e_1 geschlossen werden. Katarakt c_1 öffnet dann nach einer Pause mittels Knaggen k_2 und Zug m, n die Ventile e_1 und a_1. Bei der jetzt folgenden Aufwärtsbewegung giebt f_2 den Streichhebel s_2 frei, f_4 geht leer, f_3 dreht s_3, und f_1 bereitet c_1 vor.

Die Daumen k_1 und k_2 sind so eingerichtet, dass bei einer Drehung um ca. 90° durch die Einwirkung der Frösche f_3 und f_4 nur die Zugverbindungen für n und q in Wirksamkeit treten und a_2 oder e_2 schliessen, während die Katarakte die Weiterdrehung einleiten, um durch k_1 und k_2 die Ventile a_1 und e_1 abwechselnd zu öffnen; indessen treten die Zugstangen für q und n nicht in Tätigkeit vermöge der in den oberen Augen angebrachten Schlitze.

In das Dampfzuführungsrohr sind oben und unten Drosselklappen eingebaut, welche durch Hebel und Verbindungsstange gemeinsam bewegt werden können. Man hat dadurch eine Handhabe, bei zu hohem Dampfdruck diesen vor dem Eintritt in die Maschinen zu reduzieren und den Kolbendruck der Belastung anpassen zu können. Stellt man aber den unteren Hebel o fest und schliesst mittels Handrades h die obere Drosselklappe, so wird die Maschine auch einfach wirkend arbeiten können. Diese Einrichtung ist zum Anlassen der Maschine erforderlich, wenn z. B. nach einer Reparatur an den Drucksätzen die Steigleitungen leer sind und dem abwärts gehenden Gestänge kein Widerstand geboten wird. Macht nun die Maschine mehrere Hübe mit einfacher Wirkung, so füllt sich allmählich die Steigleitung, und nun öffnet man, entsprechend dem wachsenden Widerstande, durch das Handrad die obere Klappe, bis der normale Zustand erreicht ist.

Von den 22 vorhandenen doppelt wirkenden Maschinen sind heute nur noch 4 mit Kataraktsteuerung versehen. Die übrigen sind im Laufe der Zeit mit Daveysteuerung ausgerüstet worden; eine Maschine (Praesident) hat eine Fernis-Steuerung.

Die Anpassung dieser Sicherheitssteuerungen an die Doppelwirkung ist in einfacher Weise dadurch erreicht, dass zu den drei Steuerhebeln für eine einfach wirkende Kondensationsmaschine noch ein vierter kommt, welcher auf der gemeinsamen Steuerwelle sitzt und mittels Zugstange in gleicher Weise wie die anderen das vierte Ventil öffnet oder schliesst.

Mit wenigen Ausnahmen sind die Maschinen mit einer Kondensation versehen. Da bei jedem Hube Abdampf zu kondensieren ist, sind die Luftpumpen meistens doppelt wirkend ausgeführt, doch kommen auch einfach wirkende vor. Die Pumpenachse ist horizontal oder vertikal gewählt, der Pumpenantrieb erfolgt für vertikale Anordnung in der gleichen Weise wie bei direkt und einfach wirkenden Maschinen. Antrieb und Konstruktion einer liegend gebauten Luftpumpe, wie sie z. B. für

Zeche Friedrich d. Gr. ausgeführt wurde, erläutert Fig. 70. Auf der Achse A des Balanciers, welcher das Ausgleichgewicht für das Gestänge trägt, sitzt starr verbunden der Schwinghebel B, dessen Ausschlag von C bis D geht und welcher mittels der kugelig im Kolbenrohr gelagerten Flügelstange E den Kolben antreibt. Der Einspritzkondensator steht auf der Luftpumpe; oben ist die Einspritzdüse eingebaut. Die Nassluftpumpe

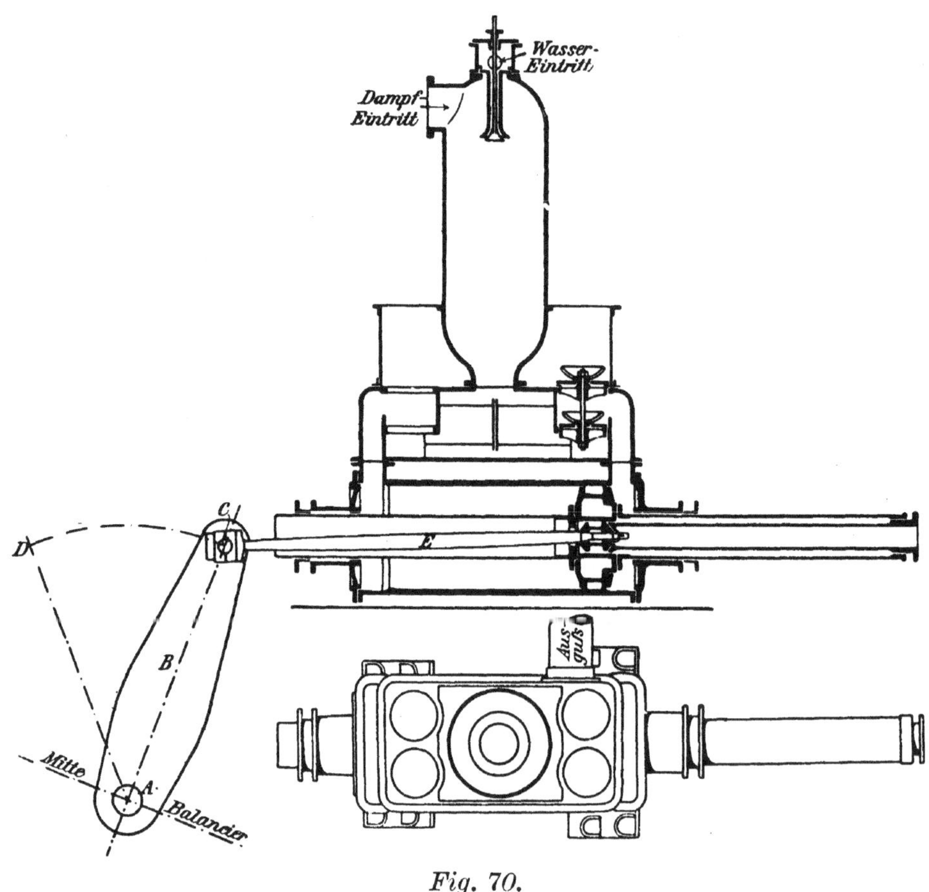

Fig. 70.

Kondensator mit Luftpumpe für eine direkt und doppelt wirkende Wasserhaltungsmaschine. Zeche Friedrich d. Gr.

hat beiderseits je 2 Saug- und 2 Druckventile, welche dicht untereinander liegen. Der Ausguss ist seitlich angebracht, die Druckhöhe ist also unbedeutend. Um gleiche Leistung auf beiden Seiten zu haben, ist das Kolbenrohr rückwärts in gleicher Stärke wie vorn durchgeführt. In einem Falle (Zeche Prosper, Schacht II) wird die Luftpumpe durch eine besondere Dampfmaschine angetrieben.

Für Zeche Urbanus hat man (Fig. 71) einen Mischkondensator etwa 11 m über dem Ausguss stehen. Es kommt dort ein barometrisches Abfallrohr in Anwendung, sodass ein sog. Versaufen des Kondensators, wie es vorkommen kann, wenn bei gewöhnlicher Anordnung das Einspritzventil zu weit öffnet und die Wassersäule in die Ventilkästen der Maschine steigt, nahezu ausgeschlossen ist.

Der Abdampf tritt durch Rohr A in den Kondensator unten ein, oben schliesst Rohr F an eine alte Luftpumpe stehender Bauart an und diese sucht Luftleere herzustellen. Infolgedessen wird aus Kasten C, welcher durch Rohr B von der Steigeleitung gespeist wird, Wasser in den oberen Teil des Kondensators gesaugt, woselbst er über Kaskaden dem aufsteigenden Dampf entgegenströmt und diesen kondensiert. Das Gemisch fällt durch ein etwa 11 m langes Rohr in den Topf H, aus welchem es durch Rohr J in einen Stollen abfliessen kann. Dieser Stollen ist stets soweit mit Wasser gefüllt, dass durch J niemals Luft angesaugt werden kann. Gelangt durch B mehr Wasser nach C, als dieser Kasten aufnehmen kann, so kommt ein Ueberlauf zur Wirkung. Sinkt der Wasserstand in C, so wird durch einen Schwimmer E das Rohr D verschlossen. Es kann daher auch durch D niemals Luft angesaugt werden.

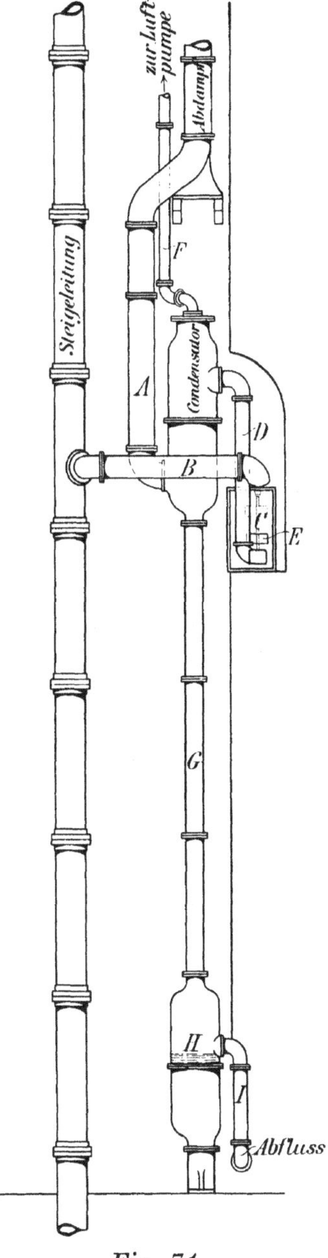

Fig. 71.
Mischkondensator der Zeche Mansfeld, Schacht Urbanus.

Dieser Kondensator ist nach System Weiss konstruiert und hat stets zufriedenstellend gearbeitet.

Die Cylinderabmessungen der doppelt wirkenden Maschinen sind entsprechend den geforderten Leistungen und den verfügbaren Dampfspannungen wechselnd. Die kleinste Maschine besitzt Zeche Consolidation, Schacht III/IV, mit 1200 mm Cylinderdurchmesser und 3000 mm Hub. Sehr gebräuchliche Abmessungen dagegen sind 1750 mm Durchmesser und 3760 mm Hub, z. B. auf den Zechen Glückauf Tiefbau, Centrum II, Bonifacius II, Prosper II. Der grösste Cylinderdurchmesser beträgt 2292 mm auf Zeche Praesident, der grösste Hub 4394 mm auf den Zechen Maria, Anna und Steinbank III und Caroline bei Bochum. Die grösste Maschinenleistung beträgt 8 cbm aus 240 m Teufe (Praesident), die grösste Teufe wird auf General Blumenthal I—III mit 507 m überwunden. Die Dampfspannungen liegen zwischen 4 und 8 Atm. Die Zeit der Aufstellung der 22 noch vorhandenen Maschinen verteilt sich auf die Jahre 1867 bis 1878 einschliesslich mit ziemlicher Gleichmässigkeit. Der Vollständigkeit halber sei erwähnt, dass man, begünstigt durch zwei unmittelbar aneinander liegende Schächte, der Zeche Erin eine doppelt wirkende Wasserhaltung in der aus Figur 72 ersichtlichen Anordnung im Jahre 1883 gegeben hat. Die Schachtgestänge gleichen sich daselbst vollständig aus, weshalb der Maschine nur

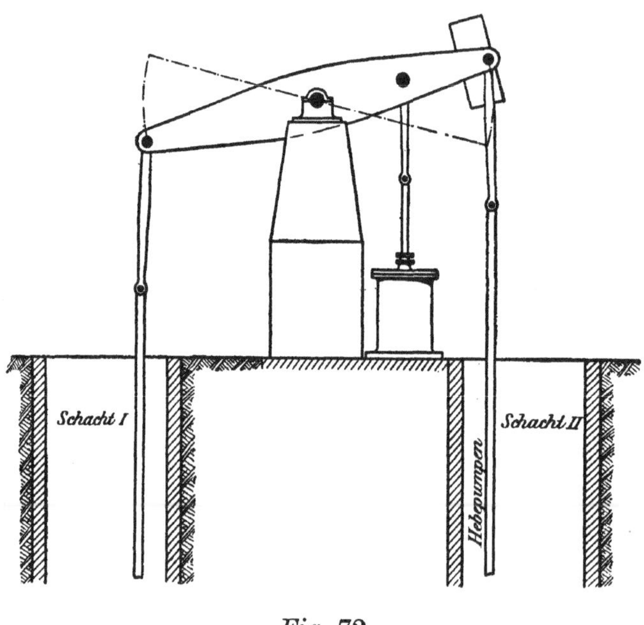

Fig. 72.

Disposition einer direkt und doppelt wirkenden Wasserhaltung (Zeche Erin).

die Hebung der Wasser und die Ueberwindung der Widerstände zukommt. Die Maschine stammte aus den sechziger Jahren, hatte aber bis 1883 nur mit einem Gestänge und einer Druckpumpe gearbeitet. Zur Ausgleichung war auf dem Balancier das in der Zeichnung noch sichtbare Gegengewicht angebracht, welches bei dem Doppelsystem fortfiel. Die Maschine bewährte sich nach der Umänderung gut. Es konnten die ersoffenen Schächte der Zeche vermittelst grosser Hebepumpen von 725 mm Durchmesser und 4500 mm Hub bis zu einer Teufe von 100 m gesümpft und in jedem Schacht die definitive Druckpumpe bei 90 m Teufe eingebaut werden. Gleichzeitig wurden die grossen, später erwähnten Woolfschen Wasserhaltungen, welche heute noch im Betriebe sind, aufgestellt. Als diese Maschinen die weitere Wasserhebung übernehmen konnten, wurden die Hebepumpen an das neue Druckpumpengestänge mittelst Krums angeschlossen, dann satzweise je 100 m gesümpft und jedesmal die definitive Druckpumpe eingebaut. Die alte Maschine ist dann Anfang des Jahres 1884 abgeworfen worden.

2. Maschinen mit zwei Cylindern.

a) Woolf'sche Maschinen ohne Rotation.

Mit einfachem Schachtgestänge.

Den vorher besprochenen Maschinensystemen, den einfach wie auch den doppelt wirkenden, haftet der gleiche Fehler an, dass sie Expansion in hohem Grade nicht zulassen, ihr Dampfverbrauch daher ausserordentlich gross ist. Würde man hohe Expansion bei jenen Maschinen anwenden, so hätte dies zur Folge, dass die Kolbenkraft bei Beginn des Hubes je nach dem Grade der Expansion um ein Vielfaches grösser sein müsste als die mittlere Kolbenkraft, bezogen auf den ganzen Hub. So ist z. B. die Anfangskolbenkraft bei vierfacher Expansion nahezu gleich der doppelten mittleren Kolbenkraft und bei achtfacher Expansion grösser als das Dreifache der letzteren bezw. der Kolbenkraft einer Maschine ohne Expansion. Daraus folgt, dass das Gestänge von eincylindrigen Expansionsmaschinen beim Anhub ausserordentlich stark emporgerissen wird und die Gefahr eines Gestängebruchs sehr gross ist. Ausserdem bedingen Eincylinder-Maschinen mit starker Expansion sehr grosse bewegte Massen.

Wendet man zwei Cylinder verschiedenen Volumens an und lässt den Dampf nacheinander in beiden Cylindern expandieren, so entwickelt sich die Gesamtkraft der Maschine während eines Hubes gleichmässiger. Die Schwungmasse beträgt dann bei vierfacher Expansion nur etwa das 0,46-fache derjenigen einer entsprechenden Eincylindermaschine. Es wird damit auch das Verhältnis der grössten Kraft auf beide Kolben zur mittleren Kraft kleiner und folglich der auf die Hauptmaschinenteile ausgeübte grösste Zug geringer als in einer entsprechenden Eincylindermaschine. Bei gleichen Abmessungen der Gestängeteile wird die Maschine mit zwei Cylindern erheblich grössere Sicherheit bieten als die eincylindrige.

Die erste Anwendung zweicylindriger Maschinen nach Woolfschem System für Gestängemaschinen ist den Ingenieuren Kley und Ehrhardt zuzuschreiben. Sie führten die Maschinen zunächst einfach wirkend aus, gingen aber sehr bald zur Doppelwirkung über.

Die erste Woolfsche Maschine kam im Ruhrkohlenbezirk auf Zeche Gewalt im Juli 1869 in Betrieb. Sie hatte 94″ und 66″ Durchmesser in den Cylindern und 12′ bezw. 6′ Hub.

Die heute noch betriebenen Woolfschen Wasserhaltungsmaschinen sind sämtlich doppelt wirkend, wodurch die Cylinderabmessungen erheblich kleiner werden, die Steuerung jedoch komplizierter ausfällt als bei einfacher Anwendung.

Die Arbeitsweise Woolfscher doppelt wirkender Maschinen ist nun folgende:

Hoch- und Niederdruckcylinder stehen nebeneinander und haben meistens ungleichen Hub, während die Kolben sich in gleicher Richtung bewegen. Der Hochdruckcylinder trägt oben und unten je ein Einlass- und Auslassventil, der Niederdruckcylinder hat oben und unten ein Kondensatorventil.

Sollen sich die Kolben aufwärts bewegen, so strömt unter den kleinen Kolben Dampf von den Kesseln, während der über dem kleinen Kolben aus der vorhergegangenen Arbeitsperiode befindliche Dampf unter den grossen Kolben strömt, wobei der Raum über diesem mit dem Kondensator verbunden ist. Der Gegendruck über dem kleinen Kolben nimmt in dem Masse ab, wie die Expansion unter dem grossen Kolben fortschreitet. Da nun der kleine Cylinder meistens mit Expansion arbeitet, wird die Kolbenkraft in demselben während eines Hubes sich nur wenig ändern, weil, wie eben erwähnt, der Gegendruck mit fortschreitendem Hub abnimmt. Im grossen Cylinder werden sich die Vorgänge wie in einer eincylindrigen Maschine mit Expansion und Kondensation abspielen.

Für die Abwärtsbewegung der Kolben tritt in entsprechender Weise das Umgekehrte ein.

Die Volumenverhältnisse der Cylinder sind wechselnd, sie schwanken zwischen 1: 2,4 bis 1: 3,8; ein sehr häufig auftretendes Verhältnis ist 1:2,8. Zwei der bestehenden zweicylindrigen Maschinen sind direkt wirkend, die übrigen haben Balancierübertragung, welche bei den älteren Maschinen über und bei den neueren unter den Cylindern liegt.

Die Zeche Prinz-Regent besitzt die älteste der vorhandenen Woolfschen Maschinen, welche im Jahre 1872 aufgestellt worden ist und deren Aufbau Figur 73 a und b zeigt. Das Cylinderverhältnis ist 1: 3,8, die Hubhöhen verhalten sich wie 1:1,6. E ist das Hauptabsperrventil, e_1, e_2 sind am kleinen Cylinder die Einström- und a_1, a_2 die Ausströmventile. Durch das Rohr R_e wird der Dampf über die Ventile e_1 und e_2 geführt, er tritt durch a_1—R_a—d oder durch a_2—b unter oder über den grossen Kolben und durch f_1—B oder f_2 nach dem Kondensator C, aus welchem die Luftpumpe D saugt. Die Kataraktsteuerung hat hier zwei Steuerwellen und drei Katarakte. Von der oberen Steuerwelle werden die Ventile e_2, a_1, f_1 gesteuert, die übrigen von der unteren, also von einer Welle aus diejenigen, welche zur Ausführung eines Kolbenhubes geöffnet werden müssen. Die

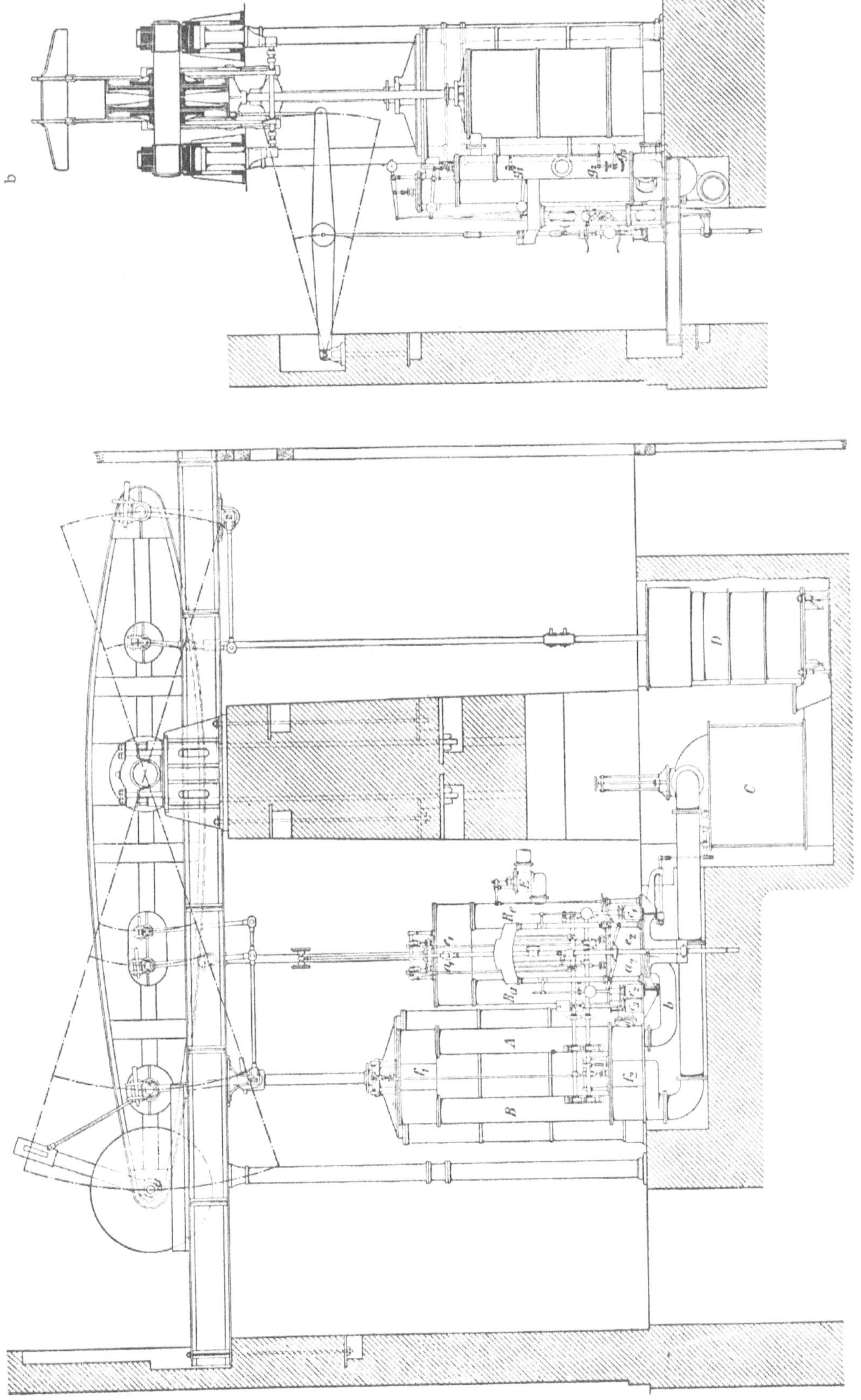

Fig. 73.

Woolfsche Wasserhaltungsmaschine. Zeche Prinz-Regent.

Wirkungsweise der Steuerung ist ähnlich der nach Figur 60 a—c (S. 152 und 153) beschriebenen. Es fallen hier jedoch die Gewichte fort, welche dort zum Heben der Ventile angebracht sind.

In dem Rohr R_e sind drei Drosselklappen angebracht, von welchen g_1 und g_2 gleichzeitig zu bedienen sind und zum Ausgleich kleiner Unregelmässigkeiten von Belastung und Maschinenarbeit dienen sollen, während g_3 zur Absperrung der unteren Hochdruckseite benutzt werden kann, um die Maschine bei geringer Belastung anzulassen.

Die schon erwähnten beiden direkt wirkenden Maschinen befinden sich auf Zeche Wiendahlsbank. Sie haben einen Achsenabstand von 2,5 m und arbeiten auf demselben Schacht. Das Cylinderverhältnis ist 1:2,4, das Hubverhältnis 1:1,5. Aus Tafel IV ist die Konstruktion dieser Maschinen zu ersehen. Die Kolbenstangen tragen Gleitschuhe, welche sich in entsprechenden Führungen bewegen und jederseits Zapfen tragen. An diese greifen innenliegend die Gelenkstangen zum Antrieb des Kontrebalanciers an. Die Kolbenstange des grossen Cylinders ist durch eine Verbindungsstange mit dem I-Gestänge verbunden.

Die Steuerung der Cylinder ist eine Kataraktsteuerung, ähnlich der in Figur 69 (Seite 176) abgebildeten mit der für den zweiten Cylinder erforderlichen Erweiterung. Den Antrieb der Steuerstange besorgt ein besonderer gelenkig aufgehängter Hebel. Der Luftpumpenantrieb erfolgt vom Drehzapfen des Kontrebalanciers aus. Beide Maschinen erhalten Dampf von 5 Atm. Ueberdruck. Eine derselben leistet bei 5 Doppelhüben in der Minute 3 cbm aus 213 m Teufe, die andere bei 7 Doppelhüben 4,3 cbm aus 109 m.

Von neueren Woolfschen Wasserhaltungsmaschinen ist in Figur 74 a—c diejenige der Zeche Nordstern wiedergegeben. Bei dieser Maschine ist auf Zugänglichkeit der Ventile und auf Uebersichtlichkeit besonderer Wert gelegt. Die Ventile liegen dicht nebeneinander, die unteren sind vom Maschinenflur, die oberen von einer besonderen Galerie aus bequem zu bedienen. Die Uebertragung auf den unterhalb der Cylinder liegenden Balancier wird durch Gelenkstangen bewirkt, welche an den Kreuzköpfen der Kolbenstangen angreifen, die wiederum in Geradführungen laufen wie bei den direkt wirkenden Maschinen der Zeche Wiendahlsbank. Die Maschine der Zeche Nordstern besitzt eine Daveysche Differentialsteuerung für Woolfsche Maschinen, welche auf Tafel V (Zeche Fröhliche Morgensonne) besonders dargestellt ist. Sie lässt erkennen, dass die Aufstellung und Wirkungsweise des Differential-Apparates unverändert bleibt, indem dieser nur auf eine Steuerwelle arbeitet, auf welcher drei Hebel zur Bethätigung der gewichtsbelasteten Ventile sitzen. Die Hebel sind zweiarmig und die Angriffspunkte für die Stangen in Schlitzen verstellbar. Die Zugstangen greifen so an, dass sie gleichzeitig für einen Hub nach

Additional material from *Gewinnungsarbeiten, Wasserhaltung,*
ISBN 978-3-642-90160-7 (978-3-642-90160-7_OSFO3),
is available at http://extras.springer.com

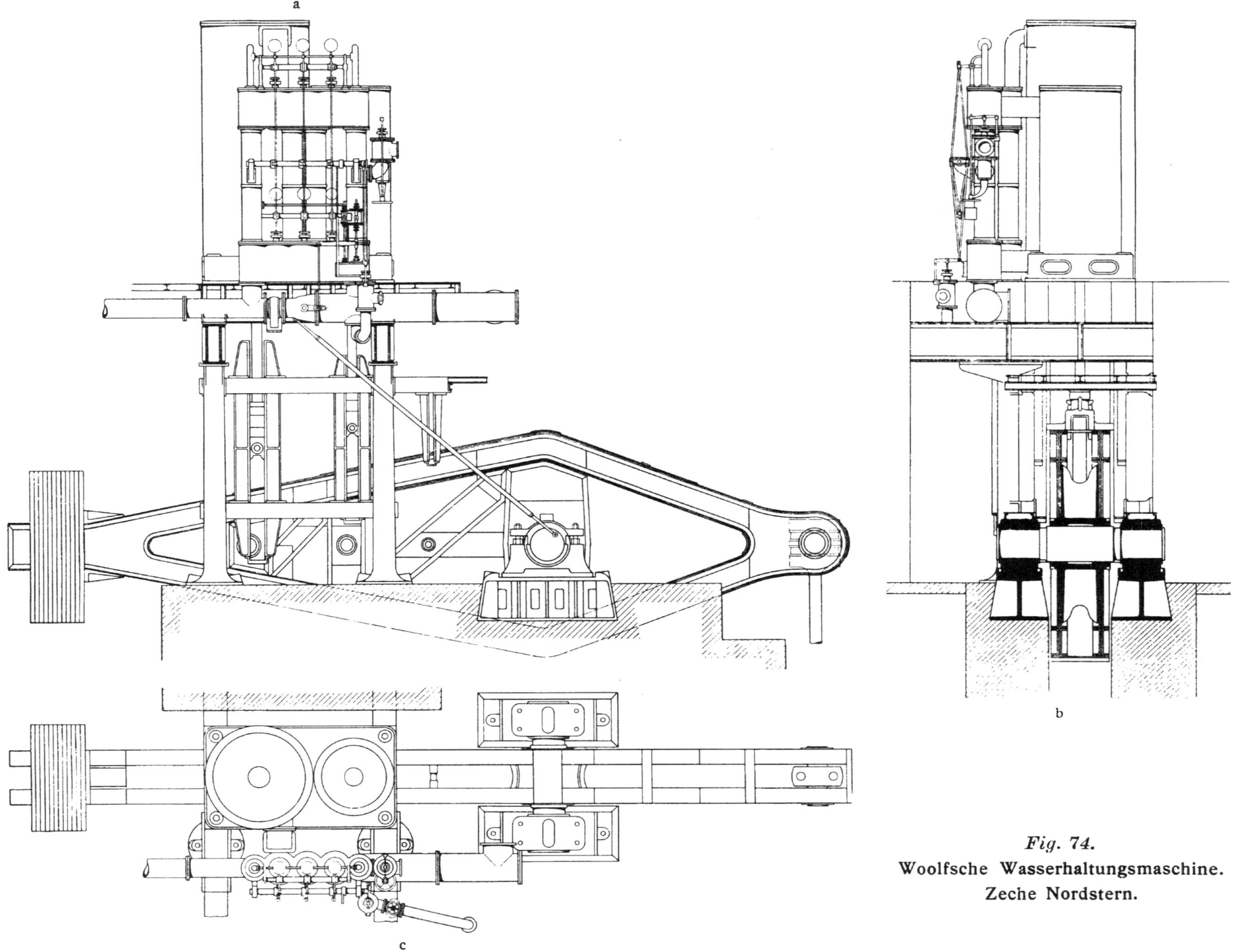

Fig. 74.
Woolfsche Wasserhaltungsmaschine.
Zeche Nordstern.

oben das Kondensatorventil und die Ueberströmung oben und die Einströmung unten öffnen. Für den Kolbenweg nach unten treten die anderen Ventile in Thätigkeit. Durch Verschieben der Stangen in den Schlitzen kann die Expansion im kleinen Cylinder wie auch die Reihenfolge im Oeffnen der Ventile geregelt werden.

Die Kondensation des Abdampfes wird in gleicher Weise wie bei den eincylindrigen doppelt wirkenden Maschinen, mit Hülfe doppelt wirkender Luftpumpen vorgenommen, welche vom Balancier aus angetrieben werden. In einigen Fällen ist der Anschluss an eine Centralkondensation geplant, wie z. B. auf Zeche Graf Schwerin, woselbst die Woolfsche Wasserhaltung nach mehrjähriger Betriebspause für eine unterirdische Dampfwasserhaltung einspringen soll.

Woolfsche Maschinen mit einem Schachtgestänge sind bis in die neueste Zeit gebaut und gegenwärtig in 34 Anlagen vorhanden. Unter ihnen finden sich einige von beträchtlicher Grösse und Leistungsfähigkeit wie z. B. die beiden Maschinen der Zeche Erin, welche imstande sind, je 12 cbm in der Minute aus 450 m Teufe zu heben. Von gleicher Grösse sind die Maschinen auf König Ludwig I und Graf Bismarck II; letztere Maschine ist für eine Maximalleistung von 4 cbm aus 800 m Teufe konstruiert.

Durch Anwendung der Expansion hat man auch höhere Dampfspannungen benutzen müssen als bei den älteren Systemen. Am gebräuchlichsten sind 6 Atm. Ueberdruck, dann folgen je dreimal 7 und 8 Atm. und je einmal 10 und 12 Atm. Ueberdruck. Für diese Spannung ist die zuletzt gebaute und im Jahre 1900 aufgestellte Woolfsche Maschine auf Schacht Gustav der Zeche Victoria Mathias konstruiert worden.

Da die zweicylindrigen Maschinen erheblich teurer sind, als die eincylindrigen, musste man auch auf deren sicheren Gang besonders bedacht sein. Es gehören daher Kataraktsteuerungen zu den Seltenheiten, indem solche nur noch an fünf Maschinen vorhanden sind, während hauptsächlich die Davey-Steuerungen weiteste Verbreitung fanden. Die Fernis-Steuerung ist bei den meisten der von der Isselburger Hütte gebauten Anlagen vorhanden, so auf den Zechen Vollmond, Westende, Ver. Sellerbeck und Rosenblumendelle.

Die weitaus grösste Zahl Woolfscher Maschinen ist aus den Werkstätten der Gutehoffnungshütte in Sterkrade hervorgegangen. Ausser den schon erwähnten grössten Maschinen dieser Gattungen stehen solche auf Zeche General Blumenthal, Ewald II, Graf Moltke I, II, Hagenbeck I, II, Shamrock, Nordstern, Neumühl u. a. in Betrieb.

Die Zahl der Doppelhübe in der Minute, welche die Maschinen zulassen, ist in der Regel sechs; einige können auch bis sieben Doppelhübe ohne Gefahr für Maschine und Gestänge ausführen (Wiendahlsbank, Vollmond, Westende, General Blumenthal).

Messversuche über die Höhe des Dampfverbrauchs Woolfscher Wasserhaltungen sind nicht bekannt geworden, ausserdem auch kaum durchführbar, da alle Dampfleitungen auf den Zechen aus einer gemeinsamen Kesselbatterie gespeist werden. Allgemein gültige Zahlen werden sich auch nicht nennen lassen, da Höhe des Dampfdrucks, Länge der Leitungen, Grösse der Maschinen, deren Belastung und tägliche Betriebsdauer bedeutenden Einfluss haben und sich in eine Formel nicht unterbringen lassen. Wenn man hier und da Zahlenangaben findet, wie 12 kg Dampfverbrauch pro indic. PS und Stunde, so sind diese vollkommen subjektiv, weil die Gegenüberstellung mit einer eincylindrigen Volldruckmaschine gleicher Grösse, an gleicher Stelle und für gleiche Leistung beim Versuch fehlt. Dass erhebliche Ersparnisse an Dampf und Kohlen mit Woolfschen Maschinen erzielt werden, ist allgemein anerkannt und auch erklärlich, sonst würde man deren Bau gegenüber den früher gebräuchlichen oberirdischen Systemen nicht so sehr bevorzugt haben.

Der Bau Woolfscher Wasserhaltungsmaschinen erreichte in den achtziger Jahren seinen Höhepunkt, um dann allmählich durch die Einführung der unterirdisch betriebenen Pumpen zurückgedrängt zu werden und heute nur noch zu den Ausnahmefällen zu gehören. Die einzige Neuanlage seit 1896 ist die bereits erwähnte, im Jahre 1896 aufgestellte Woolfsche Wasserhaltung auf Schacht Gustav der Zeche Victoria Mathias.

Hier lagen die Verhältnisse so, dass man in dem Augenblick, wo ein Schacht fertig war, bereits eine betriebsfertige Wasserhaltungsmaschine haben wollte; dazu kam, dass die Kammer für eine unterirdische Maschine in gebrächem Thonschiefer hätte angelegt werden müssen, was auf die Dauer mit grossen Schwierigkeiten verknüpft gewesen wäre.

Mit doppeltem Schachtgestänge.

Die Dampfverteilung vom Hochdruck- zum Niederdruckcylinder bei den vorher beschriebenen Maschinen mit gleichlaufender Kolbenbewegung musste so vorgenommen werden, dass der über dem Hochdruckkolben befindliche Arbeitsdampf unter den Niederdruckkolben tritt, wenn die Kolben aufwärts gehen und das Umgekehrte beim Abwärtsgang eintritt. Ein Receiver ist also nicht erforderlich.

Verbindet man nun jede Kolbenstange mit einem Schachtgestänge und gleicht diese durch zwei unter sich verbundene Kunstkreuze gegenseitig aus, so müssen die Kolben mit gleichem Hube und gegenlaufend arbeiten, wie bei einer rotierenden Maschine mit 180° Kurbelversetzung. Man hat dann den Vorteil, dass der Dampf über bezw. unter dem Hochdruckkolben jedesmal direkt über oder unter den Niederdruckkolben, also auf derselben Cylinderseite überströmen kann.

Die so konstruierte Maschine wird ausserdem direkt wirkend sein, es kommen ihr somit alle Vorzüge dieser Maschinen zu gute. Es ist für die Aufstellung aber Bedingung, dass die Bodenverhältnisse am Schacht gute sind, da es gilt, für die Drehachsen der Kunstkreuze unwandelbare Lagerungen zu schaffen.

Im Ruhrbezirk ist nur eine solche stehende Maschine mit alternierender Kolben- bezw. Gestängebewegung aufgestellt und zwar auf Zeche Königsborn (Fig. 75 a und b). Die Cylinder haben 1000 bezw. 1600 mm Durchmesser und 3600 mm Hub. Die Maschine vermag bei 8 Doppelhüben in der Minut 3,6 cbm Wasser aus 440 m Teufe zu heben. Gegenwärtig fördert sie 1,5 cbm aus 370 m Teufe.

Obgleich viel für dieses System spricht, hat es doch keinen weiteren Eingang in den hiesigen Bezirk gefunden, vielleicht weil man mit Kunstkreuzen an anderen Orten nicht gute Erfahrungen machte. Auf ihre Herstellung muss grösste Sorgfalt verwendet werden, da infolge der in jedem Doppelhub einmal wechselnden Beanspruchungen das Lockern der Nietungen sehr begünstigt wird. Ein Gleiches gilt von der Verbindungsstange der Kunstkreuze, dem sog. Fischbauch.

b) Maschinen mit Rotation ohne Hubpausen.

Mit Kunstkreuzen.

Der Bau von Maschinen mit Rotation zum Zweck der Wasserhebung ist sehr alt und die Anwendung namentlich für Abteufzwecke eine grosse gewesen. Die Dampfcylinder (bei älteren Ausführungen meistens nur einer) wurden liegend angeordnet und seitlich vom Schacht untergebracht. Die Uebertragung der Kolbenkraft erfolgte durch ein Feldgestänge auf zwei Kunstkreuze, von denen eines mit dem Pumpengestänge verbunden wurde, während das andere gewöhnlich ein Gegengewicht trug und seltener einen zweiten Pumpensatz betrieb.

Die Kolbenstange trug ferner eine Traverse, und diese war durch Flügelstangen mit einem oder zwei Schwungrädern verbunden.

Häufig wurde die Maschine auch so eingerichtet, dass auf der Schwungradwelle ein Seilkorb sass. Durch Abschlagen des Feldgestänges diente dann die Maschine am Tage zur Förderung und durch entsprechende Umänderung nachts zur Wasserhebung aus demselben Schacht.

Wie stark verbreitet solche Maschinen waren, geht daraus hervor, dass nach einer von v. Detten*) gefertigten Aufstellung im Jahre 1866 unter 155 Wasserhaltungsanlagen 32 mit Rotation vorhanden waren.

*) Z. f. B. H. S. 1869. S. 303 ff.

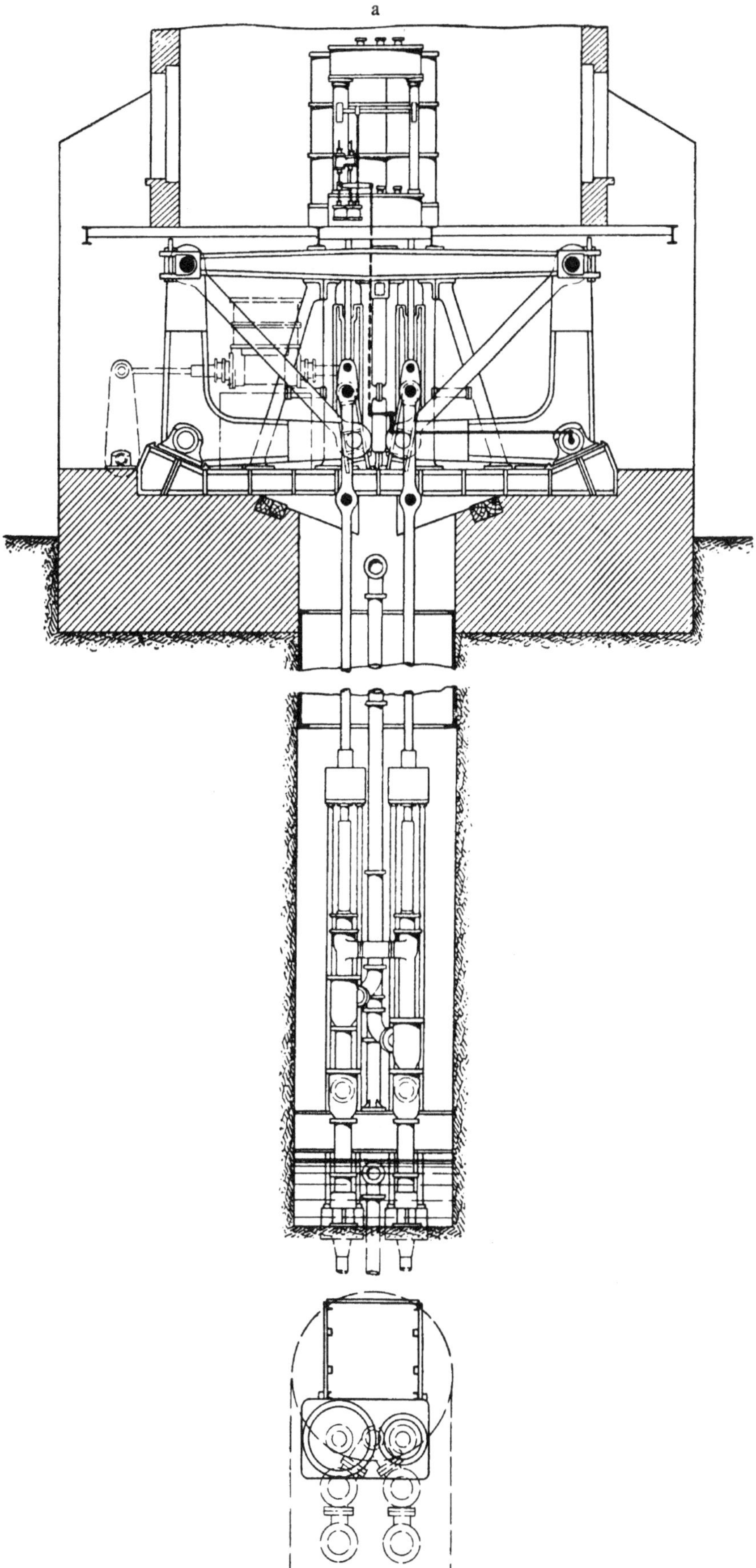

a

b

Fig. 75.

Woolfsche Wasserhaltungsmaschine mit doppeltem Schachtgestänge.
Zeche Königsborn.

Eine solche Maschine mit Drehbewegung oder besser gesagt mit Schwungrädern zur Erzielung eines schnellen, gleichförmigen Ganges ist aus jener Zeit noch erhalten und dient auf Zeche Baaker Mulde als Reservemaschine. Sie wurde im Jahre 1859 von der jetzigen Maschinenfabrik Buckau erbaut.

Alle übrigen Maschinen dieser Bauart mit einem Cylinder sind abgeworfen worden. Unter Benutzung der Verbundwirkung hat man später noch zwei Maschinen mit Schwungrädern, Feldgestänge und Kunstkreuzen aufgestellt, von denen die ältere, 1879 gebaute, auf Zeche Eintracht Tiefbau, Schacht Heintzmann steht, während die 1880 entstandene und gleich grosse Maschine auf Zeche Präsident, Schacht I, aufgestellt ist.

Die Anordnung der letzteren Maschine ist aus Figur 76a und b zu entnehmen, sie deckt sich im wesentlichen mit der oben angegebenen Konstruktion älterer Ausführungen. Die Maschine von Zeche Präsident hat Ventil-Knaggensteuerung, diejenige von Zeche Eintracht-Tiefbau Meyersteuerung.

Jede Maschine kann 15 Umdrehungen in der Minute machen und dabei 7 cbm heben, und zwar aus 312 m bei Eintracht Tiefbau und aus 345 m bei Präsident. Beide Maschinen sind von der Isselburger Hütte gebaut worden.

Wie schon bei Besprechung der Maschine auf Zeche Königsborn angedeutet, sind infolge der alternierenden Bewegung der beiden Pumpengestänge die beiderseitigen Ueberlasten, falls solche vorhanden sind, im Gleichgewicht; die Belastung der Maschine ist daher gleichmässig. Eine derartige Anlage erfordert aber zunächst ein grösseres Pumpentrum, da zwei Gestänge und doppelte Pumpen in den Schacht eingebaut werden müssen.

Durch die Kunstkreuze und das Feldgestänge wird ferner ein beträchtlicher Raum an der Schachtmündung beansprucht und der Ausgang nach dieser Seite vollständig gesperrt. Nimmt man dazu noch die Nachteile, welche, wie a. a. O. erwähnt, den Kunstkreuzen anhaften können, so ist hierin in der Hauptsache wohl die Erklärung dafür gegeben, dass solche Feldgestänge-Maschinen in neuerer Zeit kaum mehr gebaut worden sind.

Mit Balancier.*)

Man kann die rotierenden Maschinen mit Balancier als modifizierte Woolfsche Gestängemaschinen ansehen, denen gegenüber sie mancherlei Vorzüge besitzen, welche auch zum Teil den soeben erwähnten Maschinen mit Feldgestänge zukommen.

---

*) Z. D. Jng. 1878 S. 9 und 49.

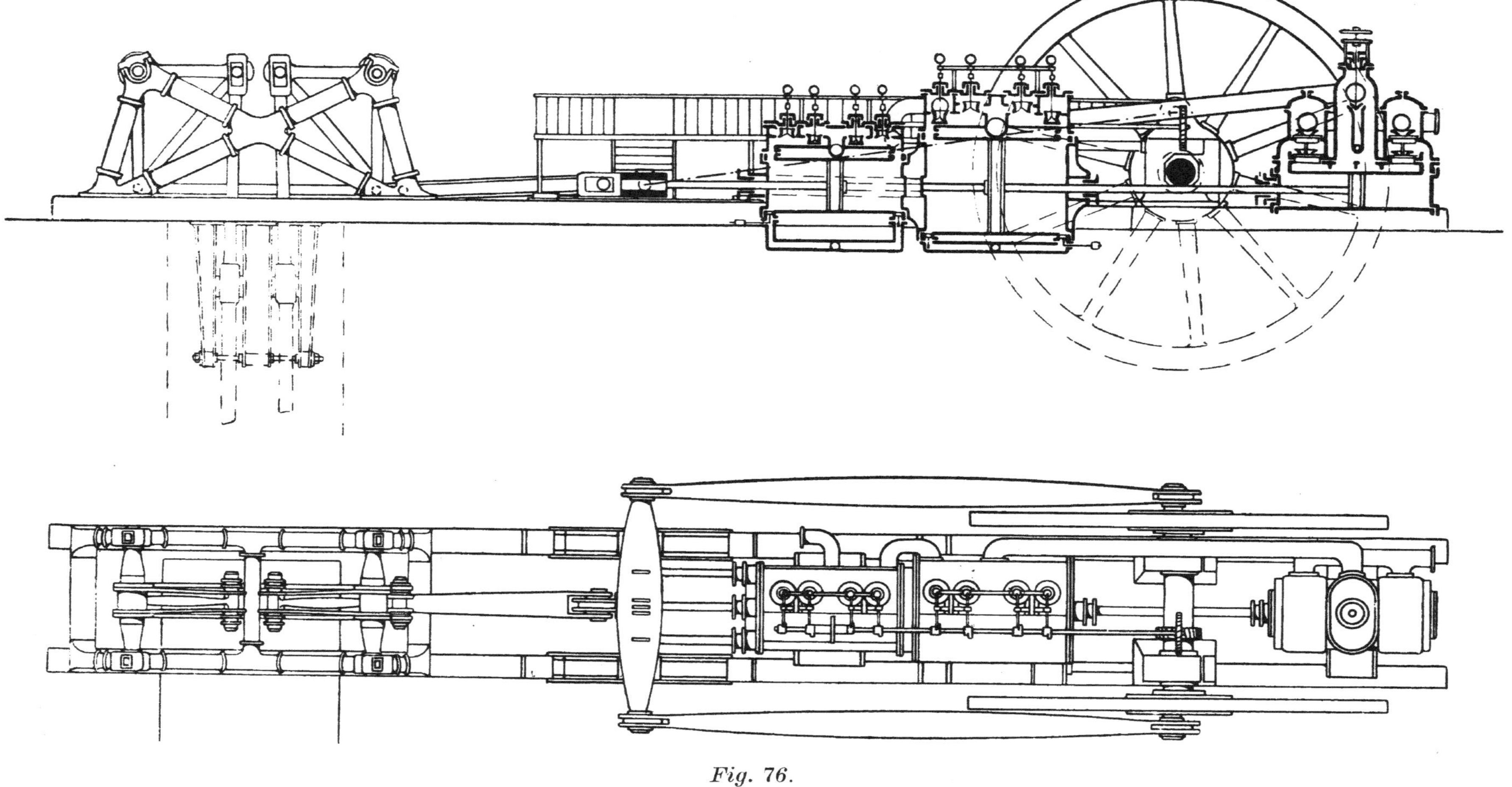

Fig. 76.

Rotierende Wasserhaltungsmaschine. Zeche Praesident, Schacht I.

Um auf die Eigenschaften und Vorzüge dieser Maschinengattung etwas näher einzugehen (Figur 79a und b), so ist in dynamischer Hinsicht zu erwähnen, dass dem Schwungrade gleichförmiger Gang und höhere zulässige Kolbengeschwindigkeit zuzuschreiben sind. Wirtschaftlich betrachtet, können die Maschinen ungleich bessere Hubausnutzung und grössere Expansion ohne Gestängebelastung erhalten, also mit geringerem Dampf- und Kohlenverbrauch arbeiten als Maschinen ohne Drehbewegung. Die Hubbegrenzung gewährt bei Gestängebrüchen auch Sicherheit gegen

Fig. 77.

Geschwindigkeits-Kurve einer Maschine ohne Rotation.

Fig. 78.

Geschwindigkeits-Kurve einer Maschine mit Rotation.

Durchschlagen der Kolben. Der gleichförmige Gang wird darauf hinwirken, dass die Saugwassersäule dem Plunger gut folgen kann; der Ventilschlag wird daher verringert oder vermieden werden. Die Figuren 77 und 78 zeigen vergleichsweise die Geschwindigkeitskurven einer Maschine ohne Rotation und einer solchen mit Rotation, woraus der Vorzug der letzteren sofort erkennbar ist. Beide Kurven sind mittelst elektrischen Geschwindigkeitsmessers aufgenommen.

Den Vorzügen stehen naturgemäss auch Nachteile gegenüber, welche teilweise erheblich sind. Zunächst sind die Anschaffungskosten höher als für nicht rotierende Maschinen, sodann kann die Hubzahl nicht unter vier in der Minute gebracht werden, weil sich dann Schwungmassen von praktisch unausführbarer Grösse ergeben. Es ist also damit der grosse Vorzug, welchen man den Gestängemaschinen ohne Rotation zuschreibt, beseitigt. Einer der wesentlichsten Nachteile ist aber, dass die Bewegung des Angriffzapfens am Gestänge infolge der verschiedenen Ausdehnungsänderungen beim Gestänge-Aufgang und Niedergang eine andere ist, als die des tiefsten Gestängepunktes im Schacht. Die Gestängemassen sind bei gut konstruierten Maschinen so zu beschleunigen, dass die Massen beim Gestängeniedergang der Kurbel vorauseilen; man wird daher zu grossen Gestängegewichten kommen. Das Gestänge ist infolgedessen zu schwerfällig, um die plötzlich veränderten Bewegungen beim Hubwechsel in der Maschine über Tage sofort mitmachen zu können. Es hat die Er-

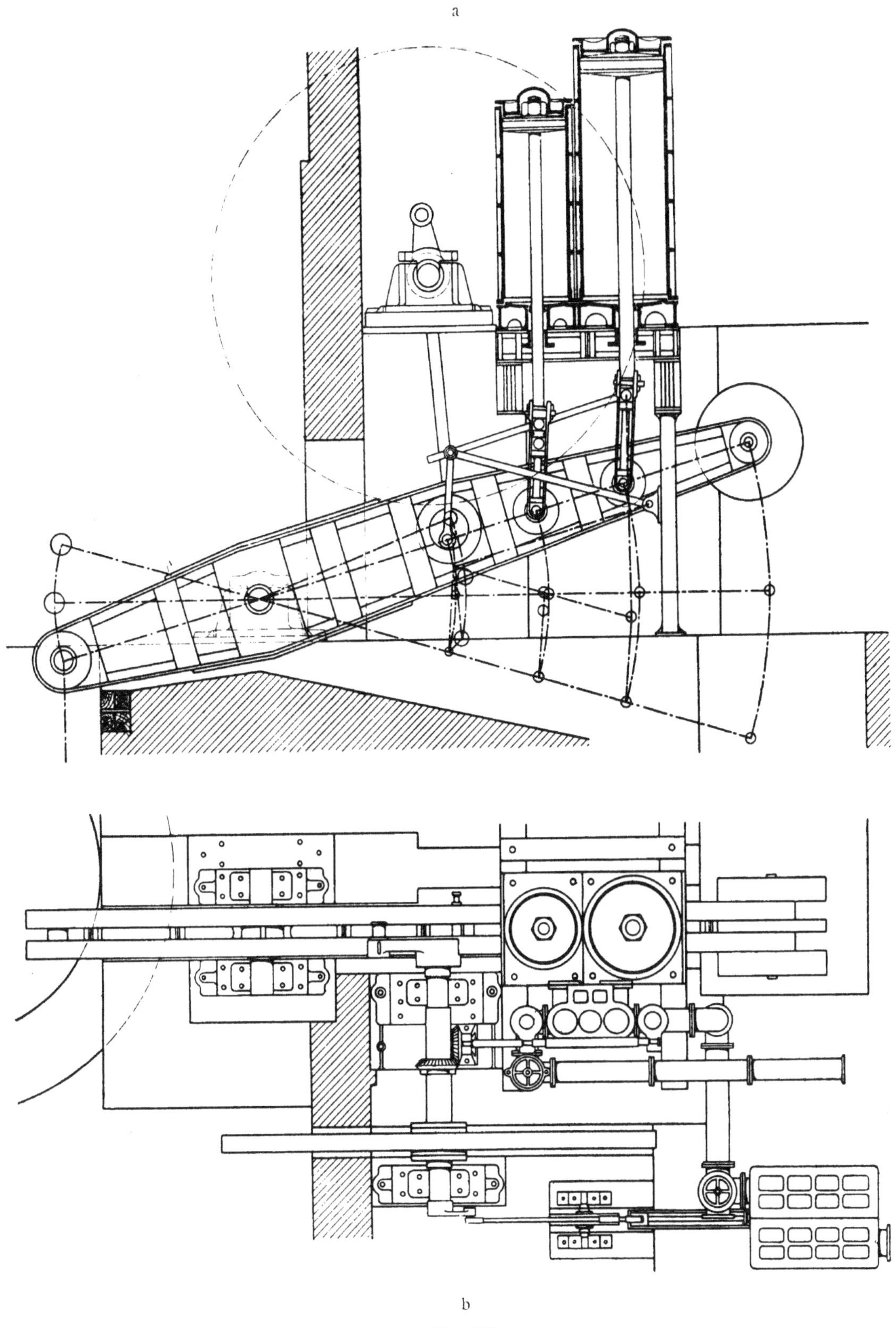

Fig. 79.

Rotierende Wasserhaltungsmaschine mit Balancier. Zeche Osterfeld.

fahrung gezeigt, dass das Gestänge rotierender Maschinen aus obigen Gründen besonders stark in Mitleidenschaft gezogen wird und sehr leidet.

Damit ist auch wohl die Erklärung gefunden, dass im Ganzen nur fünf Maschinen mit Rotation ausgeführt wurden und zwar für Zeche Helene Amalie eine 1000 pferdige Maschine, welche aber nur mit etwa 300 PS ausgenutzt wird und deren Schwungrad abgeworfen ist, sodann drei Maschinen von 500 PS, davon eine für die Zeche Osterfeld und zwei für die Zeche Rheinpreussen Schacht II, schliesslich eine 400 pferdige Maschine für Zeche Courl.

An der in Figur 79 a—b abgebildeten Maschine für Zeche Osterfeld erfolgt die Steuerung durch sechs Glockenventile, von denen die Dampf-

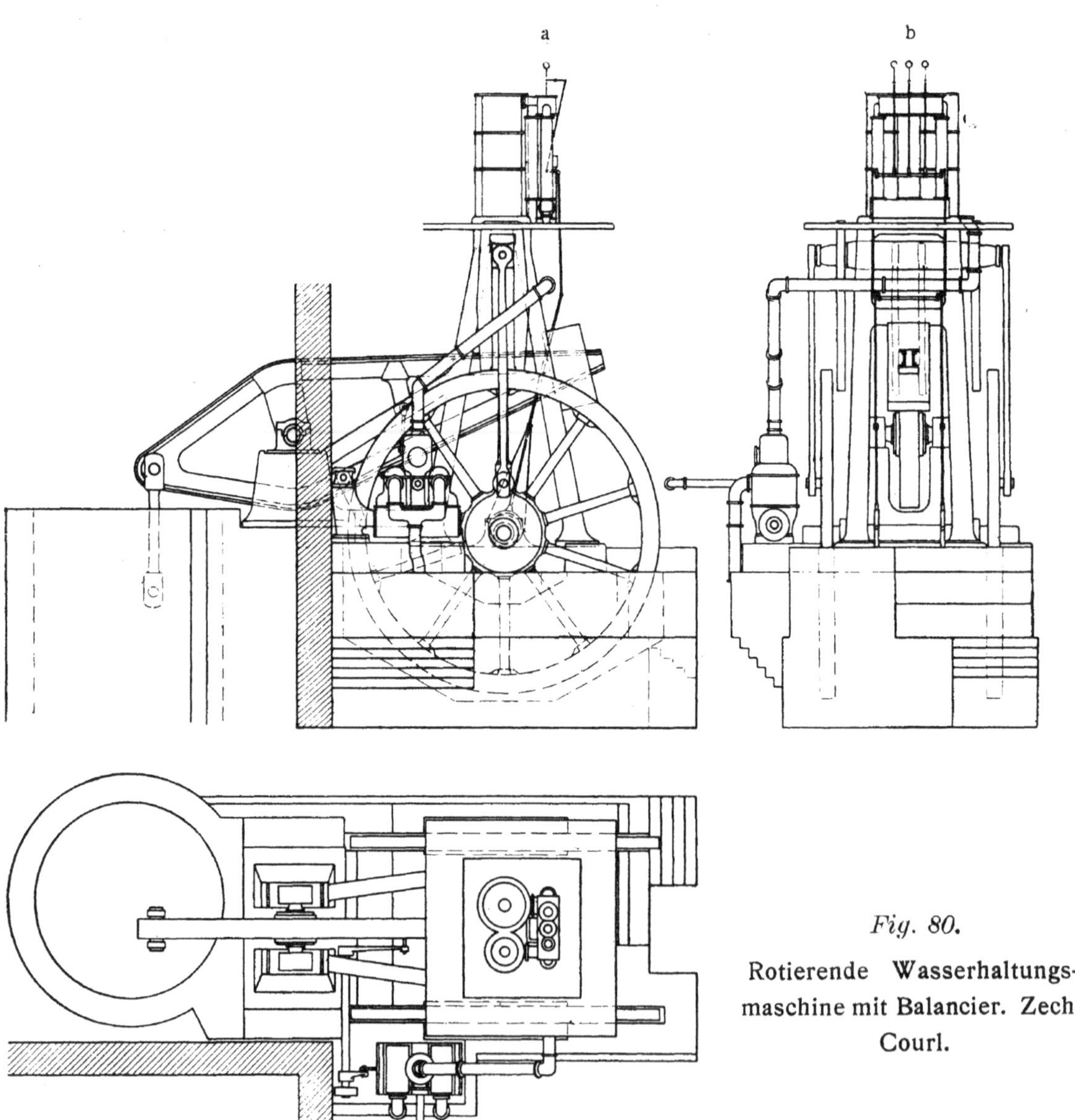

Fig. 80.

Rotierende Wasserhaltungsmaschine mit Balancier. Zeche Courl.

einlassventile durch einen während des Ganges mittels Handrades verstellbaren Konus und die Ueberström- und Kondensatorventile — je zwei gemeinsam — durch Daumen gehoben werden.

Die Kolbenstangen sind mit dem Balancier durch Parallelogramme verbunden; die Schwungradachse liegt zwischen den Cylindern und dem Balanciermittel und bewegt mittels Kurbel und Schwinge die doppelt wirkende liegende Luftpumpe. Der vordere Schwungradlagerbock an der Kurbel ist bei der gewählten Anordnung der Maschine sehr stark beansprucht, weshalb auf Konstruktion und Befestigung besonderer Wert gelegt wurde.

Aehnlichen Aufbau und gleiche Hauptdimensionen erhielten die Maschinen von Rheinpreussen, welche 1876 bezw. 1886 zur Aufstellung kamen. Für beide Maschinen ist ein auf die Steuerung einwirkender Regulator vorgesehen, jedoch ist von dieser Einrichtung niemals Gebrauch gemacht worden. An der zuletzt gelieferten Maschine ist die Steuerung vereinfacht und eine der Konussteuerung der Fördermaschinen ähnliche Anordnung getroffen worden.

Bei der Maschine für Zeche Courl hat man gleichhubige Cylinder angewendet (Fig. 80 a—c), indem die Achsen durch die Cylind rmitten parallel zur Balancierachse liegen. Die Kolbenstangen arbeiten auf eine Traverse, in deren Mitte die Triebstangen zum Balancier angreifen, während an den Enden die Flügelstangen zum Antrieb der beiden Schwungräder sitzen. Die Dampfventile werden durch Daumensteuerung bethätigt. Eine liegende Luftpumpe erhält ihren Antrieb durch Winkelhebel vom Balancier aus. Die Maschine hat die ansehnliche Bauhöhe von 13,5 m über dem Fundament.

c) Rotierende Maschinen mit Hubpausen.

Wie auf S. 192 begründet, können Rotationsmaschinen nicht unter vier Umdrehungen je Minute mit Belastung machen und sich wechselnden Wasser-Zuflüssen daher nicht anpassen lassen. Der um die Entwickelung oberirdischer Wasserhaltungsmaschinen sehr verdiente Civilingenieur Kley in Bonn kam daher auf den Gedanken, die Steuerung so einzurichten, dass die Rotationsmaschine nötigenfalls auch mit Hubpausen arbeitet.

Die Ausführung dieser Idee ist z. B. bei der Maschine für Rheinpreussen, Schacht I in folgender Weise vorgenommen:*)

Nach Figur 81 a—c sind e und e_1 Einlassventile, v und v_1 Verbindungsventile, a und a_1 Auslassventile, welche ihre Bewegungen von den Wellen w und w_1, die oberen durch Welle w_2 erhalten. Die Welle w dient für die

*) Z. D. Ing. 1881 S. 479. O. Z. 1882 S. 15 a 34.

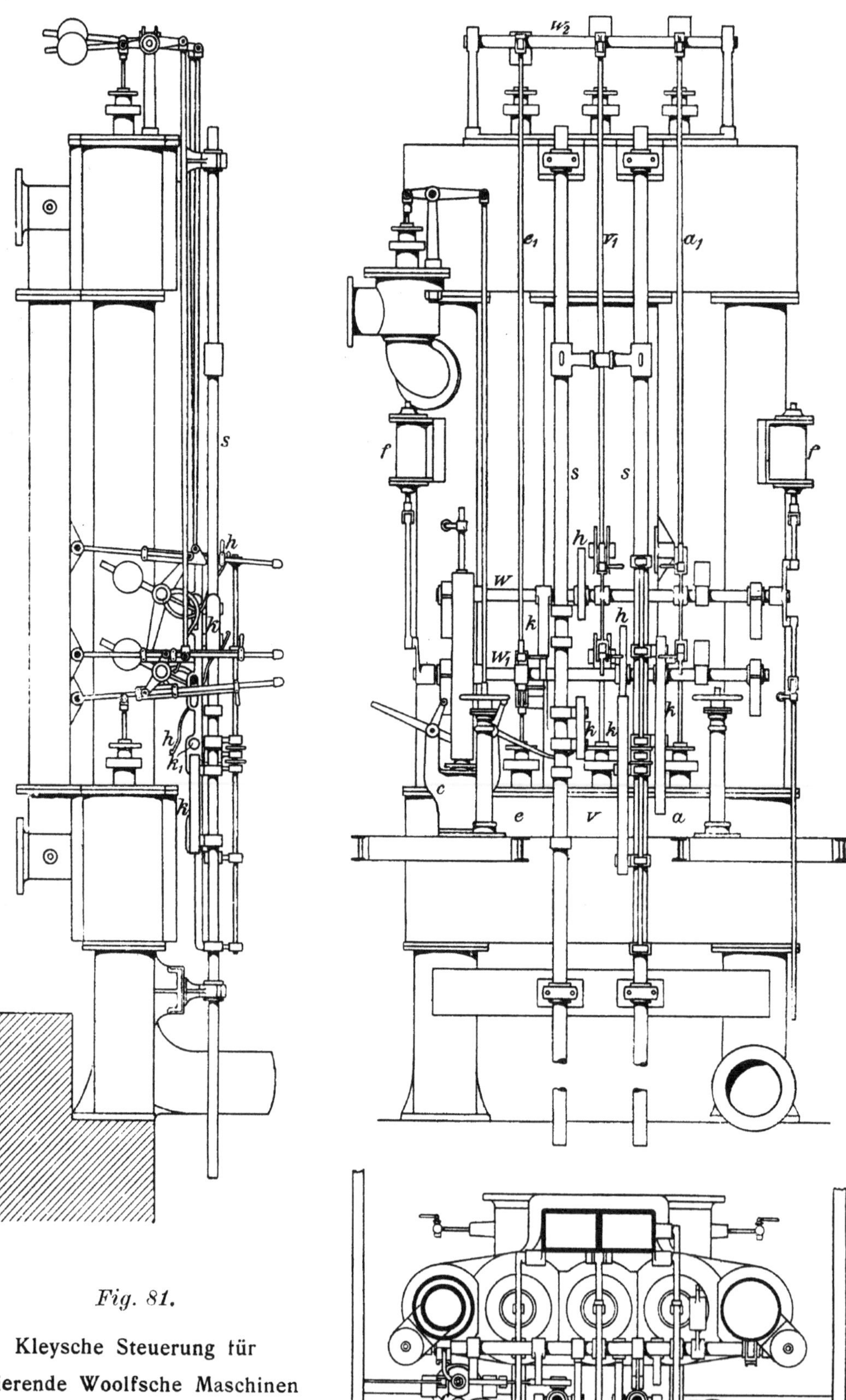

Fig. 81.

Kleysche Steuerung für rotierende Woolfsche Maschinen mit Hubpausen.

Additional material from *Gewinnungsarbeiten, Wasserhaltung,*
ISBN 978-3-642-90160-7 (978-3-642-90160-7_OSFO4),
is available at http://extras.springer.com

Einlassventile, w_1 für die übrigen. Durch Luftpumpengegenlenker werden die Steuerstangen s mit den Knaggen k auf und abbewegt.

Letztere bringen die Steuerwellen w und w_1 mittels der Hebel h in eine mittlere labile Lage, in welcher sämtliche Ventile geschlossen sind. Beim Ausschlag nach der einen Seite werden die unteren, beim Ausschlag nach der anderen die oberen Ventile geöffnet. Den Ausschlag nach unten leitet der Katarakt c ein, während der Ausschlag nach oben durch die hinter der Steuerstange befindlichen Knaggen k_1 eingeleitet wird, worauf die in Federgehäuse eingeschlossenen Spiralfedern, welche bei der durch die Knaggen k bewirkten schliessenden Bewegung gespannt wurden, die Wellen schnell in die äusserste Lage, die der grössten Ventilerhebung entspricht, bringen. Durch Verstellung des Katarakts und der verschiedenen Knaggen k, k_1 hat man es leicht in der Hand, die Maschine nach einer Umdrehung vor oder hinter der Totpunktlage der Kurbel zur Ruhe zu bringen. Im ersten Falle oscilliert die Kurbelwelle, im zweiten rotiert sie mit Pausen in der Totpunktlage; bei schnellem Gange verschwinden die Pausen ganz.

In solcher Weise vereinigt die Maschine den Vorteil gewöhnlicher Kataraktmaschinen mit dem der Rotationsmaschinen. Ausserdem besitzt die Steuerung noch den Vorteil, bei einem Gestänge oder Pumpenbruch sich selbst zu arretieren. In einem solchen Falle wird die Maschine eine grössere Drehung machen als gewöhnlich, wodurch die Steuerstange wieder gehoben und der Katarakt an seinem Niedergange verhindert wird. Die Maschine erhält dann keinen Dampf mehr und bleibt stehen.

Nach vorstehendem Princip sind drei Anlagen mit Maschinen für Hubpausenbetrieb geschaffen worden, nämlich auf den Zechen Fröhliche Morgensonne, Rheinpreussen, Schacht I und Recklinghausen, Schacht II.

Erstere Maschine hat eine ähnliche Anordnung wie die Maschine für Zeche Osterfeld (Fig. 79a und b), die beiden letzteren sind nach der Anordnung auf Tafel VI gebaut worden. Die beiden Cylinder liegen in einer Parallelebene zur Drehachse des Balanciers wie bei der Maschine für Zeche Courl (Fig. 80a—c), infolgedessen die Kolben gleichen Hub erhalten. Die Uebertragung der Kolbenkraft erfolgt ebenfalls wie auf Zeche Courl; nur liegt hier der Balancier oberhalb der Cylinder. Die Luftpumpe ist einfach wirkend und stehend angeordnet.

Die Nachteile der Rotationsmaschinen treffen für diese Maschinen voll zu, sobald sie mit Rotation laufen, sonst gilt für sie dasselbe wie für gewöhnliche Woolfsche Gestängemaschinen. Da man nun von der Möglichkeit der kontinuierlichen Drehbewegung nur in den seltensten Fällen Gebrauch macht, so bedurfte es auch dazu geeigneter Vorrichtungen nicht. Man kehrte deshalb bei neueren Anlagen immer wieder zum Prinzip der Woolfschen Balanciermaschinen ohne Rotation zurück.

Von den oben erwähnten Wasserhaltungsmaschinen wurde diejenige von Zeche Fröhliche Morgensonne vor einigen Jahren zu einer gewöhnlichen Woolfschen Maschine umgebaut, indem das Schwungrad beseitigt und die Steuerung nach dem System Davey umgeändert worden ist.

3. Wasserhaltungsmaschine mit hydraulisch bewegtem Gestänge auf Zeche Gneisenau. (Figur 82.)

Für die Wasserhaltungsanlage auf Zeche Gneisenau mit hydraulisch bewegtem Gestänge, welche die einzige dieser Art im ganzen Ruhrbezirk geblieben ist, sind folgende Gesichtspunkte massgebend gewesen: Die Maschine sollte einmal imstande sein, minutlich 12 cbm Wasser aus 400 m Teufe zu heben, andererseits sollte sie so umgeändert werden können, dass sie 8 cbm in der Minute aus einer Teufe von 600 m zu heben vermochte. Auch für den Fall, dass geringere Wassermengen zu fördern wären, sollte die Anlage ökonomisch arbeiten.

Diese Aufgabe schien zunächst wenig ausführbar infolge zahlreicher lokaler Schwierigkeiten: Zu geringer Spielraum im Schachte für den Einbau der Pumpen und der Rohre, beschränkter Raum am Tage und am Zugang zum Schacht, die Notwendigkeit, nichts auf der Hängebank verändern zu können, um nicht der regelmässigen Förderung Abbruch zu thun, die Schwierigkeit der Anlegung tiefer Fundamente von grossen Dimensionen in den Schwimmsandschichten nahe am Schachte u. a. Von einer grossen Anzahl von Projekten hat nur eins allen gestellten Bedingungen entsprochen.

Das gewählte System besteht in der Aufstellung von zwei direkten Wasserhaltungsmaschinen, welche mit in einiger Entfernung vom Schachte aufgestellten Druckpumpen und Compound-Maschinen in Verbindung stehen und durch hohen Wasserdruck betrieben werden. Die Apparate im Schachte bestehen aus zwei Pumpensystemen mit alternierender Bewegung, hölzernen Hauptgestängen und gemeinschaftlichem Steigerohr.

Die unteren Pumpen sind Hebepumpen von 630 mm Durchmesser. Dieselben sümpfen das Wasser im Schachte auf 390 m Teufe und heben es bis zur Wettersohle bei 326 m Teufe. Auf dieser Sohle sind zwei Druckpumpen mit Plungern von 614 mm Durchmesser und 5750 mm Hub aufgestellt, welche das Wasser auf die Höhe von 163 m bis über die Cuvelage drücken. Ein System von zwei Druckpumpen, analog den ersten, auf diesem Niveau aufgestellt, hebt das Wasser zu Tage. Die Bewegung des Hauptgestänges im Schachte wird durch einen Accelerator in der Grube reguliert. Die Hebepumpen können in Zukunft durch Druckpumpen, welche auf einer tieferen Sohle aufgestellt werden, ersetzt werden.

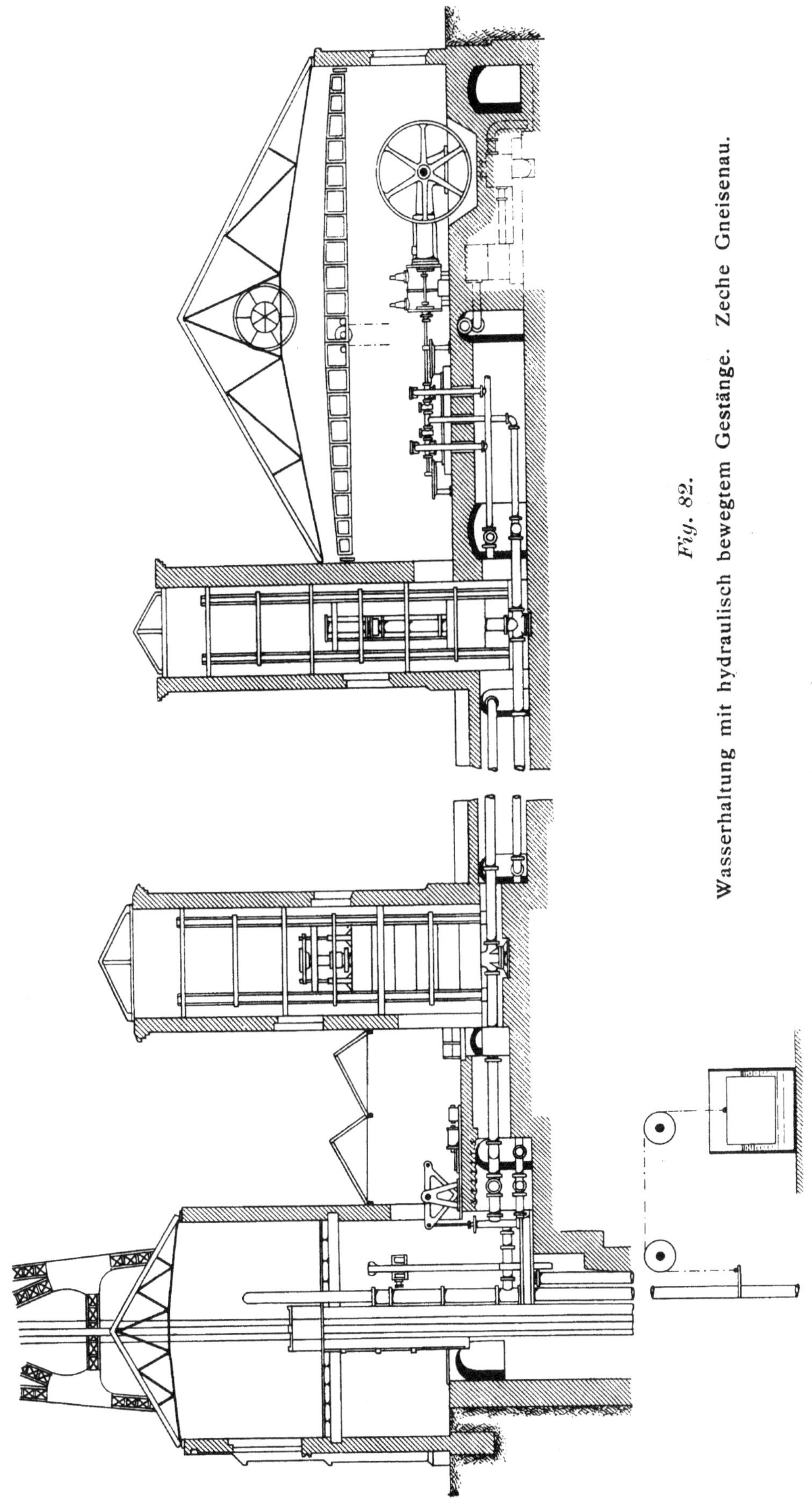

Fig. 82.
Wasserhaltung mit hydraulisch bewegtem Gestänge. Zeche Gneisenau.

Zwei vertikale Wasserdruckcylinder am Schachte setzen durch Plunger von 430 mm Durchmesser die Hauptgestänge der Pumpen direkt in Bewegung. Der Zutritt des Wassers mit hohem Druck vollzieht sich abwechselnd unter den Plungern mit Hülfe einer besonderen Steuerung, analog derjenigen bei Wassersäulenmaschinen.

Der Gang der hydraulischen Maschinen und der Wasserdruck werden durch Akkumulatoren reguliert. Das Uebergewicht des Hauptgestänges über die zu verdrängende Wassersäule wird benutzt, um einen Ausgleichungs-Akkumulator zu heben, welcher das Wasser den Presspumpen zuführt und infolgedessen die mehr verwendete Arbeit auf das Heben des Hauptgestänges wieder ersetzt.

Die drei Dampfmaschinen, als Verbundmaschinen gebaut, arbeiten mit Kondensation und besitzen Ventilsteuerung für verst llbare Expansion. Die Hochdruckcylinder haben 750 mm und die Niederdruckcylinder 1250 mm Durchmesser; der gemeinschaftliche Hub beträgt 1200 mm. Die Maschinenteile sind für einen Druck von $5^1/_2$ Atm. im kleinen Cylinder berechnet. Die Maschinen können bis 45 Umläufe in der Minute machen. Dieselben treiben je vier Plunger von 97 mm Durchmesser und 1200 mm Hub, und drücken das Wasser auf eine Pressung von 100 Atm.

Eine besondere kleine Dampfmaschine mit Doppelcylindern setzt zwei kleine Pumpen von 30 mm Plungerdurchmesser und 200 mm Hub in Bewegung und ermöglicht ohne die Hülfe der grossen Maschinen das Heben der Akkumulatoren und des Hauptgestänges.

Die interessante aber sehr komplizierte Anlage ist von der belgischen »Société anonyme des ateliers de construction de la Meuse« in Lüttich erbaut worden, die Steuerung der Pumpen nach dem Patent Timmermanns.

4. Balanciers.

Für alle indirekt wirkenden Wasserhaltungen ist zur Uebertragung der Kolbenkraft auf das Gestänge ein doppelarmiger Hebel oder Balancier nötig. Demselben kommt bei den einfach wirkenden Maschinen lediglich diese Aufgabe zu, während er bei den doppelt wirkenden Maschinen — und hier kommen nur die Woolfschen in Frage — ausserdem noch ein Gegengewicht aufzunehmen hat, welches dem Gestängeübergewicht über die Grösse des Kolbendrucks entspricht.

Entsprechend den wichtigen Aufgaben, welche der Balancier zu erfüllen hat, musste seiner Konstruktion auch ganz besondere Aufmerksamkeit gewidmet werden.

An älteren Maschinen finden wir wohl ausschliesslich zwei gusseiserne Balancierschilde, welche durch Achsen und Zapfen verbunden sind, wie

z. B. bei der in Figur 59 abgebildeten Wasserhaltung von Zeche Königin Elisabeth. Die äusseren Begrenzungen bilden zwei gleichseitige Parabeln, deren Scheitel in den Angriffspunkten der Kolbenstange und des Gestänges liegen. Zur Aufnahme der Achsen und Zapfen sind Augen aufgegossen, welche mit den Schildern verrippt sind. Die Uebertragung der Bogenbewegung der Balancierzapfen auf die geradlinigen Bahnen der Gestängeköpfe und Kolbenstangen vermitteln Wattsche Parallelogramme.

Da in dem Balancier bei jedem Wechsel des Hubes und der Hubrichtung auch wechselnde Spannungsrichtungen auftreten, muss die Sicherheit genügend hoch gewählt sein, umsomehr, als sich die Stösse in den Pumpen, hervorgerufen durch unregelmässige Ventilbewegung, im Gestänge fortpflanzen und auf den Balancier übertragen.

Solchen unberechenbaren Beanspruchungen konnte Gusseisen, nachdem die Leistungen der Maschinen mit der Zeit entsprechend den Fortschritten im Maschinenbau gestiegen waren, auf die Dauer nicht Rechnung tragen, besonders nicht, wenn der Balancier infolge von Gestängebrüchen mit grosser Beschleunigung auf die Fanglager aufschlug.

Man ging daher bald zur Anwendung des elastischeren Walzeisens für die Schilde der Balanciers über. Für die Aufnahme der Achse und der Zapfen nietete man an die Schilde gusseiserne Naben und Augen, später solche aus Stahlguss. Die Verbindung mit Kolbenstange und Gestänge wurde noch lange Zeit durch Parallelogramme vermittelt.

Das elastische Walzeisen gewährte nun zwar grössere Sicherheit gegen Brüche der Balanciers, dafür hatte es aber die Schattenseite, dass die Uebertragung der Kolbenkraft auf das Gestänge unter starken Vibrationen erfolgte, zum Nachteil der Gestängeverbindungen, welche sich dadurch lockerten und Veranlassung zu Brüchen gaben. Bei zu schwach construierten Balanciers hat man dann häufig zu dem Auskunftsmittel gegriffen, dass man die Höhe an der Drehachse vergrösserte, indem man in Trägerform genietete Stücke aufsetzte und diese durch Spannstangen mit den Balancierenden verband. Aus solchen Fällen zog man dann die Lehre, dass der Balancier an dem Drehpunkt möglichst hoch zu machen sei, und es entstanden Formen, wie sie in Figur 73a und b dargestellt sind.

Indem man als Querschnitt durchgehend die Kastenform wählte, machte man bei älteren Ausführungen die Schilde ganz aus Blech und verband sie oben und unten durch Blechstreifen, welche mittelst Winkeleisen aufgenietet wurden. Bei neueren Konstruktionen führte man die Begrenzungen der Balanciers in Gurtungen aus, welche mit der Achse und unter sich kräftig verbunden werden (Fig. 83). Der Balancier erhält dadurch das Aussehen eines Fachwerkträgers, das Material ist günstig verteilt und trotz Erhöhung des Balanciers an der Drehachse ist das Eigengewicht im Vergleich zu älteren Konstruktionen nahezu dasselbe geblieben.

Die Hebelarme des Balanciers sind in seltensten Fällen gleich lang wie z. B. an den Maschinen auf den Zechen Franziska, Unser Fritz II/III, Mathias Stinnes, General, Courl u. a. Ueblich ist es, dem Kolben des Cylinders einen grösseren Hub zu geben als dem Gestänge und entsprechend ver-

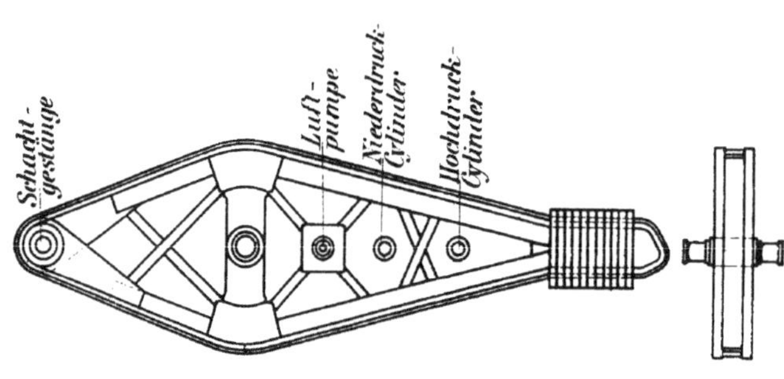

Fig. 83.

Balancier neuerer Konstruktion.

halten sich dann die Hebelarme. Es liegt diese Anordnung darin begründet, dass man die Dampfcylinder bei langem Hube infolge der im Hebelverhältnis kleiner ausfallenden Kolbenkraft im Durchmesser kleiner und dadurch billiger in der Herstellung erhält. Die mittlere Kolbengeschwindigkeit kann bei langem Hub auch grösser werden und die Periode der grössten Geschwindigkeit einen grösseren Teil des Kolbenlaufs einnehmen, als bei kurzem Hube. Eine gleichartige Bewegung wird dann in verkleinertem Masse auf das Gestänge und die Pumpen übertragen, wodurch diese ruhiger arbeiten als bei gleichem Hube im Cylinder und in den Pumpen.

Das Hebelverhältnis hat man verschieden gewählt, gebräuchliche Verhältniszahlen sind 5 : 6, 7 : 8, 7 : 9, 9 : 11, 11 : 15.

Die Gegengewichte sind an der Cylinderseite angebracht und sitzen an dem über den Kolbenangriffspunkt hinaus verlängerten Balancier. Am gebräuchlichsten sind gusseiserne Platten runder oder quadratischer Form. Seltener hat man schmiedeeiserne Kästen mit Schrottfüllung benutzt.

Bei den direkt wirkenden Maschinen und bei einigen indirekt wirkenden mit nicht hinreichender Balancierbelastung (z. B. auf Zeche Prinz Regent) verlegte man zur Ausgleichung des Gestängeübergewichts sog. Gegen- oder Contrebalanciers in den Schacht oder bei hochgestellten Maschinen in das Schachtgebäude und liess sie durch Gelenkstangen auf den oberen Gestängeteil wirken. Um an Belastungsgewicht zu sparen, machte man die Gegenbalanciers auch ungleicharmig.

5. Gestänge.

Zur Uebertragung der Maschinenkraft auf die verschiedenen Pumpen im Schacht dient unmittelbar oder mittelbar das Gestänge, jenachdem direkter oder indirekter Antrieb durch die Maschine erfolgt. Das Gestänge wird daher jede Unregelmässigkeit der Kolbenbewegung mitmachen, um den auf dasselbe ausgeübten Kräften, seien diese nun Zug- oder Druckkräfte, widerstehen zu können. Das Gestänge wird seinerseits rückwärts jede Störung im Gange der Pumpe, möge erstere nun verzögernd oder beschleunigend wirken, auf die Maschine zu übertragen suchen. Vermag dann die Maschine nicht zu folgen, so treten Spannungen im Gestänge auf, welchen nur sehr vorsichtig berechnete und sorgfältig ausgeführte Konstruktionen auf die Dauer zu widerstehen vermögen.

Man ist zwecks thunlichster Verringerung von Aenderungen in der Beanspruchung der Gestänge darauf bedacht gewesen, von der Maschine ausgehende Druckkräfte zu vermeiden und die Kolbenkraft nur ziehend wirken zu lassen. Dieser Grundsatz ist für einfach wirkende Maschinen stets durchführbar gewesen. Dies schliesst aber nicht aus, dass infolge ungünstiger Massenverteilung im Gestänge selbst Druckbeanspruchungen auftreten und bei ungenügender Anzahl von Führungen Ausbiegungen und Erschütterungen sich einstellen.

Mit Einführung der Doppelwirkung in der Maschine ergab sich die Notwendigkeit, das Gestänge abwechselnd mit Zug und Druck betreiben zu müssen; das Gewicht desselben konnte daher leichter ausfallen, wie bereits früher nachgewiesen wurde. Die Erfahrung zeigte aber schon bei der ersten Ausführung auf Zeche Gewalt, dass dadurch der Betrieb ausserordentlich gefährdet wurde, weil die Gestängeverbindungen zu schwach waren und eine Lockerung derselben Gestängebrüchen Vorschub leistete. Man musste die Gestänge stärker bauen, als die Theorie verlangte und das Uebergewicht im oberen Teile durch Gegengewichte an einem Balancier ausgleichen. Bei der Abwärtsbewegung des Gestänges hatte die Maschine dann zunächst und zum grössten Teil nur auf Hebung des Gegengewichts zu arbeiten und daher nur einen geringen Teil ihrer Kraft als Druck auf das Gestänge abzugeben.

Infolge Einführung der Woolfschen Maschinen mit und ohne Rotation erforderte die Expansion noch grössere Massen, als lediglich die Rücksichten auf die Festigkeit verlangten. Man verteilte daher die erforderlichen Massen zu gleichen Hälften auf Gestänge und Gegengewicht und hatte dann lediglich mit Zugkräften im oberen Teile des erstern zu rechnen.

Von den Auskunftsmitteln, um falsch angelegte oder aus anderen Gründen unrichtig arbeitende Gestänge betriebssicher auszugleichen, soll später die Rede sein.

a) Holzgestänge.

Bis zum Jahre 1860 glaubte man, dass nur Holzgestänge imstande seien, den erörterten Unregelmässigkeiten der Gestängebewegung zu begegn'en, sobald man nur die der Feuchtigkeit im Schachte am besten widerstehenden Holzarten anwendete. In feuchten Schachtteilen wählte man Kiefern- oder Fichtenholz, in nassen Zonen Eichenholz, wie z. B. auf den Zechen Sellerbeck, Wiesche, Roland u. a. Zuweilen nahm man auch ganze Eichengestänge, wie auf den Zechen Concordia und Neu-Cöln. In späterer Zeit benutzte man zu Schachtgestängen mit gutem Erfolge auch das aus Amerika stammende pitch-pine Holz, eine Kiefernart, welche langes, astfreies und ungemein widerstandsfähiges Holz bei hohem spezifischem Gewicht (0,91) besitzt. Allen Holzgestängen haften aber manch rlei Mängel an, wie grösseres Gewicht im Vergleich zum Eisengestänge, Neigung zur Fäulnis, Lockerung der Verbindungen durch Schwinden u. s. w. Auf mehreren Zechen hat man Holzgestänge bei einfach wirkenden Maschinen bis auf die heutige Zeit beibehalten, so z. B. auf Schleswig, Neuessen, Massener Tiefbau, Unser Fritz II/III, Königin Elisabeth, Rhein-Elbe (Alma). Von eincylindrig-doppelt wirkenden Maschinen besitzt nur Alstaden I ein pitch-pine Gestänge, von Woolfschen Maschinen hat Zeche Schürbank und Charlottenburg ein gleiches.

Auf letzterer Zeche ist das Gestänge bis zur 306m-Sohle durchgeführt. Die Drucksätze sind mit Ausnahme des untersten auf jeder Sohle doppelt eingebaut und die Plunger in der gemäss Figur 84 ersichtlichen Weise durch Krumse mit den Hölzern verbunden. Das Gestänge ist dadurch gleichmässig belastet und konnte in einem Zuge durchgeführt werden Bei Anwendung nur eines Drucksatzes auf jeder Sohle und Befestigung des Plungers durch Krums hatte man den Nachteil, dass die Holzstangen sich verbogen und stark litten.

Um eine Verbindung des Holzgestänges mit den Balancier-Gelenkstangen herzustellen, ist ein Zapfen C (Figur 85a und b) in den Seitenteilen der Stangen drehbar und in der Mitte quadratisch ausgebildet. Ein rechteckiges Eisenstück D umfasst den Zapfen, dessen Verbindung mit dem ersten Gestängestück durch die Scheeren A und die Laschen B hergestellt wird. Die Scheeren sitzen direkt auf dem Zapfen und innerhalb der Seitenteile der Gelenkstangen, während die Laschen B durch die Keile E und F mit dem Stück D verbunden sind. Scheeren und Laschen schliessen an das erste im oberen Teile angebrachte rechteckige Holz an. Die Verbindung geschieht durch Schrauben, deren Mitten gegeneinander versetzt sind, um die Beanspruchung der gleichen Faser zu verhüten und dem Aufreissen der Hölzer vorzubeugen.

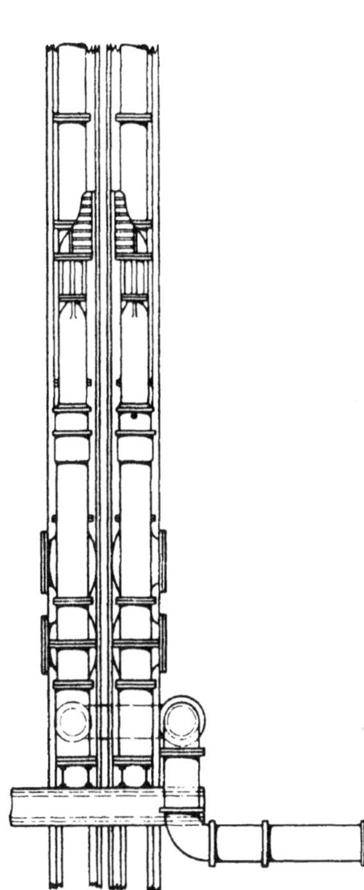

Fig. 84.

Holzgestänge bei doppelten Drucksätzen. Zeche Schürbank und Charlottenburg.

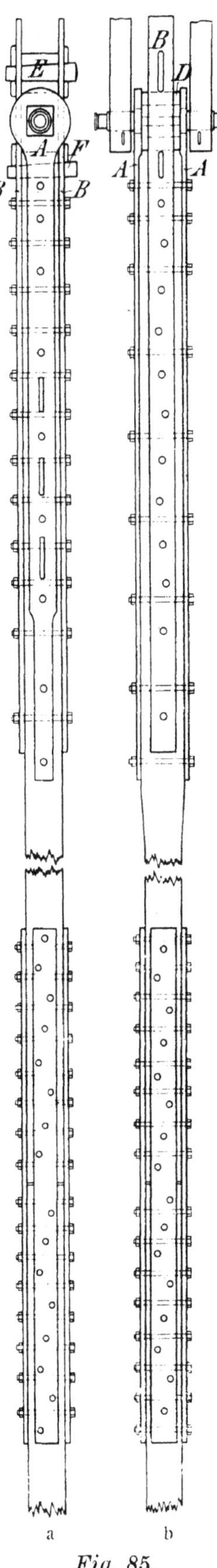

Fig. 85.

Verbindung zwischen Holzgestänge und Balancier.

Die weiteren Gestängestücke haben quadratischen Querschnitt und stossen stumpf aufeinander; auf jeder Seite liegen etwa 4 m lange Laschen mit Schraubenfestigung. Der Querschnitt der Gestängestücke nimmt mit zunehmender Teufe ab.

Die Verbindung des Gestänges mit dem Pumpenplunger ergiebt Figur 86a und b. Eine gusseiserne Traverse a ist mit dem oberen Holzgestänge

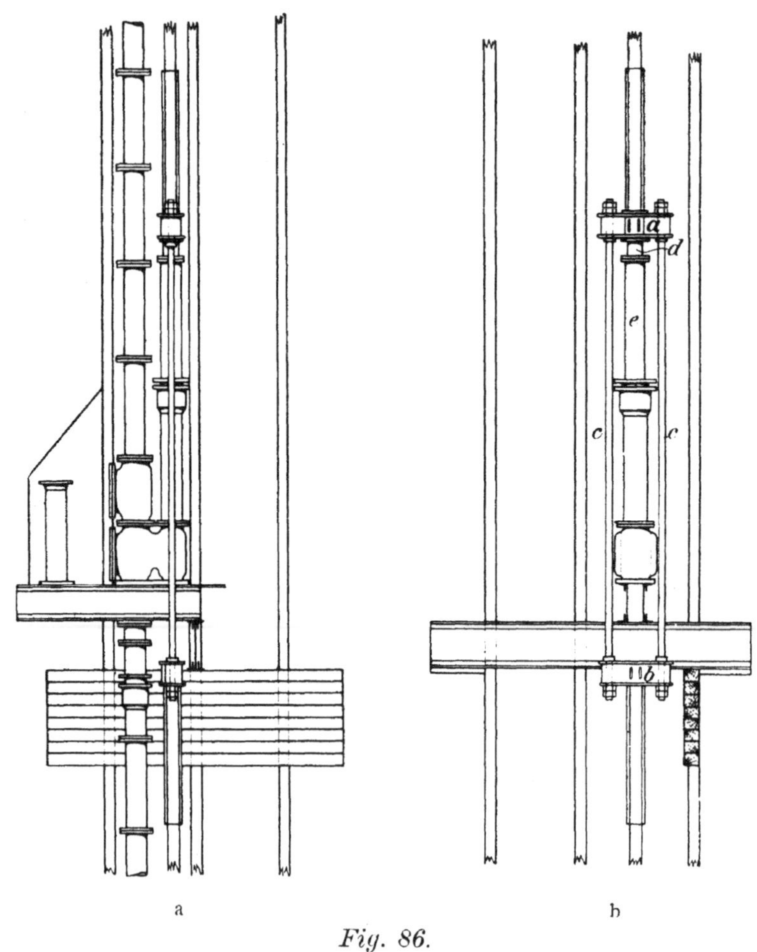

Fig. 86.

Verbindung zwischen Holzgestänge und Pumpenplunger.

durch Keile verbunden; in gleicher Weise ist die Befestigung des unteren Gestängeteiles mit Traverse b vorgenommen. Beide Traversen sind durch rundeiserne Umführungsstangen c verbunden, zwischen denen der Drucksatz steht. Um den Plunger e ausbauen zu können, ist zwischen ihm und der Traverse a eine sog. Krone d eingeschaltet, deren Höhe der Einstecktiefe des Plungers im Plungerrohr entspricht, wenn sich das Gestänge in der höchsten Stellung befindet. Ein Abbauen des Gestänges wird durch diese Anordnung vermieden.

Für kleinere Leistungen und Teufen genügten einfache Hölzer, welche in der oben angegebenen Weise miteinander verbunden wurden. Waren grössere Kräfte und Teufen zu überwinden, so verband man zwei oder mehrere Stangen zu einem Ganzen. Die Gestänge fielen dadurch vielfach schwerer aus, als die zu überwindenden Widerstände bedingten, sodass man zur Vermeidung von Ausbiegungen namentlich bei grossen Teufen den oberen Gestängestücken einen grossen Querschnitt geben musste; auch belegte man zur Erhöhung der Sicherheit das ganze Gestänge mit Eisenlaschen. Der Zweck, welchen das Holz erfüllen sollte, ging dann meistens verloren, indem das Eisen die Kraftübertragung übernahm und das Holz nur als Ausfütterung oder Versteifungsmittel diente. Es war daher der allmähliche Uebergang zur Benutzung von Eisen allein nur zu natürlich.

b) Walzeisen-Gestänge.

Das erste Walzeisengestänge entstand im Jahre 1860. Es wurde nach den Vorschlägen des Maschineninspektors Crone zu Hoerde von Oberingenieur R. Daelen für Zeche Margaretha bei Aplerbeck auf der Hermannshütte in Hoerde konstruiert und ausgeführt. Die zugehörige Maschine ist im Jahre 1859 als indirekt und einfach wirkende von der Eisenhütte Prinz Rudolph in Dülmen erbaut worden. Die Wasserhaltung ist heute noch betriebsfähig und kann 2,22 cbm/Min. mit 4 Drucksätzen auf 300 m heben; der Gestängehub beträgt 2825 mm.

Als Querschnittsform wählte man diejenige von vier zusammengesetzten Winkeleisen (Fig. 87a) welche vor den damals schon bekannt gewordenen

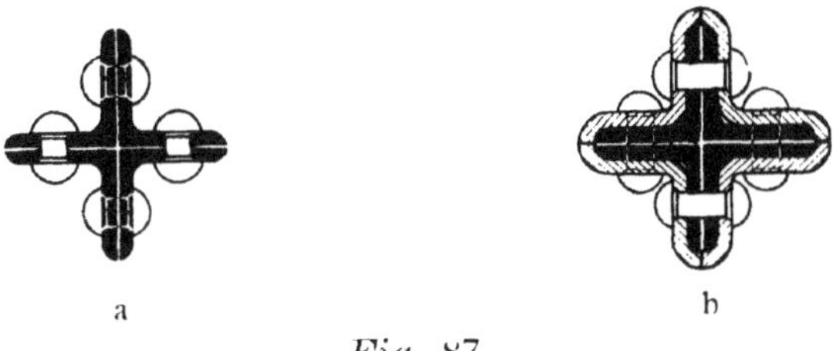

Fig. 87.

Walzeisengestänge der Zeche Margaretha.

Rundeisengestängen den Vorzug grösserer Widerstandsfähigkeit bei geringerem Inhalt, also auch die erforderliche Steifigkeit, besass.

Die einzelnen Gestängelängen wurden durch Laschen miteinander verbunden, deren Querschnitt so gewählt war, dass die innere Begrenzungslinie der Laschen mit der äusseren Begrenzungslinie des Kreuzes zusammenfiel (Fig. 87b).

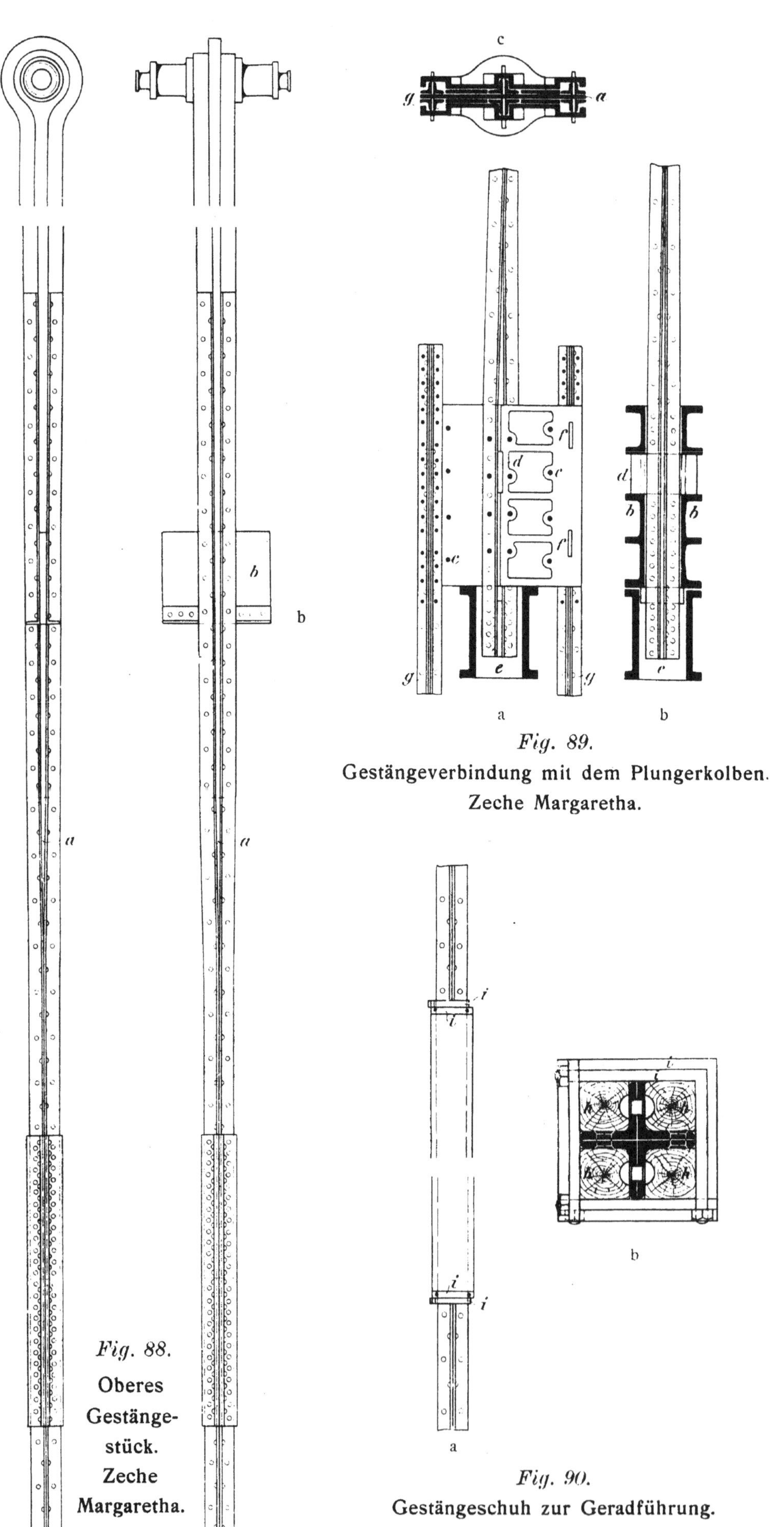

Fig. 88.
Oberes Gestängestück. Zeche Margaretha.

Fig. 89.
Gestängeverbindung mit dem Plungerkolben. Zeche Margaretha.

Fig. 90.
Gestängeschuh zur Geradführung. Zeche Margaretha.

Der Anschluss des Gestänges an den Balancier ist durch ein kräftiges schmiedeeisernes Kreuz vermittelt worden, an welches die vier Winkeleisen des oberen Stabes angenietet wurden. Das obere Ende des Kreuzes enthält die Achse, welche mit dem Balancier der Maschine mittelst Wattschen Parallelogrammes in Verbindung steht.

Um eine nachteilige Verkröpfung der Winkeleisenstäbe an dem unteren Ende dieses Kreuzes zu vermeiden, sind spitz auslaufende Keile a dazwischen genietet, welche einen allmählichen Uebergang vermitteln (siehe Fig. 88a—b). Zur Sicherung des Gestänges bei einem Bruche an der Maschine ist an dem Kranzstücke ein Fanghorn b angenietet, welches aus einer quer durchgehenden schmiedeeisernen Platte besteht, deren untere mit Winkeleisen besetzte Fläche sich eintretenden Falles auf einen hölzernen Fangrahmen auflegt.

Die Verbindung des Gestänges mit dem Plungerkolben der Druckpumpen ist in den Figuren 89a—c wiedergegeben und folgendermassen eingerichtet:

An dem unteren Ende des letzten Gestängestückes ist eine starke schmiedeeiserne Platte angenietet, mit welcher zwei gusseiserne, durch Querrippen versteifte Platten b vermittelst Schrauben c und Keile d verbunden sind. Das Ganze bildet so einen kräftigen Krums, an dessen unterer Fläche ein kurzes Rohrstück e angeschraubt ist, welches direkt mit dem Plungerkolben der Pumpe in Verbindung steht. Die den mittleren Gestängeteil bildende Schere, welche den oberen Drucksatz umfasst, besteht aus zwei Stäben g, die aus breitem Winkeleisen von etwa 14 m Länge kreuzförmig zusammengenietet sind. Die Enden dieser Stäbe sind mit konischen Schraubenbolzen an die erwähnte schmiedeeiserne Platte der Krums angeschraubt und ausserdem noch durch genau schliessende Keile f mit demselben verbunden.

Was die Geradführung des Gestänges anbelangt, so ist bei jeder Laschenverbindung zweier zusammenstossender Gestängestücke ein Holzschuh eingebaut, welcher in einem verstellbaren Lehrlager auf- und niedergleitet. Die Verbindung der Holzschuhe mit dem Gestänge zeigt Figur 90a, den Querschnitt des letzteren Figur 90b. Das Gestängekreuz wird zunächst von vier hölzernen Pfosten h umschlossen, deren innere Begrenzungsflächen sich genau an die Winkel anlegen. Die an den Winkeln vorstehenden Nietköpfe sind in das Holz genau eingelassen und verhindern das Gleiten des Gestänges an den Holzschuhen, falls die Lehrlager zu scharf eingestellt sein sollten. Die Verbindung der Hölzer mit dem Gestänge geschieht durch zwei Paar schmiedeeiserner Bügel i, welche durch Schrauben und Querlaschen das Holz fest gegen die Winkel anpressen. An den äusseren Flächen dieser Pforten sind vier starke eichene Schwellen mittelst gewöhnlicher Holzschrauben befestigt, sodass nur die Schwellen verschleissen, welche leicht wieder ersetzt werden können.

Der Einbau des Gestänges war mit keinen besonderen Schwierigkeiten verbunden, indem das ganze Gestänge auf der Hütte genau verpasst und dort die Verbindungslaschen an dem einen Ende der einzelnen Kreuzstücke bereits angenietet wurden. Das Zusammennieten der einzelnen Stäbe zu einem Ganzen erfolgte auf der Grube über Tage, indem die zusammengenieteten Teile allmählich in den Schacht hinabgelassen wurden. Zum Schutze gegen nachteilige Einwirkungen des Grubenwassers wurde das Gestänge mit einem zweimaligen Oelanstrich auf Mennigegrund versehen.

Das Gesamtgewicht des Gestänges betrug 23 125 kg, dasselbe war jedoch zu gering, um den zu 27 500 kg sich ergebenden Wasser- und Reibungswiderstand zu überwinden. Es wurden deshalb die in Figur 91 abgebildeten

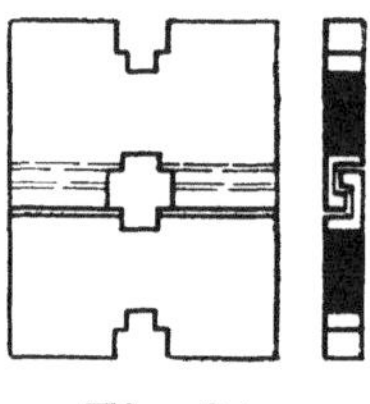

Fig. 91.

Belastungsgewichte. Zeche Margaretha.

Belastungsgewichte auf die oberen und unteren Krums an jedem Drucksatz aufgelegt. Die Gewichte umschliessen das Hauptkreuz und sind an beiden Seiten mit Einschnitten versehen, welche dem Querschnitt der Scherstangen entsprechen.

Der Gesamtpreis des Gestänges betrug 10 940 Mk.

Nachdem durch diese Ausführung auf Zeche Margaretha der Beweis erbracht war, dass ganz eiserne Façongestänge einen sicheren und dauerhaften Ersatz für Holzgestänge zu bieten vermögen, wurden namentlich bei Neuanlagen Kreuzgestänge in grosser Zahl ausgeführt und alte Holzgestänge ganz oder teilweise durch solche ersetzt. Wesentliche Aenderungen in der Konstruktion sind nicht zu verzeichnen. Nur hat man statt der aus Winkeleisen zusammengesetzten Umführungsstangen häufig Rundeisenstangen gewählt.

Für grosse Teufen und hohe Leistungen konnte man durch die Kreuzform nicht die nötige Steifigkeit und Festigkeit erhalten. Man verliess daher namentlich für die oberen Gestängeteile diese Form und wählte den I-Querschnitt, in welchem dann sehr zahlreiche Gestänge teilweise oder im ganzen ausgeführt sind. Der Querschnitt eignet sich nicht nur für einfach wirkende, sondern besonders auch für doppelt wirkende Maschinen, da er an keine Grösse gebunden ist und die grössten Kräfte zu übertragen vermag. So sind z. B. die grössten Woolfschen Maschinen der Zechen Erin, König Ludwig u. s. w. mit I-Gestängen ausgerüstet.

In den Figuren 92, 93 und 94 geben wir die Ausführungsformen für ein Gestänge der Woolfschen Maschine von Shamrock I/II wieder, welches in seiner Konstruktion für 800 m Teufe berechnet, z. Z. aber erst bis 484,85 m eingebaut worden ist.

An die Verbindungsstange mit dem Balancier (Figur 92a—c), welche unten in einem entsprechend stark ausgebildeten Auge einen in starkem Stahlfutter laufenden Gelenkbolzen aufnimmt, schliesst sich mit einer Gabelung ein kräftig gehaltenes Schmiedestück zwecks Anschlusses des obersten Walzeisen-Gestängeteils an. Den oberen Teil des Schmiedestücks bildet ein Auge mit Bolzen zum Anschluss der Gabeln zur Balancier-Verbindungsstange. Das Mittelstück ist mit einer Aussparung versehen und rechteckig ausgebildet. An seine Schmalseiten schliessen sich mit Verzahnung zwecks Schraubenentlastung zwei Scheren, an welchen die ersten [-förmigen Stangen befestigt sind. Die Breitseiten des Schmiedestücks sind schwertartig verjüngt. Um einen bequemen und zuverlässigen Zusammenbau im Schachte zu ermöglichen, sind die Walzeisenstücke mit dem Schmiedestück und den Scheren, gleichwie alle weiteren Gestängestösse, durch starke konische Stahlbolzen verschraubt.

Der Gestängeteil bis zum ersten Drucksatz hat I-förmigen Querschnitt, der aus Blechstreifen und Winkeleisen zusammengestellt ist. Zwischen den einzelnen Teilen liegen Distanzscheiben in Stärke der Verbindungslaschen für die Stabstösse.

Am vorletzten Stab über dem ersten Drucksatz befindet sich das erste Fangkrums, dessen einfache Konstruktion Figur 93a—c zeigt.

Am letzten Stabe des Gestänges sind der erste Plunger und die Umführung mit Krums und zwei Rundstahlstangen angebracht (Fig. 94 a—c). Auf dem Plunger sitzt zunächst ein Stahlguss-Zwischenstück und darauf ein Kopfstück, ebenfalls aus Stahlguss, welches auf einem kräftigen Flansch zwei bogenförmige Aufsätze trägt. Letztere lassen einen Zwischenraum zwischen sich und sind mit Flanschen durch jederseits drei Schrauben an das untere Stabende geschraubt, welches hier durch Blech-Zwischenlagen bis auf die Breite der flach abgesetzten Rundstahlstangen gebracht ist. Die Bleche sitzen auf dem Boden des Kopfstückes scharf auf, sodass die Schrauben nur beim Anhub des Plungers beansprucht werden. Die Krumsbleche sind mit dem Gestängestab und den Umführungsstangen wiederum durch konische Stahlbolzen verbunden. In ähnlicher Weise sind die weiteren Gestängestücke ausgeführt worden.

Für doppelt wirkende Maschinen, deren Gestänge auf Zug und Druck beansprucht werden (vgl. S. 174), glaubte man mit den bisherigen + und

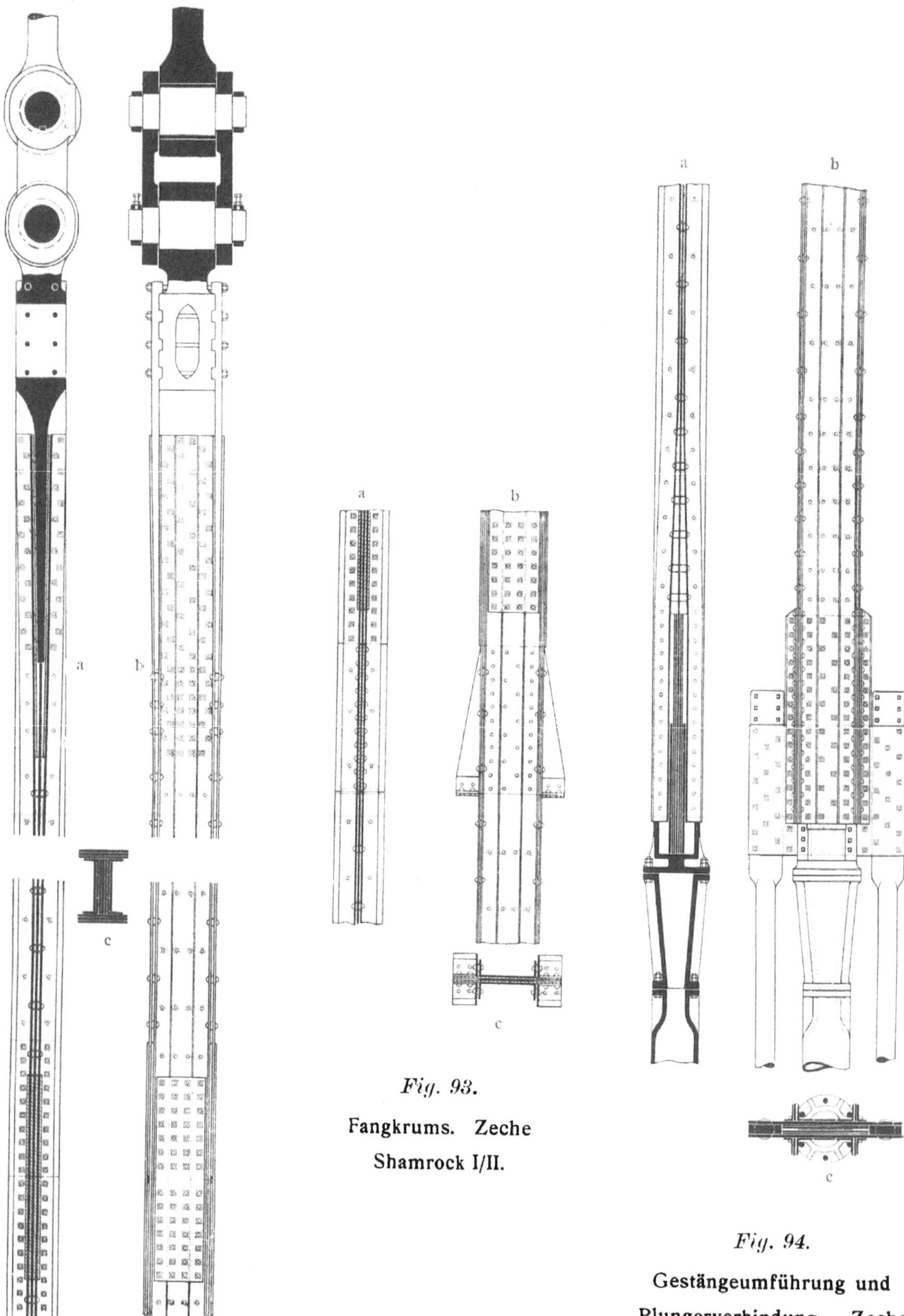

Fig. 92.

Gestängeverbindung mit dem Balancier. Zeche Shamrock I/II.

Fig. 93.

Fangkrums. Zeche Shamrock I/II.

Fig. 94.

Gestängeumführung und Plungerverbindung. Zeche Shamrock I/II.

I-Formen des Querschnittes nicht auskommen zu können, da diesen grosse Widerstandsfähigkeit gegen Druck fehlt. Von Ingenieur Ehrhardt wurde daher für die Gestänge doppelt wirkender Maschinen ein kastenförmiger Querschnitt gewählt, der sich auch gut bewährt hat, sobald die Stossverbindungen, welche hauptsächlich unter dem Wechsel der Beanspruchung zu leiden haben, genügend sorgfältig ausgeführt werden.

Bei dem ersten Kastengestänge, welches auf Zeche Gewalt zur Anwendung kam (Fig. 95), sind zwei U-Eisen mit Deckblechen verbunden. Bei zunehmender Teufe verringerte man die Querschnitte, indem man niedrigere U-Eisen wählte und diese näher zusammenrückte.

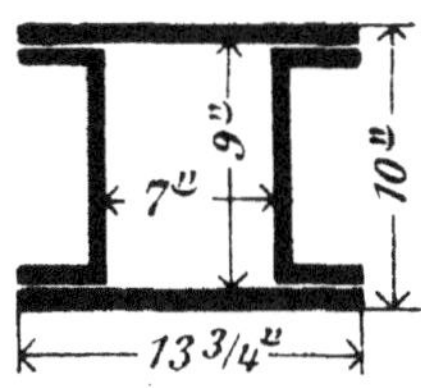

Fig. 95.
Kastengestänge. Zeche Gewalt.

Grössere Gestänge stellte man in der Weise her, dass die U-förmigen Teile aus Blechen und Winkeleisen zusammengesetzt und dann durch Deckplatten aus einem oder mehreren Blechen verbunden wurden.

Die Stossverbindungen und die Befestigung des Gestänges mit den Plungern werden der Querschnittsform entsprechend hergestellt, zeigen aber konstruktiv nichts wesentlich Neues.

Da mit Rücksicht auf die Festigkeit die Gestänge meistens schwerer wurden, als die Doppelwirkung der Maschine erforderte, so ging man später von der Kastenform wieder ab.

Kastengestänge haben u. a. die Zechen Maria, Anna und Steinbank, Glückauf Tiefbau (Schacht Giesbert), Caroline bei Bochum und Vollmond.

c) Rundgestänge aus Schmiedeisen oder Stahl.

Bei den soeben erörterten Walzeisengestängen ist man in erster Linie auf die Güte der Nietarbeit angewiesen, sodann erfordert die Herstellung der Stösse ungemeine Sorgfalt und endlich ist im Falle eines Gestängebruchs für die Reparatur ein grosser Zeitaufwand notwendig. Man ging daher schon frühzeitig dazu über, eine grössere Anzahl von Wasserhaltungen jeden Systems mit geschmiedeten Rundgestängen aus Schmiedeisen oder Stahl auszurüsten. Dem Schmiedeisen wird gewöhnlich der Vorzug gegeben, da für Stahlgestänge mit sehr grosser Festigkeit Querschnittsänderungen, wie sie bei den Gestängeköpfen und den Anschlussstangen vorkommen, sehr nachteilig sind und oft zu Brüchen geführt haben. Die Stangen werden aus grossen Blöcken geschmiedet und dabei Schweissungen vermieden. In einzelnen Fällen hat man Stangen bis zu 17 m Länge ausgeführt.

Einen sehr wichtigen Teil des Rundgestänges stellt die Verbindung zweier Gestängestücke, das Gestängeschloss, dar. Dasselbe ist zweiteilig, damit man es über die verstärkten Gestängeköpfe hinüberschieben kann. Ausserdem ist es so konstruiert, dass die auf Aufbiegen der Muffhälften wirkenden Kräfte aufgehoben werden und der Muff nur auf Zug bean-

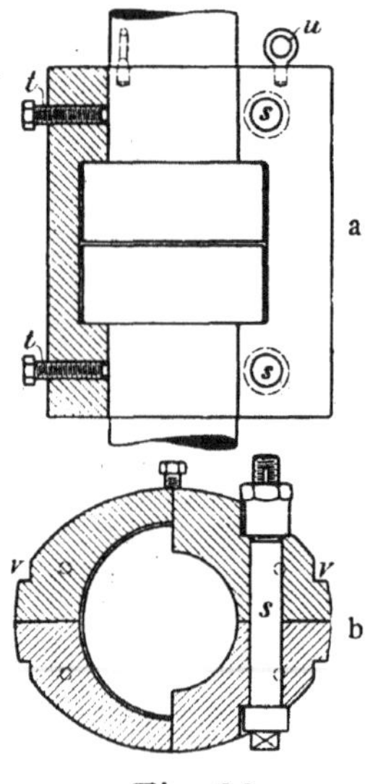

Fig. 96.
Gestängeschloss von Haniel & Lueg.

sprucht wird. In dem Ovalschloss der Ausführung von Haniel & Lueg in Düsseldorf-Grafenberg (Fig. 96 a und b) ist diese Bedingung dadurch erfüllt, dass die Schwerlinie der tragenden Fläche mit der neutralen Achse zusammenfällt.

Die beiden Muffhälften werden seitlich über die Stangenköpfe geschoben und durch vier Schrauben s zusammengehalten. Zwei Schrauben t sichern das Schloss gegen Drehung; ausserdem sind in jede Muffhälfte zum bequemen Ein- und Ausbau 4 Oesen u eingeschraubt. Die an den Schlössern angebrachten Einhobelungen v dienen zur Führung des Gestänges, sodass eine besondere Führung der Stangen und die damit verbundene Abnutzung derselben fortfällt. Das Gestängeschloss ersetzt endlich auch das Fanghorn.

Die Vereinigung einer Gestängeschloss-Führung mit einem Fanglager ist aus Figur 97 a—c ersichtlich. Auf Walzträgern und darüber gelegten kräftigen Hölzern liegt ein zweiteiliges Fanglager, in dem oben ein starker breiter Bleiring a eingelegt ist. Mit der Sohlplatte des Fanglagers sind zwei gegossene, kräftig verrippte Führungsschienen b verschraubt, welche

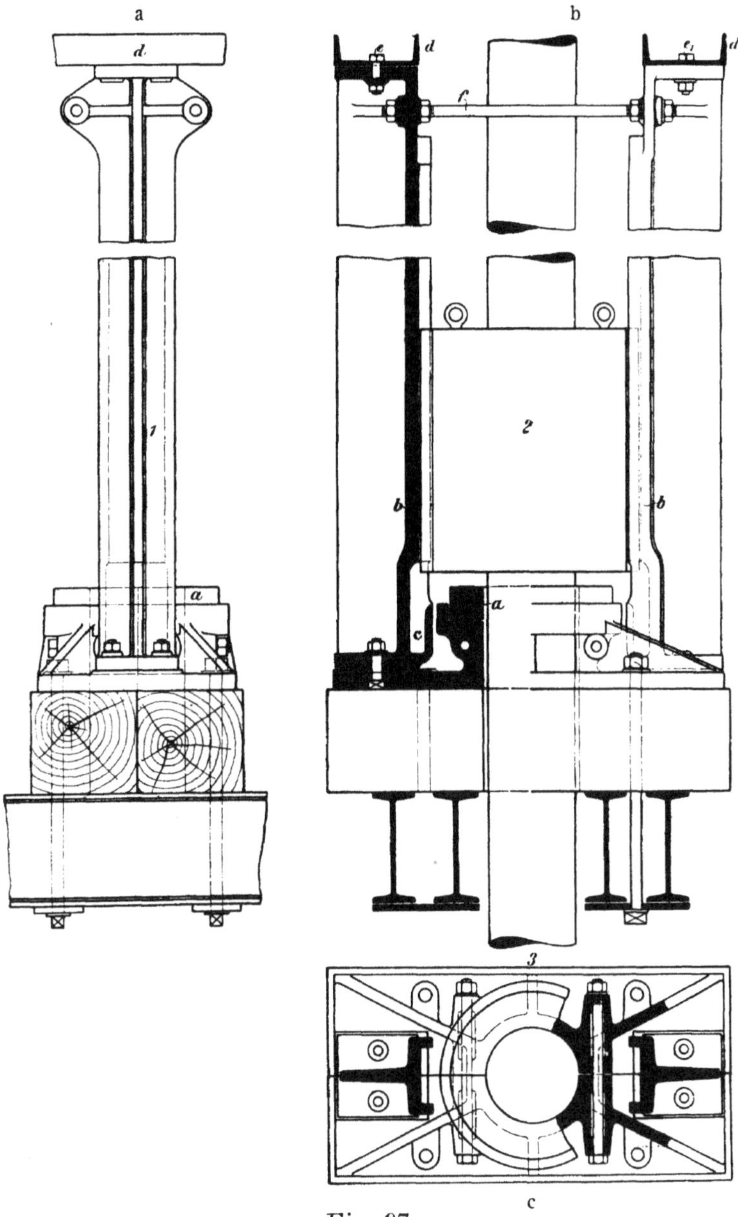

Fig. 97.

Gestängeschlossführung und Fanglager von Haniel & Lueg.

bei c je einen Oeltrog haben und oben mit in die Schachtstösse eingelassenen U-Eisen d durch je 2 Schrauben e und e_1 verbunden sind. Im oberen Teil ist die richtige Entfernung der Führungsschienen durch zwei Bolzen f gesichert. Derartige seitens der Firma Haniel & Lueg ausgeführte

Gestängeschlösser und Führungen haben zahlreiche Zechen z. B. Urbanus, Neumühl und Colonia.

Die Schlosskonstruktion der Gutehoffnungshütte in Sterkrade weicht von der soeben beschriebenen erheblich ab. An den Gestängeköpfen (Fig. 98 a—c) ist nach der Stangenseite hin eine 13 mm tiefe und ausgerundete Eindrehung e vorhanden, in welche sich entsprechende Erhöhungen

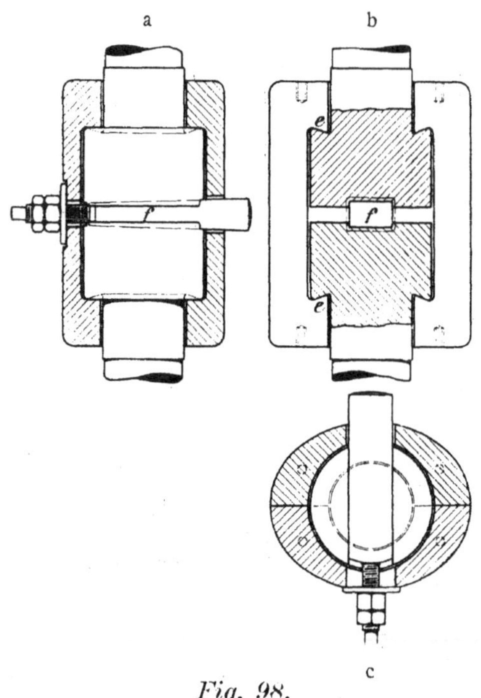

Fig. 98.

Gestängeschloss der Gutehoffnungshütte.

der Schlossmuffen legen. Ein zwischen den Gestängeköpfen in entsprechenden Aushobelungen sich führender Keil f treibt die Gestängeköpfe gegen die Muffen, welche infolge der Eindrehungen seitlich nicht ausweichen können und daher einer gegenseitigen Befestigung durch Schrauben nicht bedürfen. Zur Montage dieses Schlosses müssen die zu verbindenden Stangen ohne Keil aufeinander gesetzt werden, dann schiebt man die Muffhälften seitlich über die Gestängeköpfe, bis sie gegenseitig anliegen und zieht die Stangen unter gleichzeitigem Einführen des Keils allmählich auseinander.

Besonders exakt müssen die Keile eingepasst werden, damit sie thatsächlich gleichmässig beansprucht werden und die Flächenpressung für die Einheit gering ausfällt, da Vibrationen, die in einem Gestängeteil durch Lockerung eines Keiles auftreten, sich fortpflanzen und sich im Oberteil des Gestänges summieren und dann einen Gestängebruch verursachen können. Aehnliche Gestängeschlösser sind für die Zechen Graf Bismarck und ver. Wiesche ausgeführt worden.

Aus Figur 99a—d ist eine von den vorigen Konstruktionen abweichende Ausführung eines Gussstahlrundgestänges für Zeche Fürst Hardenberg zu ersehen. Die Hälften des Gestängeschlosses sind aussen doppelkegelförmig ausgebildet und bestehen aus Schmiedeisen, während die ver-

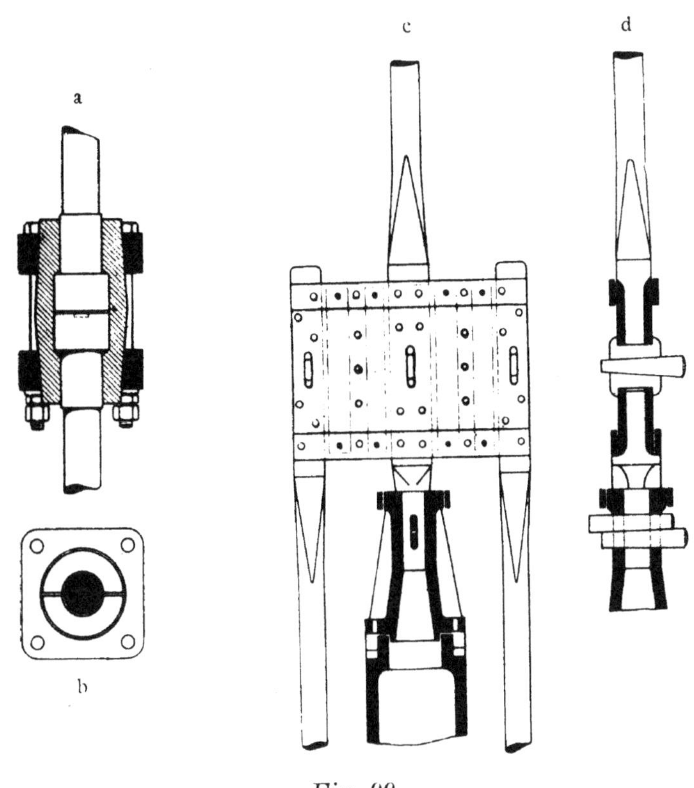

Fig. 99.

Gestängeschloss und Drucksatz. Zeche Hardenberg.

bindenden viereckigen Flanschen aus Stahl hergestellt sind. Die vier Flanschenschrauben dienen lediglich zum Zusammenhalten der Schlosshälften. Die Kraftübertragung erfolgt mit Hülfe der in leicht erkennbarer Weise dargestellten Verstärkungen der Gestängeköpfe. Die Figuren b und c stellen die Umführung bei den Drucksätzen dar. Die aus Schmiedeisen hergestellte und mit Verstärkungsblechen versehene Verbindung mit der Traverse geschieht für alle Teile und auch für das Hauptgestänge mit dem Plungeransatz durch Keile.

Eine grosse Anzahl von Rundgestängen ist mit Muffenschlössern versehen, welche z. B. für Zeche Centrum (Fig. 100) folgende Ausführungsform erhalten haben: Die oberen Gestängeköpfe a sind muffenartig erweitert und nehmen den gegen den Schaft b im Verhältnis der Schwächung durch

Keile verstärkten Stangenkopf c auf. Zur Befestigung benutzt man Doppelkeile d mit zwischenliegendem Anzug, um die Keillöcher bequem ausarbeiten zu können, da die Begrenzungsflächen e f parallel ausfallen. Kleine Löcher g lassen die Luft beim Einschieben der Stangenköpfe in

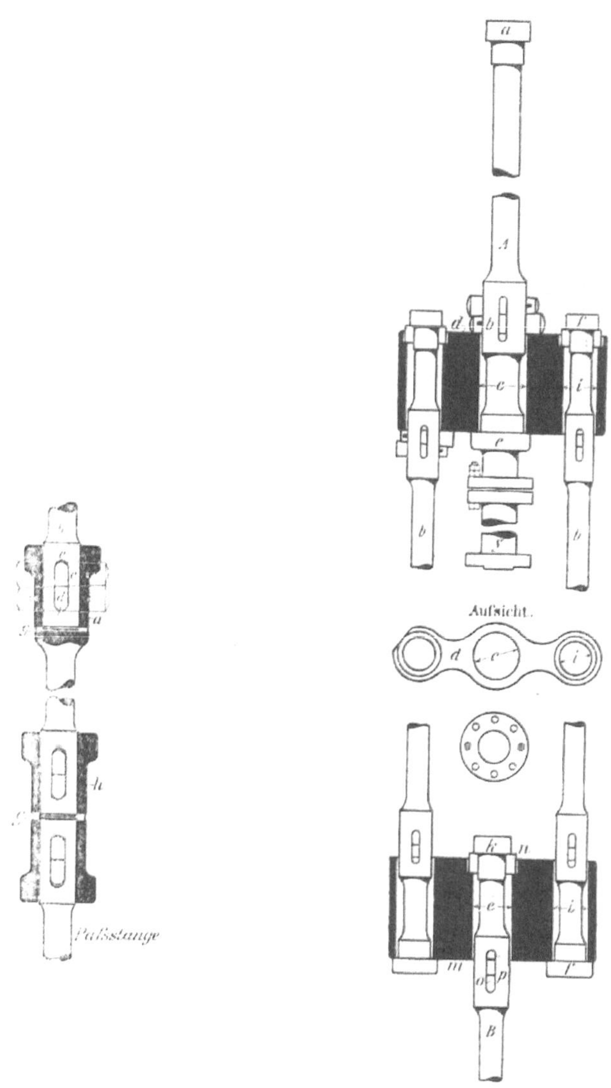

Fig. 100.
Muffenschloss.
Zeche Centrum.

Fig. 101.
Umführungsstück für Drucksätze
bei Rundgestänge.

die Muffen entweichen. Durch Passstangen und überschiebbare Doppelmuffen h wird der Gestängeeinbau erleichtert, indem erstere ohne Auseinanderziehen des Gestänges eingestellt werden können.

Eine weitere im Ruhrbezirk vorhandene Form einer Umführung an Drucksätzen für Rundgestänge stellt Figur 101 dar. A und B sind End-

und Anfangsstäbe eines Hauptgestänges, welches durch zwei Traversen d und m und die Umführungsstangen b miteinander verbunden sind. Die Traverse d kann vermittelst der Bohrung c über das untere Gestängestück geschoben werden und setzt auf den Bund e auf. Doppelkeile spannen die Traverse ein. Die untere Traverse m, welche über die Umführungsstangen gezogen wird, nimmt das obere Gestängestück von B auf, dessen Einzelteile bequem durch die Bohrung e gehen. Durch Keile n und o wird der Stab mit der Traverse befestigt. Die Befestigung der Umführungsstangen bei Traverse d geschieht in gleicher Weise, nachdem Bund f durch die Bohrung i geschoben worden ist. Mit Flanschen in Centrierscheiben schliesst Krone y den Plunger an die Stange A an.

d) Rundgestänge mit versetzten Achsen.

Die durch Abteufen mittelst Senkschuh hervorgerufene Abweichung der Schachtwände von der Vertikalen und die gleichzeitige Verminderung des Schachtquerschnittes durch die Ineinanderschachtelung mehrerer

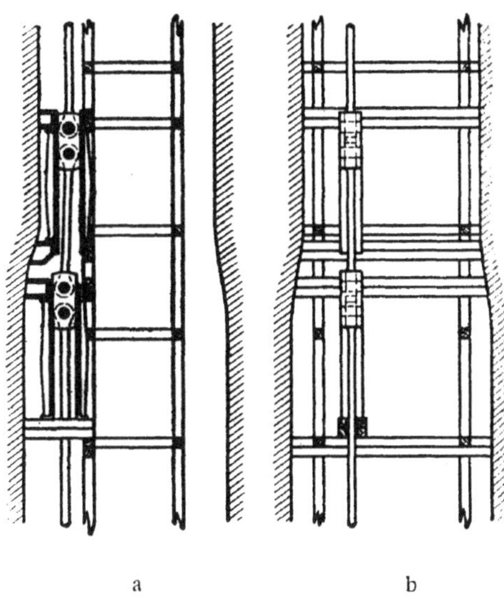

Fig. 102.

Schachtgestänge mit versetzten Achsen der Zeche Rheinpreussen, Schacht III.

Tübbings (siehe Band III, Schachtabteufen), machte sich bei dem Einbau des Pumpengestänges für die Woolf'sche Wasserhaltung auf Schacht III der Zeche Rheinpreussen unangenehm geltend, indem man mit dem Gestänge dem Schachtstoss zu nahe kam. Zur Hebung dieses Uebelstandes zerlegte man das Gestänge in zwei Hauptteile und versetzte die Vertikalachsen derselben durch Einbau einer Gelenkstange von ca. 4 m Länge um etwa 200 mm (Figur 102a und b). Die

Gestängeenden beider Teile wurden als Augen ausgebildet und mit Bolzen und Schnallen an die Gelenkstange angeschlossen, wie in Figur 103 näher ersichtlich gemacht worden ist. Die Schnallen dienen als Führungsschuhe; die Führungen selbst sind zwischen den Einstrichen befestigt. Die Einrichtung hat bis heute ohne Störung ihren Zweck erfüllt; sie bedarf nur guter Beobachtung und hinreichender Schmierung, um betriebssicher zu bleiben.

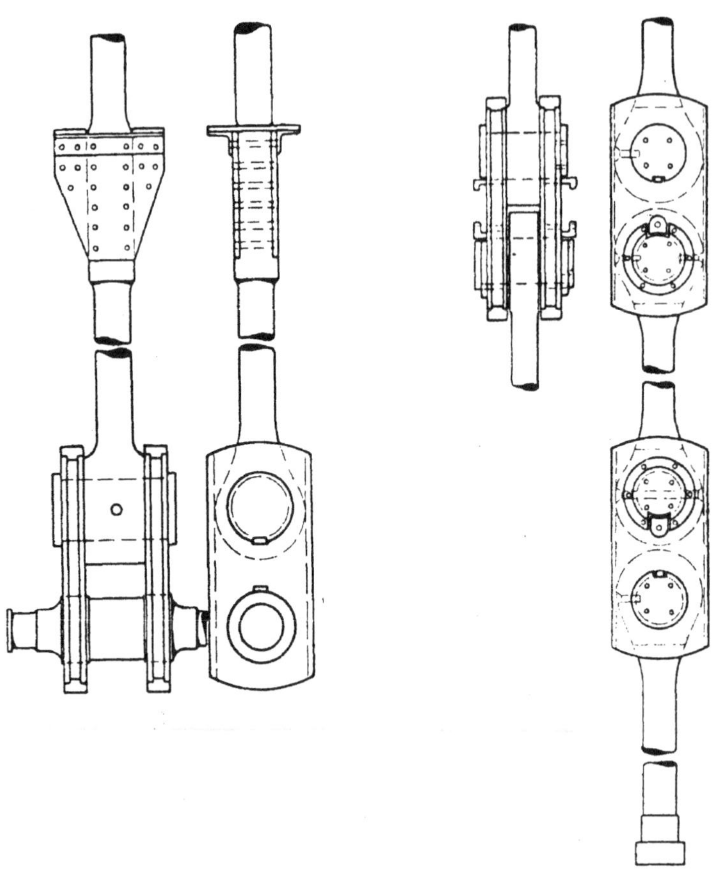

Fig. 103.

Gelenkstücke des Schachtgestänges. Zeche Rheinpreussen.

6. Regulierung des Gestängegewichts.

Bei der Besprechung der einzelnen Arten von Gestängemaschinen ist bereits darauf hingewiesen worden, dass man die Gestänge meistens so schwer konstruiert hat, als erforderlich ist, um den oberen Teil des Gestänges nur auf Zug zu beanspruchen. Die Erfahrung hat gelehrt, dass abwechselnde auf das Gestänge ausgeübte Zug- und Druckkräfte auf die Gestängeverbindungen nachteilig einwirken, indem letztere sich lockern und dadurch Gestängebrüche begünstigt werden. Des weiteren müssen die einzelnen Stäbe auch gegen Ausbiegung gesichert werden. Infolgedessen wird die Zahl der Lehrlager im Vergleich mit reinen Zuggestängen vergrössert werden müssen und die Reibungswiderstände werden damit wiederum wachsen.

Innerhalb des Gestänges und namentlich in dem Teil über dem untersten Drucksatz werden immer Druckkräfte auftreten besonders bei Beginn des Niederganges bis zu dem Augenblick, in welchem die Widerstände in den Pumpen, hervorgerufen durch die erforderlichen Kräfte zur Ventilöffnung und zur Beschleunigung der Wassersäule, im Gleichgewicht mit dem Gestänge sind. Daher wird ein Gestänge am ruhigsten gehen, wenn Gestängegewicht und Widerstände in einem derartigen Verhältnis zueinander stehen, dass die Beschleunigungsperiode nicht zu kurz ausfällt, und eine aufgezeichnete Geschwindigkeitskurve etwa in der in Figur 78 Seite 192 angegebenen Weise verläuft. Dieses trifft aber nur bei wenigen Gestängen zu. Hauptsächlich sind ältere Ausführungen mit grossen Fehlern behaftet. Man hat daher mehrfach zu dem Mittel der Gestängeregulierung gegriffen.

Es können drei Gründe vorliegen, welche eine Regulierung des Gestängegewichts erforderlich machen: Erstens ein absichtlich zu leicht konstruiertes oder durch Vergrösserung der Druckhöhe zu leicht gewordenes Gestänge, zweitens ein aus Gründen der Festigkeit zu schwer ausgefallenes Gestänge und drittens ein Gestänge, welches im oberen Teil zu schwer und im unteren zu leicht ist. Im ersten Falle, der gewöhnlich nur bei Vermehrung der Drucksätze zutrifft, muss das Gestänge künstlich beschwert werden, um die hydraulischen und Reibungswiderstände überwinden zu können, im zweiten Falle — und dieser ist der häufigere — muss das überschiessende Gewicht ausgeglichen werden. Beiden Zwecken dienen verschiedene Mittel. Im dritten Falle werden die Einrichtungen für die beiden ersten vereinigt.

a) Das Gestänge ist zu leicht.

Das allgemein übliche Auskunftsmittel, um zu leichten Gestängen eine richtige Belastung gegenüber den Widerständen zu geben, besteht in dem Auflegen von gusseisernen Gewichtsstücken über den Drucksätzen. Gewöhnlich wählt man dazu die Stelle über der Gabelung an den Drucksätzen, um zugleich eine Druckbelastung der Gestänge beim Niedergang zu verhüten.

In Figur 91 Seite 210, war die Form solcher Gewichte, welche sich aus quadratischen oder kreisrunden Platten zusammensetzen, gezeigt.

Für ein Rundgestänge (Fig. 104) sind die seitlich aufschiebbaren Gussstücke cylindrisch und gegen Abrutschen durch versetzt angebrachte Stifte geschützt.

Für I und Kastengestänge sind Beschwerungsgewichte seltener notwendig. Dieselben lassen sich jedoch erforderlichenfalls leicht an geeigneten Punkten anbringen und erhalten den Raumverhältnissen angepasste Formen. Eine Ausführung zeigt Figur 105.

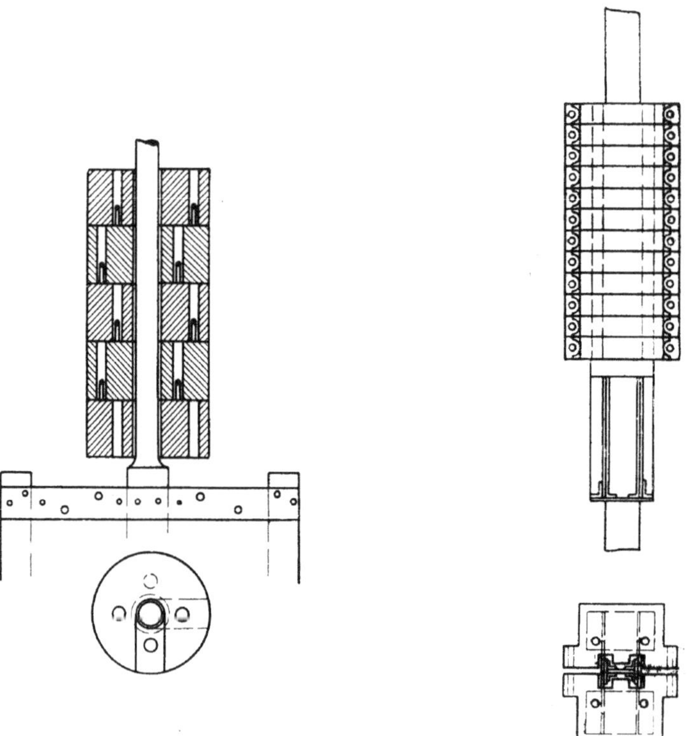

Fig. 104. Gewichtsbelastung bei Rundgestängen.

Fig. 105. Gewichtsbelastung bei I-Eisen- und Kastengestängen.

b) Das Gestänge ist zu schwer.

Ausgleichung durch Gewichte und Contrebalanciers.

Ueber die unökonomische Methode der Dampfdrosselung beim Gestänge-Niedergang und der Dampfverschwendung beim Heben zu schwerer Gestänge ist an anderer Stelle bereits gesprochen worden. Die empfehlenswertere Lösung, um solche Uebergewichte auszugleichen, ist bei indirekt wirkenden Maschinen, welche ohnehin schon mit einem Balancier ausgerüstet sind, das Auflegen von Ausgleichgewichten am Ende des Balanciers gegenüber dem Angriffspunkte des Gestänges analog der Ausführung in Figur 83 Seite 202.

Hat man es mit einer direkt wirkenden Maschine zu thun, so wird mit dem Gestänge durch Zugstangen ein sog. Contrebalancier mit den erforderlichen Belastungsgewichten in Verbindung gebracht.

Die Stelle für den Angriffspunkt des Contrebalanciers ist abhängig von der Konstruktion des Gestänges; sie liegt meistens im oberen Gestängeteil, um Druckwirkungen auf das Gestänge von der Maschine her (namentlich bei Doppelwirkung) zu vermeiden. (Vergl. Tafel IV S. 184.)

Ist eine Ausgleichung durch Gegengewichte nicht möglich — z. B. bei direkt wirkenden Maschinen aus Platzmangel und bei Balanciermaschinen, wenn der Balancier zur Aufnahme von Gewichten nicht geeignet oder zu schwach ist — oder sind derartig grosse Gewichte auszugleichen, dass sich für den Balancier und seine Lager ausserordentliche Abmessungen ergeben würden, so greift man zur hydraulischen oder zur pneumatischen Ausgleichung.

Hydraulische Ausgleichung.

Die Wirkungsweise solcher Ausgleichungen beruht darauf, dass zwei mit dem Gestänge verbundene Plunger beim Gestänge-Niedergang eine Wassersäule verd ängen bezw. durch Einwirkung auf Wasser einen Gewichts-Akkumulator heben, um dann für den Gestänge-Aufgang durch die Wassersäule bezw. den Akkumulator die vorher überschüssig abgegebene Kraft zurückzuerhalten und auf das Gestänge zu übertragen.

Eine Ausgleichung erstgenannter Art (Fig. 106 a—c) ist auf Zeche Hugo, Schacht II für eine direkt und einfach wirkende Wasserhaltung in Anwendung gekommen und vermag daselbst ein Uebergewicht von 13 000 kg auszugleichen. Das Pitch-pine Gestänge ist durch zwei kräftige Krumse mit je einem gusseisernen Plunger A verbunden. Die Plunger bewegen sich in Gussrohren C, welche unten durch Gurgelrohre G und H mit 400 mm Höhenunterschied an die Steigeleitung K anschliessen. Diese ist für den Wirkungsbereich der Ausgleichwassermenge um die Summe der Plungerquerschnitte erweitert, damit keine Geschwindigkeitserhöhungen eintreten, wenn das Wasser aus den Plungerrohren in die Steigeleitung gedrückt wird. Der Anschluss der Ausgleichung an die Steigeleitung liegt etwa 83 m unter dem Ausguss der Letzteren. Aus dieser Druckhöhe und der Summe der beiden Plungerquerschnitte ergiebt sich mit Berücksichtigung der Reibungswiderstände dann die Kraft von 13 000 kg für den Gestängeaufgang.

Das an sich schon geräumige Pumpentrumm wird bei der getroffenen Anordnung nur wenig verengt. Im vorliegenden Falle hat sich die Ausgleichung gut bewährt und dürfte überall dort zu empfehlen sein, wo die Anlage eines Contrebalanciers nicht angängig ist und kleinere Ueberlasten im Gestänge zu beseitigen sind.

Bei der zweiten Ausgleichsart vermittelst Gewichtsakkumulators pendelt eine Wassermenge (Fig. 107 a—b) durch ein Rohr zwischen den Plungern am Gestänge und dem Akkumulatorplunger hin und her. Der Akkumulatorplunger ist durch ein Kopfstück mit einem über das Plungerrohr gestülpten eisernen Hohlcylinder verbunden, welcher durch zwei

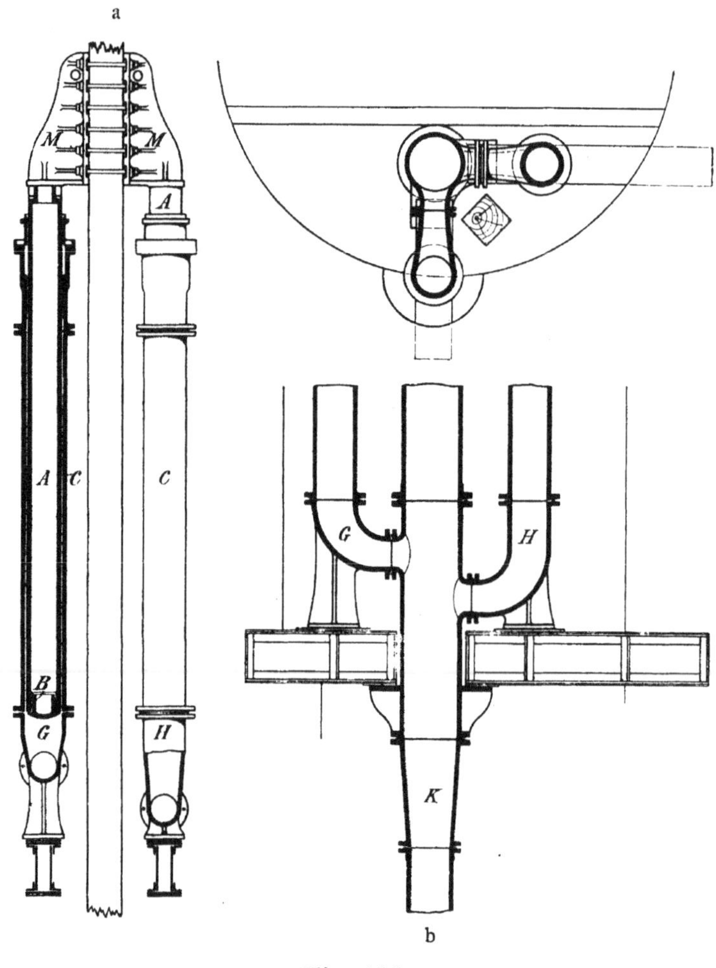

Fig. 106.

Hydraulische Gestängeausgleichung. Zeche Hugo II.

Führungsarme in Gleitbacken geführt wird. Der Hohlcylinder dient zur Aufnahme der Belastungsgewichte.

Diese Ausführung hat vor der soeben beschriebenen den Vorzug, dass der Akkumulator bei Gestängeverlängerung durch Auflegen von Gewichten nach Erfordernis höher belastet werden kann, während bei der vorigen Konstruktion eine Tieferlegung der Ausgleichvorrichtung erfolgen muss. Des Weiteren können auch die Reibungswiderstände bequemer aufgehoben werden.

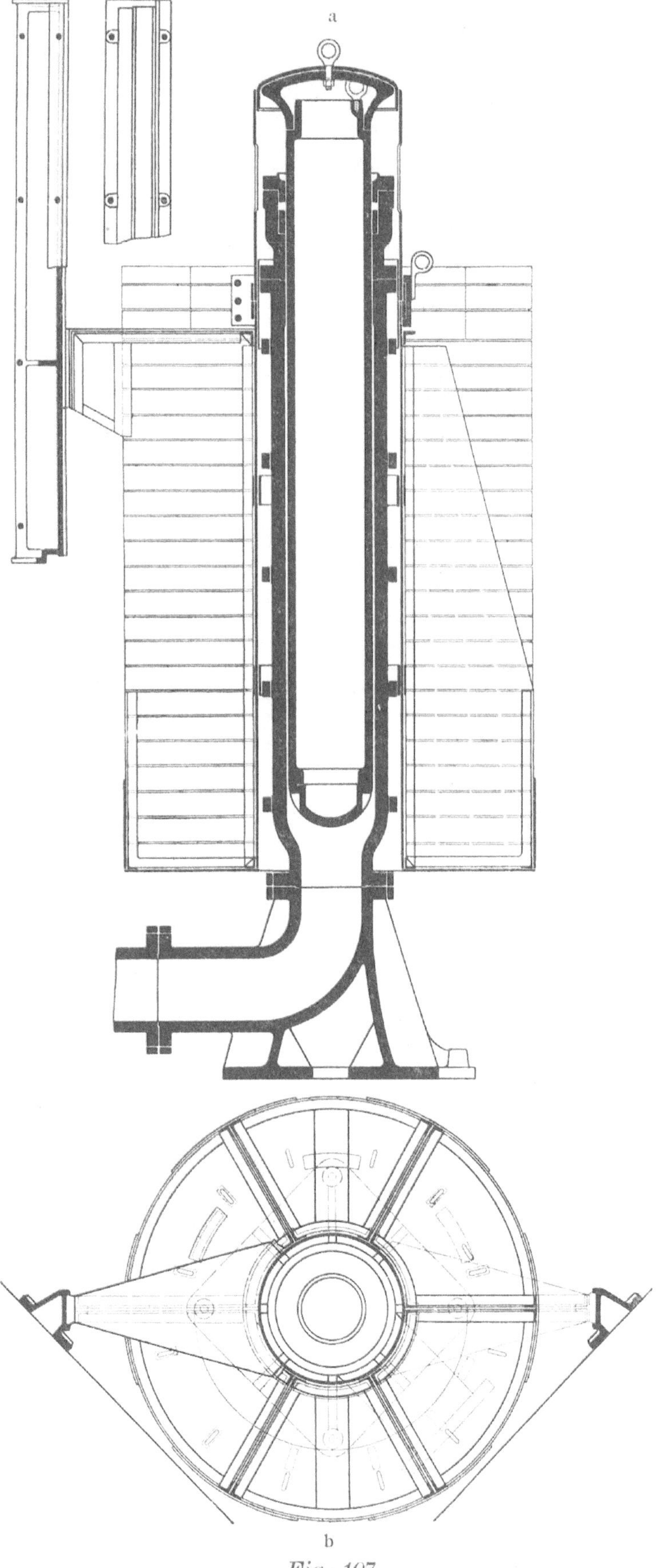

Fig. 107.

Gewichtsakkumulator. Zeche Urbanus.

Die ganze Vorrichtung lässt sich am oberen Gestängeteil, also über Tage, anordnen und bleibt daher jederzeit leicht übersichtlich, ein für die Beobachtung der Stopfbüchsen nicht zu unterschätzender Vorzug.

Die Aufstellung des Akkumulators kann der Oertlichkeit angepasst

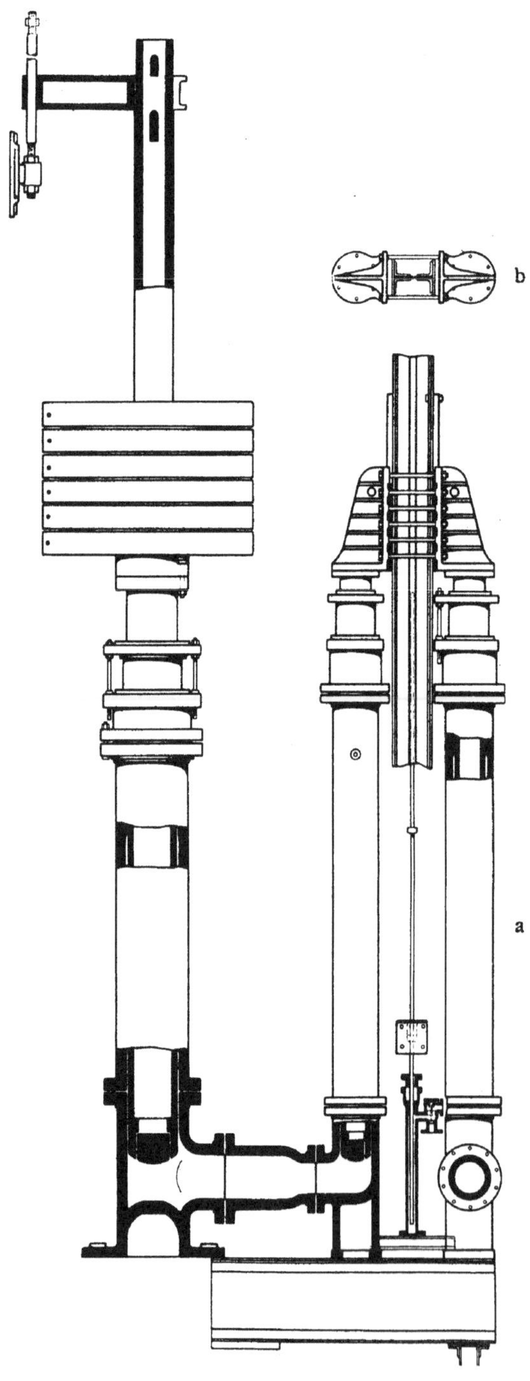

Fig. 108.

Gewichtsakkumulator. Zeche Dannenbaum.

werden, da dem Gurgelrohr zwischen dem Akkumulator und den Ausgleichplungern jede beliebige Lage und Länge gegeben werden kann.

In Figur 108a und b geben wir noch die Anordnung einer Ausgleichung für Zeche Dannenbaum. Hier hat der Akkumulatorplunger ein aufgesetztes Rohr mit oberer Führung erhalten; auf einem Ansatz dieses Rohres sitzen die Gewichtsplatten. Ein kleines zwischen den Ausgleichplungern aufgestelltes und am Gestänge betriebenes Druckpümpchen sorgt für Ergänzung von Wasser, welches durch die Stopfbüchsen verloren geht.

Hydraulische Ausgleichungen haben ausser den vorher genannten Zechen noch Rheinpreussen Schacht III für 150000 kg, Urbanus für 140000 kg, Nordstern für 35000 kg, Kaiser Friedrich, Alstaden, Zollverein und Dorstfeld für 11—36000 kg erhalten.

Pneumatische Ausgleichung.

Bei den pneumatischen Ausgleichungen wird beim Gestänge-Niedergang in einem geschlossenen Behälter Luft komprimiert, welche beim Gestänge-Aufgang sich entspannt und die auf ihre Kompression verwendete Kraft, abzüglich der durch Wärmestrahlung verlorenen, wieder abgiebt. Es ist seither im Ruhrkohlenbezirk nur eine pneumatische Ausgleichung gebaut worden, und zwar von der Firma Haniel & Lueg diejenige für Zeche Schleswig. Die Einrichtung ist nach Figur 109a und b folgende:

Zwei in ähnlicher Weise wie bei den hydraulischen Ausgleichungen durch Krummse am Gestänge dicht unter dem Balancier befestigte Plunger arbeiten durch eine Rohrverbindung auf einen stehend angeordneten Windkessel aus Schmiedeeisen. Damit die Luft nicht entweichen kann und undichte Flanschen leicht zu erkennen sind, werden Ausgleichcylinder und Rohrleitung soweit mit Wasser gefüllt, dass alle Stopfbüchsen und Flanschen durch Wasser abgeschlossen sind. Um die Druckluft zu erzeugen und konstant zu halten, ist eine kleine Luftkompressionspumpe seitlich vom Windkessel aufgestellt. Von der Kurbelwelle dieser Pumpe wird eine kleine Speisepumpe angetrieben, welcher die Ergänzung des Wassers in dem Ausgleichapparat zufällt. Wenn auch durch diese kleine Maschinen eine Vermehrung der in betriebsfähigem Zustande zu erhaltenden Teile der Wasserhaltung eintritt, so fallen andererseits die Ausgleichgewichte und damit die Druckerhöhungen fort, welche diese beim Hubwechsel hervorrufen. Es wird daher die Leistung der Anlage eine bessere sein, als bei der hydraulischen Ausgleichung. Ausserdem wird die Luft im Windkessel die von den Pumpen ausgehenden Stösse aufzuheben vermögen. Die Anpassung an die Leistung der Wasserhaltung, entsprechend der Hubzahl, kann durch Druckänderung im Windkessel schnell und sicher vorgenommen werden.

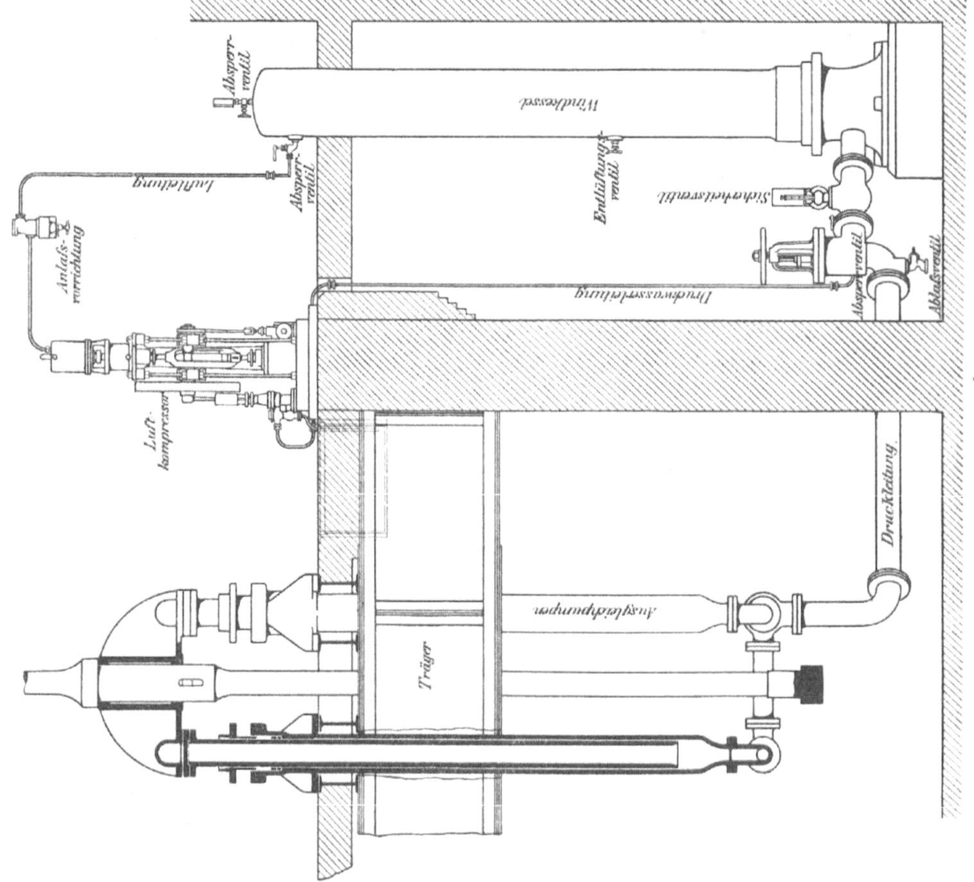

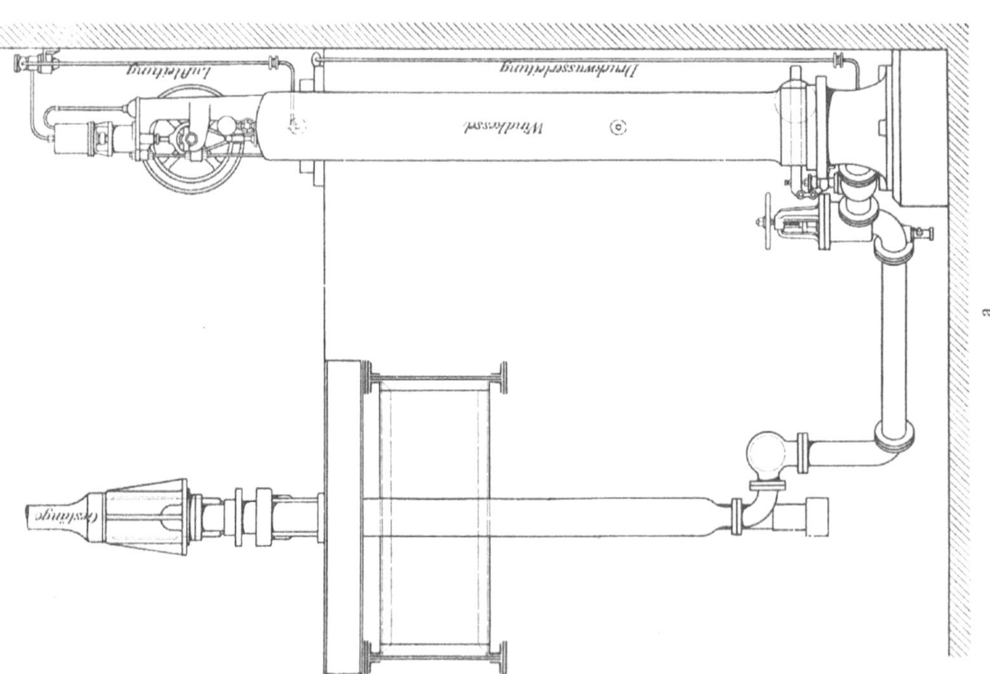

Fig. 109.
Pneumatische Gestänge-Ausgleichung. Zeche Schleswig.

Die vorstehend beschriebene Einrichtung vermag **15 000** kg auszugleichen. Auf ihre Arbeitsweise soll im nächsten Abschnitt noch näher eingegangen werden.

c) Das Gestänge ist oben zu schwer und unten zu leicht.

Ein solcher Fall tritt ein, wenn die unteren Gestängeteile infolge zu geringer Abmessungen nicht imstande sind ohne einen auf sie ausgeübten Druck den untersten Drucksatz zu betreiben. Die Gewichtsverhältnisse des ganzen Gestänges können dabei im richtigen Verhältnis zu den Gesamtwiderständen stehen. Man könnte nun reine Zugwirkung im unteren Gestängeteil durch Auflegen von Gewichten erreichen, würde aber dadurch das Gestängegewicht erhöhen und müsste die Vermehrung des Gewichts vermittelst des Balanciers ausgleichen.

Wirtschaftlicher und für den Gang der Maschine vorteilhafter ist nun die Einschaltung von Kraftregeneratoren, welche wie die pneumatischen Ausgleichungen arbeiten und ins Gestänge selbst oben und unten eingeschaltet werden können.

Ein oberer Regenerator ist in Figur **110** dargestellt. Das Schachtgestänge G ist zur Aufnahme eines Plungers in der aus der Zeichnung ersichtlichen Form mit unterem Bund und oberem Keil ausgebildet. Der Plunger p bewegt sich in einem Rohr r, welches in seinem unteren Teil durch Wasser abgeschlossen ist. Den äusseren Abschluss bildet ein cylindriges Gefäss, welches teils mit Wasser, teils mit Luft gefüllt ist. Infolge dieser Anordnung kommt der Plunger nur mit Wasser in Berührung, während die Luft gegen beide Stopfbüchsen abgeschlossen ist und daher nicht entweichen kann. Bewegt sich nun das Gestänge abwärts, so wird Luft komprimiert, während sie bei der Aufwärtsbewegung nur expandierend wirkt.

Nach gleichem Prinzip, aber mit umgekehrter Wirkung, ist der untere Regenerator ausgebildet (Fig. **111**). Der Plunger ist hier durch Umführungsstangen s mit dem untersten Gestängestück verbunden. Beim Aufgang wird Luft komprimiert, welche beim Niedergang expandiert und ziehend auf das Gestänge wirkt.

Die Regeneratoren bieten gleichzeitig noch einen weiteren Vorteil. Die in den Apparaten komprimierte Luft wird bei der entsprechenden Gestängebewegung gleichförmig beschleunigend wirken, während durch die Kompression eine gleichförmige Verzögerung des Gestänges eintritt. Bewegt sich z. B. das Gestänge abwärts, so beschleunigt der untere Apparat den Gang der Pumpe, während der obere gegen Ende des Hubes verzögernd wirkt; beim Aufgang wechseln die Apparate ihre Rollen. Die Einrichtung wird demnach auf die Regelmässigkeit der Gestängebewegung einen günstigen Einfluss ausüben und dazu beitragen, dass man die Hubzahl der Maschine ohne Gefahr für das Gestänge erhöhen kann.

Kraftregeneratoren haben die Zechen Colonia und Urbanus. Auf Zeche Schleswig, woselbst ein Uebergewicht des oberen Gestängeteils gegenüber dem unteren von 8000 kg auszugleichen war, ist zu dem schon be-

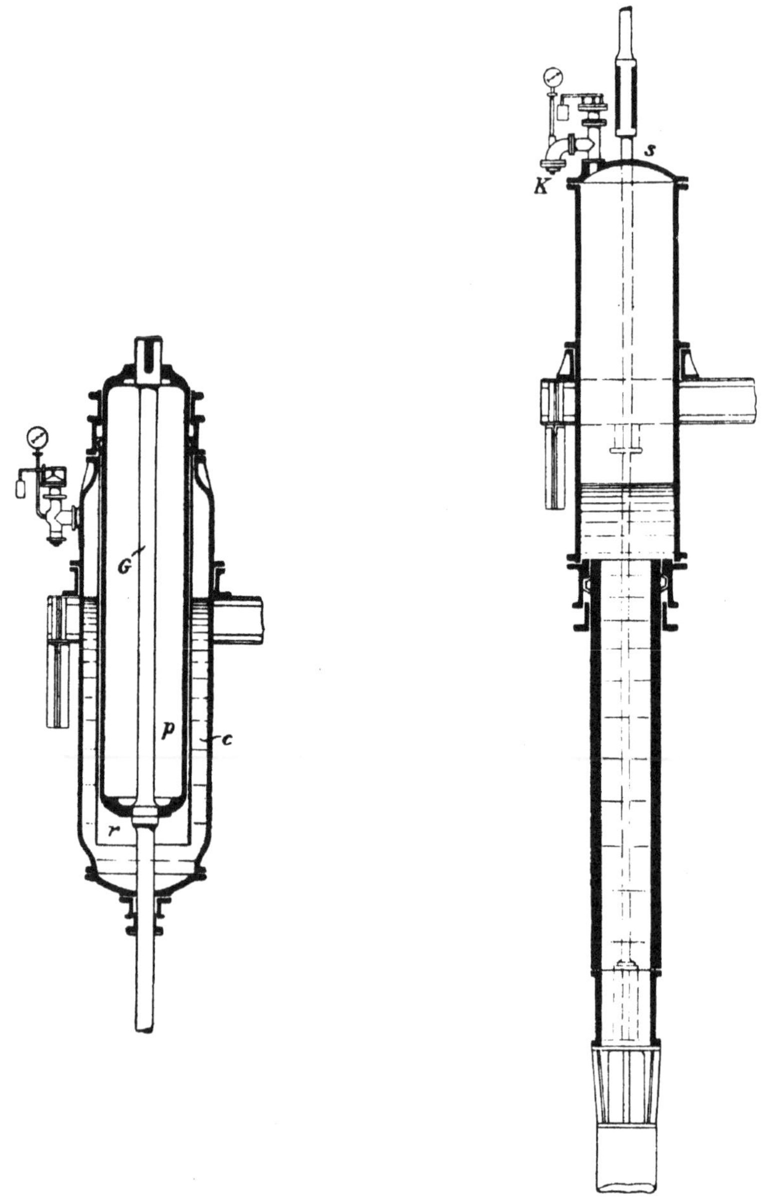

Fig. 110.
Oberer Gestänge-Regenerator.

Fig. 111.
Unterer Gestänge-Regenerator.
Zeche Schleswig.

schriebenen Ausgleicher noch ein unten im Gestänge angebrachter Regenerator nach Figur 111 eingebaut.

Die Arbeitsweise beider Regeneratoren ist daselbst folgende: In dem Windkessel des in Figur 109 dargestellten Ausgleichers wird ein Druck von

17 Atm. gehalten, der mit Berücksichtigung der Reibungswiderstände im Ausgleicher beim Niedergang des Gestänges auf die Plunger einen Druck von 8000 kg ausübt. Beim Aufgang des Gestänges sinkt der Druck von 17 auf 14 Atm., infolgedessen sich der Druck auf die Plunger von 8000 auf 6300 kg vermindert. Im unteren Regenerator (Fig. 111) steigt der Luftdruck beim Aufwärtsgang von 0 auf 3 Atm., entsprechend einem wachsenden Druck von 0 bis 6000 kg.

Mit dem Einbau dieser Einrichtungen ist ein Ausgleich des Gestänges und ein ruhiger Gang der Maschine herbeigeführt worden. Früher häufiger aufgetretene Gestängebrüche sind jetzt nicht mehr zu verzeichnen.

Die Regeneratoren sind von der Firma Haniel & Lueg geliefert worden.

7. Pumpensätze.

Den letzten, aber nicht minder wichtigen Teil einer Wasserhaltungsmaschine bilden die Pumpen. Hängt doch von der Sorgfalt, mit welcher sie konstruiert, hergestellt und gewartet werden, das Schicksal der Maschinen und damit in vielen Fällen die Lebensfähigkeit der Schachtanlage ab. Es ist bei weitem leichter eine gute Dampfmaschine, als eine zweckentsprechende Pumpe zu bauen. Zahlreiche Untersuchungen auf theoretischem und praktischem Wege haben versucht, die Gesetze der Wasser- und der Ventilbewegung in Pumpen endgiltig festzulegen, aber man hat sich bis heute noch nicht auf eine Theorie einigen können, welche als die allein richtige zu bezeichnen wäre. Ein jedes Werk über Mechanik oder Konstruktion der Pumpen weist andere rechnerische Entwickelungen, Konstruktionsbedingungen und Erklärungen auf. Es ist daher nicht zu verwundern, dass die Konstruktionen der Pumpen und Ventile eine grosse Wandlung durchgemacht und, entsprechend den erhöhten Anforderungen, die Schnelligkeit der Pumpenkolben wesentlich gesteigert haben. Man gegenwärtige sich den gewaltigen Schritt von einer Pumpe mit 6 Ventilspielen in der Minute bis zu einer solchen mit 300 Spielen in derselben Zeit.

Von dieser Steigerung der Ansprüche entfällt auf die Gestängepumpen nur ein sehr bescheidener Teil, und doch haben auch hier die Konstruktionen im Laufe der Jahre manche Veränderung erfahren. Hauptsächlich in den Ventilen ist man zu anderen Formen übergegangen, während der äussere Typus der Pumpen im wesentlichen derselbe geblieben ist, und Aenderungen gewöhnlich nur infolge der erhöhten Anforderungen in Beziehung auf die Festigkeit bei grösseren Druckhöhen bedingt wurden.

Von prinzipieller Bedeutung ist, dass man die in früheren Jahren beim untersten Pumpensatz zahlreich angewendeten Hebepumpen heute nur mehr in seltenen Fällen antrifft.

Das Kennzeichnende und Gemeinsame für alle Gestängepumpen besteht darin, dass die Grubenwasser in mehreren Zwischenstufen vom Sumpf bis zu Tage gehoben werden. Wäre dies nicht der Fall, so würden infolge der geringen Hubzahl in der Minute die Dimensionen der Pumpen und Leitungen bei mittleren Leistungen so erheblich werden, dass besonders bei Anwendung von Gusseisen überaus grosse Wandstärken erforderlich würden, um grossen Druckhöhen mit Sicherheit widerstehen zu können.

Nach Leistung, Hubzahl und Material wird die Entfernung der Zwischenstufen bestimmt. Ausserdem richtet man sich nach den Ansatzpunkten der Sohlen, um die in denselben angesammelten Wasser in die betreffenden Drucksätze abführen zu können und so an Hebungsarbeit zu sparen. Man führt daher nicht immer alle Wasser nach dem Schachttiefsten ab. Die Drucksätze nehmen in diesen Fällen von unten nach oben im Durchmesser zu, wie z. B. auf den Zechen Margaretha, Bickefeld Tiefbau, Freie Vogel, Hasenwinkel. Solche Abstufungen gehören aber zu den Ausnahmen. Gewöhnlich haben alle Drucksätze dieselben Abmessungen, schon aus dem Grunde, um die Anzahl der für Drucksätze unentbehrlichen Reserveteile einzuschränken.

Die Hubhöhe der Pumpensätze ist aus den vorgenannten Gründen sehr verschieden, sowohl für die einzelne Zeche, als auch für deren Gesamtheit. Nachdem man gelernt hat, den Pumpenkörpern eine widerstandsfähigere Form zu geben und dieselben ganz in Stahlguss herzustellen, ist die Druckhöhe entsprechend vergrössert worden. Sie hat in einzelnen Fällen bis 270 m erreicht (Zeche Shamrock, König Ludwig, Bismarck).

a) Hebepumpen.

Früher in grosser Zahl benutzt, finden Hebepumpen heute nur selten Anwendung. Man baut sie, wie bereits im einleitenden Kapitel erwähnt, noch dann ein, wenn die Gestängewasserhaltung bis zur Tiefbausohle reicht und unter dieser ein Schachtsumpf angelegt ist, in welchem die Wasser sich sammeln. Die Hebepumpe führt dann das Wasser dem ersten Drucksatz zu. Ihre Kolbenstange ist mit dem unteren Gestängeteil des letzten Drucksatzes durch Krums verbunden.

Das Pumpenrohr (Fig. 112a und b) hängt gewöhnlich in vier Stangen, welche oben lange Gewindeenden haben und mit Scheiben und Muttern auf Trägern ruhen. Die einzelnen Hängestangen bestehen aus gelenkig verbundenen Stücken, welche etwas kürzer sind als die oberen Gewinde. Soll die Hebepumpe gesenkt werden, so nimmt man von den vier Schrauben zwei über Eck stehende ab, löst eine Rohrverbindung sowie die Kolbenstange und lässt durch Drehen der Muttern die ganze Pumpe mit Rohren um die Länge eines Stangenstücks herab, fügt dann in die beiden anderen

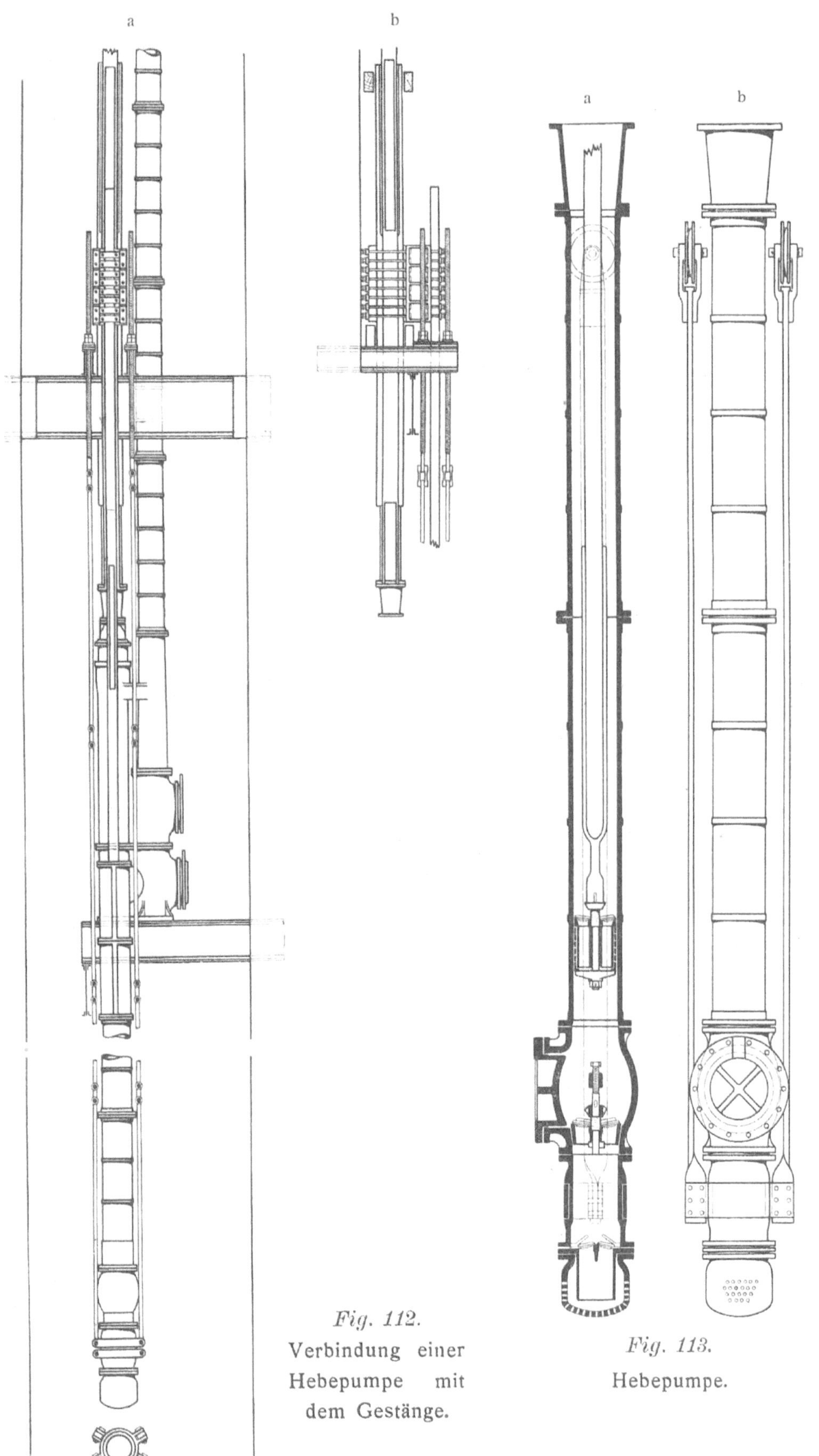

Fig. 112.
Verbindung einer Hebepumpe mit dem Gestänge.

Fig. 113.
Hebepumpe.

Stangen je ein solches Gelenkstück ein, setzt ein Rohr von gleicher Länge auf die Pumpe und verlängert entsprechend die Kolbenstange und die zuerst benutzten Lenkstangen.

Die Kolbenstange ist meistens aus Holz hergestellt und in der aus Figur 113a und b ersichtlichen Weise mit dem Kolben verbunden. Letzterer wird aus Eisen hergestellt und mit Holz, Hanf oder Metallringen gedichtet. Als Ventile nimmt man eisenbeschwerte Lederklappen und ordnet über dem Saugkorb zwei Saugventile an, um ein Abreissen der Saugwassersäule zu verhüten.

Starker Verschleiss und damit verbundene häufige Reparaturen an den Kolben der Hebepumpen machen sie für Dauerbetrieb unzuverlässig; man kommt bei ständig arbeitenden Wasserhaltungen daher von ihrer Anwendung immer mehr ab.

b) Druckpumpen.

Die wichtigsten Teile eines Drucksatzes sind der Saugventilkasten mit dem Saugrohr, der Druckventilkasten mit der Druckleitung und das Plungerrohr mit dem Plunger. Als einfachste Anordnung gilt diejenige, welche bei geringster Grundfläche den kürzesten Wasserweg innerhalb der Pumpe ergiebt. Hierzu ist die Anordnung in zwei Achsen zu rechnen, von denen die eine das Plungerrohr bildet, die andere sich aus den übereinander gebauten Ventilkästen ergiebt. Diese Konstruktion ist die häufigere; ein Nachteil besteht bei derselben darin, dass die Ventile seitlich ausgebaut werden müssen.

Mehr Grundfläche und einen längeren Wasserweg in der Pumpe ergeben die dreiachsigen Pumpen, bei welchen Saugkasten, Druckkasten und Plungerrohr je eine Achse bilden. Die Vorteile dieser Anordnung sind darin zu suchen, dass sich die Drucksätze, mit Ausnahme des Plungerrohrs, im Schachtstoss unterbringen lassen, dass die Ventile bequem nach oben auszubauen sind und den Ventilkästen hohen Drücken entsprechende Formen gegeben werden können. Ein einzelner Drucksatz arbeitet stets einfachwirkend.

In den Ausführungsformen zeigt sich überall das Bestreben, der Widerstandsfähigkeit der Pumpenteile und einer guten Wasserführung ohne scharfe Krümmungen Genüge zu leisten. Grosse Verschiedenheiten sind daher nicht zu finden.

Als Beispiel eines zweiachsigen Drucksatzes stellt Figur 114a und b denjenigen der Zeche Ver. Hamburg für 525 mm Plungerdurchmesser dar. Saug- und Druckkasten stehen übereinander auf einem Fusse a, der einerseits den Saugstutzen b und andererseits den Behälter für das Fangholz c trägt. Auf dem Behälter steht das Plungerrohr; das Ganze ist auf einem schmiedeeisernen, kastenförmigen Träger e aufgebaut. Saugraum f und

Druckraum g sind untereinander sowohl wie mit dem Saugrohr durch Rohre, welche die Hähne h und i tragen, verbunden, damit man jederzeit in der Lage ist nach einer Reparatur, nach längerem Stillstand oder bei undichtem Fuss-

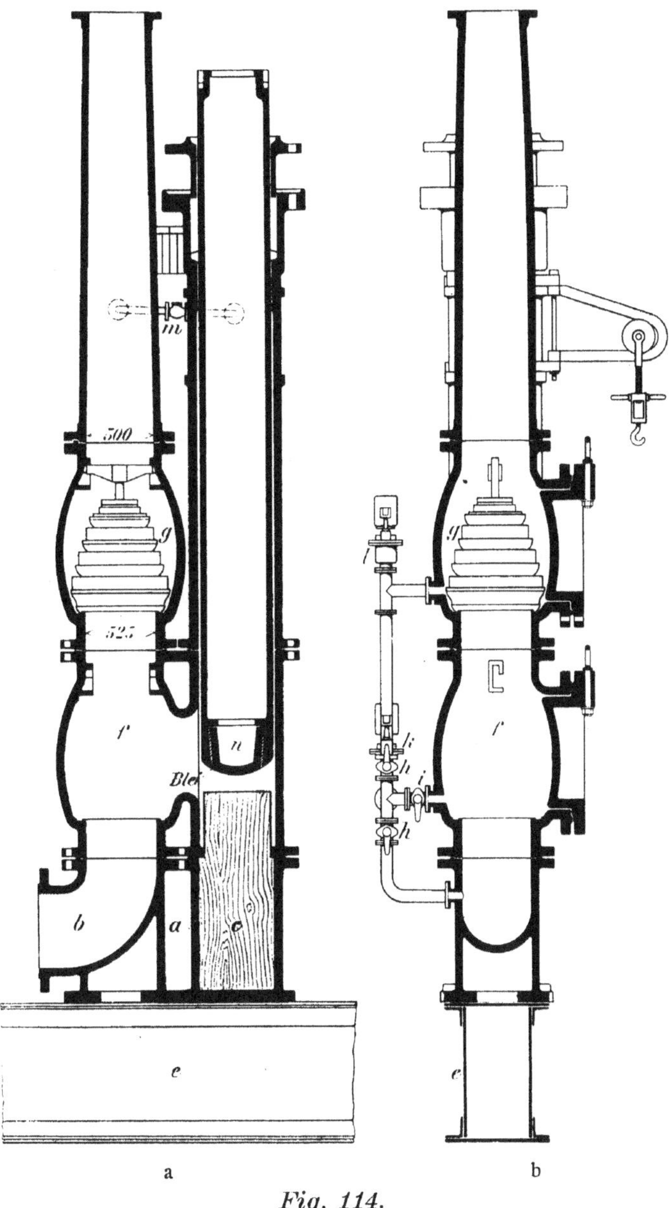

Fig. 114.

Zweiachsiger Drucksatz. Zeche Ver. Hamburg.

ventil den Saugraum aus dem Steigrohr mit Wasser anzufüllen. Die Verbindungsleitung ist ausserdem mit zwei Sicherheitsventilen k und l ausgerüstet. Ueber dem Drucksatz steht das erste nach oben verjüngte Steigrohr, welches mit dem Plungerrohr verflanscht ist. Die Verschlussdeckel der Ventilkästen haben, wie jetzt allgemein üblich, gewölbte Böden und sind behufs bequemer Demontage mit einer Oese versehen. Als Hebevorrichtung dient ein am Plungerrohr angebrachter, auf einer Rolle verschiebbarer Schraubenzug, an dessen Stelle vielfach auch Differential-Flaschenzüge angebracht werden.

Zur Abführung der Luft aus dem oberen Teile des Plungerrohres ist dieser durch ein nach dem Druckrohr ansteigendes Röhrchen mit Rückschlagventil m mit jenem verbunden.

Um eine Verbindung des Gestänges mit dem Plunger zu ermöglichen, ist letzterer oben mit einem Schlitzflansch versehen. Der untere Teil des Plungers wird durch ein unten nach einer Kalotte begrenztes konisches Gussstück n mit zwischengetriebenem Holz- oder Bleiverschluss gebildet.

Der dreiachsige Drucksatz in Figur 115 ist für Zeche Shamrock I/II für 270 m Druckhöhe ausgeführt. Saug- und Druckkasten sind mit dem Untersatz für das Plungerrohr durch ein schlankes T-Stück verbunden. Die Ventilkastendeckel sind oben aufgeschraubt und nehmen gleichzeitig eine Druckschraube für die Ventile auf. Aus der Zeichnung ist ferner zu ersehen, dass die Druckleitung des nächst tieferen Satzes nicht unmittelbar anschliesst, sondern in einen kleinen Sumpf ausgiesst. Früher verband man den Saugkasten vielfach mit der Druckleitung des darunterstehenden Satzes direkt, sodass die Saugarbeit gleich Null wurde. Diese Anordnung hatte aber zu Missständen in der Saugventil-Bewegung geführt, weshalb man später davon abgekommen ist. Man lässt jetzt die Druckleitungen in einen Kasten oder einen kleinen Sumpf ausgiessen und hängt in diese das Saugrohr mit Korb und Fussventil für den nächsten Satz.

Arbeiten zwei Drucksätze in eine Steigleitung, wie z. B. auf Zeche Königsborn, so ist der dreiachsige Drucksatz dazu sehr geeignet, da man ihn mit dem zweiten Satz in einer Schachtnische aufstellen kann, sodass das Pumpentrumm nur die Plungerrohre und die dazwischen liegende Steigleitung aufzunehmen braucht. Die ganze Anordnung wird dann in der aus Figur 116a—c ersichtlichen Weise getroffen. Da ein Plunger aufwärts geht, wenn der andere sich abwärts bewegt, so ist das Wasser in der Steigleitung in steter Bewegung. Der Querschnitt der Leitung wird daher nicht grösser sein als der einer einfach wirkenden Druckpumpe halber Leistung.

c) Rittinger-Pumpen.

Eine besondere Abart der Bergwerkspumpen stellt die Rittinger-Pumpe dar. Ihre Wirkungsweise (Fig. 117) erfolgt in der Weise, dass zwei Rohrstücke A und A_1 von verschiedenem Querschnitt, welche in der Mitte das Druckventil C einschliessen und durch Stopfbüchsen dicht abgeschlossen sind, sich auf dem oberen Rohr D bezw. in dem unteren

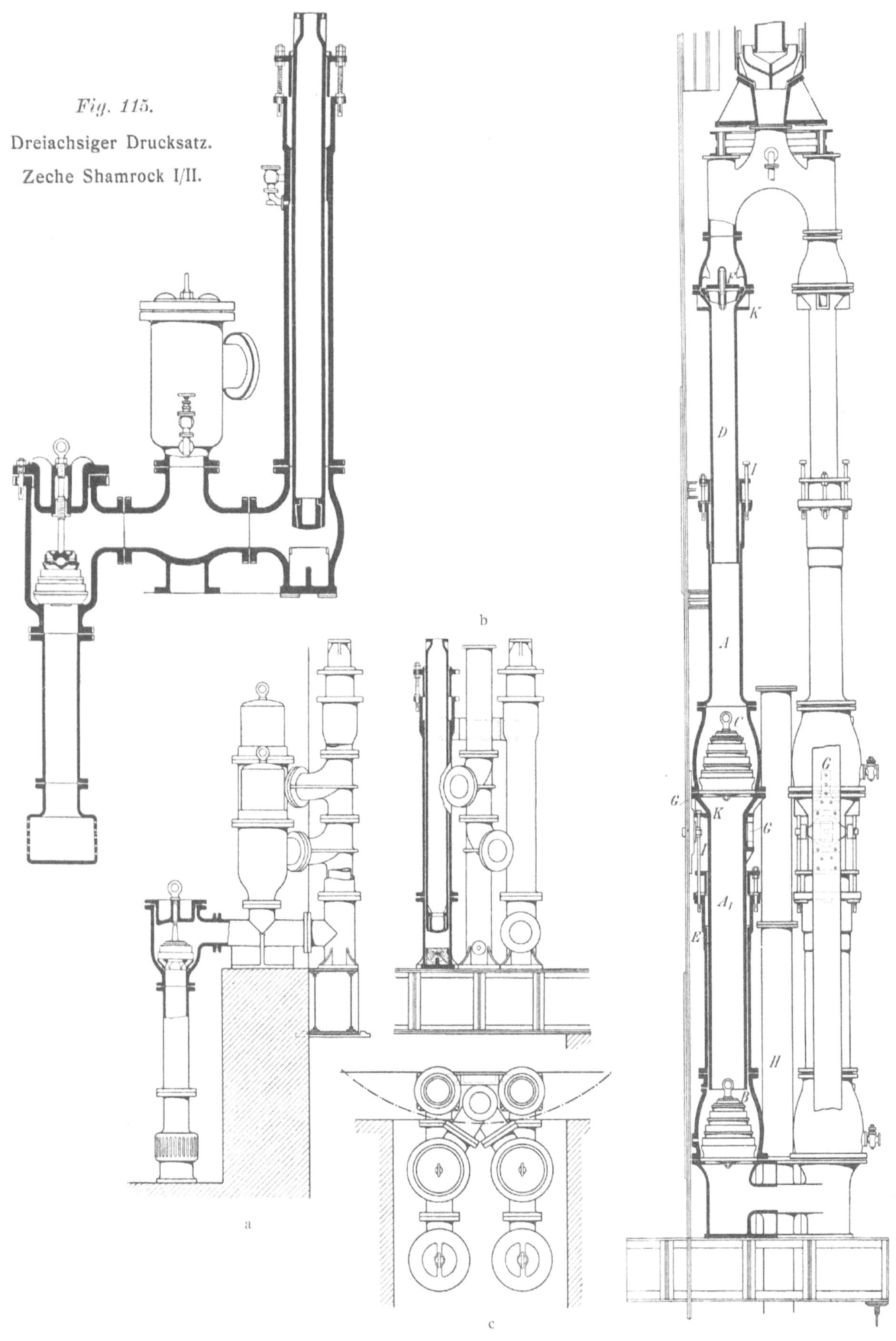

Fig. 115.
Dreiachsiger Drucksatz.
Zeche Shamrock I/II.

Fig. 116.
Drucksätze einer Woolf'schen Wasserhaltungsmaschine mit doppeltem Schachtgestänge. Zeche Königsborn.

Fig. 117.
Rittinger-Pumpe.
Zeche Adolf von Hansemann.

Rohr E hin- und herbewegen. Letzteres Rohr sitzt auf dem Saugventil B.

Wird nun diese Rohrkolbenpumpe durch das Gestänge G gehoben, so wird ein Volumen angesaugt, welches sich aus dem Querschnitt von A_1 mal dem Hub ergiebt. Da C geschlossen ist, wird gleichzeitig ein aus dem Querschnitt von A mal dem Hub sich ergebendes Volumen fortgedrückt. Geht die Pumpe abwärts, so verdrängt sie durch C ein Volumen, welches dem Produkt aus der Querschnittsdifferenz von A_1 und A und dem Hub entspricht. Die Arbeitsweise der Pumpe ist also einfach saugend und doppelt drückend. Die Menge des fortgedrückten Wassers entspricht genau der des angesaugten.

Man wählt die Durchmesser von A_1 und D gewöhnlich so, dass Saug- und Druckarbeit beim Aufgang gleich der Druckarbeit beim Niedergang sind. Die Maschine wird dann, besonders wenn Doppelgestänge mit Kunstkreuzen benutzt werden, durch die Pumpen bei jedem Hub gleichmässig beansprucht. Die Rittinger-Pumpe wird man nach dem Gesagten als einachsig bezeichnen.

Ein weiterer Vorteil liegt darin, dass die Steigrohre wegen der doppelten Druckwirkung kleiner ausfallen.

Der in Figur 117 gegebene Doppelsatz war auf der Zeche Adolf von Hansemann in Betrieb. Im oberen Teil der Rohre D sitzen Tellerventile F, welche beim Versagen einer Pumpe diese gegen die andere selbstthätig abzuschliessen haben. Rohr H stellt die Verlängerung der tieferen Druckleitung dar und bezweckt die Erzielung einer negativen Saughöhe für den nächsten Pumpensatz. Die langen Bolzen J können an den Flanschen K befestigt werden, wenn das Gestänge in tiefster bezw. höchster Stellung ist. Nach Lösen der unteren Flanschenschrauben an den Druck- bezw. Saugventilkästen können dann durch Anheben oder Senken des Gestänges die Ventile freigelegt, bequem nachgesehen oder ausgewechselt werden.

Für Maschinen mit einem Schachtgestänge werden die Rittingersätze nur mit einer Pumpe versehen. Ueblich ist die Anordnung, den untersten Pumpensatz als Rittingersatz und die übrigen als Drucksätze früher beschriebener Konstruktion auszuführen.

Rittinger-Pumpen haben im Oberbergamtsbezirk Dortmund nicht diejenige grosse Verbreitung gefunden, wie z. B. in Schlesien und in der Provinz Sachsen. Diese Erscheinung hat wohl darin ihren Grund, dass man an jeder Pumpe zwei Plungerrohre und zwei Stopfbüchsen hat, welche zu beobachten und zeitweise zu erneuern sind. Dazu ist die Druckhöhe der Sätze meistens geringer als bei gewöhnlichen Drucksätzen.

Rittinger-Pumpen stehen noch auf den Zechen Urbanus, Courl und Rheinpreussen in Anwendung.

8. Pumpenventile.

Für Gestängemaschinen kommen nur zwei Arten von Gewichtsventilen in Betracht, Klappenventile und Etagenventile; andere Konstruktionen sind im Ruhrbezirk für die hier besprochenen Pumpen nicht in Anwendung gebracht worden.

Die Klappenventile sind die älteren. Sie zeichnen sich allerdings durch grosse Einfachheit aus, doch überwiegen die Nachteile diesen Vorzug. Der grosse Weg, welchen die Klappen zum Oeffnen oder Schliessen machen müssen, steht nicht im Verhältnis zur Plungerbewegung, indem die Beschleunigung für das Oeffnen der Druckklappen, wenn letzteres so erfolgen soll, dass dem Wasser im Ventil kein grosser Widerstand geboten wird, sehr gross ausfallen muss. Der umgekehrte Fall tritt beim Schluss der Plungerbewegung ein, indem die Druckklappen am Hubende keinen Widerstand finden und durch die zur Ruhe kommende Wassersäule infolge des grossen Klappenweges mit grosser Geschwindigkeit auf den Sitz geworfen werden. In kleinerem Masse trifft das Gleiche für die Saugventile zu. Klappenventile schlagen daher bei grösseren Druckhöhen ausserordentlich, be-

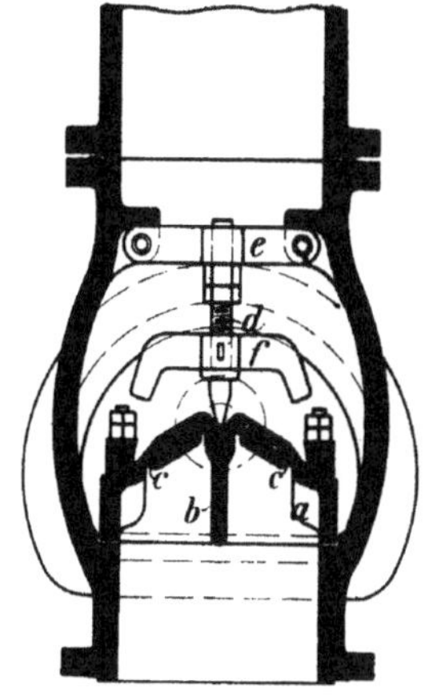

Fig. 118.

Zweiteiliges Klappenventil.

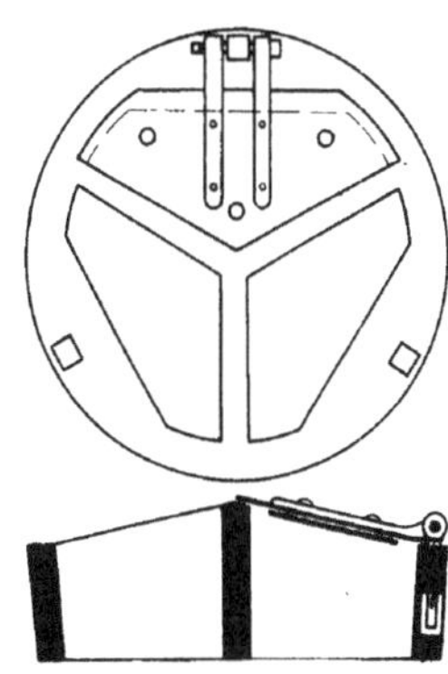

Fig. 119.

Dreiteiliges Klappenventil.

günstigen den Rücklauf von gefördertem Wasser und lassen schnellen Hubwechsel nicht zu.

Die günstigste Wasserbewegung durch das Ventil erreicht man, wenn die Klappen sich nach aussen öffnen. Die Anzahl der Klappen richtet sich nach der Ventilgrösse; gewöhnlich sind deren zwei bis drei bei einem Ventil üblich. Eine allgemein gebräuchliche Ausführungsform zeigt Figur 118. Darin ist a der Ventilsitz, welcher in der Mitte eine Rippe b zur Auflage für die mit Eisen beschwerten Lederklappen c besitzt. Der Ventilsitz wird gehalten durch eine Druckschraube d, welche sich gegen die Traverse e legt; f ist der durch einen Keil befestigte Klappenfänger und Hubbegrenzer. Am zweckmässigsten sind diejenigen Klappen, für welche das Leder gleichzeitig die Abdichtung und das Scharnier bildet. Eisenscharniere mit Bolzen, wie in Figur 119 für ein dreiklappiges Ventil abgebildet, haben sich der grösseren Abnutzung wegen nicht bewährt.

Der vielen ungünstigen Eigenschaften wegen hat man seit Einführung der mehrfach geteilten Ventile viele Klappenventile gegen die ersteren ausgewechselt und damit die besten Erfolge erzielt.

Die geteilten Ringventile in Etagenanordnung sind ebenfalls Gewichtsventile mit Hubbegrenzung, bei welchen jedoch der Hub gering ausfällt. Die Schlussgeschwindigkeiten sind daher kleiner und wirken auf ein ruhiges Ventilspiel ein. Da Charniere fehlen und das aus Leder bestehende Dichtungsmaterial nicht so hart aufgeschlagen wird, so haben die Dichtungen grössere Lebensdauer.

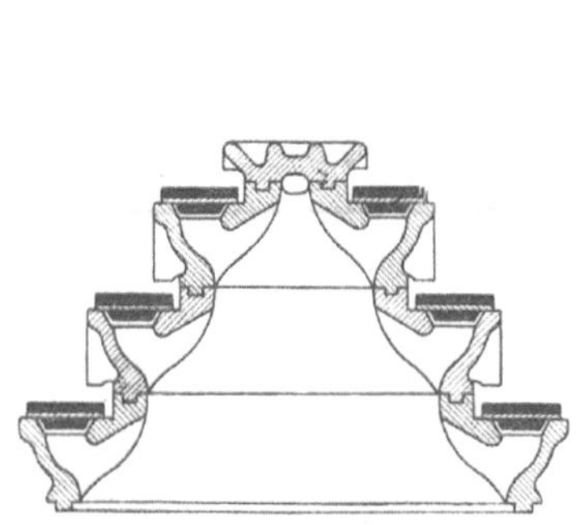

Fig. 120.

Geteiltes Ringventil.

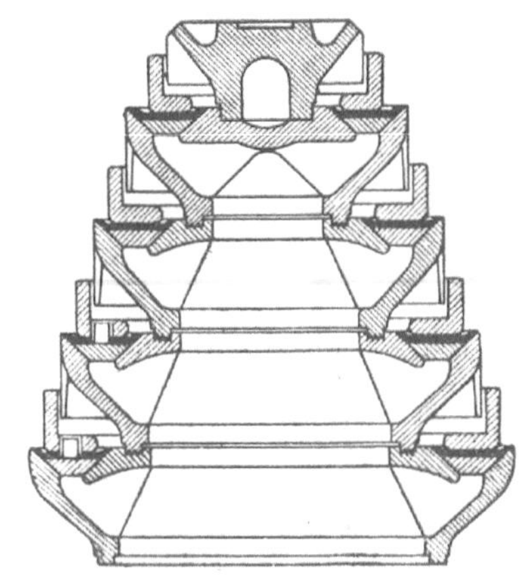

Fig. 121.

Fernisventil.

Figur 120 zeigt eine einfache Konstruktion von Ringventilen, welche häufiger zur Ausführung gekommen ist. Lederringe werden beiderseits durch Eisen- oder Rotmetallringe gefasst und beschwert. Die Ringdurchmesser nehmen nach oben hin ab und sitzen auf entsprechend geformten Gehäusen, welche durch eine Druckschraube auf einander gehalten werden. Ein jedes Gehäuse trägt rippenförmige Hubbegrenzungen für den darunter befindlichen Ventilring.

Auf anderem Prinzip beruht die Konstruktion des Fernisventils, welches in Figur 121 dargestellt ist. Die Abdichtung erfolgt ebenfalls durch Leder, aber nicht eben, sondern auf einem Kegelmantel. Unter der Ledermanschette sitzt ein kegelförmiger Metallring, welcher mit mehreren Zapfen in einen oberen Winkelring reicht (siehe linke Seite des Schnitts); letzterer führt sich an den Gehäuserippen. Der kegelförmige Metallring soll beim Fernisventil vordichten. Er lässt aber durch kleine eingearbeitete Rillen noch etwas Wasser hindurch, bis die Ledermanschette vollkommen schliesst. Da die Metallringe mit ihren Führungen und den Ledermanschetten nicht fest verbunden sind, wird der eigentliche Ventilschluss sanft erfolgen. Die Wasserführung durch die Ventile ist ebenfalls eine günstige. Fernisventile haben sich gut bewährt und sind in alten Drucksätzen der rheinisch-westfälischen Zechen häufig gegen Klappenventile eingewechselt worden.

9. Steigleitungen.

Für die Abmessungen und Ausführungen der Steigrohre ist in erster Linie das verwendete Material massgebend. Am dauerhaftesten haben sich immer gusseiserne Rohre erwiesen, weil sie dem Einfluss saurer Wasser am besten wiederstehen können. Entsprechend dem mit der Höhe der Steigleitungen wechselnden Druck ist die Wandstärke eine verschiedene und an den Drucksätzen am grössten. Aus Gründen der Zweckmässigkeit wählt man die lichte Weite der obersten Rohre gleich dem Plungerdurchmesser der Druckpumpe und verkleinert im Verhältnis des zunehmenden Druckes den lichten Durchmesser der unteren Rohre nach der Pumpe zu, während der äussere Durchmesser überall derselbe bleibt. Es ist dann für die Rohrgiesserei ein Modell ausreichend und nur die Kerne, welche doch für jedes Rohr neu angefertigt werden müssen, erhalten verschiedenen Durchmesser.

Zur allmählichen Ueberleitung zu dem kleineren Durchmesser des untersten Rohres giebt man dem Rohrstück über dem Druckventil nach oben hin eine verjüngte Form, wie sie in Figur 114 S. 235 dargestellt ist.

Als Abdichtung der Rohre haben sich überall weiche Gummiringe von rundem oder rechteckigem Querschnitt, in entsprechende Nuten des oberen Flansches gelegt, am besten bewährt. Der obere Flansch erhält dann einen entsprechenden Vorsprung. (Fig. 122).

Um Spannungen in den Rohren zu vermeiden, rüstet man die Druckleitungen erforderlichenfalls mit Dehnungsstücken aus, welche gewöhnlich in einfachster Weise durch ein Degenrohr in langem Stopfbüchsenhals gebildet werden (Fig. 123). Zur Unterstützung der Rohre dienen angegossene, verrippte Füsse unterhalb der Flansche oder auch besondere zwischen den Rohren sitzende Fussstücke, welche auf hölzernen oder eisernen Einstrichen im Schacht ruhen.

Zum Schutz der Rohre gegen Rosten und schädliche Bestandteile des Wassers versieht man die Innen- und Aussenseite der Rohre vor dem Einbau mit einem Theer- oder Asphaltanstrich, welcher heiss aufgetragen wird.

Schmiedeeiserne Rohre haben bei weitem nicht die Verbreitung für Steigleitungen gefunden, wie in Anbetracht der mannigfachen Vorzüge

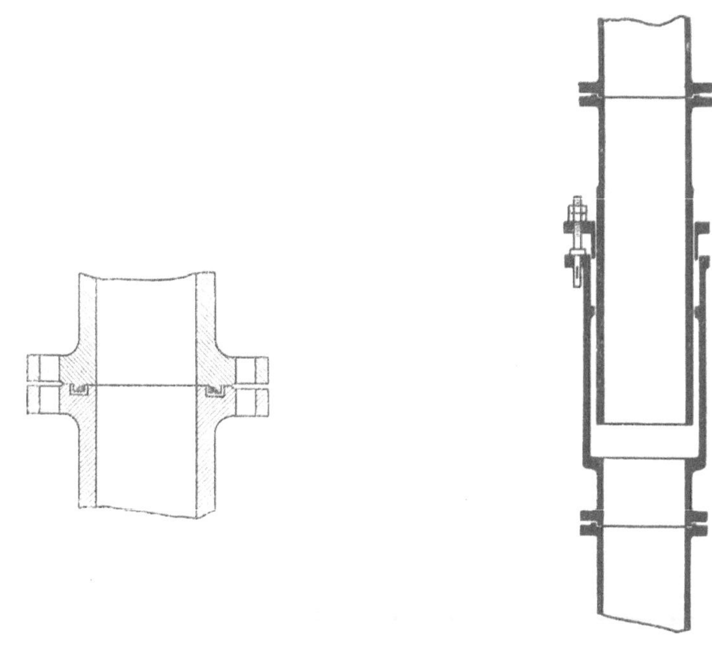

Fig. 122. **Rohrdichtung bei Steigleitungen.**

Fig. 123. **Dehnungsstück in Druckleitungen.**

dieses Materials vor Gusseisen anzunehmen wäre. Diese Vorzüge bestehen insbesondere in geringerem Gewicht, höherer Festigkeit und grösserer Dehnungsfähigkeit. Sie bewährten sich überall da, wo man es mit reinem Wasser zu thun hatte, dagegen konnten sie sauren Wassern auch mit dem besten Anstrich auf die Dauer nicht widerstehen; auch lassen sie sich gegen Rost nur bei sorgfältiger und häufiger Erneuerung des Anstrichs schützen. Die schmiedeeisernen Rohre sind genietet und mit losen Flanschen über Bunden oder mit angenieteten Flanschen versehen, ihre Dichtung ist in derselben Weise wie bei Gussrohren hergestellt. Als Rohrunterstützungen dienen besondere zwischen den Rohren sitzende Tragfüsse. Die lichte Weite der Rohre kann für die ganze Länge der Leitung gleichbleibend gewählt werden, wenn nur die Blechstärke unten grösser gewählt wird wie oben.

II. Die Wasserhaltungs-Anlagen mit Maschinen unter Tage.

1. Allgemeines.

Die Fortschritte im Dampfmaschinenbau, auch einige Erfolge mit unterirdisch aufgestellten englischen Dampfpumpen, führten dazu, der langsamlaufenden und für den Schacht nicht ungefährlichen Gestängemaschine Schritt um Schritt das Gebiet streitig zu machen und der unterirdisch betriebenen, schnelllaufenden Rotations-Dampfmaschine zum Betriebe der Druckpumpen die Vorherrschaft zu geben.

Wir können heute feststellen, dass die unterirdische Dampfwasserhaltung die Gestängemaschine vollständig verdrängt hat, indem in den Jahren seit 1890 nur 17 oberirdische Maschinen ausgeführt wurden, während in der gleichen Zeit unterirdische Maschinen sowohl für grosse Leistungen wie auch für grosse Teufen in stattlicher Zahl gebaut sind und zwar 132 Maschinen allein für mehr als 1 cbm Leistung in der Minute.

Die Vorzüge unterirdischer Dampfpumpen gegenüber den Gestängemaschinen sind:

1. Geringere Anschaffungskosten,
2. Geringere Betriebskosten,
3. Grössere Leistung bei grösserer Teufe und
4. Grössere Betriebsicherheit.

Das Anpassungsvermögen an geringe Zuflüsse bei zu grosser Maschine ist bei unterirdischen Dampfpumpen in der Veränderung der Umlaufzahlen im allgemeinen, bei Zwillings- und öfters auch bei Verbundmaschinen durch Betrieb nur einer Maschinenhälfte im besonderen gegeben.

Zu den ersten erfolgreichen Bestrebungen, die unterirdische Dampfpumpe einzuführen, sind diejenigen Hilt's im Aachener Revier zu rechnen. Nach seinen Angaben wurden in den dortigen Werken die Maschinen gebaut und bald darauf ähnliche Maschinen auch im Ruhrkohlenbezirk eingeführt.

Als erste grössere Anlage wurde im Jahre 1871 eine liegende Eincylindermaschine von H. & R. Lamberts in Burtscheid bei Aachen auf Zeche Westende eingebaut. Die Leistung der Pumpe war 1,25 cbm in der Minute aus 200 m Teufe bei 34 Umdrehungen der Maschine; der Dampfdruck betrug 4 Atm.; der Cylinder hatte 580 mm Durchmesser und 630 mm Hub; die Plunger der doppeltwirkenden Pumpe hatten 160 mm Durchmesser. Die Maschine besass Schiebersteuerung und war mit einem Luftpumpenkondensator verbunden. Die Pumpenventile wurden als Ringventile ausgebildet. Die Maschine steht heute in Reserve.

Im Jahre 1873 wurden schon mehrere Eincylindermaschinen (Zeche Pluto, Schürbank & Charlottenburg) und Zwillingsmaschinen (Zeche Massen,

Schleswig, Hamburg, Siebenplaneten) aufgestellt. Der Bau der erstern Maschinenart hat darauf bis zum Jahr 1882 geruht, dagegen sind Zwillingsmaschinen mit jedem folgenden Jahr in wachsender Anzahl von den Zechen beschafft worden.

Das Bestreben, den Dampfverbrauch unterirdisch betriebener Pumpen durch Einführung von Verbundmaschinen zu verringern, wurde im Jahre 1883 zum ersten Male zur That, indem die Firma Ehrhardt & Sehmer eine solche Maschine auf der Zeche Carl Friedrich Erbstollen aufstellte.

Bei Bearbeitung dieses Kapitels wurde auf Grund der von Seiten der Zechenverwaltungen eingegangenen Fragebogen die auffallende Thatsache besonders bei den Verbundmaschinen festgestellt, dass der verfügbare Dampfdruck verhältnismässig niedrig ist. Er übersteigt selten 6 Atm. Ueberdruck, und nur in wenigen Fällen arbeitet man mit 8 oder mehr Atmosphären Ueberdruck.

Hierin liegt ein gut Teil der Schuld, dass die Dampfausnutzung unterirdischer Maschinen gewöhnlich gegen gleichartige Maschinen über Tage, welche mit höheren Spannungen arbeiten, zurücksteht.

Dazu kommt noch, dass die Rohrleitungen vielfach wenig sachgemäss umhüllt sind, dass eine Flanschenisolierung fast überall fehlt und die Kondensationsverluste infolgedessen einen hohen Procentsatz des Gesamtdampfverbrauchs ausmachen und damit eine Handhabe zu Angriffen gegen das ganze System darbieten.

Ausserdem wirkt nach dieser Richtung der Umstand ungünstig, dass auf zahlreichen Zechen die Wasserzuflüsse je nach der Jahreszeit und damit auch die Beanspruchung der Maschine wechseln. Für normalen Betrieb wird daher die Wasserhaltungsanlage um Vieles zu gross sein.

Sind genügend grosse Sumpfstrecken vorhanden (s. 1. Kapitel), so lässt man die Maschinen in sonst wenig belegten Schichten, meistens zur Nachtzeit, laufen und erhält während der Zwischenzeit unvermeidliche, durch zu weite Rohrleitungen noch besonders begünstigte Dampfverluste, auf welchen Nachteil an anderer Stelle noch näher eingegangen werden soll.

Wenn man die Konstruktion der im hiesigen Bezirk vorhandenen Dampfmaschinen unter Tage näher ins Auge fasst, so kann man feststellen, dass sie sich von oberirdischen Maschinen liegender Anordnung kaum unterscheiden. Auffallend bei den Zwillingsmaschinen ist das geringe Vorkommen von Regulatoren. Sind solche vorhanden, so hat man sie zwecks Tourenänderung entweder mit Stufenscheibenantrieb oder mit verstellbarer Gewichtsbelastung ausgestattet; seltener verwendet man sog. Leistungsregulatoren, System Weiss.

Unter den Steuerungen herrscht bei älteren Maschinen die Meyersche von Hand verstellbare Expansionssteuerung vor, während man bei neueren Anlagen oder solchen für höheren Druck zu halb oder ganz entlasteten Steuerungen übergegangen ist. Ventilsteuerungen gehören zu den Ausnahmen; sie können in der Grube nicht mit der nötigen Sorgfalt behandelt werden und geben dann leicht zu Betriebsstörungen Anlass.

Für Zwillingsmaschinen und Verbundmaschinen sind die Schwungräder vielfach so schwer gewählt, dass sowohl eine Herabsetzung der Umlaufzahl als auch der Betrieb mit einer Maschinenhälfte ohne grosse Beeinträchtigung des Gleichförmigkeitsgrades ausführbar wird.

Ohne besondere Einrichtungen an den Pumpen ist man selbst bei einigen grösseren Maschinen über die als normal anzusehende Umlaufszahl von 60 in der Minute hinausgegangen, wovon bei den späteren Abschnitten noch die Rede sein wird.

Zur Sicherung des Pumpenbetriebes bei aufgehenden Wassern sind die Eingangs bereits beschriebenen zahlreichen Einrichtungen getroffen worden.

Bei schlechten Gebirgsverhältnissen wählte man für Verbundmaschinen die Tandemanordnung (Zeche Bickefeld, ver. Hamburg). Für grössere Leistungen teilte man beide Cylinder und ordnete sie hintereinander an, in der Weise, dass die ganze Maschine in Zwillingsform mit beiderseits gleichen Hoch- und Niederdruckcylindern gebaut wurde (Zeche Victor, Fröhliche Morgensonne, Gneisenau).

Für die einzige Dreifach-Expansionsmaschine (Zeche Scharnhorst) ist eine Teilung des Niederdruckcylinders vorgenommen. Die Hälften sind einmal hinter den Hochdruck, das andere Mal hinter den Mitteldruckcylinder gesetzt.

Dampfverbrauchsversuche sind für unterirdische Maschinen nur ausnahmsweise vorgenommen worden, da solche Messungen aus den bereits erwähnten Gründen auf Zechen nur sehr selten ausführbar sind.

Zur vorübergehenden Wasserhebung von tieferen Sohlen zum Sumpf der Hauptwasserhaltung und an Stellen, woselbst auf rationellen Betrieb weniger Gewicht gelegt wird, haben die Duplexpumpen zahlreiche Anwendung gefunden, zumal sie in bequemer Weise den Betrieb mit Druckluft gestatten und an sorgfältige Bedienung nur geringe Ansprüche stellen. Auf ihre Konstruktion und Verwendungsart sowie auf diejenige der anderen zur vorübergehenden Wasserhebung dienenden Motoren ist an der dafür bestimmten Stelle im Abschnitt »Schachtabteufen« näher eingegangen worden.

2. Die Pumpen der unterirdischen Dampfwasserhaltungen.

Mit der Einführung der unterirdischen Dampfwasserhaltungen musste man die Anordnung mehrerer Drucksätze übereinander verlassen und das Wasser in einem Zuge zu Tage fördern. Da die Maschinen mit höheren Tourenzahlen arbeiten können, als die oberirdisch angetriebenen und bei jedem Kolbenhub Arbeit geleistet wird, so fallen die Abmessungen der doppelt wirkenden Pumpen im Vergleich mit solchen gleicher Leitung für Gestängemaschinen erheblich geringer aus. Die Druckhöhe der Pumpen kann folglich bei gleicher Sicherheit grösser sein, als für oberirdisch betriebene, langsam laufende Pumpen.

Die Pumpen sind in den meisten Fällen so aufgestellt, dass sie das Wasser entweder selbst ansaugen, oder dass es ihnen durch die Kondensator-Luftpumpe zugeworfen wird. In einigen Fällen (Zeche Hugo, Preussen) steht, wie erwähnt, die Maschinenachse zur Sicherung der Maschine so hoch über der Sumpfsohle, dass die Pumpe bezw. der Kondensator das Wasser nicht anzusaugen vermag. In diesen Fällen ist dann eine Hebepumpe mit der Maschine mittelst Schwinghebelantriebes verbunden.

Es sind drei Pumpensysteme in Anwendung gekommen. Bei der ersten Anordnung (Fig. 124a—c) arbeitet ein Plunger für zwei Pumpen. Er ist einseitig mit der Kolbenstange der Maschine gekuppelt und trägt auf der anderen Seite häufig noch eine Führungsstange von gleichem Querschnitt wie die vordere Plungerstange. Der Plunger arbeitet doppelt wirkend beim Saugen und Drücken. Solche Pumpen, auch Girardpumpen genannt, sind auf den Zechen Siebenplaneten, Erin I, Eiberg, Kaiser Friedrich, Königsborn I, Präsident Schacht II und zahlreichen anderen ausgeführt worden.

Die zweite Anordnung zeigt Figur 125. Hier arbeitet ein Plunger für eine Pumpe, dessen Plungerstange den zweiten Plunger bildet. Die Pumpe arbeitet mit einfacher Saugwirkung und verteilter Druckwirkung, und zwar geschieht letzteres, um bei Anwendung von nur einer Pumpe beim Linksgang derselben eine gleichmässige Beanspruchung des Triebwerkes an der Maschine zu erzielen. Die Konstruktion der Pumpe bezeichnet man als Differential-Pumpe. Beim Rechtsgang wird ein Volumen gleich dem Plungerstangenquerschnitt mal Hub fortgedrückt. Beim Linksgang wird mit vollem Plungerquerschnitt gesaugt und ein Volumen gleich der Ringfläche mal Hub gedrückt. Statt eines Plungers findet man zuweilen Ausführungen mit zwei Plungern und Umführungsstangen, so z. B. auf Zeche Graf Beust. Differentialpumpen sind im allgemeinen selten und nur für kleine Leistungen in Anwendung gekommen, so auf den Zechen Hannibal I, Stock & Scherenberg, Maria, Anna & Steinbank und Dannenbaum.

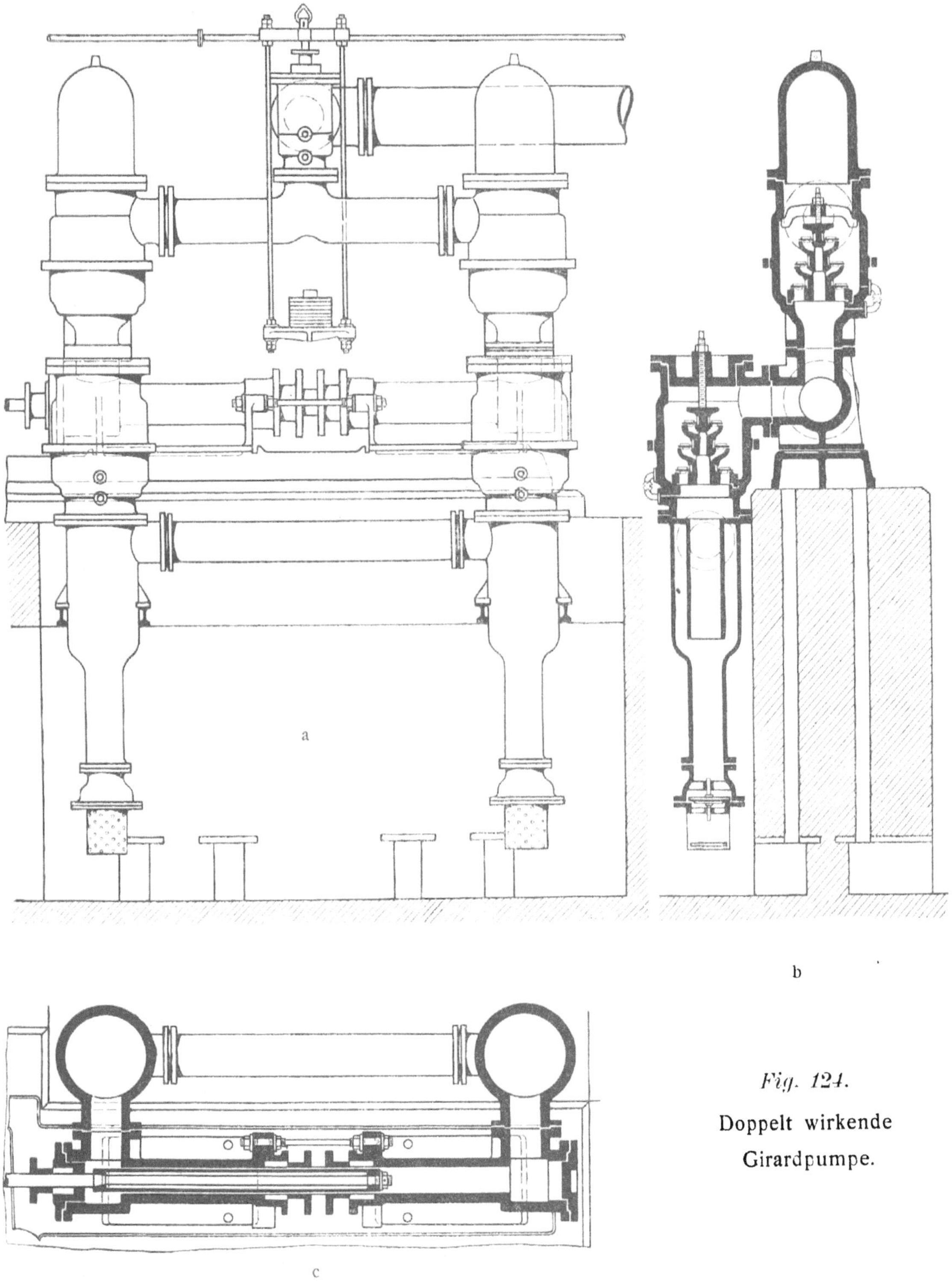

a

b

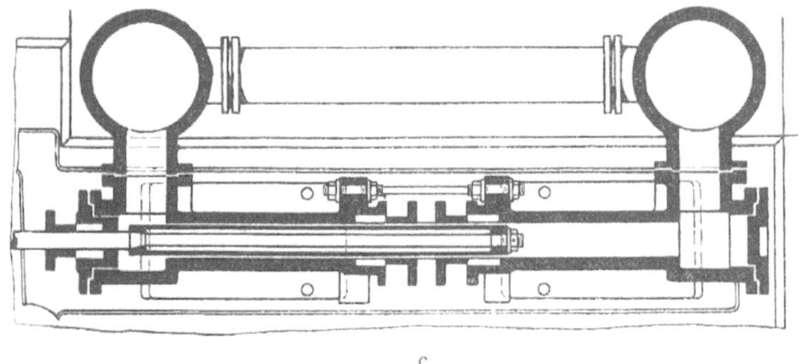

c

Fig. 124.
Doppelt wirkende Girardpumpe.

Bei der dritten Anordnung (Fig. 126a—c) sind zwei Pumpen mit je einem Plunger hintereinander gestellt. Die Plunger arbeiten jeder einfach saugend und einfach drückend, gemeinsam aber doppelt wirkend. Durch Umführungsstangen sind beide Plunger verbunden.

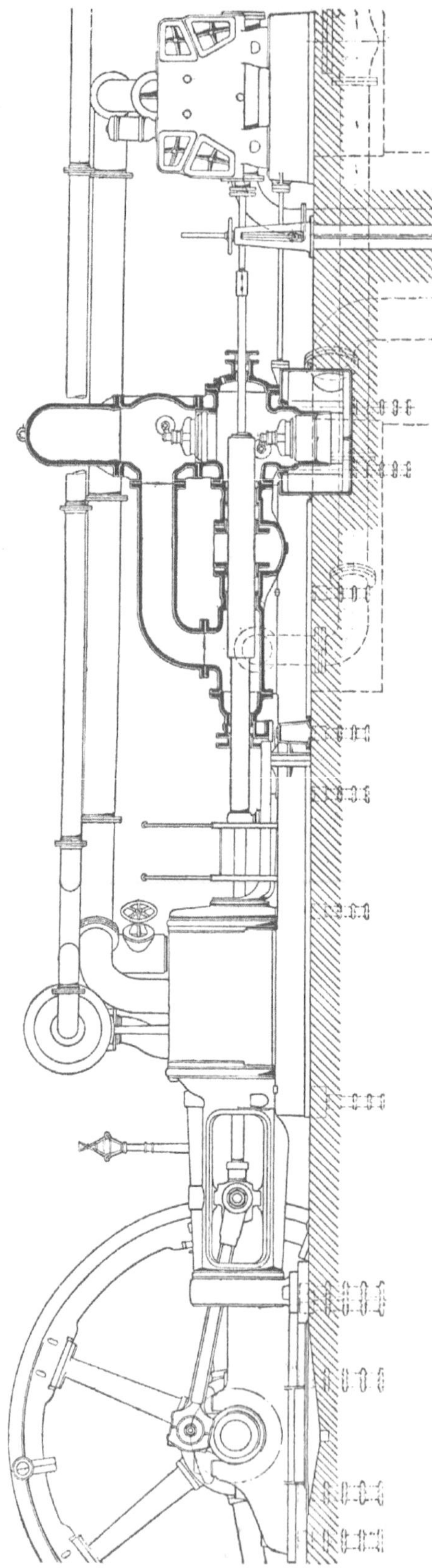

Fig. 125.
Differentialpumpe.

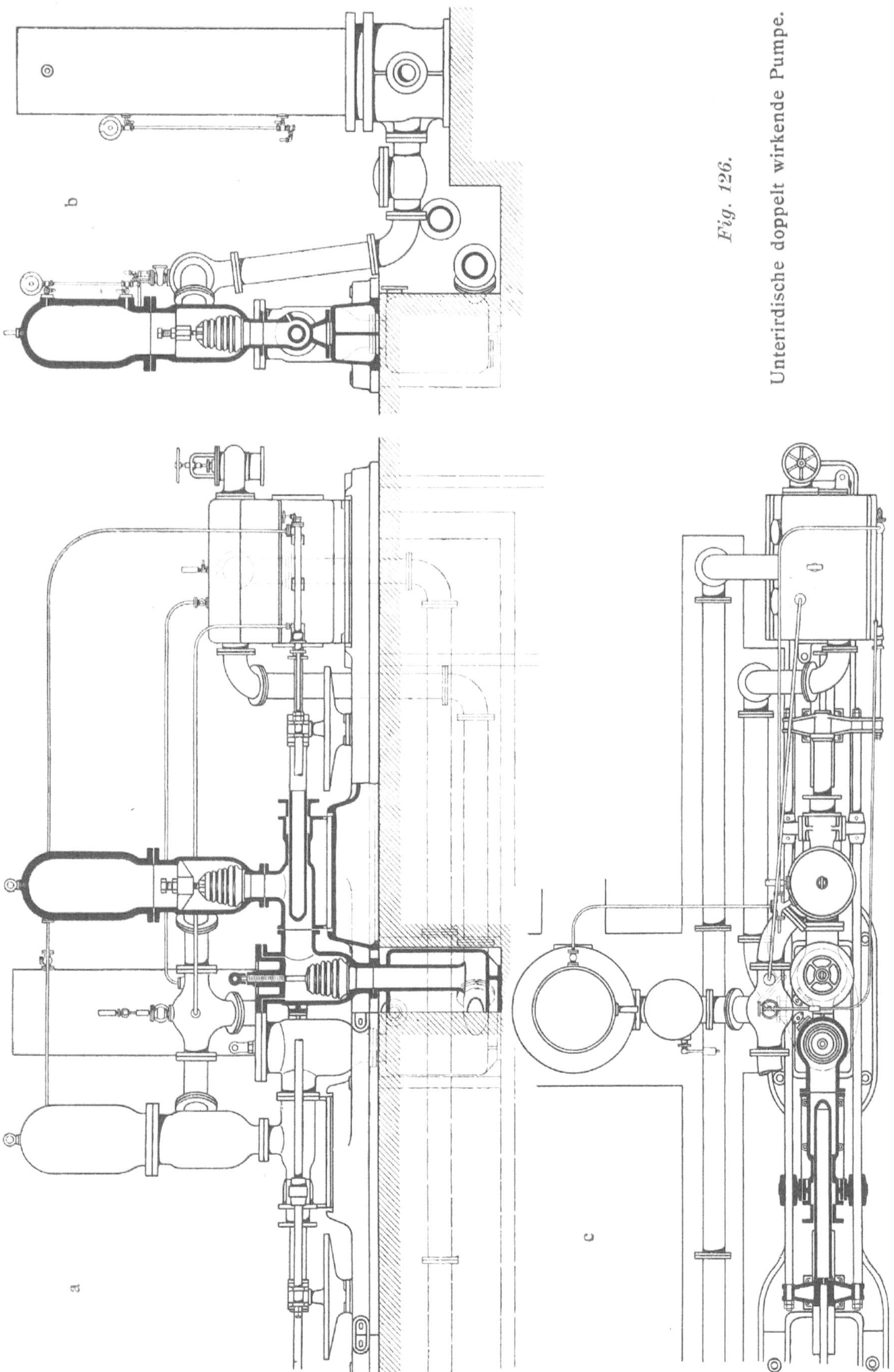

Fig. 126.
Unterirdische doppelt wirkende Pumpe.

Diese Konstruktion findet sich am häufigsten und ist für die höchsten Leistungen in Anwendung gekommen. Ausserdem bietet sie vor den vorher beschriebenen Anordnungen nach Figur 124 und 125 den Vorteil, dass man hier nur zwei Stopfbüchsen zu dichten und zu beobachten hat, während es dort deren drei oder vier sind.

Die Ventilkörper sind entweder übereinanderliegend in einer Vertikal-Ebene mit der Plungerachse angeordnet, wie in Figur 125 dargestellt, oder die Saugventile sitzen zwischen den Plungern und die Druckventile über denselben (Fig. 126a—c) oder endlich die Saug-Ventile befinden sich seitlich vom Plunger und die Druckventile über demselben (Fig. 124a—c).

Die Anordnung nach Figur 125 giebt kurze Wasserwege innerhalb der Pumpe, erschwert aber den Ausbau der Saugventile, während bei den anderen Konstruktionen bei längeren Wasserwegen auf bequeme und schnelle Auswechslung der Ventile Rücksicht genommen ist.

Das Material der Plunger ist verschieden, je nach Druckhöhe und Beschaffenheit des Wassers. Man findet Plunger aus Gusseisen, Stahlguss, Rotguss und Deltametall. In manchen Fällen sind auch Gusseisen oder Stahlgussplunger mit Mänteln aus Rotguss oder Deltametall überzogen, um Festigkeit mit Widerstandsfähigkeit gegen saure oder unreine Wasser zu verbinden. Die Pumpenkörper und Ventilkörper sind entsprechend einem Druck bis zu 42 Atm. in Gusseisen ausgeführt worden. Darüber hinaus hat man stets Stahlguss benutzt, welcher bei einzelnen Anlagen bereits bei einem Ueberdruck von 30 Atm. zu finden ist. Zur Verringerung der Modellkosten und Ausgaben für Reserveteile sind Saug- und Druckkästen gleichartig ausgeführt.

Zum Niederschlagen des Dampfes sind mit wenigen Ausnahmen Einspritzkondensatoren mit Nassluftpumpen vorgesehen. Letztere werden entweder von den verlängerten Plungerstangen oder vom Kreuzkopf aus angetrieben. Zweicylinder-Maschinen haben gewöhnlich jederseits eine Luftpumpe, einmal als Reserve und dann auch, um mit jeder Maschinenseite allein betriebsfähig zu sein. In diesem Falle hat dann jede Seite auch eine Druckpumpe.

Die Kondensation arbeitet meistens in der Weise, dass die ganze zu hebende Wassermenge den Kondensator passiert und durch die Luftpumpe der Druckpumpe zugeworfen wird. Für diese fällt also die Saugarbeit fort, und es kann unter Umständen heisses Wasser gefördert werden. Bei der weniger häufigen Betriebsweise, dass nämlich die Luftpumpe in den Sumpf ausgiesst, aus dem die Druckpumpe saugt, können bei starker Erwärmung des Wassers leicht Störungen eintreten, namentlich dann, wenn die Saughöhe eine beträchtliche ist.

Zur Schonung der Ventilklappen in der Luftpumpe lässt man beim Anlassen den Abdampf der Maschine zunächst in den Sumpf blasen und erst nach einigen Umdrehungen durch Umstellung eines Wechselventils, sobald genügendes Wasser von der Luftpumpe angesaugt ist, ihn in den Kondensator blasen. In vielen Fällen ist die Einrichtung getroffen, dass von der Steigleitung aus Wasser durch ein kleines Rohr in den Kondensator oder den Saugraum der Luftpumpe eingespritzt werden kann. Ganz vereinzelt sind einige Maschinen mit einem Saugrohr-Kondensator ohne Luftpumpe versehen, welcher an einer späteren Stelle beschrieben ist.

3. Die Ventile der unterirdischen Pumpen.

Ueber die Ventile ist bei den langsam laufenden Gestängepumpen bereits das Wichtigste gesagt und besonders auf die Unzweckmässigkeit von Klappenventilen hingewiesen worden. Was für diese Ventilart bei Pumpen mit wenigen Hubwechseln gilt, wird durch Steigerung der Zahl der Ventilspiele noch verschärft. Es ist daher nicht verwunderlich, dass Klappenventile, deren Ausführungsform man beibehielt, den geteilten Ringventilen weichen mussten. Man findet heute nur bei einigen älteren unterirdischen Wasserhaltungsmaschinen Klappenventile, und auch diese werden bei passender Gelegenheit gegen andere Konstruktionen ausgewechselt. Ein gleiches Schicksal hat die sehr selten angewandten Tellerventile betroffen, welche sich für hohen Druck über 15 Atm. garnicht bewähren, da der Druck auf die ganze Ventilfläche bei einer Wassermenge von 2 cbm/Min. und dementsprechend die Kraft zum Oeffnen der Ventile so hoch ausfällt, dass der Gang der Pumpe darunter leidet.

Von allen in Frage kommenden Ventilkonstruktionen steht das Fernisventil, welches infolge seiner zweckmässigen Konstruktion (es ist bei den Gestängepumpen abgebildet und beschrieben) eine grosse Verbreitung gefunden hat, an erster Stelle. Die Nachteile der Etagenventile bestehen darin, dass bei grossen Wassermengen die Ventile und dementsprechend auch die Ventilkästen gross und schwer werden und dass dadurch die Entfernung des Saugwasserspiegels vom Druckwasserspiegel, beide in den zugehörigen Windkesseln gemessen, bedeutend wird. Die Nachteile werden aber durch die bereits erwähnten Vorteile aufgewogen, welchen sich noch der weitere anschliesst, dass die geringe Ventil-Hubhöhe höhere Tourenzahlen der Maschine zulässt (bis 60 i. d. M.), ohne dass man ein Schlagen der Ventile befürchten muss.

Dass die Fernisventile sich in der Praxis wohl bewährt haben, geht daraus hervor, dass im Bau von Pumpen hervorragende Werke wie die Friedrich Wilhelmshütte in Mülheim-Ruhr, die Maschinenbau A.-G. Union in Essen-Ruhr, Klein Schanzlin & Becker in Frankenthal u. a., die von der Isselburger Hütte zunächst ausgeführten Ventile für ihre Pumpen in zahlreichen Fällen ebenfalls angewandt haben.

Was die Dichtung der Ventile anbetrifft, so sei auf eine immer von neuem sich bestätigende Thatsache hier hingewiesen, nämlich darauf, dass für die Grubenwasser im rheinisch-westfälischen Steinkohlenrevier metallische Ventildichtungen sich in den allermeisten Fällen nicht bewähren. Selbst die bedeutendsten Firmen auf dem Gebiete des Wasserhaltungs-Maschinenbaues sind von ihren ursprünglichen Versuchen und Bestrebungen, die darauf zielten, durch allerlei Formgebung und Anordnung der Ventile die Brauchbarkeit metallischer Abdichtung darzuthun, abgegangen, nachdem sie sich von der Unmöglichkeit überzeugt hatten.

Der Grund für diese Eigenschaft der Grubenwasser ist in mechanischen Verunreinigungen zu suchen, welche aus den verschiedenen Gebirgsschichten herrühren. Die mitgeführten Partikelchen sind so fein, dass sie durch mechanische Scheidung im Sumpf nicht zum Absetzen kommen. Ihre Härte ist andererseits so gross, dass die Teilchen auf die Metallsitzflächen, an denen sie mit erheblicher Geschwindigkeit vorbeigehen, ähnlich wie Schmirgel wirken.

Als abdichtendes Material haben daher sowohl die Fernisventile, als auch die noch zu beschreibenden sonstigen Ventilkonstruktionen in der Regel Lederstulpen oder in einigen Fällen Gummiringe erhalten.

Ventile mit letztgenannter Abdichtung sind die gleichfalls als Gewichtsventile ausgeführten Gummischnur-Ringventile der Pumpen auf Ver. Hamburg, Siebenplaneten, Bruchstrasse, Stock und Scherenberg, welche von der A.-G. Eisenhütte Prinz Rudolph in Dülmen gebaut sind. Figur 127 zeigt die Konstruktion, welche die Zweckmässigkeit für unterirdische Pumpen hinsichtlich sicheren Abschlusses bei geringem Hub und die Anwendbarkeit auch für unreines Wasser erkennen lässt. Die Ventile sind drei- bis fünfetagig ausgeführt und haben sich gut bewährt.

Ausser diesen Gewichtsventilen kommen für Bergwerkspumpen heute nur noch federbelastete Ringventile verschiedener Konstruktion in Betracht.

Die Schlussbewegung unterstützt eine Metall- oder Gummifeder, weshalb das Eigengewicht der Ventilringe verringert werden kann. Aufgang und Schluss der Ringe erfolgen gleichmässiger als bei den Gewichtsventilen, da die Feder beim Heben des Ventils einen allmählich wachsenden Widerstand, beim Schliessen dagegen eine allmählich abnehmende Kraft ausübt. Darin liegt eine unbestreitbare Ueberlegenheit des federbelasteten Ventils, die aber gegenüber Gewichtsventilen mit geringem Hub bis zur Grenze von etwa 60 Spielen pro Minute nicht sehr in die Erscheinung tritt.

Federbelastete Ringventile sind nun so ausgeführt, dass die einzelnen Ringdichtungen zu einem Ganzen vereinigt sind oder dass bei geteilten Dichtungen jeder Ring frei beweglich ist. Im letzteren Falle sind die Ringe entweder in Etagen oder in einer Ebene angeordnet.

Ein ungeteiltes Ringventil mit Metalldichtung für Zeche Constantin Schacht II, von der Eisenhütte Prinz Rudolph ausgeführt, zeigt Figur 128. Wie erörtert, wird es infolge seiner metallischen Abdichtung nur bei gutem, reinem Wasser zu verwenden sein. Ausserdem muss die Führung auf der Ventilspindel eine sehr genaue bleiben, um bei den schmalen Dichtungs-

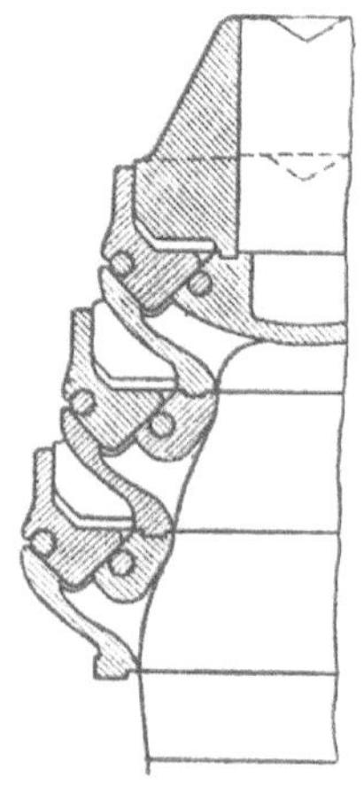

Fig. 127.

Gummischnur-Ringventil. Prinz Rudolfhütte.

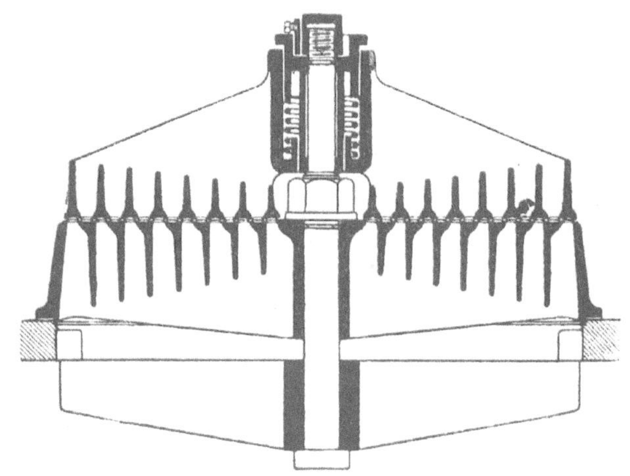

Fig. 128.

Ungeteiltes federbelastetes Ringventil. Zeche Constantin d. Grosse.

flächen genügende Gewähr für gutes Schliessen zu haben. Da der Hub nur 6 mm beträgt, wird die kleine Schlussgeschwindigkeit auf geringe Abnutzung der Dichtungsflächen wirken.

Die Ausführungsform geteilter federbelasteter Ringventile in Etagenanordnung giebt Figur 129 wieder. Die Ventilringe haben flache Hartgummidichtung, welche mit dem gusseisernen Beschwerungs- und Führungsring sowie mit dem im Querschnitt trapezförmigen Verdichtungsring vernietet ist. Die Führung der Ringe und die Vermittlung mit der Feder übernimmt eine aus mehreren Armen bestehende Haube. Die Wasserführung innerhalb des Ventils ist günstig, da der Wasseraustritt namentlich im äusseren Umfang der Dichtungsringe erfolgen wird.

Derartige Ventile besitzt die Wasserhaltung der Zeche Carl Friedrich Erbstollen. Erbauer ist die Firma Ehrhardt & Sehmer, Schleifmühle.

Bei dem in Figur 130 abgebildeten Ventil geschieht die Abdichtung wie bei dem Fernisventil, doch ist der Querschnitt der Verdichtung dreieckig, während Fernis Trapezform gewählt hat. Die Verlegung der Dichtungs-Ringflächen in zwei um 10 mm versetzte Ebenen ist aus konstruktiven Rücksichten gewählt, hat aber mit der Wasserbewegung nichts zu thun. Die Ringe sind hier ebenfalls lose konstruiert, sodass man auch bei unreinem Wasser zuverlässigen Abschluss erwarten kann. Solche Ventile sind z. B. auf Zeche Dannenbaum anstelle der gesteuerten Riedlerventile,

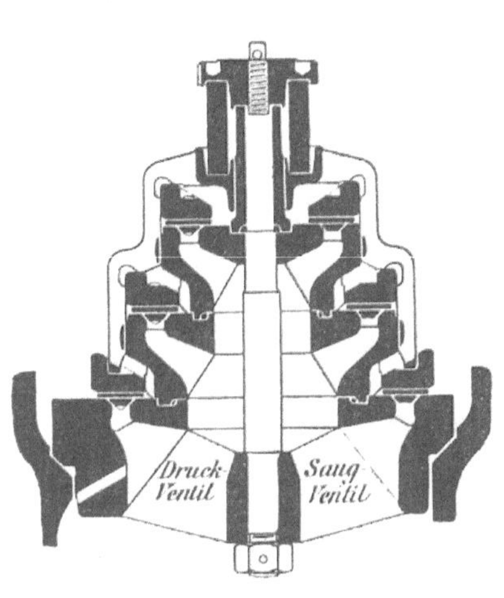

Fig. 129.
Geteiltes federbelastetes Ringventil.
Zeche Carl Friedrich Erbstollen.

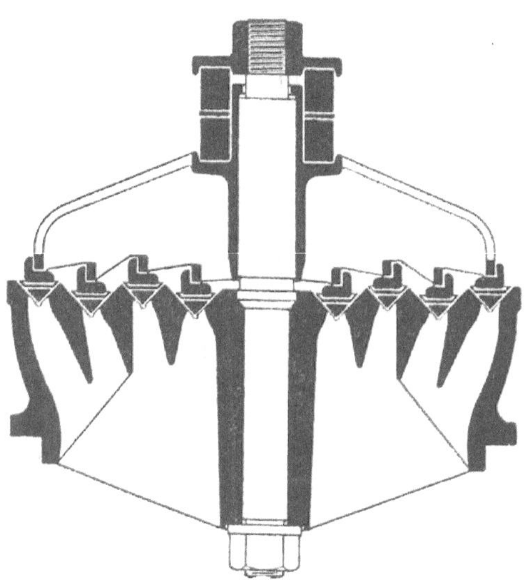

Fig. 130.
Geteiltes federbelastetes Ringventil der Gutehoffnungshütte.

welche sich garnicht bewährt haben, eingebaut worden. Gleiche Ausführungen finden sich auf den Zechen Sälzer & Neuack, Sprockhövel, Neu-Essen II (Ludwig). Das Ventil wird von der Gutehoffnungshütte ausgeführt.

Eine von den vorigen Konstruktionen abweichende Ausführung giebt Figur 131 wieder. Die Dichtungsringe liegen hier in einer Horizontalebene. Ein jeder Ring ist ähnlich wie bei dem Fernis-Ventil aus einem Metallring a mit einer Lederstulpe b und darüber liegender Deckplatte c gebildet. Durch Stifte d wird die Führung in der Krone e erreicht. Der Hub der Ringe beträgt etwa 10 mm, die Führungsstifte ragen bis auf etwa 2 mm von der Oberkante der Krone in diese hinein und spannen beim Aufgang der Ringe geschweifte Federn f, welche an der Krone befestigt sind. Der Rückgang der Ringe wird durch die Federn beschleunigt, der Schluss erfolgt wie beim Fernisventil. Die Krone wird durch eine in dem Ventilsitz befestigte, kräftige Spindel gehalten. Der einfach gehaltene Ventilsitz ist durch eine Manschette g im Ventilgehäuse abgedichtet. Von oben wird das Ventil durch nachstellbare Schrauben, welche bei h von aussen wirken, festgehalten.

Das vorstehend beschriebene Ventil ist bei den Wasserhaltungen der Zechen Hansa I/II, Germania, Dorstfeld II, Neu-Iserlohn I, Preussen I, Monopol und Minister Achenbach, deren Ausführung in Händen der Firma Haniel & Lueg in Düsseldorf-Grafenberg lag, zur Anwendung gekommen.

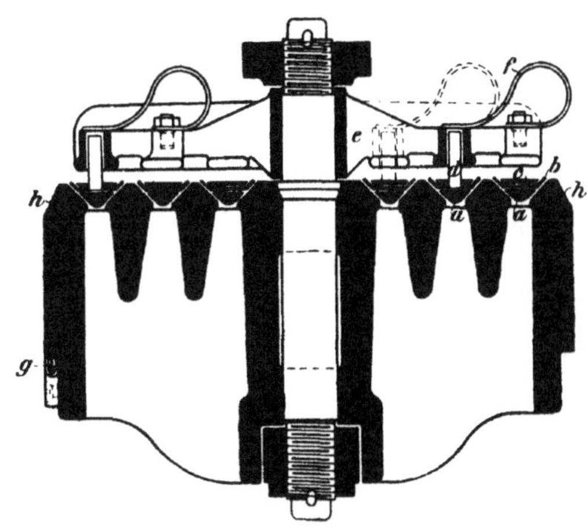

Fig. 131.

Geteiltes federbelastetes Ringventil von Haniel & Lueg.

Ausser den hier beschriebenen selbstthätigen Ventilen sind bei einigen unterirdischen Pumpen gesteuerte Ventile angewandt. Die Ausführung derselben ist nach Angabe von Prof. Riedler, Charlottenburg, vorgenommen. Es sind sowohl Saug- als auch Druckventile gesteuert, in dem Bestreben, den Ventilschluss zum Hubende zu sichern. Zu dem Zweck ist ein jedes Ventil von einem Daumen beeinflusst, welcher die Schlussbewegung einleitet und das Ventil zwangläufig bis auf etwa 1 mm dem Sitz nähert. Die Daumen sitzen auf Spindeln, welche durch Stutzen an den Ventilkästen geführt und mit Stopfbüchsen abgedichtet werden. Die Bewegung der Steuerspindeln erfolgt von einer schwingenden Scheibe aus vermittelst Lenkstangen. Die Scheibe selbst erhält ihren Antrieb von der verlängerten Grundschieberstange der Dampfmaschine (Fig. 132a und b).

Ueber die Zweckmässigkeit gesteuerter Ventile ist viel geschrieben, mehr von interessierter Seite als umgekehrt. So angebracht nun auch Zwangschluss für manche Pumpenarten bei hohen Umlaufzahlen sein mag, ebenso wenig hat sich für Wasserhaltungszwecke bei normalen Zahlen der Ventilspiele von 60—70 in der Minute die Notwendigkeit ihrer Einführung herausgestellt. Eine Ventilsteuerung erfordert einen äusseren Mechanismus der oben beschriebenen oder einer ähnlichen Art mit mehr oder weniger

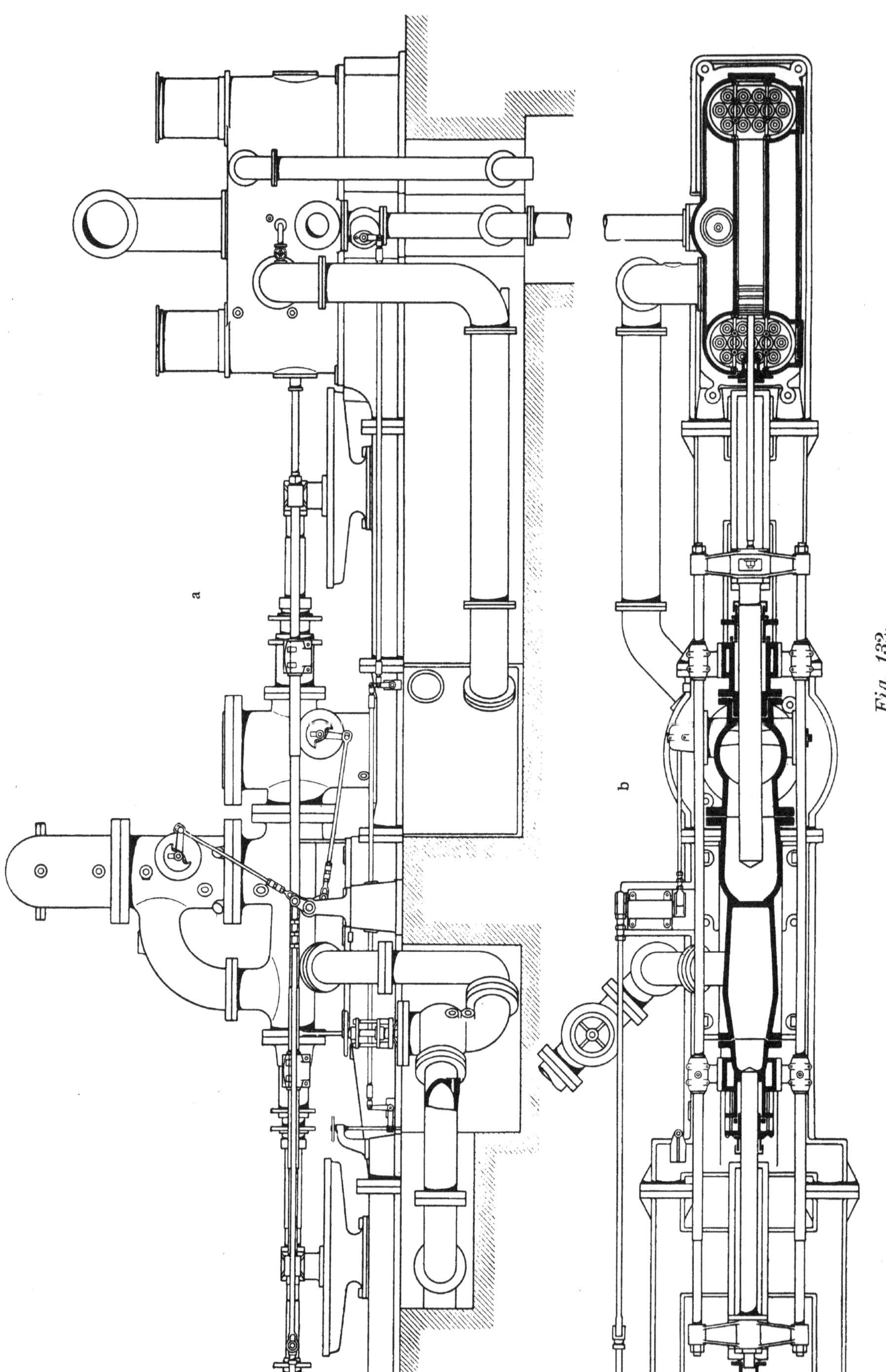

Fig. 132.
Unterirdische Wasserhaltungsmaschine mit gesteuerten Ventilen.

zahlreichen Gelenken und Abdichtungen, deren Anzahl im umgekehrten Verhältnis zur Geschicklichkeit des Konstrukteurs steht. Gelenke bedingen aber Abnutzung und dadurch Ungenauigkeit der Arbeitsweise der Steuerung, ausserdem erheischen sie Reparaturen und sorgfältige Bedienung. Die Pumpe wird also verwickelter in der Konstruktion und teurer in der Herstellung. Dazu erschwert die Steuerung die Wartung. Aus allen diesen Gesichtspunkten ergiebt sich aber der Schluss, dass der Betrieb der Wasserhaltungsanlage unsicher wird, da man auf das exakte Zusammenarbeiten zu vieler Teile angewiesen ist.

Demgegenüber sind die möglicherweise zu erreichenden Vorteile ziemlich belanglos, denn für eine unterirdische Wasserhaltung ist erstes Erfordernis, dass sie einfach in der Konstruktion und jederzeit zuverlässig im Betriebe ist.

Die wenigen Freunde, welche die gesteuerten Ventile sich in den 90er Jahren in unserem Steinkohlenrevier erworben hatten, sind denn auch sehr bald eines Besseren belehrt worden und Ventile mit sämtlichen Steuerorganen wurden wieder abgeworfen, den vielbewährten selbstthätigen Ventilen das Feld räumend. Wir verzeichnen hier nur die abgeworfenen Steuerungen der Zechen Hansa I/II, Germania I und Dannenbaum. Es kann wohl als sicher hingestellt werden, dass Neuanlagen mit gesteuerten Ventilen für hiesige Gruben nicht mehr beschafft werden, da ja zahlreiche andere Ventile zur Genüge beweisen, dass man ohne Ventilsteuerung gleiches erreichen kann.

4. Die Rohrleitungen unterirdischer Dampf-Wasserhaltungen.

a) Dampfleitungen.

Als Material für die Dampfleitungen der unterirdischen Wasserhaltungen kommt hauptsächlich Gusseisen in Betracht. In neuerer Zeit hat man, um an Gewicht zu sparen und die Rohre bequemer einbauen zu können, patentgeschweisste schmiedeeiserne Rohre hin und wieder benutzt.

Da der Dampfdruck in der ganzen Leitung gleichbleibend ist, so erfordert nur das Eigengewicht eine geringe Zunahme der Wandstärke nach unten hin.

Aus Zweckmässigkeitsgründen bei der Herstellung der gusseisernen Leitungen belässt man den Aussendurchmesser und erzielt die grössere Wandstärke durch Verkleinerung des lichten Querschnitts. Als Abdichtung hat sich in vielen Fällen Gummi oder Asbest mit Kupferdrahtgewebe sehr gut, dagegen reine Asbestdichtung weniger gut bewährt, weil diese nicht elastisch genug ist, zusammenschrumpft und den Anlass zu Undichtigkeiten giebt.

Für die Anlage von Schachtrohrleitungen sind hauptsächlich zwei Gesichtspunkte bestimmend, die Wirtschaftlichkeit und die Zuverlässigkeit. Der erste Punkt betrifft die Weite der Leitung. Bestimmend für dieselbe ist die Dampfmenge, welche die Maschine unter Tage verlangt, der Verlust in der Leitung durch Kondensation und die Dampfgeschwindigkeit. Der Dampfverbrauch in der Maschine ergiebt sich aus Konstruktion und Leistung. Die neuesten Compound-Maschinen sind jetzt so weit vervollkommnet, dass z. B. für eine effektive Leistung von 8 cbm in der Minute auf 615 m Widerstandshöhe bei 66 Umdrehungen in der Minute ein Dampfverbrauch von 7,1—7,5 kg netto pro indicirte Pferdestärke und Stunde bei 8 Atm. Kesseldruck garantiert werden kann.

Der Leitungsverlust durch Kondensation bestimmt sich aus der Grösse der Abkühlungsfläche, dem Dampfdruck und der Dampfgeschwindigkeit. Diesen Verlust herabzusetzen ist nun Sache der Rohrisolierung, wovon sogleich die Rede sein soll.

Die Dampfgeschwindigkeit wird so zu bemessen sein, dass Leitungskondensation und Druckabfall ein Minimum werden. Die Geschwindigkeit wird sich ferner danach richten, ob gesättigter oder überhitzter Dampf zur Verfügung steht, indem man bei gesättigtem Dampf nicht gerne über 30 bis 35 m in der Sekunde hinausgeht, während überhitzter Dampf Geschwindigkeiten von 50—90 m in der Sekunde ohne Gefahr zulässt.

Die Bestimmung der zweckmässigsten Rohrweite ist also nicht einfach und bedarf mehrfacher Ueberlegung.

Da die Wasserhaltungsmaschinen, wie bereits erörtert, absichtlich grösser als für normalen Wasserzufluss angelegt werden, so würde man keinen grossen Fehler begehen, die aus der Höchstleistung der Maschine resultirende Dampfgeschwindigkeit über das Normalmass zuzulassen und — falls die Maschine längere Zeit mit grösster Leistung laufen muss — dafür einen höheren Druckverlust zuzugestehen. Bei normaler Belastung hätte man dann eine wirtschaftlich günstig arbeitende Dampfleitung, welche ausserdem bei Stillständen infolge kleiner Abkühlungsfläche wenig Dampf kondensiert und schliesslich in der Anlage billiger wird und sich bequemer einbauen lässt.

Bei den vorhandenen Schacht-Dampfleitungen ist nicht immer nach vorgenannten Gesichtspunkten gehandelt worden. Es ist vorgekommen, dass Zechenverwaltungen, veranlasst durch sehr starke Leitungskondensation, eine neue Dampfleitung mit bedeutend kleinerem Durchmesser eingebaut und dadurch Dampfersparnisse erzielt haben, welche die Anlagekosten der neuen Leitung in kurzer Zeit einbrachten.

Auch benutzt man vielfach eine Dampfleitung, um mehrere unterirdische Maschinen zu betreiben, sodass, wenn eine oder zwei der Maschinen ausser Thätigkeit sind, die Verluste im Verhältnis zur Dampfmenge gross ausfallen müssen.

Der zweite Gesichtspunkt bei Anlage einer Schacht-Dampfleitung betrifft die Zuverlässigkeit im Betriebe. Ist die Leitung montiert, so will man keine blasenden Flanschen haben, von Rohrbrüchen ganz zu schweigen. In sorgsamster Weise muss vor allem der Ausdehnung der dampferfüllten Rohrleitung begegnet werden, und ist sie einmal glücklich unter Dampf gesetzt, so sperrt man diesen nicht mehr ab, sondern nimmt lieber dauernde Dampfverluste durch Kondensation in Kauf, als dass man bei längeren Betriebspausen die Leitung durch Absperrung gefährdet.

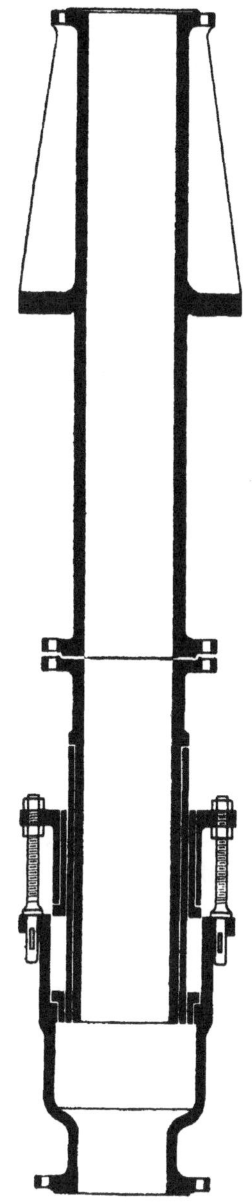

Fig. 133.

Stopfbüchsen - Kompensator. Zeche Hugo I.

Um zu zeigen, in welcher Weise die Schachtrohrleitung für eine Wasserhaltung ausgeführt wurde, welche aus der für Dampfbetrieb beträchtlichen Teufe von 600 m hebt und auch wegen der Wasserbeschaffenheit grosse Sorgfalt bezüglich der Isolierung erheischte, seien hier die Angaben über die Dampfleitung der Zeche Hugo Schacht I gegeben.

Die Leitung besteht aus Gussrohren von 240 mm Durchmesser. Sie hat vom Kesselhaus bis zum Maschinenraum unter Tage eine Länge von 1000 m und ist für zwei Maschinen bestimmt. Vom Schachtgebäude aus führt die Leitung durch einen Kanal zum Schacht. Zur Verbindung der horizontalen Leitung über Tage mit der vertikalen im Schacht dient ein Kupferkrümmer. Ausserdem ist in die Horizontalleitung etwa 8 m vor dem Krümmer ein 2,8 m langes Kupferrohr eingeschaltet, um die Beweglichkeit der Leitung beim Aufsteigen und Heruntergehen der Vertikalleitung infolge von Temperaturwechsel zu erhöhen. Der zwischen Kupferrohr und Krümmer belegene Teil hängt an einem über Rollen geführten Drahtseil und ist durch Gegengewicht ausbalancirt, sodass er, dem Auf- und Niedersteigen der Leitung im Schacht folgend, sich frei bewegen kann. Die Dampfleitung ist im Schacht bis zu einem bei 528 m Teufe angesetzten Querschlag geführt, geht dann in diesem entlang bis zu einem 60 m tiefen blinden Schacht, durch welchen die Leitung absteigend zur Wasserhaltungskammer geführt wird. Bei 257 m Teufe sowie im Niveau des Querschlages ist die Leitung auf fest in die Schachtstösse eingelassenen eisernen Trägern mit Fussstücken verlagert. Direkt unter der ersten Verlagerung befindet sich ein Stopfbüchsen-Kompensator (Fig. 133), dessen Degen aus Deltametall besteht und sich in einem Stopfbüchsfutter aus Rotguss bewegt. Nach angestellten Beobachtungen dehnte sich die Dampfleitung von der unteren bis zu dieser Verlagerung, also auf 271 m Länge um 400 mm aus. Ausser der zweimaligen festen Verlagerung ist die Dampfleitung im Schacht noch mit 5 Tragrohren versehen, welche über den I-Trägern in einer solchen Entfernung angebracht sind, dass die Tragrohre nach vollständigem Erkalten der Leitung mit ihren Lagerflanschen auf den Trägern ruhen. Das Auswechseln eines Rohres wird dadurch erleichtert.

Die Führung der Dampfleitung im Schacht geschieht an den Einstrichen bezw. dem Schachtstoss alle 12 m durch scharfkantige Eichenhölzer, welche auf der Seite der Dampfleitung mit Flacheisen beschlagen sind, damit sie für den Fall einer Zerstörung der Rohrumhüllung nicht durchbrennen können.

In dem erwähnten Querschlage ist die Dampfleitung an den als Kappen verwendeten Eisenbahnschienen aufgehängt. Als Kompensator ist in die Leitung ein Federrohr eingeschaltet. Um ein seitliches Verschieben der Rohre zu verhindern, wird letzteres zu beiden Seiten von starken Stempeln gehalten.

Als Uebergang der Horizontalleitung in die vertikale in dem genannten blinden Schacht ist ein federndes Kupferrohr eingeschaltet, welches zur Abführung des vor dem Federrohr in der horizontalen Leitung sich ansammelnden Wassers in die vertikale Leitung ein schmiedeeisernes Rohr von 50 mm Durchmesser besitzt, welches zweimal gekrümmt ist, um die Bewegungen des Federrohres mitmachen zu können.

In dem zur Maschinenkammer führenden blinden Schacht ist die Dampfleitung 3 m oberhalb der Schachtsohle mittelst eines Lagerrohres auf zwei Trägern befestigt. Einige Rohre vermitteln dann in gewöhnlicher Weise den Anschluss an die Maschine.

Zur Wasserabscheidung sind 4 Kondenstöpfe an die Leitung angeschlossen, der erste über Tage vor dem Schacht, der zweite im Querschlag, der dritte im blinden Schacht über dem Lagerrohr, der vierte im Maschinenraum. Nach angestellten Versuchen betrug die Menge des Kondensationswassers pro Stunde und Quadratmeter Rohraussenfläche 0,914 l.

b) Isolierungen der Dampfleitungen in den Schächten.

Die Isolierung der Schacht-Dampfleitungen bildet eine der wichtigsten Aufgaben bei Anlage neuer unterirdischer, mit Dampf betriebener Wasserhaltungen. Man verwendet daher jetzt auf ihre Ausführung grössere Sorgfalt, als dies früher der Fall war.

Die Dampfrohr-Isolierung im Schacht hat drei Bedingungen zu erfüllen. Einmal muss sie die Innenkondensation auf das Mindestmass beschränken, sodann soll sie die Wärmestrahlung im Schacht nach Möglichkeit verhindern und schliesslich müssen ihre äusseren Wandungen gegen den Einfluss saurer Schachtwasser widerstandsfähig sein. Die beste Isolierung wird also diejenige sein, welche bei geringster Rohrkondensation nur eine unwesentliche Temperaturerhöhung im Schacht aufweist und gleichzeitig indifferent gegen Einflüsse chemischer Natur bleibt.

Der Rohrkondensation könnte auch dadurch begegnet werden, dass man den Dampf hochüberhitzt in die Leitung führt und es durch besonders sorgfältige und hierfür geeignete Isolation dahin bringt, dass der Dampf noch schwach überhitzt oder mindestens trocken gesättigt zur Maschine gelangt. Trotzdem auf diesen Punkt schon vor etwa 20 Jahren von Civilingenieur Geissler hingewiesen wurde, ist bis heute in der Ueberhitzung des Zechendampfes so gut wie nichts geschehen, trotzdem die grossen Leitungsverluste in den umfangreichen Rohrnetzen allgemein zugestanden werden. Durch Ueberhitzung des Dampfes für unterirdische Maschinen würde man die wirtschaftlichen Verhältnisse dieser Maschinen wesentlich günstiger gestalten können und infolge geringern Dampfverbrauchs mit der Dampfmaschine in grössere Teufe zu gehen vermögen.

Der Erwärmung der ausziehenden Schächte durch Strahlung kann ein nachteiliger Einfluss nur dann zugesprochen werden, wenn der Schacht trocken ist und in Zimmerung steht, sodass die Trocknung des Holzes grosse Reparaturen zur Folge hat. Die Erwärmung der ausziehenden Wetter hat im übrigen günstigen Einfluss, da sie den Ventilator entlastet.

Liegt die Dampfleitung im einziehenden Schacht, so wird allerdings eine Erwärmung der Grubenluft nicht ganz vermieden werden können und besonders dann unangenehm wirken, wenn das Grubengebäude an sich schon warm ist. Dieser Uebelstand kann nur durch eine Vergrösserung der einziehenden Wettermenge, also durch Erweiterung der Querschnitte und Mehrbeanspruchung des Ventilators, teilweise behoben werden. Jedoch kann eine gute Isolierung die Temperaturerhöhung auf ein geringes Mass beschränken. So sind an mehreren Schächten des Saarreviers Temperatursteigerungen von weniger als 3° C. beobachtet worden.

Zum Schutz der Isolierungen gegen chemische Einflüsse verwendet man heute säurebeständigen Lack, mit dem die Metallumkleidungen überzogen werden.

Es soll hier nicht unerwähnt bleiben, dass manche bestehenden Missstände an Schacht-Dampfleitungen auf fehlende Flanschenumhüllung zurückzuführen sind. Flansche wirken wie Rippenheizkörper und müssen auch in ausziehenden Schächten zum Schutz gegen Innenkondensation unbedingt umhüllt werden. Die Einsicht dieser Notwendigkeit dringt in bergmännischen Kreisen immer mehr durch, und Versäumtes wird jetzt vielfach nachgeholt.

Von ausgeführten Isolierungen geben wir in Fig. 134 a—b den Querschnitt der Umhüllungen von Schachtleitungen, wie sie auf einer Reihe

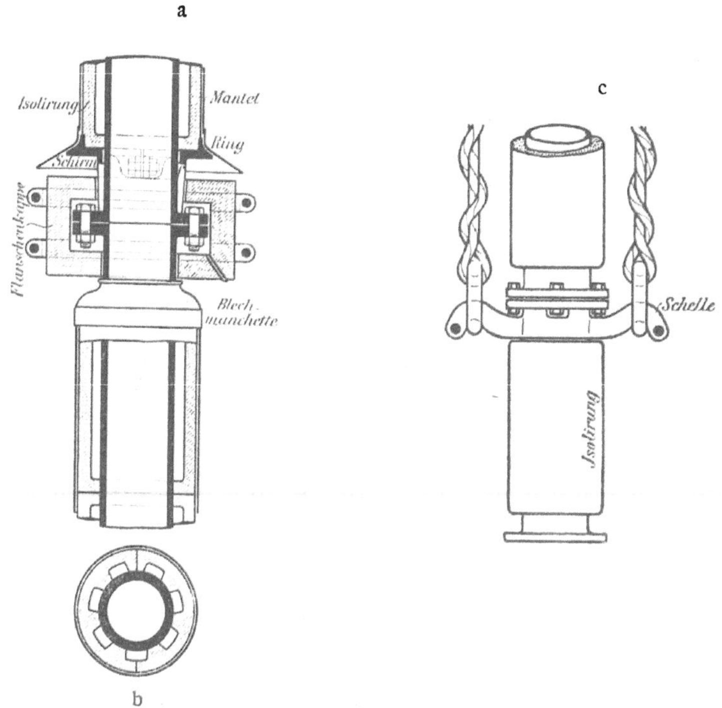

Fig. 134.

Dampfrohr-Isolirung.

von Zechen der Harpener Bergbau-Aktien-Gesellschaft, ferner für Kaiserstuhl II, Deutscher Kaiser, Fröhliche Morgensonne u. a. hergestellt sind.

Die aus Kieselguhrerde hergestellten und je nach der Höhe der Dampftemperatur etwa 45 bis 60 mm starken Schalen sind mit Längsrillen versehen, damit sich zwischen Rohrleitung und Isolirung Luftschichten bilden können, welche als schlechte Wärmeleiter die Wirkung der Umhüllung erhöhen. Von aussen sind die Schalen zunächst von einem Drahtgeflecht, sodann von einem mit Lack überzogenen Metallmantel umgeben. Der Mantel ist überlappt und greift über besonders angebrachte Schirme, welche die Flanschenkappen gegen herablaufendes Grubenwasser schützen sollen. Um ein Herunterrutschen der Isolierung zu verhüten, ruht diese auf einem Stützring, welcher mit Füssen auf dem Rohr-Flansch steht und so eingerichtet ist, dass eine neue Flanschendichtung ohne Entfernung der Isolierung eingelegt werden kann.

Die Rohre werden über Tage isoliert und mittels Schellen eingehängt (Fig. 134c). Im Schacht bringt man die zweiteiligen Flanschenkappen an, welche aus Metallblech mit Kieselguhreinlage bestehen und

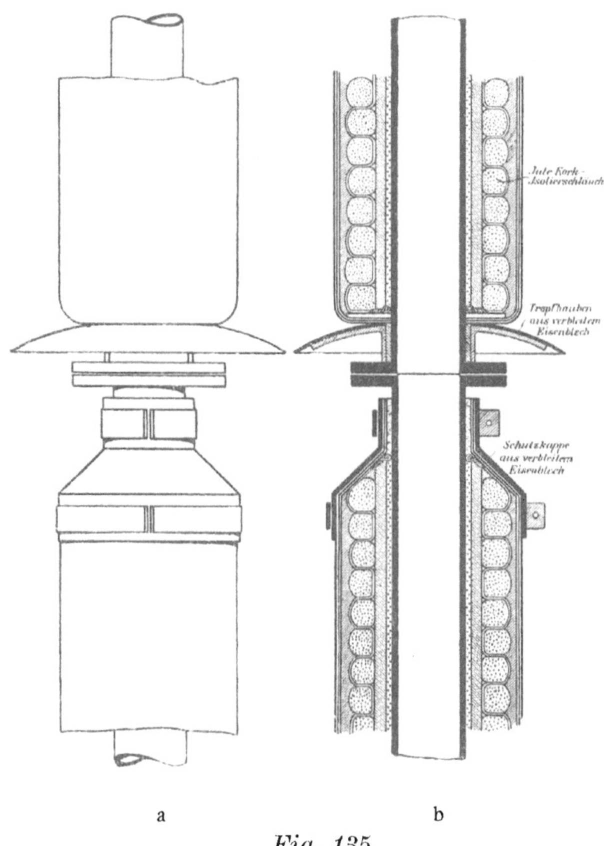

Fig. 135.

Dampfrohr-Isolirung. Zeche Hannover II.

ein Röhrchen zur Abteilung von Dampf bezw. Wasser enthalten, wodurch eine Undichtigkeit an den Flanschen sofort erkennbar wird.

Diese Isolierungsmethode, welche sich gut bewährt hat, ist von der Firma Reinhold & Co. in Hannover ausgeführt.

Eine Umhüllung für Schachtleitungen, welche auf Zeche Hannover II seit dem Jahre 1895 bis auf den heutigen Tag keine Mängel aufzuweisen hat, ist gemäss Fig. 135 a—b ausgeführt.

Ueber den untersten Rohrflansch sind zunächst aus verbleitem Eisenblech bestehende zweiteilige Tropfschirme befestigt, welche als Unterlage für die Isoliermasse und zur Ableitung von Tropfwasser dienen. Ueber dem Tropfschirm folgt eine Asbestplatte und darüber die Isoliermasse. Letztere besteht aus einem Anstrich von sog. Pyrostat-Komposition, auf welche eine Schicht Kieselguhr folgt. Nachdem beide Massen mittelst Dampf getrocknet sind, werden Jute-Korkschläuche in dichten Spiralwindungen umgewickelt, die gegen Lockerung mit verzinkten Eisendrähten durchflochten werden. Die Aussenfläche wird mit einer wasserdicht imprägnierten plastischen Masse glatt abgeputzt, sodann mit Juteleinen und schliesslich mit beiderseits mit Lack imprägniertem Segeltuch überzogen.

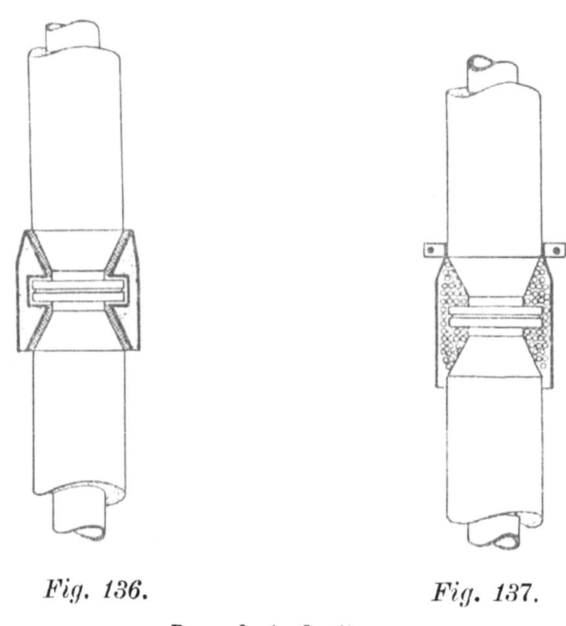

Fig. 136. *Fig. 137.*

Dampfrohr-Isolirung.

Zum Schutz gegen Beschädigungen erhalten die Isolierungen unterhalb der oberen Flanschen zweiteilige Schutzkappen aus verbleitem Eisenblech.

Die Ausführung stammt von der Firma A. Haake & Co. in Celle.

Von Seiten der Firma Willich in Dortmund ist auf zahlreichen Zechen des Bezirks eine andere Art der Isolierung für Schacht-Dampfleitungen ausgeführt worden.

Auf die Rohre ist eine 10 mm dicke Kieselguhrschicht gebracht, über diese sind 45 mm dicke Hülsen gelegt, welche mit innerer Kieselguhrschicht aus Holzfilz und verfilzten Faserstoffen ohne Bindemittel durch hydraulische Pressung hergestellt sind. Das Ganze ist mit Juteleinen umnäht und mit verzinktem Eisendraht spiralförmig umwunden. Darüber liegt ein doppeltverbleiter Eisenblechmantel, welcher zum Schutz gegen saure Wasser einen Mennigeanstrich erhält. An den Flanschen sind die Rohre mit Hauben verkleidet, welche gemäss Fig. 136 oder Fig. 137 ausgeführt werden.

Bei ersterer Ausführung wird der Flansch mit imprägniertem Isolierfilz eng umwickelt und unter das Blech der Isolierung ein Tropfschirm aus verbleitem Eisenblech geschoben.

Für die zweite Ausführung werden genau der Abschrägung der Umhüllung entsprechende und mit einer Ausbuchtung für den Flansch versehene zweiteilige Klappen aus verbleitem Eisenblech hergestellt, deren obere Spitze unter das Blech der Umhüllung fasst, wodurch das Wasser über die Aussenseite der Kappe hinweggeleitet wird. Die Innenseite der Kappe besteht aus starker Asbestplatte, der Hohlraum wird mit Asbest-Kieselguhrmasse fest ausgefüllt.

Beide Flanschenkappen werden mit Schellbändern auf den Rohren befestigt und erhalten einen säurefesten Anstrich.

Willichsche Isolierungen haben zahlreiche Zechen der Gelsenkirchener Bergwerks-Aktien-Gesellschaft und der Harpener Bergbau-Aktien-Gesellschaft, sowie die Zechen Prosper, Dorstfeld, Minister Achenbach, Victor, Kaiserstuhl u. a. erhalten.

c) Steigleitungen.

Es gilt für Steigleitungen unterirdischer Dampfpumpen dasselbe was für Gestängemaschinen gesagt ist, abgesehen davon, dass die Rohrquerschnitte infolge Doppelwirkung der ersteren bei gleichen Leistungen auf die Hälfte vermindert werden können. Was Geschwindigkeit des Wassers anbetrifft, so rechnet man mit einer solchen von 1 bis 1,6 m in der Sekunde. Die Steigleitungen werden meist gemeinsam mit der Dampfleitung im Schacht geführt und verlagert. Unterhalb der Verlagerungen schaltet man Kompensatoren von gleicher Konstruktion wie für Dampfleitungen ein. Zur bequemen Auswechselung schadhafter Rohre sind je nach Länge der Leitung mehrere Tragrohre eingebaut, welche beim Erkalten der Leitung auf Trägern ruhen.

Als Abdichtung haben sich selbst bei dem höchsten Druck Gummischeiben stets bewährt, welche durch den Druck der Rohre beim Verschrauben fest in eine meistens dreieckig ausgearbeitete Nut gepresst werden.

5. Rotierende Maschinen.

a) Eincylinder-Maschinen.

Wie einleitend erwähnt wurde, ist der erste Versuch mit einer grösseren unterirdischen Maschine im Jahre 1871 auf Zeche Westende vorgenommen worden. Die Anordnung wurde für diese wie für die folgenden Maschinen so getroffen, dass von der verlängerten Kolbenstange einer

Eincylindermaschine der Plunger einer doppeltwirkenden Pumpe und von dieser eine Luftpumpe betrieben werde.

Da für den Betrieb unterirdischer Dampfmaschinen der Dampfverbrauch naturgemäss eine wesentliche Rolle spielt und bei den langsam laufenden Eincylindermaschinen hoch ausfällt, sind nur wenige Wasserhaltungen mit Antriebsmaschinen dieser Art ausgestattet. Es befinden sich gegenwärtig im Ruhrbezirk in Betrieb bezw. als Reserve für andere Wasserhaltungen nur 17 Eincylindermaschinen, deren Leistungen in mittleren Grenzen liegen. Die grösste Wassermenge kann die Maschine von Zeche Courl mit 3,5 cbm je Minute wältigen. Die höchste Gesamtleistung haben drei gleich grosse Anlagen der Zeche Amalie, deren jede imstande ist, 3 cbm je Minute aus 272 m Teufe zu heben. Mit 337 m Teufe ist z. Z. die Grenze für die Aufstellung eincylindriger Maschinen auf Zeche Westhausen erreicht.

Für die erste Maschine auf Zeche Westende hatte man sich mit 35 Umdrehungen in der Minute begnügt, ist aber bereits bei den im Jahre 1873 aufgestellten Anlagen gleicher Abmessungen für Zeche Schürbank und Charlottenburg auf 50 Umdrehungen in der Minute gegangen. Eine im Jahre 1884 erbaute Anlage für Zeche Paul, Schacht Wilhelm wurde für 60 Umdrehungen in der Minute gebaut und eine 1898 in Betrieb gekommene, allerdings nur zum Heben von 0,5 cbm bestimmte Pumpe, kann sogar 100 Touren machen; sie ist auf Zeche Baaker Mulde aufgestellt. Der Admissionsdruck in den Cylindern beträgt 4—6 Atm. Ueberdruck.

Die Steuerungen der Maschinen sind, mit Ausnahme einer für Zeche Engelsburg ausgeführten Ventilsteuerung, sämtlich von Hand verstellbare Meyersche Expansionssteuerungen.

Die angeschlossenen Pumpen wurden doppelt wirkend und in zwei Fällen als Differentialpumpen ausgeführt (Zeche Engelsburg und Westhausen I). Die Kondensation wird in den meisten Fällen durch eine Luftpumpe unterstützt.

In einzelnen Fällen heben die eincylindrigen Maschinen nicht zu Tage, sondern man benutzt sie als Zubringepumpen von tieferen Sohlen bis zu der Bausohle, von welcher die Hauptwasserhaltung die Wasser wältigt. Dies ist z. B. auf Zeche General der Fall, woselbst eine kleine eincylindrige Maschine von Klein, Schanzlin & Becker in Frankenthal die zusitzenden Wasser von der 349 m-Sohle nach dem Sumpf der 271 m-Sohle drückt, aus dem eine oberirdische Gestängemaschine die Wasser bis zu Tage hebt. Die Maschine von Klein, Schanzlin & Becker, in Figur 138a und b dargestellt, ist eine doppelt wirkende Innenplungerpumpe älterer Konstruktion. Der Kondensator liegt im Saugrohr und bedarf keiner besonderen Luftpumpe, ergiebt aber auch keine hohe Luftleere, da

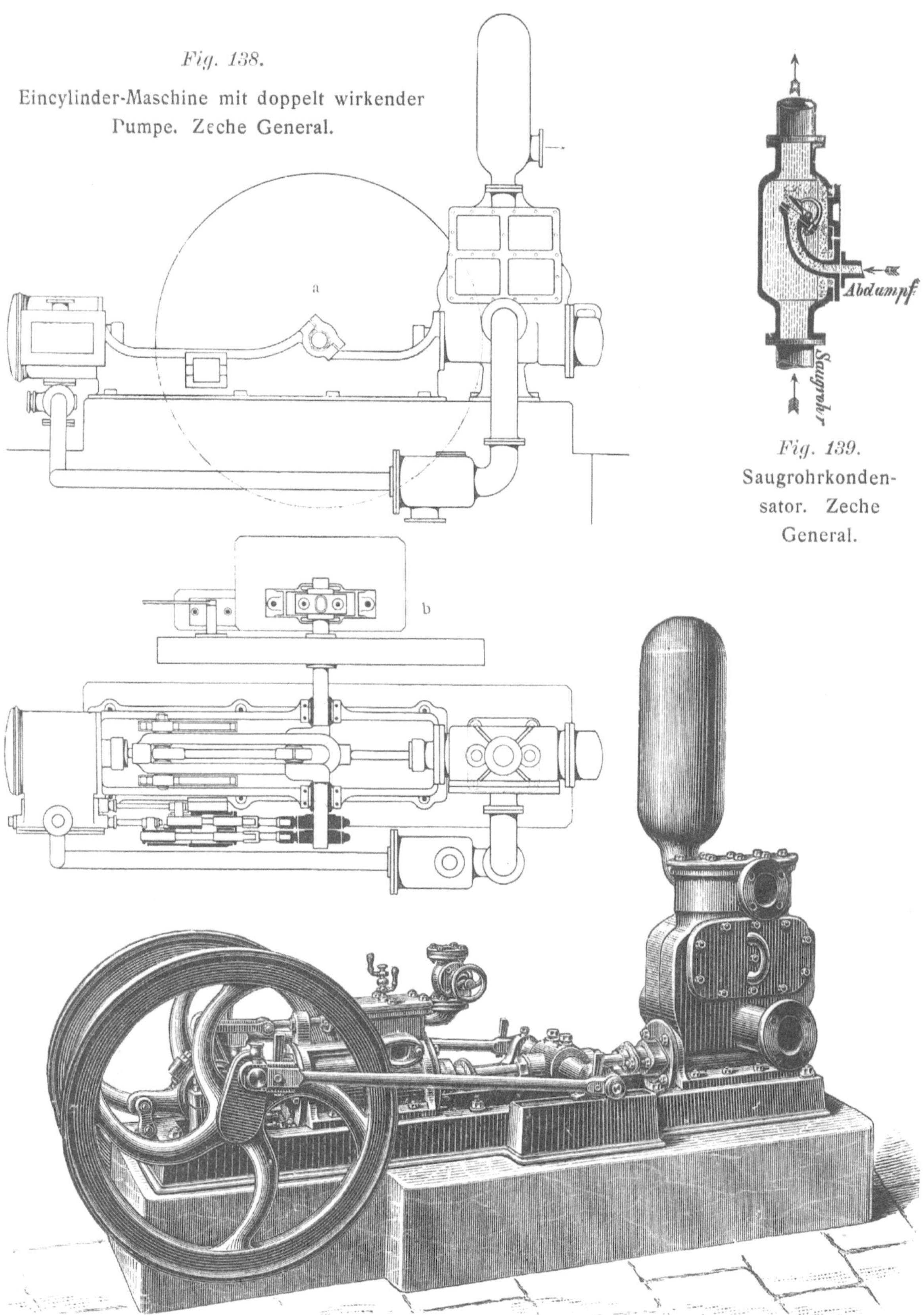

Fig. 138.
Eincylinder-Maschine mit doppelt wirkender Pumpe. Zeche General.

Fig. 139.
Saugrohrkondensator. Zeche General.

Fig. 140.
Schnelllaufende Eincylinder-Maschine. Zeche Baaker Mulde.

der Abdampf einfach mit dem gesaugten Wasser gemischt und dadurch niedergeschlagen wird. Die innere Einrichtung des Saugrohrkondensators zeigt Figur 139.

Die Ansicht einer kleinen Pumpe auf Zeche Baaker Mulde ist in Figur 140 gegeben; die hohe Tourenzahl von 100 in der Minute hat man dadurch ermöglicht, dass der Ventilhub sehr klein ausfällt, indem je 13 Saug- und Druckventile geringen Durchmessers eingebaut sind.

Die Ausführungsformen der übrigen Eincylindermaschinen sind übereinstimmend mit denen der Zwillings-Wasserhaltungen, welche der nächste Abschnitt behandelt. An Stelle der zweiten Maschinenhälfte tritt zur Lagerung der Schwungradwelle ein Aussenlager für Eincylindermaschinen.

Die vorhandenen in den Jahren 1871 bis 1898 gebauten 17 Eincylinder-Wasserhaltungsmaschinen sind imstande zusammen 32 cbm/Minute Wasser aus einer mittleren Teufe von 195,7 m zu heben.

b) Zwillingsmaschinen.

In erheblich grösserer Anzahl als Eincylindermaschinen sind im hiesigen Bezirk Zwillingsmaschinen zur Aufstellung gekommen. Der Vorteil dieser Maschinen hinsichtlich der Dampfausnutzung fällt weniger ins Gewicht, als die gegebene Möglichkeit, bei geringeren Wasserzuflüssen eine Maschinenseite ausser Betrieb setzen und doch die Wasser zu Sumpf halten zu können. Durch diese häufig angewandte Betriebsweise erhält man allerdings wieder die Nachteile der Eincylindermaschine.

Um einseitig arbeiten zu können, müssen beide Maschinenhälften gleichartig ausgebildet und jede mit einer Wasserpumpe und einer Luftpumpe versehen sein. Wasser- und Luftpumpe werden entweder hintereinander liegend von der Kolbenstange der Maschine getrieben, oder die Luftpumpe erhält ihren Antrieb durch eine am Kreuzkopf befestigte Stange. Der Stand der Luftpumpe ist dann seitlich von der Maschine vor der Kurbelwelle. Als alleinige Ausnahme hat die Maschine der Zeche Courl eine besondere Kondensationsmaschine; bei den übrigen ist die gewöhnliche Nassluftpumpe vorhanden.

Die Dampfmaschinen sind entweder als Rahmen- oder als Bajonettmaschinen ausgeführt; die erste Art ist die ältere. Mantelheizung an den Cylindern haben nur einige neuere Maschinen.

Durch die höheren Leistungen, für welche Zwillingsmaschinen gebaut wurden, haben die Cylinder oft beträchtliche Abmessungen erhalten. Der grösste hat 950 mm Durchmesser und 1500 mm Länge. Die Meyer-Steuerung

Additional material from *Gewinnungsarbeiten, Wasserhaltung,*
ISBN 978-3-642-90160-7 (978-3-642-90160-7_OSFO5),
is available at http://extras.springer.com

ist auch hier vorherrschend; nur zwei Maschinen haben eine andere Steuerung. Die Maschine auf Zeche Ver. Hamburg ist nämlich mit Rundschieber und die auf Zeche Constantin d. Gr., Schacht II mit Riderschieber ausgerüstet. Die höchste Tourenzahl haben die Maschinen der Zechen Hamburg, Kaiserstuhl I, Fürst Hardenberg und Rheinische Anthracit-Kohlenwerke mit 60 in der Minute; üblich sind 30 bis 45 Umdrehungen.

Als Admissionsspannung in den Cylindern werden 4 bis 6 Atmosphären Ueberdruck angegeben.

Nach den angestellten Ermittlungen sind Pumpen aller Systeme mit Ausnahme der Differentialpumpen an Zwillingsmaschinen angeschlossen. Die ersten Stahlgusspumpen hat Zeche Holland im Jahre 1887 erhalten; die Druckhöhe beträgt dort 494 m. Gleiche Ausführungen haben die Pumpen der Maschinen für König Ludwig (540 m), Erin, Schacht I (344 m), Eintracht Tiefbau, Schacht I (475 m), General (346 m), Erin, Schacht II (464 m) u. a. Mit 494 m ist auf Zeche Holland die grösste Teufe zu verzeichnen, bis zu welcher man bei Zwillingsmaschinen gegangen ist. Die grösste Leistung können die Maschinen von Zeche Präsident mit 7 cbm in der Minute bei 450 m Druckhöhe und Erin, Schacht II mit 7 cbm bei 464 m Druckhöhe aufweisen.

Eine Ausführungsform einer älteren Zwillings-Wasserhaltungsmaschine stellt die Maschine von Zeche Graf Schwerin dar (Tafel VII). Sie wurde von der Maschinenbau-Aktien-Gesellschaft Union in Essen-Ruhr gebaut und kam im Jahre 1882 zur Aufstellung. Die Cylinderdurchmesser betragen 950 mm; die Plunger haben 225 mm, die Luftpumpenkolben 400 mm Durchmesser; der gemeinsame Hub beträgt 1250 m.

Die Dampfmaschine ist als Rahmenmaschine mit Meyerscher Expansionssteuerung gebaut. Die Pumpenplunger werden von den verlängerten Kolbenstangen vermittelst Traversen und Umführungsstangen betrieben. Von den hinteren Traversen erfolgt auch der Antrieb für die Kolben der Luftpumpen, welche seitlich von den Pumpen zwischen den Maschinenhälften aufgestellt sind. Vor den Luftpumpen nach den Dampfcylindern zu stehen die sogenannten Kondenser, welche den Abdampf aufnehmen, um ihn mit dem von den Luftpumpen angesaugten Einspritzwasser zu mischen. Die Luftpumpen saugen das Gemisch ab und giessen es in einen Sumpf innerhalb des Maschinenraumes, aus dem die Druckpumpen, wie im Aufriss ersichtlich, das Wasser ansaugen.

Jeder Kondenser ist durch eine Klappe, welche mit Handrad und Spindel zu bewegen ist, abstellbar.

Zum Füllen des seitlich belegenen Druckwindkessels mit Pressluft ist unterhalb des Maschinenflurs ein Füllapparat in Form eines liegenden Rohres angebracht. Dieses Rohr kann durch ein Ventil mit der äusseren Luft und durch ein anderes mit der Steigleitung in Verbindung gesetzt werden. Wird ersteres geschlossen, nachdem sich das Rohr mit atmosphärischer Luft gefüllt hat, und das zur Steigleitung führende Ventil geöffnet, so erfährt die in dem Apparat befindliche Luft infolge der tieferen Lage des Rohres gegenüber der Spannung im Windkessel einen etwas höheren Druck. Durch eine kleine Leitung kann sodann die Pressluft nach Erfordernis in den Windkessel geleitet werden. Ist eine Wiederholung des Prozesses notwendig, so muss das Wasser aus dem Füllapparat zunächst in den Sumpf abgelassen werden.

Die Maschine vermag 8,5 cbm Wasser in der Minute auf 368 m zu heben. Sie sümpft gegenwärtig die in dieser Teufe zusitzenden Wasser, welche tagsüber in einen Sumpf laufen, sodass der Betrieb nur zur Nachtzeit erfolgt. Bei normalem Zufluss von etwa 2 cbm in der Minute wird nur eine Maschinenhälfte betrieben. In der fast 20jährigen Betriebszeit hat die Maschine gute Dienste geleistet. Sie soll aber in nächster Zeit als Reserve gestellt werden, da natürlicher Verschleiss einschneidende Reparaturen notwendig gemacht hat.

Von neueren Anlagen mit Zwillingsmaschinen giebt Tafel VIII eine Ausführung mit Bajonettrahmen, wie sie auf den Rheinischen Anthracit-Kohlenwerken, Schacht Friedrich Wilhelm zur Aufstellung gekommen ist.

Die Cylinder haben 800 mm Durchmesser, die Plunger 205 mm und die Luftpumpenkolben 325 mm Durchmesser; der gemeinsame Hub beträgt 800 mm.

Cylinder und Pumpen jeder Maschinenseite ruhen auf gemeinsamer gusseiserner Fundamentplatte, während die Bajonette nur auf der Cylinderseite auf diesen Platten ruhen, sonst aber mit langem Fuss auf Mauersockeln liegen.

Die Dampfcylinder sind ohne Mantelheizung ausgeführt, die Steuerung ist von Hand verstellbare Expansionssteuerung, System Meyer, mit entlastetem Expansionsschieber. Die weiteren Details entsprechen denen einer modernen Maschine und zeichnen sich durch ausserordentlich gefällige Formen aus.

Von den verlängerten Kreuzkopfzapfen werden die beiden seitlich vom Schwungrad vor den Bajonetten gelegenen doppelt wirkenden Luftpumpen angetrieben.

Die verlängerten Kolbenstangen bethätigen rückwärts mittels Traversen und Führungsstangen je zwei Plunger. Die aus Stahlguss hergestellten Pumpenkörper ruhen auf dem zum Saugkasten ausgebildeten Teil des Fundamentrahmens. Saug- und Druckventile sind als Ringventile ausgebildet und liegen übereinander; die Wasserbewegung innerhalb der Pumpe ist also eine sehr günstige. Um die Saugventile zu demontiren, müssen zwar nach Entfernung der kleinen Druckwindhauben auch die

Additional material from *Gewinnungsarbeiten, Wasserhaltung,*
ISBN 978-3-642-90160-7 (978-3-642-90160-7_OSFO6),
is available at http://extras.springer.com

Druckventile ausgebaut werden, doch ist die Konstruktion so gewählt, dass diese Arbeiten schnell und sicher ausgeführt werden können.

Für die Anordnung der Rohrleitungen und der eingeschalteten Absperrorgane war der Gesichtspunkt leitend, dass man im Stande sein muss, jede Maschinenseite allein zu betreiben. Es sind zu diesem Zweck für jede Rohrleitung für die Cylinder wie für die Abdampfleitungen besondere Absperrvorrichtungen angebracht. Auch besitzen ausser der Kondensatorauswurfleitung vor den Druckpumpen die Sumpfsaugleitungen der Pumpen je einen Schieber, desgleichen die Druckleitungen vor deren Einmündung in den Windkessel. Als Abdampfventile vor den Kondensatoren sind Wechselventile genommen, um beim Ablassen der Maschine den Dampf zunächst in den Sumpf zu leiten und erst, nachdem die Luftpumpe Wasser angesaugt hat, die Umstellung vorzunehmen. Man schützt dadurch die Gummiventilklappen des Kondensators vor Zerstörung durch den heissen Dampf. Jeder Kondensator hat eine Ueberlaufleitung, welche in den Sumpf mündet.

Zur Ergänzung der Luft im Windkessel und in den Windhauben über den Druckventilen dient eine kleine zweistufige Kompressionspumpe

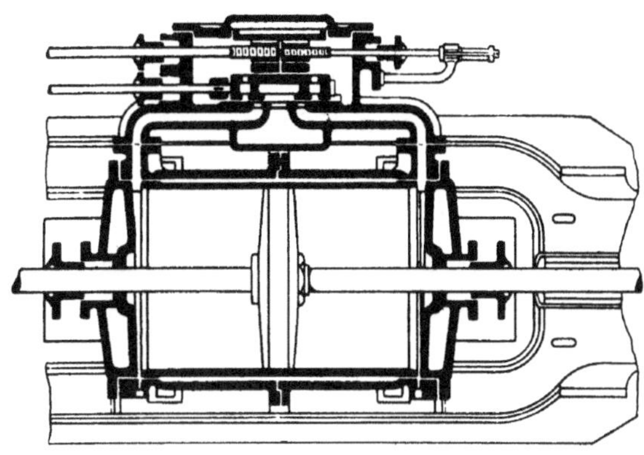

Fig. 141.

Geteilter Dampfcylinder der unterirdischen Zwillingsmaschine.

Zeche Dahlhauser Tiefbau.

mit Dampfbetrieb, welche in einer Ecke der Maschinenkammer Platz gefunden hat.

Die Druckleitungen sind vor der Vereinigung am Windkessel mit je einem Sicherheitsventil versehen, ausserdem kann die Steigleitung gegen die Pumpe durch eine Rückschlagklappe abgesperrt werden.

Die Maschinen und Pumpen sind von der Friedrich Wilhelms-Hütte in Mülheim-Ruhr erbaut.

Als Besonderheit ist hier noch zu erwähnen, dass man bei der Konstruktion der unterirdischen Zwillingsmaschine für Zeche Dahlhauser Tiefbau auf die sehr beschränkten Raumverhältnisse beim Einhängen im Schacht hat Rücksicht nehmen müssen. Während es noch eben möglich war, die Cylindereinsätze einzuhängen, mussten die Cylindermäntel bereits geteilt werden, woraus sich die in Fig. 141 wiedergegebene Zusammensetzung mit angeschraubten Schieberkästen ergab.

Auch die gusseiserne Grundplatte und das Schwungrad mussten häufigere Teilung erfahren, als es sonst der Fall und durch normale Schachtverhältnisse bedingt ist.

Diese Maschine hat 885 mm Cylinderdurchmesser und 1250 mm Hub, sie vermag bei 35 Umdrehungen in der Minute 5 cbm aus 325 mm Teufe zu heben und wurde im Jahre 1890 von der Gewerkschaft Schalker Eisenhütte gebaut.

In der Zeit von 1873 bis Ende 1899 sind insgesamt 62 Zwillingswasserhaltungsmaschinen gebaut, welche zusammen 260 cbm Wasser in der Minute aus einer mittleren Teufe von 289,6 m zu heben vermögen.

c) Verbundmaschinen.

Sobald grosse Teufen und grosse Wassermengen gleichzeitig zu überwinden sind, kommt heute beim Bau von Dampfwasserhaltungen in erster Linie die Verbundmaschine in Betracht.

Die Verteilung der Expansion auf mehrere Cylinder verringert das Temperaturgefälle in jedem derselben und wirkt dadurch günstig auf den Dampfverbrauch, indem dieser durch geringere Kondensation des Dampfes innerhalb der Cylinder kleiner ausfällt als bei Zwillings- oder Eincylindermaschinen.

Um die Temperatur der Cylinderwandungen möglichst hoch und gleichmässig zu erhalten, sind die meisten Verbundmaschinen mit einer Mantelheizung versehen, welche gewöhnlich mit Frischdampf gespeist wird. Zur Verbindung und Aufnahme des Dampfes vom Hochdruck- nach dem Niederdruckcylinder dient der Receiver, welcher zur Vermeidung von Abkühlungs- und Druckverlusten in den meisten Fällen mit Dampf geheizt wird. Die Receiver liegen über oder unter den Cylindern.

Die übliche Anordnung der Verbundmaschinen unter Tage ist die Zwillingsform, indem eine Seite der Hochdruck-, die andere der Niederdruckcylinder bildet. Hinter jedem Cylinder liegt meistens eine Dampfpumpe, ausserdem hat zuweilen jede Seite eine Luftpumpe. Seltener ist die Anordnung mit einer Druckpumpe und einer Luftpumpe zu finden; sie ist auch nicht so empfehlenswert, weil die Belastung beider Maschinenseiten verschieden hoch ausfällt und wegen der gewöhnlich gleichen

Leistungen in beiden Cylindern Arbeit von dem einen Cylinder durch die Kurbelwelle auf den anderen übertragen werden muss, an welchen die Druckpumpe angeschlossen ist. Ausserdem fehlt die Betriebsreserve in den Pumpen und schliesslich ist die Möglichkeit benommen, aus irgend einem Anlass nur mit einer Maschinenseite zu arbeiten.

Verbundmaschinen mit einer Druckpumpe und einer Luftpumpe haben die Zechen Fürst Hardenberg, Bruchstrasse, Bickefeld Tiefbau, Hugo Schacht I, Monopol, Preussen I, Maria Anna u. Steinbank und Germania.

Die zweite, bei weitem seltener vorkommende Konstruktion von Verbundmaschinen ist diejenige mit hintereinander liegendem Hochdruck. und Niederdruckcylinder; an letzteren schliesst sich dann die Druckpumpe und hieran die Luftpumpe. Diese Anordnung bezeichnet man auch als Tandemverbundmaschine. Sie wird notwendig, wenn die Gebirgsverhältnisse nur die Herstellung schmaler Maschinenkammern gestatten.

Solche Maschinen haben die Zechen Bickefeld Tiefbau und Hamburg. Auf ersterer Zeche sind zwei gleiche Maschinen in einem Raum hintereinander aufgestellt.

Werden die Cylinderabmessungen bei grossen Leistungen abnorm gross, sodass der Einbau infolge der räumlichen Verhältnisse im Schacht unmöglich ist, so teilt man Hoch- und Niederdruckcylinder und stellt sie in Tandemanordnung auf. Die ganze Maschine besteht dann aus zwei Tandemmaschinen in Zwillingsform. Derartige Maschinen sind auf den Zechen Victor, Fröhliche Morgensonne und Gneisenau aufgestellt.

Ueber die Konstruktion der Dreifachexpansionsmaschine der Zeche Scharnhorst ist bereits im allgemeinen Teil berichtet worden.

Verbundmaschinen sind seit dem Jahr 1883 bis in die Neuzeit in stets wachsender Zahl gebaut worden. Es bestehen gegenwärtig 73 Maschinen mit einer Gesamtleistungsfähigkeit von 312,7 cbm Wasser in der Minute auf eine Druckhöhe von 400 m.

In der grössten Teufe steht die Maschine von Zeche Hansa I/II bei 665 m, in etwas geringerer Teufe stehen die Maschinen der Zechen Wilhelmine Victoria (607 m), Hibernia (610 m), Graf Schwerin (605 m), Fröhliche Morgensonne (615 m), Gneisenau (615 m).

Die grössten Leistungen können die Maschinen der Zechen Victor mit 13,5 cbm in der Minute auf 496,5 m Druckhöhe und Scharnhorst mit 17 cbm auf 400 m entwickeln. Die Abmessungen der ersteren Maschinen sind: Cylinderdurchmesser $2 \times 950 + 1350$, Hub 1300 mm, Plunger 244 mm Durchmesser, Tourenzahl 58—59 je Minute. Die Maschine auf Zeche Scharnhorst hat einen Hochdruckcylinder von 850 mm, einen Mitteldruckcylinder von 1350 mm und zwei Niederdruckcylinder von je 1420 mm Durchmesser; der Hub beträgt 1300 mm; die Plunger haben 270 mm Durchmesser; die Tourenzahl beträgt 60 je Minute.

Bei neueren Zechenanlagen ist man zur Verringerung der Maschinenabmessungen und des Dampfverbrauchs bis zu Admissionsspannungen von 10 bis 12 Atm. Ueberdruck gegangen, so bei Preussen I, Gladbeck und Scharnhorst. Ueblich sind 5 bis 8 Atm. Ueberdruck.

Zur Verringerung der Schieberreibung besitzen die Hochdruckcylinder in den meisten Fällen entlastete Ridersteuerung oder Kolbensteuerung, seltener Ventil- oder Corlisssteuerung. Die Niederdruckcylinder werden in vielen Fällen durch halbentlastete Meyerschieber oder Trickschieber, seltener durch Ventil-, Kolben- oder Hahnschieber gesteuert. Ein Regulator ist fast immer vorhanden. Er beeinflusst, falls er nicht abgeschaltet wird, stets nur den Hochdruckcylinder, während die Niederdruckcylinder mit fester, aber von Hand verstellbarer Expansion arbeiten.

Als Druckpumpen treten fast alle einleitend angeführten Konstruktionen auf. Dem meist hohen Druck entsprechend ist die Ausführung in Stahlguss vorherrschend, soweit nicht die Wasserbeschaffenheit die Anwendung von Bronze oder Deltametall für Plunger und Ventile bedingte.

Verbundmaschinen in Zwillingsanordnung.

Als Vertreter einer Maschine mit Schiebersteuerung, beiderseits angehängten Girardpumpen und doppeltwirkenden Luftpumpen ist in Tafel IX die Wasserhaltungs-Maschine der Zeche Centrum II, welche im Jahre 1892 zur Aufstellung kam, wiedergegeben.

Jede Seite der Maschine ist mit der zugehörigen Pumpe auf einem gusseisernen Fundamentrahmen montiert, während die Kondensatoren direkt auf erhöhten Mauerpfeilern stehen. Die Dampfcylinder sind mit den Bajonettrahmen verbunden, in welchen die Kurbelwelle mit dem mehrteilig ausgebildeten Schwungrad und den Excentern für die Steuerung gelagert ist. Beide Cylinder werden durch gewöhnliche Meyersteuerung mit fest einstellbarer Expansion gesteuert; ein Regulator ist infolgedessen unnötig. Die Heizung der Cylindermäntel und des über der Maschine zwischen den Cylindern liegenden Receivers wird nach Massgabe des oberen, in der Zeichnung dargestellten Querschnittes in der Weise bewirkt, dass der aus dem seitlich aufgestellten Wasserscheider kommende Heizdampf nacheinander den Receiver, den kleinen Cylinder, und schliesslich den grossen Cylinder umspült.

Wie Aufriss und oberer Querschnitt erkennen lassen, geht von der Frischdampfleitung ein absperrbares Zweigrohr nach dem Receiver. Wird nun das Verbindungsrohr zwischen Hochdruckcylinder und Receiver durch einen Blindflansch geschlossen, so kann die Maschine, da jede Seite mit einem absperrbaren Kondensator versehen ist, durch Oeffnen des entsprechenden Frischdampf- und Kondensatorventils mit der einen oder der anderen Hälfte als Eincylindermaschine arbeiten.

Additional material from *Gewinnungsarbeiten, Wasserhaltung,*
ISBN 978-3-642-90160-7 (978-3-642-90160-7_OSFO7),
is available at http://extras.springer.com

Die Kondensatoren sind mit je sechs Saug- und Druckventilen ausgerüstet und durch eine in der Ebene des Kolbens angebrachte Mittelwand doppelt wirkend hergestellt. Aus dem unteren Querschnitt rechts ist die Lage der Ventile und die Einmündung des Einspritz- und des Abdampfrohres ersichtlich. Der Ausguss der Kondensatoren mündet in den Sumpf, aus welchem die Druckpumpen saugen. Vor dem Anlassen der Maschine können die Saugräume der Kondensatoren durch ein kleines Röhrchen von der Druckleitung aus aufgefüllt werden.

Die an die Kolbenstangen vermittelst Keilmuffen angeschlossenen Plunger der Girardpumpen haben hintere Stangenführung vom gleichen Querschnitt wie die vorderen. Die Arbeiten werden daher für die Saug- und Druckperioden auf beiden Seiten gleich hoch ausfallen, wohingegen aber vier Stopfbüchsen dicht zu halten sind. Die Plungerrohre jeder Seite werden durch zwei Zugstangen gegenseitig versteift, wie aus Aufriss und Grundriss zu erkennen ist. An dem Plungerrohr sind seitlich die Saugventilkästen und darüber die Druckventilkästen angeflanscht.

Jede Pumpenseite hat gemeinsame Saug- und Druckleitungen. Letztere werden durch ein T-Stück mit der Hauptleitung verbunden, welche mit einem Abzweig zu dem schmiedeeisernen hinter den Pumpen stehenden Windkessel führt. In der Mitte der Druckleitung jeder Pumpenseite sitzt ein Ventil, welches sich beim Stillstand der Pumpe durch Gewichtsbelastung schliesst. Die Luft in dem Windkessel wird durch eine einfache Vorrichtung ersetzt, deren Wirkungsweise folgende ist:

Ein neben dem Windkessel stehendes Gefäss ist in seinem unteren Teil mit einem Wasser-Anlasshahn, in seinem oberen mit einem Luft-Einlasshahn versehen. Beide können gleichzeitig durch einen Hebelzug geöffnet oder geschlossen werden. Vom Deckel des Gefässes gehen, wie aus dem Grundriss ersichtlich, zwei Röhrchen nach dem Windkessel, von denen eins in die Wasserzone, das andere in die Luftzone des letzteren mündet. Durch kleine Hähne können die Röhrchen abgesperrt werden.

Die Luftpressung erfolgt nun aus dem Windkessel durch das Druckwasser, welches die im Luftpresscylinder befindliche atmosphärische Luft komprimiert und zum Windkessel drückt. Die Bedienung ist ungemein einfach; sie erfordert nur sinngemässes Oeffnen und Schliessen einiger Hähne.

Mit dieser Wasserhaltung können bis zu 2 cbm/Minute bei 50 Umdrehungen aus 425 m Teufe gehoben werden. Die Anlage ist von der Bochumer Eisenhütte in Bochum erbaut.

Eine Verbundmaschine mit entlasteter Kolbensteuerung, beiderseits angehängten Zweiplungerpumpen und Kondensatoren, sowie mit besonderen Einrichtungen, um jede Maschinenseite gesondert betreiben zu können, besitzt die jetzt im Besitz der Harpener Bergwerks-Aktien-Gesellschaft befindliche Zeche Courl (Tafel X). Die Wasserhaltungsanlage steht gegenwärtig auf der 320 m/Sohle und hebt maximal mit 4 Plungern von je 230 mm Durchmesser 8,5 cbm/Minute bei 35 Umdrehungen. Sie soll später auf die 400 m/Sohle versetzt werden und wird dann Plunger von 200 mm Durchmesser erhalten, womit sie bei gleicher Umlaufszahl 6,5 cbm zu heben im Stande sein wird. Die Aufstellung dieser von der Isselburger Hütte gelieferten Maschine erfolgte im Jahre 1897.

Dampfmaschine und Pumpe sind auf zwei ca. 25 m langen Hohlgussrahmen montiert, welche aus mehreren Teilen durch Verschraubung und Schwundringe zusammengesetzt sind. Die Dampfcylinder liegen auf entsprechend verbreiterten Rahmenstücken, an welche sich nach den Pumpen hin die Traversenführungen der Plunger-Umführungsstangen anschliessen. Die Montierung der Druckpumpen und Kondensatoren ist, wie der Grundriss zeigt, so erfolgt, dass diese Teile zugleich die Verbindung der gusseisernen Rahmenstücke bewirken. Die Maschinenkammer ist 8,5 m breit und 30 m lang.

Die Deckel und Mäntel der Cylinder, sowie der oberhalb der letzteren liegende Receiver sind heizbar.

Der Hochdruckcylinder wird durch entlastete Riderkolbenschieber mit Verstellung des Expansionsschiebers durch einen Weissschen Leistungsregulator, der Niederdruckcylinder durch einen entlasteten Kolbenschieber gewöhnlicher Bauart gesteuert. Die Schiebergehäuse sind an die Cylinder angeschraubt.

Die doppelt wirkenden Plungerpumpen sind mit der bekannten Umführungsanordnung ausgerüstet. Die Saugventilkästen sitzen zwischen den mit kleinen Windhauben versehenen Druckventilkästen. Als Ventile stehen Fernisventile im Gebrauch, welche vermöge der Pumpenanordnung bequem zugänglich sind. Die Wasserbewegung zwischen den Ventilen ist einem zweimaligen Richtungswechsel unterworfen.

Von den doppelt wirkenden Kondensatoren wird die gesamte Wassermasse durch getrennte Rohre aus dem innerhalb der Maschinenkammer liegenden Sumpf angesaugt und samt dem Kondensat in einen zweiten grösseren Sumpf unterhalb der Pumpen geworfen. Dieser ist vom ersten durch eine mit Ueberlauf versehene Wand getrennt und meistens soweit gefüllt, dass die Saughöhe der Pumpen etwa 1 m beträgt.

Die Rohrleitungen für Dampf und Wasser haben innerhalb der Maschinenkammer folgende Einrichtung erhalten:

Hinter dem Wasserscheider in der Hauptdampfleitung sitzt über dem Hochdruckcylinder zunächst ein Sicherheitsventil, welches durch den Kolben eines Presscylinders vermittelst Hebelübersetzung reguliert wird und bei regelmässigem Betriebe infolge des Druckes des der Steigleitung entnommenen Wassers geöffnet bleibt, indem die Kolbenfläche im unteren

Additional material from *Gewinnungsarbeiten, Wasserhaltung,*
ISBN 978-3-642-90160-7 (978-3-642-90160-7_OSFO8),
is available at http://extras.springer.com

Presscylinder (Figur 142) mit Rücksicht auf Wasserdruck und Stopfbüchsreibung bemessen wurde. Lässt aber infolge eines Steigrohrbruchs oder schlechter Dichtung der Wasserdruck erheblich nach, so wird das Ventil durch die obere Gewichtsbelastung geschlossen und die Maschine zum Stillstand gebracht. Vermittelst des Handrades lässt sich das Ventil

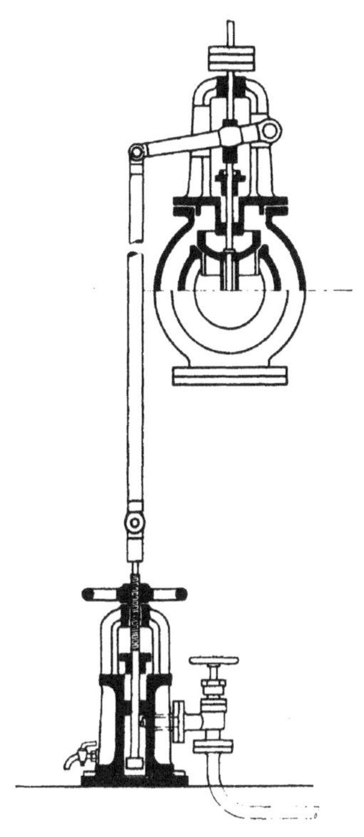

Fig. 142.
Sicherheitsventil. Zeche Courl.

auch beim Abschluss der Druckwasserleitung öffnen. Um die Dampfleitung weiter zu verfolgen, diene Figur 143 a—c. Nachdem der Dampf den Sicherheitsapparat passiert hat, kommt er durch eine kurze Leitung vor das Hauptabsperrventil. An dasselbe schliesst sich senkrecht abfallend das Verbindungsrohr nach dem Hochdruckschieberkasten an. Eine rechtwinklige Abzweigung in Mittenhöhe des Receivers ist gegen diesen gewöhnlich durch eine 25 mm starke Blindscheibe geschlossen. Zwischen Receiver und Hochdruckschieberkasten sitzt ein Absperrschieber I, in einer Verbindungsleitung der Hochdruckseite mit dem Abdampfrohr ein Absperrschieber II. Am Niederdruckcylinder sitzt ausserdem noch ein Abdampfschieber III, oberhalb dessen die soeben erwähnte Verbindung mit der Hochdruckseite einmündet.

Bei normalem Betriebe mit beiden Cylindern ist nur Schieber II geschlossen, I und III sind offen. Soll dagegen die Hochdruckseite allein laufen, so werden I und III geschlossen und II geöffnet. Der Receiver ist dann ausgeschaltet und die Maschinenhälfte an die Kondensation angeschlossen. Ist die Niederdruckseite allein notwendig, so wird der vorerwähnte Blindflansch entfernt und vor dem Anschlussrohr zum Hochdruck-

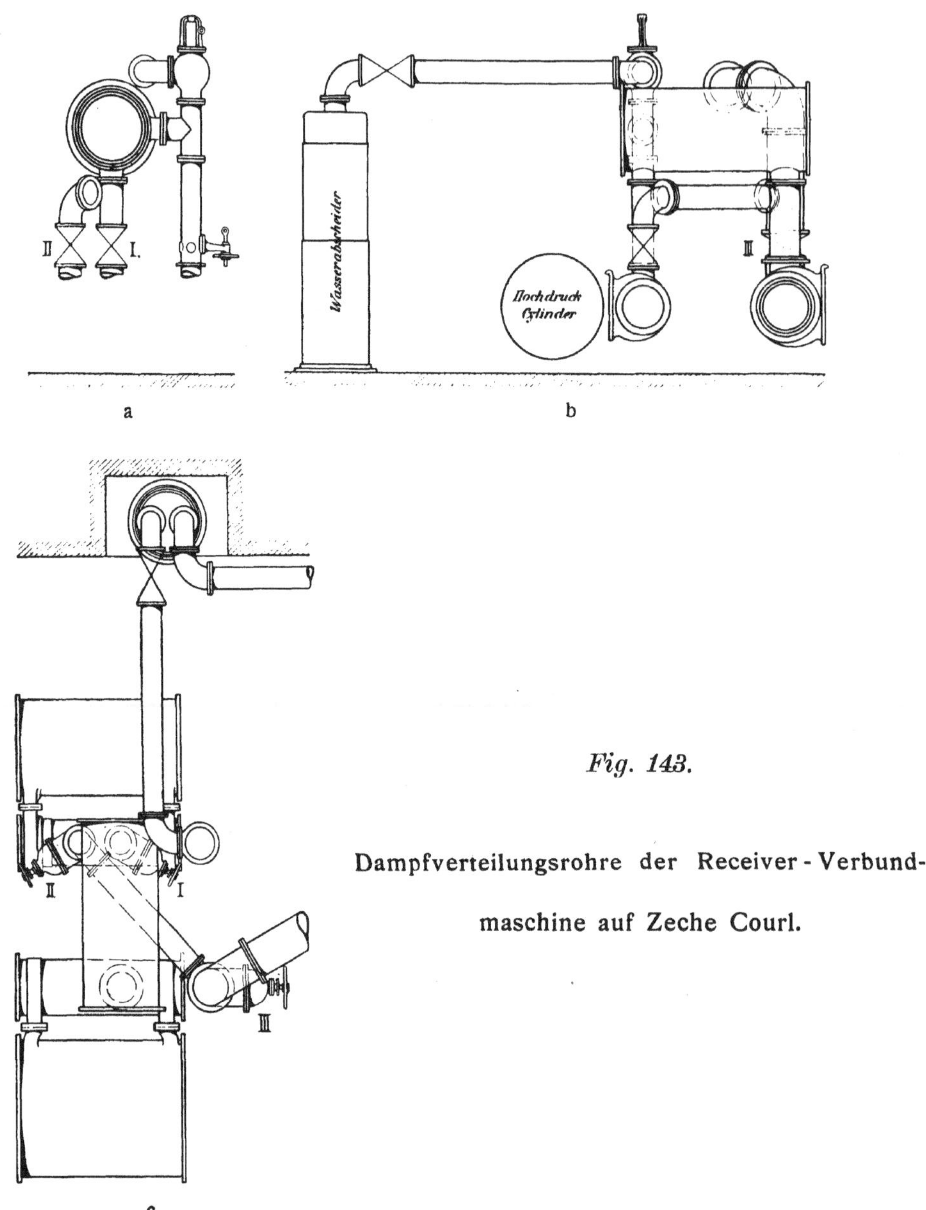

Fig. 143.

Dampfverteilungsrohre der Receiver-Verbundmaschine auf Zeche Courl.

schieberkasten eingebaut, die Schieber I und II werden geschlossen, III wird geöffnet.

Bei der Druckleitung ist die Einzelbenutzung beider Maschinenhälften einfach durch Absperrschieber zu erreichen, welche vor der Vereinigung im Kugelstück eingebaut sind. Vor diesen Schiebern liegen noch Sicher-

Additional material from *Gewinnungsarbeiten, Wasserhaltung,*
ISBN 978-3-642-90160-7 (978-3-642-90160-7_OSFO9),
is available at http://extras.springer.com

heitsventile. Die Steigleitung ist ausserdem mit einem auf einem T-Stück sitzenden Windkessel ausgerüstet, vor welchem ein Hauptabsperrschieber eingebaut ist. Zur Speisung des Druckwindkessels dient ein kleiner mit Dampf betriebener liegender zweistufiger Kompressor.

Eine Zwillings-Verbundwasserhaltungsmaschine mit Sulzer-Ventilsteuerung steht auf Zeche Hugo bei 600 m Teufe, mit welcher bei 48 Umdrehungen bis zu 2,4 cbm in der Minute gehoben werden können. (Tafel XI.) Die Maschine hat 700 mm bezw. 1150 mm Cylinderdurchmesser und 1200 mm Hub, die normale Tourenzahl ist 40 in der Minute, die Leistung dabei 2 cbm auf rund 600 m Druckhöhe.

Zur Sicherung gegen Ersaufen liegt die Sohle des Maschinenraums 7,5 m über der Bausohle, welche dann als Sumpf zur Verfügung steht. In dem Maschinenraum sind zwei gleichartige Wasserhaltungen zur Aufstellung gekommen, von denen die ältere, im Jahre 1892 in Betrieb genommene, sich von der abgebildeten neueren Anlage von 1896 nur durch das System der angewandten Druckpumpe unterscheidet.

Die Maschine ist so aufgestellt, dass das Schwungrad an der dem Eingang zur Maschinenkammer gegenüberliegenden Seite liegt. Vom Eingange aus gesehen, befindet sich der Hochdruckcylinder links, der Niederdruckcylinder rechts. Von der Kolbenstange des Hochdruckcylinders wird durch Kunstkreuzübertragung die Kondensatorpumpe, von der Niederdruckseite die Druckpumpe angetrieben. Der Receiver liegt über den Cylindern.

Cylinder und Fundamentrahmen sind so miteinander verschraubt, dass die Cylinder, der Einwirkung der Wärme folgend, sich frei ausdehnen können. Für Cylinder, Cylinderdeckel und Receiver ist Mantelheizung vorgesehen. Der Antrieb der Steuerventilstangen erfolgt von einer Welle aus, welche durch konischen Rädertrieb von der Schwungradwelle gedreht wird, wie bei Ventilsteuerungen üblich. Die Regulierung der Hochdruckseite besorgt ein von der Steuerwelle getriebener Regulator mit veränderlicher Hülsenbelastung. Durch Be- oder Entlastung des Regulators kann die Umlaufzahl der Maschine wechselnden Wasserzuflüssen leicht angepasst werden.

Die Einströmventile der Niederdruckseite können durch eine Schraubenspindel, welche auf Aenderung der Entfernung zwischen Excenterdaumen und Aufschlagfläche der Ventilstangen wirkt, für die erforderliche Füllung eingestellt werden.

Die Kondensatorpumpe ist eine doppelte Plungerpumpe, bei welcher die Plunger mit den Armen des Kunstkreuzes durch Zugstangen verbunden sind. Pumpencylinder und Ventilkasten sind mit entsprechenden Fussstücken auf einem Absatz des Saugschachtes befestigt. Die Kondensatorpumpe ist 8 m unterhalb der Sohle der Maschinenkammer aufgestellt und dient gleichzeitig als Zubringerpumpe für die Druckpumpe. Der Saugschacht ist mit einem zum Sumpfe führenden verschliessbaren Einsteigeloche versehen, welches derart dicht gegen den Sumpf abzuschliessen ist, dass das Wasser auf die Bausohle treten kann, ohne zu der Kondensatorpumpe und zur Maschinenkammer zu gelangen. Auf dem Gewölbe des Saugschachtes ruht der Kondensator. Die gusseiserne Steigrohrleitung der Pumpe ist in Höhe des unter dem Maschinenraum liegenden Pumpenbassins mit einem Dreiflanschenstück versehen, von welchem dass Ausgussrohr seitlich in das Bassin führt, während oben ein als Windkessel dienendes Rohr mit Blindflansch und Hahn aufgesetzt ist.

Das Pumpenbassin kann 69 cbm fassen und ist gegen den Saugschacht dicht abgemauert; in diese Mauer ist das mit einem Absperrschieber versehene Ausgussrohr der Kondensatorpumpe eingelassen und vergossen. Der Schieber hat den Zweck, bei vorkommenden Reparaturen an der Kondensatorpumpe den Sumpf gegen das Wasser des Bassins absperren zu können.

Die Kondensatorpumpe hebt bei 40 Touren 3,8 cbm in der Minute, also fast das Doppelte der Druckpumpenleistung. Die Temperatur des Grubenwassers, welche im Sumpfe 20—23 ° C. beträgt, erhöht sich nach dem Durchgang durch den Kondensator zunächst auf 35 ° C. und steigt sodann im oberen Pumpenbassin infolge des Eintritts von Kondenswasser aus der Dampfleitung und den Heizmänteln der Maschine auf 42 ° C. Das von der Druckpumpe nicht fortgenommene Wasser fliesst durch eine absperrbare Rohrleitung dem Sumpfe wieder zu.

Als Druckpumpe hat die ältere Maschine eine Girardpumpe, die neuere eine Zweiplungerpumpe mit Umführungen erhalten. Die vieretagigen Fernisventile haben 10 mm Hub und geben bei 40 Touren in der Minute eine Wassergeschwindigkeit von etwa 1 m. Es sind ein Saug- und ein Druckwindkessel vorhanden; ausserdem besitzen die Druckventilkästen Windhauben, welche mit dem grossen Druckwindkessel durch Luftröhrchen verbunden sind. Zur Erzeugung der Druckluft dient eine Vorrichtung ähnlich der der Zeche Centrum II. Zwischen den Druckventilen und dem Hauptwindkessel sitzt ein Rückschlagventil, ferner ist in die Steigleitung noch ein gewichtsbelastetes Sicherheitsventil eingeschaltet. Beide Wasserhaltungen sind von der Isselburger Hütte gebaut worden.

Die ältere der beiden Maschinen wurde s. Zt. nach $3^1/_2$ monatlichem Betriebe untersucht. Es ergaben sich damals als mittlere Tourenzahl laut Ablesungen an einem Zähler 40 Umdrehungen in der Minute. Es leistete der Hochdruck-Cylinder 131,09 PSi, der Niederdruck-Cylinder 217,40 PSi, beide zusammen 348,49 PSi. Das Manometer der Steigleitung zeigte 62 kg/qcm. Die gesamte Druckhöhe der Pumpe berechnete sich einschliesslich der Hubhöhe der Kondensatorpumpe mit 13,5 m, welche wegen

Mehrleistung dieser Pumpe im Vergleich zur Druckpumpe (3,8 : 2,0) um 90 % zu erhöhen ist, auf 612,15 m und die Widerstandshöhe auf

$$\frac{612,15}{586,5} \cdot 62 = 64,61 \text{ kg/qcm.}$$

Der volumetrische Wirkungsgrad der Pumpe ist zu 98,7 % ermittelt worden; die Nutzleistung der Pumpe ergab 287,15 PSe und der Wirkungsgrad

$$\frac{287,15}{348,49} = 0,825 = 82,5 \%.$$

Die gesamte Dampfmenge pro Stunde betrug 3531 kg; der Dampfverbrauch pro Stunde und Pferdestärke in gehobenem Wasser gemessen, stellt sich daher auf

$$\frac{3531}{287,15} = 12,3 \text{ kg brutto}$$

oder auf

$$\frac{3531 - 790}{287,15} = 9,57 \text{ kg netto,}$$

da aus den vier Wasserabscheidern der Rohrleitung 790 l in der Stunde abgezapft wurden.

Pro ind. Pferdestärke und Stunde beträgt der Netto-Dampfverbrauch

$$\frac{3531 - 790}{348,49} = 7,86 \text{ kg.}$$

Trotz sorgfältiger Rohrisolierung betrug der Kondensverlust

$$\frac{790 \cdot 100}{3531} = 22,37 \%$$

der ganzen Dampfmenge.

Die Anlagekosten beider Wasserhaltungen haben insgesamt 356 395 M. betragen. Sie verteilen sich wie folgt:

a) Kosten der Maschinenräume und der zur Verbindung derselben mit dem Schachte hergestellten Grubenbaue (bergmännische Arbeiten)

Maschinenräume, Fundamente und Brunnen 3000 cbm à 13 M.	39 000	M.
Sumpfquerschläge 110 m à 45 M.	4 950	"
Sumpfstrecken 298 m à 8 M.	1 340	"
Querschlag in 528 m Teufe für Dampf- und Steigrohre 265 m à 65 M.	17 225	"
Blinder Schacht 65 m à 80 M.	5 200	"
Zu- und Abführungsquerschläge 132 m doppelspurig à 90 M., 70 m einspurig à 50 "	15 380	"
zusammen	83 095	M.

b) Kosten der Ausmauerung

1300 cbm Gewölbe und Fundamente à 25 M.	32 500	M.

c) Kosten der Maschinenanlage

2 Compound-Wasserhaltungsmaschinen à 83 400 M.	166 800	M.
Dampfrohre	12 740	„
Steigrohre	27 520	„
Schrauben und Dichtungen	4 000	„
Umhüllung der Dampfrohre	12 740	„
Hülfeleistung zur Montage	4 000	„
Einbauen der Dampf- und Steigrohre	4 000	„
Schmiedeeiserne Träger	6 000	„
Verlagerung und Befestigung der Rohrleitungen	1 000	„
Wasserabscheider, Schieber u. s. w.	2 000	„
zusammen . .	240 800	M.

Summe von a bis c : 356 395 M.

Für die Betriebskosten ergab sich folgende Rechnung:

Bei 2 cbm in der Minute Zufluss beträgt die Wassermenge pro Schicht

$$2 \cdot 60 \cdot 8 = 960 \text{ cbm}.$$

Hierauf entfallen:

a) Kosten der Dampferzeugung.

1 kg Dampf kostet auf der Schachtanlage 0,0012 M., daher Dampfkosten pro Schicht

$$8 \cdot 3531 \cdot 0{,}0012 = 33{,}92 \text{ M.}$$

b) Kosten der Bedienung u. a.

Löhne der Maschinenwärter	6,60	M.
Schmier- und Liderungsmaterial	3,25	„
Beleuchtung und Reparaturkosten	7,10	„
	11,95	M.

Die Betriebskosten in der achtstündigen Schicht betragen für 2 cbm Wasserzuflüsse in der Minute demnach

$$33{,}92 + 16{,}95 = 50{,}87 \text{ M., d. h.}$$

1 cbm auf 600 m zu heben kostet 5,3 Pf.

Gegenwärtig werden täglich 720 cbm Wasser in einer achtstündigen Schicht gehoben und zwar während der Nachtschicht. Zwei Maschinisten bedienen die arbeitende Maschine und zwei erhalten die in Reserve stehende beständig in betriebsfertigem Zustand.

Additional material from *Gewinnungsarbeiten, Wasserhaltung,*
ISBN 978-3-642-90160-7 (978-3-642-90160-7_OSFO10),
is available at http://extras.springer.com

Die Wasserhaltungsanlage der Zeche Preussen I ist als Compoundmaschine mit angehängter Hebepumpe gebaut, um einen gegen aufgehende Wasser gesicherten Dampfbetrieb unterhalten zu können (vergl. Figur 57, Seite 130). Die Leistung der Anlage beträgt 3 cbm in der Minute auf 560 m Druckhöhe bei 50 Umdrehungen. Die Dampfmaschine liegt 10 m über der ersten Bausohle bei 539 m unter Tage und ist mit einer Hebepumpe ausgerüstet, welche bis zu 560 m Teufe reicht. Die Hebepumpe ist als Doppelpumpe konstruiert, welche von der Maschine durch Kunstkreuz angetrieben wird. Sie leistet 6—6,5 cbm in der Minute und reicht daher noch für eine zweite evtl. anzuschliessende Wasserhaltung für 3 cbm Leistung aus. Von der Hebepumpe wird das Wasser aus dem Sumpf in ein Bassin gehoben, welches über dem Maschinenflur liegt und ca. 90 cbm Wasser fassen kann und aus dem Druckpumpe und Luftpumpe ihr Wasser entnehmen.

Die Dampfmaschine, auf Tafel XII abgebildet, ist für einen Dampfüberdruck von 12 Atm. im Hochdruckcylinder berechnet. Die Abmessungen der Cylinder sind jedoch so gewählt, dass die vorerwähnte Leistung mit 8 Atm. Eintrittsspannung erreicht werden kann. An der Hochdruckseite sind die Druckpumpen, an der Niederdruckseite Luftpumpe und Hebepumpe angeschlossen.

Der Mantel des Hochdruckcylinders wird mit Frischdampf, Receiver und Niederdruckcylinder werden mit gedrosseltem Frischdampf von 1,5 Atm. geheizt. Cylinder, Receiver und Heizmäntel sind mit Entwässerungsvorrichtungen versehen.

Der Hochdruckcylinder hat Corlisssteuerung, der Niederdruckcylinder Drehschiebersteuerung.

Ventilkästen und Pumpenkörper sind aus Stahlguss gefertigt. Die Pumpenventile sind Ringventile mit Ringen in einer Ebene. Saug- und Druckventilachsen liegen in einer Vertikalebene mit der Plungerachse.

Zum Füllen der Windkessel dient ein besonders aufgestellter kleiner mit Dampf getriebener Luftkompressor.

Die Maschinen- und Pumpenanlage ist im Jahre 1897 von der Firma Haniel & Lueg in Düsseldorf-Grafenberg erbaut worden.

Eine am 24. Oktober 1899 vorgenommene Untersuchung dieser Maschine ergab folgende Resultate:

1. Dauer des Versuches . . . . 3 Stunden
2. Kondenswasser für 1 qm Rohrinnenfläche und Stunde für die vertikale Leitung im Schachte . . . . 1,64 l
3. Kondenswasser der sämtlichen Mäntel und des Receivers . . . . 182 l

4.	Mittlerer Ueberdruck in der Leitung . .	9 Atm.
5.	„ „ beim Eintritt zur Maschine	8,5 Atm.
6.	Mittlere Umdrehungszahl in der Minute .	51,3
7.	„ Kolbengeschwindigkeit	2,04 m/sec
8.	Mittlerer indizierter Druck im Hochdruck-Cylinder	2,39 kg
9.	Mittlerer indizierter Druck im Niederdruck-Cylinder	0,79 „
10.	Mittlere indizierte Leistung im Hochdruck-Cylinder	227,6 PS
11.	Mittlere indizierte Leistung im Niederdruck-Cylinder	220,5 „
12.	Gesamte indizierte Leistung	448,1 „
13.	Mittlerer Füllungsgrad des Hochdruck-Cylinders aus allen Diagrammen . .	0,17
14.	Dampfverbrauch pro PS und Stunde . .	5,75 kg
15.	Prozentsatz der Kondenswasser in der Maschine zum Dampfverbrauch . . .	7,1 %
16.	Effektive Leistung der Zubringerpumpe .	12,4 PS
17.	„ „ „ Druckpumpe . . .	365,1 „
18.	Gesamte effektive Leistung	377,5 „
19.	Wirkungsgrad der Anlage	84,2 %
20.	Dampfverbrauch je effektive Pferdekraft und Stunde in gehobenem Wasser . .	6,8 kg
21.	Dampfverbrauch je effektive Pferdekraft und Stunde an den Kesseln	8,08 „
22.	Temperatur des Sumpfwassers der Hebepumpe	22° C.
23.	Temperatur des Wassers im Bassin zu den Druckpumpen	26° C.
24.	Temperatur des Wassers aus dem Kondensator	35—40° C.

Bei vorstehenden Versuchen sind die Dampfverbrauchszahlen theoretisch ermittelt.

Verbundmaschinen in Tandemanordnung.

Eine Ausführungsform dieses Maschinensystems ist auf Tafel XIII gegeben, welche die Wasserhaltung der Zeche Bickefeld Tiefbau darstellt. Hinter die Bajonettmaschine sind die Pumpen und der Kondensator geschaltet. Zwischen den Cylindern sitzt eine Brille von einer solchen Länge, dass die Kolben bequem demontiert werden können. Von der verlängerten

Additional material from *Gewinnungsarbeiten, Wasserhaltung,*
ISBN 978-3-642-90160-7 (978-3-642-90160-7_OSFO11),
is available at http://extras.springer.com

Schieberstange des Hochdruck-Cylinders werden die Niederdruckschieber angetrieben. Die Folge dieser Anordnung sind lange Kanäle und daher grosse schädliche Räume am Hochdruck-Cylinder. Es würde sich daher für diesen Maschinentyp besser eine Ventilsteuerung eignen, da der Hub der einzelnen Ventile unabhängig voneinander gemacht werden kann, was bei Schiebersteuerung nicht möglich ist, abgesehen davon, dass die grossen schädlichen Räume fortfallen. Der Hochdruck-Cylinder ist mit entlasteter Ridersteuerung ausgerüstet; den Expansionsgrad stellt ein Weissscher Leitungsregulator ein. Am Niederdruck-Cylinder ist eine von Hand verstellbare Meyer-Expansionssteuerung mit entlasteten Rückenschiebern angewendet. Das Ueberströmrohr liegt über den Cylindern.

Die doppelt wirkenden Druckpumpen sind mit Umführungen und in gleicher Konstruktion ausgeführt, wie diejenigen der Zwillingsmaschine der Rheinischen Anthracit-Kohlenwerke. Von der doppelt wirkenden Luftpumpe wird die ganze Wassermasse angesaugt und den Druckpumpen zugeworfen. Ueberschüssige Wassermengen gehen aus dem Kondensator durch Ueberlauf in den Sumpf zurück. Die Luft in den kleinen Druckwindhauben und dem grossen Windkessel wird durch einen kleinen Kompressor ersetzt. Es stehen zwei gleiche Maschinen der beschriebenen Ausführung hintereinander in einer Kammer. Die Maschinen sind von der Friedrich Wilhelms-Hütte in Mülheim/Ruhr für eine Leistung von 3 cbm in der Minute auf 400 m Druckhöhe gebaut worden und im Jahre 1896 in Betrieb genommen.

Tandem-Zwillings-Verbundmaschinen.

Als typisches Beispiel einer Verbundmaschine mit geteilten Cylindern und Tandem-Aufbau kann die auf Tafel XIV dargestellte Wasserhaltungsmaschine dienen, welche im Jahre 1896 für die Zeche Victor von Ehrhardt & Sehmer in Schleifmühle gebaut wurde. Sie ist zugleich die grösste der bisher im Oberbergamtsbezirk Dortmund in Betrieb befindlichen Maschinen. Ihre maximale Leistung beträgt bei 58—59 Touren i. d. Minute 13,5 cbm auf 520 m Widerstandshöhe bei 7,5 Atm. Kesselüberdruck. Als Netto-Dampfverbrauch pro PSi-Stunde sind von der Fabrik 7,2 kg. garantiert worden.

Die Hochdruckcylinder besitzen Kolbensteuerung für selbstthätig vom Regulator verstellbare Expansion, die Niederdruckcylinder haben Trick'sche Schieber. Der Antrieb für die Regulatoren erfolgt durch Riemen-Stufenscheiben, welche auf der Schwungradwelle befestigt sind. Die Tourenzahlen der Maschine lassen sich dadurch in den Grenzen von 40 bis 60 i. d. Min. ändern.

Cylinder, Pumpen und Kondensatoren sind auf zwei aus je drei Teilen zusammengeschraubten und vor den Hochdruckcylindern durch eine Traverse verbundenen Fundamentrahmen montiert.

Die aus Stahlguss mit Bronzearmierung gebauten doppelt wirkenden Pumpen sind mit seitlich angeordneten Saugventilkästen und oberhalb liegenden Druckventilkästen versehen. Die Plunger werden durch schrägliegende Umführungsstangen mit auf Geradführungen laufenden Traversen betrieben.

Angehängte Einspritzkondensatoren saugen die ganze Wassermenge an und werfen diese den Pumpen zu. Vor den Saugventilen sitzt an jeder Maschinenseite ein Windkessel, desgleichen je ein solcher auf dem Rückschlagventil zwischen den Druckventilkästen. Die Bronze-Ringventile sind mit Lederstulpdichtung versehen.

Pumpen, Saugventilkästen und Kondensatoren können von der Steigeleitung aus aufgefüllt werden.

Der ganze Aufbau der Maschine ist übersichtlich gehalten, sodass die Bedienung in allen Teilen bequem auszuführen ist.

Der Maschinenraum hat 30 m Gewölbelänge, 8,4 m Breite und 9 m Höhe über Flur, wozu noch 3,5 m Fundamenttiefe kommen.

Die Fundamente sind unabhängig von den konkav gewölbten Seitenwänden ausgeführt.

Die Herstellungskosten dieser grossen Wasserhaltungsanlage belaufen sich in den einzelnen Teilen

für Maschinenkammer einschl. Fundamente der Maschine	auf	65 000	Mk.
„ Maschine einschl. Rohrleitung in der Maschinenkammer	auf	188 064	„
„ Dampfleitung einschl. Verlagerung, Isolierung, Kompensation von Kessel bis Maschinenkammer	auf	45 703	„
„ Steigleitung einschl. Verlagerung u. s. w. bis Maschinenkammer	auf	86 955	„
insgesamt	auf	385 722	Mk.

6. Maschinen ohne Rotation.

Für provisorischen Betrieb und kleine Leistungen haben die billigen und schnell zu beschaffenden schwungradlosen Dampfpumpen grosse Verbreitung gefunden. Man sieht bei diesen Maschinen ähnlich wie bei den zur vorläufigen Wasserhebung beim Schachtabteufen dienenden Pumpen weniger auf sparsamen Betrieb als auf leicht ausführbare Montage und bequeme Handhabung bei notwendiger Ortsveränderung.

Da man die schwungradlosen Pumpen auch mit Druckluft statt mit Dampf betreiben kann, so fallen damit auch die Unzuträglichkeiten des

Dampfbetriebes an schwer zugänglichen Stellen der Grubenbaue fort, die Maschine wird durch Fortfall des Kondensators einfacher, und die ausströmende Luft trägt zur Aufbesserung der Wetter an der Betriebsstelle der Pumpe bei.

Arbeits- und Kraftcylinder bilden gewöhnlich ein Ganzes, infolgedessen sich die Aufstellung und Versetzung der ganzen Maschine vereinfacht. Gemauerte Fundamente sind bei kleineren Leistungen unnötig; man setzt die ganze Maschine auf einen Holzrahmen oder auf einen Wagen und kann besonders bei letzterer Ausführung eine Ortsveränderung bequem vornehmen.

Der grosse Dampf- bezw. Luftbedarf schwungradloser Maschinen wird dadurch wieder gut gemacht, dass die Kosten der Wartung ganz geringe sind. Ist eine solche Maschine gut nachgesehen, abgeschmiert und angelassen, so läuft sie mehrere Stunden ohne Aufsicht. Die Maschinen werden als Eincylinder-, Zwillings- oder Verbundmaschinen ausgeführt und stets liegend angeordnet.

Eincylinder-Ausführung ist sehr selten, weil die Steuerung schwerer zu bewirken ist als bei Zwillingsanordnung, bei welcher die Bewegung von der Kolbenstange des einen wechselseitig auf den Schieber des anderen Cylinders übertragen wird. Verbundmaschinen, welche fast ausschliesslich mit zwei Kraftcylindern ausgeführt werden, sind in ähnlicher Weise verbreitet wie die Zwillingsmaschinen. Eine Dreifach-Expansionsmaschine findet sich bis jetzt nur auf einer Anlage des Oberbergamtsbezirks vor.

a) Eincylinder-Maschinen.

Die innere Einrichtung einer schwungradlosen Eincylinder-Pumpe zeigt Figur 144a und b. Bei derselben sind Kolben und Arbeitsplunger durch eine Kolbenstange direkt verbunden. Die Steuerung geschieht in der Weise, dass durch die Kolbenstange die Schwinge A pendelnd bewegt und vermittelst eines in der Figur nicht gezeichneten Hebels in Verbindung mit einer Zugstange der Schieber B, welcher zwei Kanäle für Dampfein- und Ausströmung enthält, gedreht wird. Der Drehschieber steuert den kleinen horizontal liegenden Kolben C, indem der Dampf einmal vor und dann hinter denselben tritt, wodurch dieser bewegt wird und damit der von ihm abhängige Muschelschieber D die Dampfverteilung im Cylinder ausführt. Durch den von aussen zu bewegenden Hebel E kann der Kolben C und damit Schieber D verstellt und die Maschine angelassen werden.

Der Kraftplunger F läuft in einer inneren Stopfbüchse, welche von aussen nachstellbar ist. Die über dem Plunger liegende Wasserkammer ist geteilt und beiderseits mit Saug- und Druckventilen ausgerüstet, sodass die Pumpe mit einem Plunger doppelt saugend und drückend arbeitet. AlsVentile sind federbelastete Metall-Kegelventile in Anwendung gekommen.

Eincylinder-Pumpen stehen auf den Zechen Helene Amalie, Centrum, König Wilhelm, Oberhausen, Monopol u. a. in Anwendung. Aus der grössten Teufe hebt die Pumpe der Zeche Centrum, welche 0,25 cbm/Min.

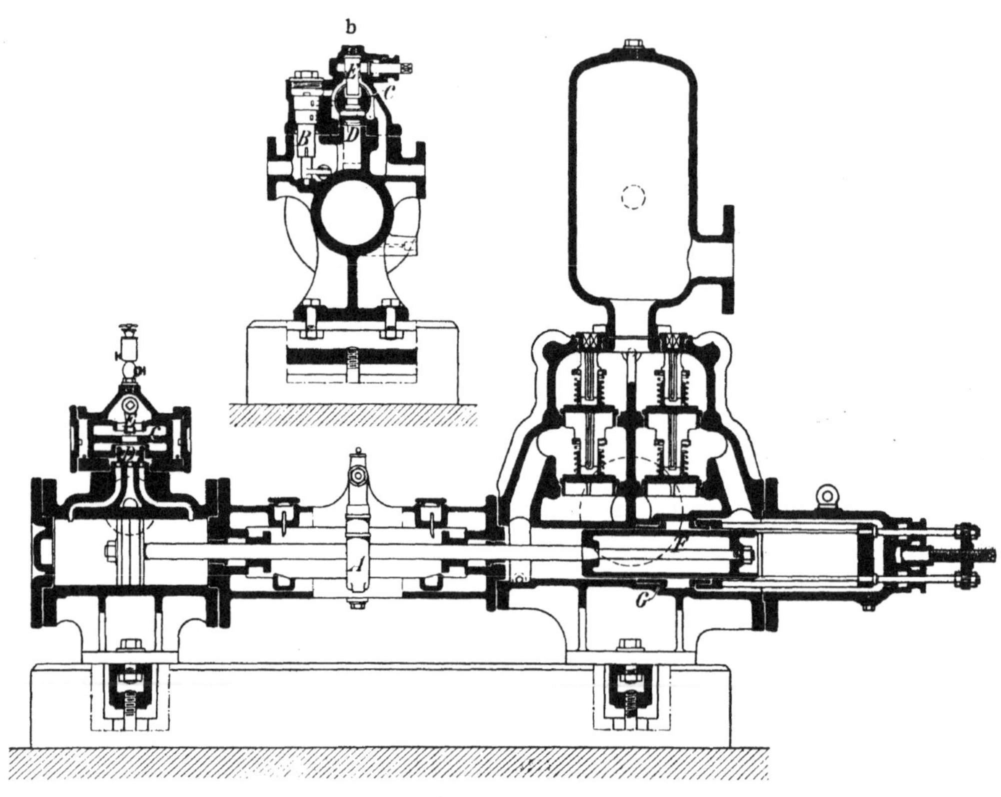

Fig. 144.

Schwungradlose Eincylinder-Pumpe.

Soole aus 426 m Teufe für das Badehaus liefert. Die grösste gehobene Wassermenge beträgt 1 cbm in der Minute, die übliche Druckhöhe 100 bis 130 m. Als Betriebskraft dient meistens Druckluft; bei Betrieb mit Dampt ist der Pumpe ein Kondensator an der Dampfcylinderseite angehängt. Die höchste Doppelhubzahl stellt sich auf 50 in der Minute.

Die vorgenannten Eincylinder-Pumpen werden von der A.-G. vorm. C. Louis Strube in Magdeburg-Buckau erbaut.

b) Zwillings- und Verbundmaschinen.

Die schwungradlosen Zwillingsmaschinen unterscheiden sich von den Verbundmaschinen meistens nur durch die Grössenverhältnisse der Cylinder, während Steuerung und Pumpenkonstruktion für gleiche Systeme sich nicht ändern.

Die prinzipielle Ausführungsform älterer Pumpen beider Systeme giebt Figur 145 wieder. Die Kolben K und Plunger P sind durch Kolben-

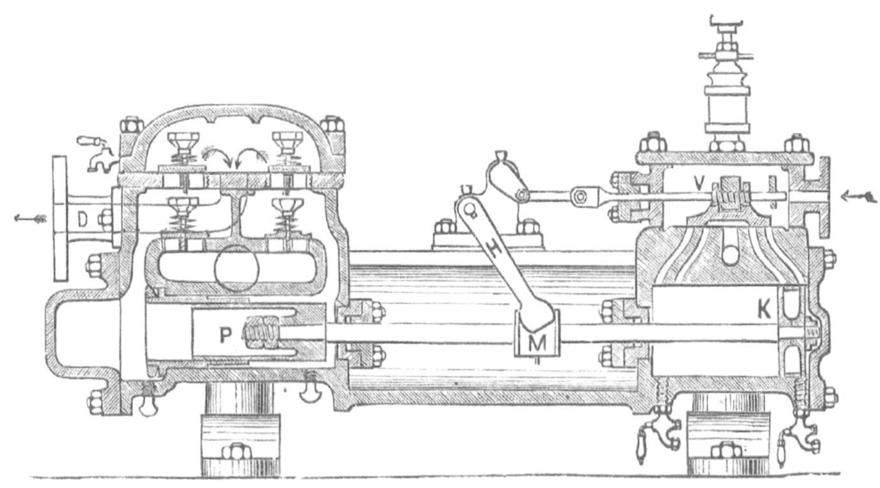

Fig. 145.

Schwungradlose Zwillingspumpe für Pressluftbetrieb.

stangen miteinander verbunden, welche den Mitnehmer M tragen, dessen Bewegung durch den Hebel H auf den Schieber V der Zwillingsseite übertragen wird. Für die Pumpe ist wieder auf jeder Seite die Doppelwirkung vorgesehen.

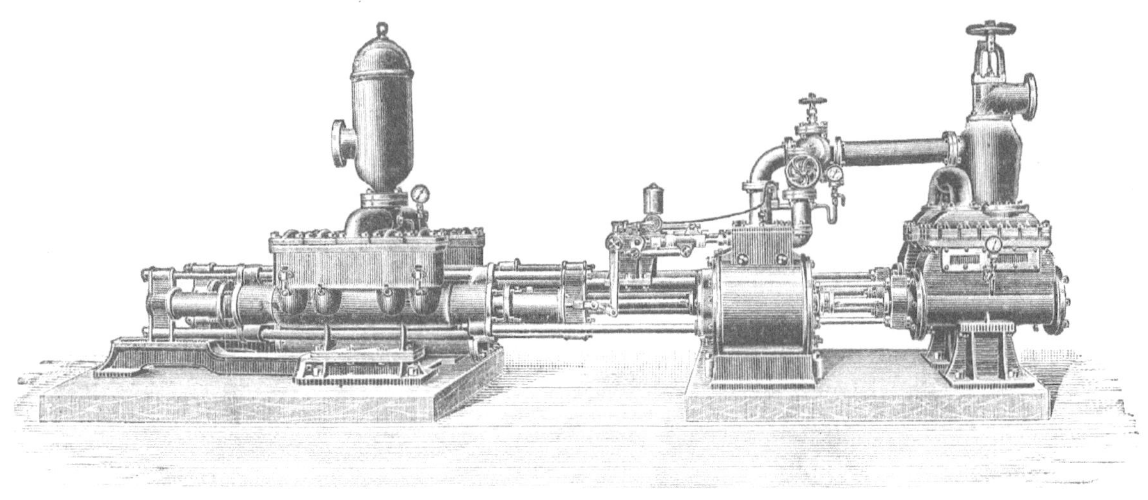

Fig. 146.

Schwungradlose Zwillingspumpe für Dampfbetrieb.

Die Anordnung einer schwungradlosen Pumpe für Dampfbetrieb, von der Firma Weise & Monski in Halle ausgeführt, ist aus Figur 146 ersichtlich. Die Kolbenstangen treiben vor den Cylindern stehende Kondensatoren an, die Pumpen arbeiten mit Doppelplungern und Umführungsstangen.

Da alle älteren schwungradlosen Pumpensysteme ohne Expansion des Dampfes arbeiten, so ist ihr Dampfverbrauch sehr hoch. Der bequemen Bedienung wegen hat man nun solche, wohl auch als Duplexpumpen bezeichneten Maschinen, in neuerer Zeit für grössere Leistungen beschafft und dann längere Zeit als ständige Wasserhaltung arbeiten lassen. Man sah sich daher veranlasst, um den Dampfverbrauch nach Möglichkeit zu verringern, Duplexpumpen mit Expansion zu bauen. Eine solche mit Expansion arbeitende Maschine ist seit einiger Zeit, als Oddesse-Pumpe benannt, in den Handel gebracht und hat bereits auf verschiedenen Zechen des Bezirks Eingang gefunden.

Den Durchschnitt durch den Cylinder einer Oddesse-Pumpe stellt Figur 147a, die Steuerung von oben gesehen Figur 147b und die Ansicht derselben Figur 147c dar. Die Kolbenstange bewegt mit daran befestigtem Arm A die Stange B, welche mit einem flachen, schräg geschlitzten Stück C verbunden ist, durch dessen Bewegung in Richtung der Cylinderachse der Grundschieber D in dazu senkrechter Richtung verschoben wird. Ueber dem Grundschieber liegen besondere Expansionsplatten E, welche von aussen durch die Spindel F vermittelst Handrades verstellt werden können. Eine aussen angebrachte Skala giebt die Höhe des Expansionsgrades an.

An der Technischen Hochschule in Charlottenburg angestellte Versuche mit einer Verbund-Oddesse-Pumpe ergaben einen Dampfverbrauch von nur 9,5 kg pro PSi und Stunde.

Duplexpumpen älterer Ausführungsform sind in Zwilling- wie Verbundsystem sehr weit verbreitet. Es ist kaum eine Zeche, welche nicht zu Zwecken der Wasserhebung eine solche Maschine besitzt oder besessen hätte. Die grösste Leistung, bis zu welcher solche Pumpen angewendet werden, beträgt 4 cbm in der Minute, die grösste Druckhöhe 440 m.

Oddesse - Pumpen haben bereits auf den Zechen König Wilhelm, Westhausen und Dorstfeld, sowie auf dem Essener Bergwerksverein Eingang gefunden.

An der Lieferung der vorstehend beschriebenen Maschinen sind hauptsächlich die Firmen Weise & Monski in Halle a/S., Wolff & Meinel, ebendaselbst, Otto Schwade & Co., Erfurt und Gebr. Forstreuter A.-G. in Oschersleben beteiligt.

Wie schon erwähnt, ist eine Maschine mit dreifacher Expansion gebaut; sie steht auf Zeche Vorwärts und wurde für 2,2 cbm Leistung bei 35 Doppelhüben auf 450 m Druckhöhe zum Betriebe mit Dampf von 7 bis

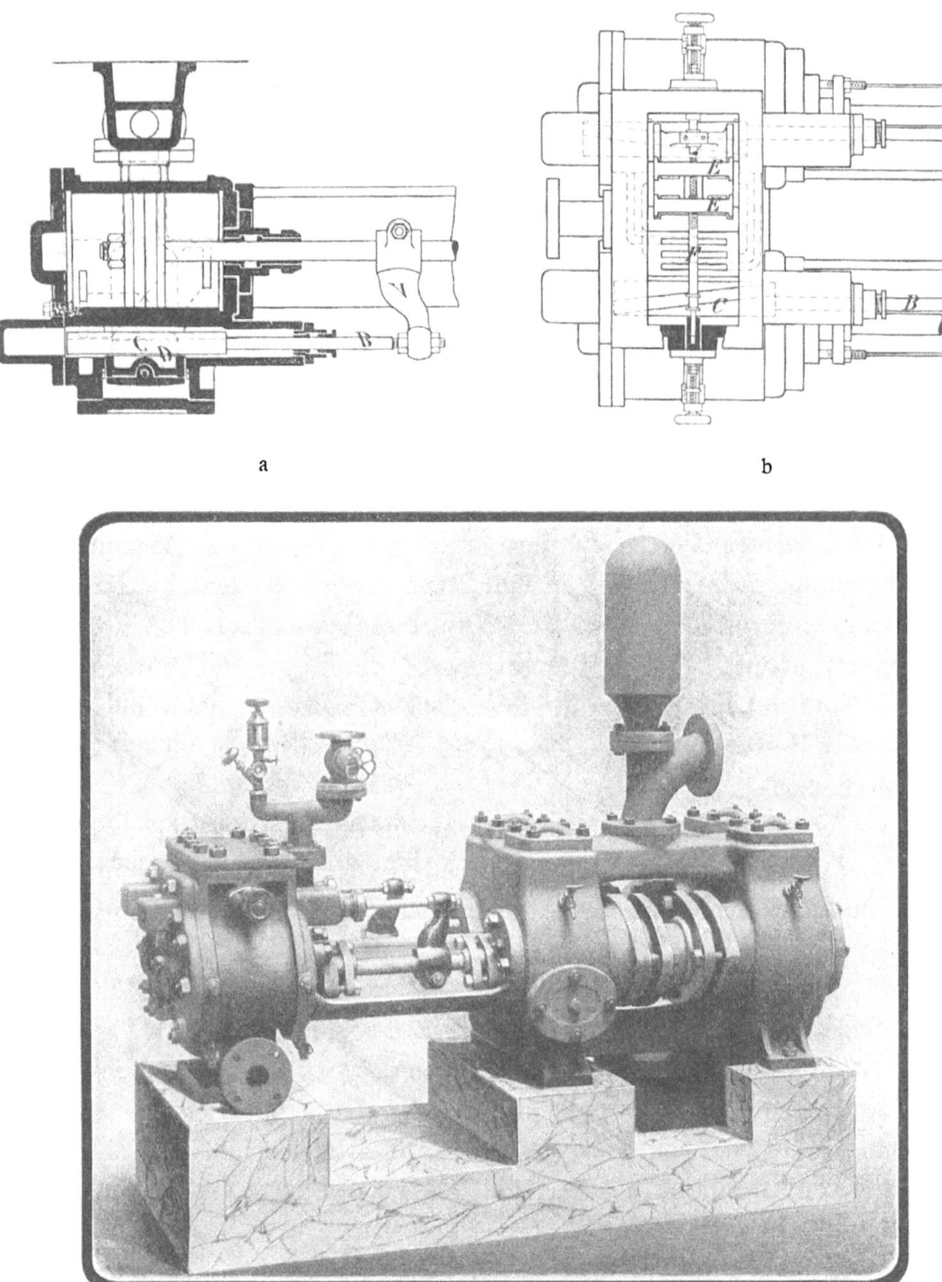

a b

c

Fig. 147.

Oddesse-Pumpe.

8 Atm. Ueberdruck konstruiert und von der Worthington Pumpen-Compagnie geliefert. Als Besonderheit ist zu erwähnen, dass diese Maschine mit Drehschiebersteuerung an allen Cylindern ausgerüstet ist.

Es ist im Ruhrbezirk widerholt gelungen, Duplexpumpen unter Wasser wieder in Betrieb zu bringen und eine Ingangsetzung der unter Tage befindlichen Dampfpumpen zu ermöglichen. Die schwierigen Arbeiten wurden von den jeweilig angestellten Tauchermeistern der Berggewerkschaftskasse in Bochum ausgeführt. Eine der interessantesten derartigen Arbeiten wurde im Winter 1895 auf der jetzt nicht im Betriebe befindlichen der Bergwerks-Aktien-Gesellschaft Nordstern gehörigen Anlage Helene vorgenommen. Es handelte sich darum, die unter Wasser stehenden zwei unterirdischen Wasserhaltungen (System Weise & Monski) in Betrieb zu setzen und den Schachtsumpf von hineingestürzten Schachthölzern zu befreien. Die Wasser waren infolge eines Gestängebruchs an der oberirdischen Wasserhaltung aufgelaufen und die Schachtzimmerung hatte durch die dadurch bedingte Wasserförderung gelitten.

Bei dem zweiten Tauchversuche gelang es, die kleinere Maschine (1 cbm in der Minute) in Betrieb zu setzen, sodass dieselbe zur vollen Zufriedenheit arbeitete. Weit schwieriger war es, die grosse Maschine (von 3 cbm Leistung in der Minute) in Gang zu bringen, da erstens durch den Gang der kleineren Maschine die Wassertemperatur auf 30° C. und die Lufttemperatur auf 30° C. gesteigert wurde und zweitens die grössere Maschine Verbundwirkung hatte. Erst nach Ansetzen einer Winde gelang es, letztere in Bewegung zu setzen, nachdem jeder Kolben einzeln hin und her bewegt war.

Solange die Maschinen unter Wasser waren, wurden dieselben unter Anwendung von Talg geschmiert. Nachdem die kleine Maschine einige Tage gelaufen war, mussten die Stopfbüchsen infolge von Undichtigkeiten mit neuen Packungen versehen werden.

Die Maschinen hoben das Wasser von der 315 m Sohle bis zur 228 m Sohle. Das Wasser, welches man nicht zu Tage heben konnte, liess man auf der 228 m Sohle in die Baue fliessen, von wo es sich hinter den Dammthüren, welche auf der IV. Sohle (315 m) standen, sammelte. Da hier alle Dammthüren geschlossen waren, so war die Wetterführung eine sehr schlechte. Die Temperatur stieg bis 40° C., wodurch naturgemäss die Arbeiten sehr erschwert wurden.

3. Kapitel. Hydraulische Wasserhaltungen.

Von Bergassessor Wilhelm Müller.

1. System Herbst.

Das Verdienst, durch Wasserdruck betriebene Wasserhaltungsmaschinen im hiesigen Steinkohlenbezirk eingeführt zu haben, gebührt dem verstorbenen Professor Herbst zu Bochum. Herbst ging von der richtigen Voraussetzung aus, dass alle die Uebelstände, welche den Gestängemaschinen wegen der in der schnellen Bewegung der grossen Massen liegenden Gefahren und den unterirdischen, mit Dampf betriebenen Wasserhaltungen wegen der bedeutenden Wärmeausstrahlung für den Grubenbetrieb anhaften, am besten durch Anwendung hydraulischer Kraftübertragung gehoben werden könnten.

Das Herbstsche System ist im hiesigen Bezirk in 4 Ausführungen vertreten und zwar steht je eine Maschine auf der Zeche Prinz-Regent, Graf Schwerin sowie auf Schacht Anna und Schacht Carl des Kölner Bergwerks-Vereins. Die Anlagen auf Schacht Carl und Graf Schwerin, aus den Jahren 1889 bezw. 1890 stammend, arbeiten mit natürlichem Wasserdruck und können deshalb nicht bis zu Tage, sondern nur von einer Sohle zu einer anderen heben. Die Druckhöhen betragen 104 bezw. 145 m, wobei als Maximalleistung 0,62 bezw. 0,86 cbm Wasser gehoben werden. Die Maschine auf Schacht Anna, von der gleichen Grösse wie die auf Carl, arbeitete ebenfalls zunächst mit natürlichem Druck, später aber bei einer Druckhöhe von 376 m mit künstlich durch eine oberirdische Presspumpe erhöhtem Druck. Die Wassersäulen-Maschine auf Zeche Prinz-Regent, als erste dieses Systems im Jahre 1885 in Betrieb genommen, stand zunächst auf der Wettersohle und später auf der 374 m-Sohle mit einer Leistung von 1,5 cbm je Minute bei etwa 100 m Druckhöhe.

Der Betrieb von Wasserhaltungen mit Presswasser lässt sich auf zweierlei Weise bewerkstelligen, jenachdem die Uebertragung auf die Pumpe mit oder ohne Zwischenmaschine erfolgt.

Eine Maschine der letzteren Art ist die hydraulische Wasserhaltung in Sulzbach-Altenwald, beschrieben von Geheimrat Pfähler in der Z. f. B. H. S. W. 1874/75 und 1876. Die Dampfkolbenbewegung wird unmittelbar auf 2 Plunger übertragen, welche in zwei in den Schacht führenden Rohrleitungen arbeiten. Abwechselnd haben diese im Schachttiefsten einen Druck von 35 bezw. 80 Atm. auszuhalten. Durch den Ueberdruck wird unter Tage ein System von 6 Plungern bewegt, welche zu je drei zu beiden Seiten einer schweren Traverse angeordnet sind. Eine gleiche Anlage war in Westfalen auf Zeche Westhausen eingebaut, konnte aber wegen vieler Brüche nicht dauernd in Betrieb gehalten und musste deshalb bald abgeworfen werden. Gegen dieses System ist einzuwenden, dass zwei Kraftrohre in den Schacht geführt und wechselndem Druck ausgesetzt werden müssen. Dieselben sind daher schwer zu verlagern und dicht zu halten.

Das Herbstsche System hydraulischer Wasserhaltungen arbeitet mit nur einer Kraftwasserleitung, in welcher der Wasserdruck sich stets gleichbleibt und charakterisiert sich hierdurch als Vorläufer der späteren Kaselowskyschen Konstruktion. Die Verteilung des Kraftwassers unter Tage auf die Presscylinder erfolgt durch einen besonderen Steuermechanismus.

Bei Anlagen, welche mit natürlichem Wasserdruck arbeiten, ergab sich aus der Verwendung des Grubenwassers als Kraftwasser der Nachteil, dass, namentlich bei saueren Wassern einzelne Teile der Steuerung sehr leiden und schwer dicht zu halten sind. Es wurde aus dem gleichen Grunde für die mit künstlichem Druck arbeitende Maschine auf Schacht Anna im Jahre 1897 eine gesonderte Kraftwasser-Rückleitung eingebaut, sodass dort nur reines Wasser zum Betriebe verwendet wird, dem Herbst zur Verminderung der Reibung Seife oder in Wasser lösliche Oele zusetzte.

Die Herbstsche Kraftpumpe über Tage auf Zeche Prinz-Regent (Tafel XV) besteht aus einer Zwillingspumpe, welche direkt durch die verlängerte Kolbenstange der Dampfmaschine betrieben wird. Das Ansaugen geschieht aus einem Reservoir, in welches sich ein Teil der Grubenwasser ergiesst. Das auf 40 Atm. gepresste Kraftwasser wird, nachdem es einen geräumigen schmiedeeisernen Windkessel passiert hat, durch die Kraftleitung der Grube zugeführt. Nach den auf Zeche Prinz-Regent gemachten Erfahrungen ist ein besonderer grosser Windkessel nicht erforderlich. Es genügt bei dem verhältnismässig geringen Druck über den Druckventilen, wenn einfache Lufthauben vorhanden sind. Zur Sicherung des Betriebes trägt das die Ventilkästen der Kraftpumpe verbindende Rohr ein Sicherheitsventil und ein Manometer. Ferner geht von diesem Rohr eine 50 mm weite Leitung zu einem kleinen Akkumulator, von dessen Kolben aus vermittelst Hebelübersetzung die Drosselklappe der Dampfmaschine sowohl bei übermässig grossem, als auch bei übermässig kleinem Wasserdruck selbstthätig geschlossen wird.

Für die Konstruktion der Wassersäulenmaschine unter Tage waren folgende Prinzipien massgebend: Vermeidung jeder Rotation wegen des

Additional material from *Gewinnungsarbeiten, Wasserhaltung*,
ISBN 978-3-642-90160-7 (978-3-642-90160-7_OSFO12),
is available at http://extras.springer.com

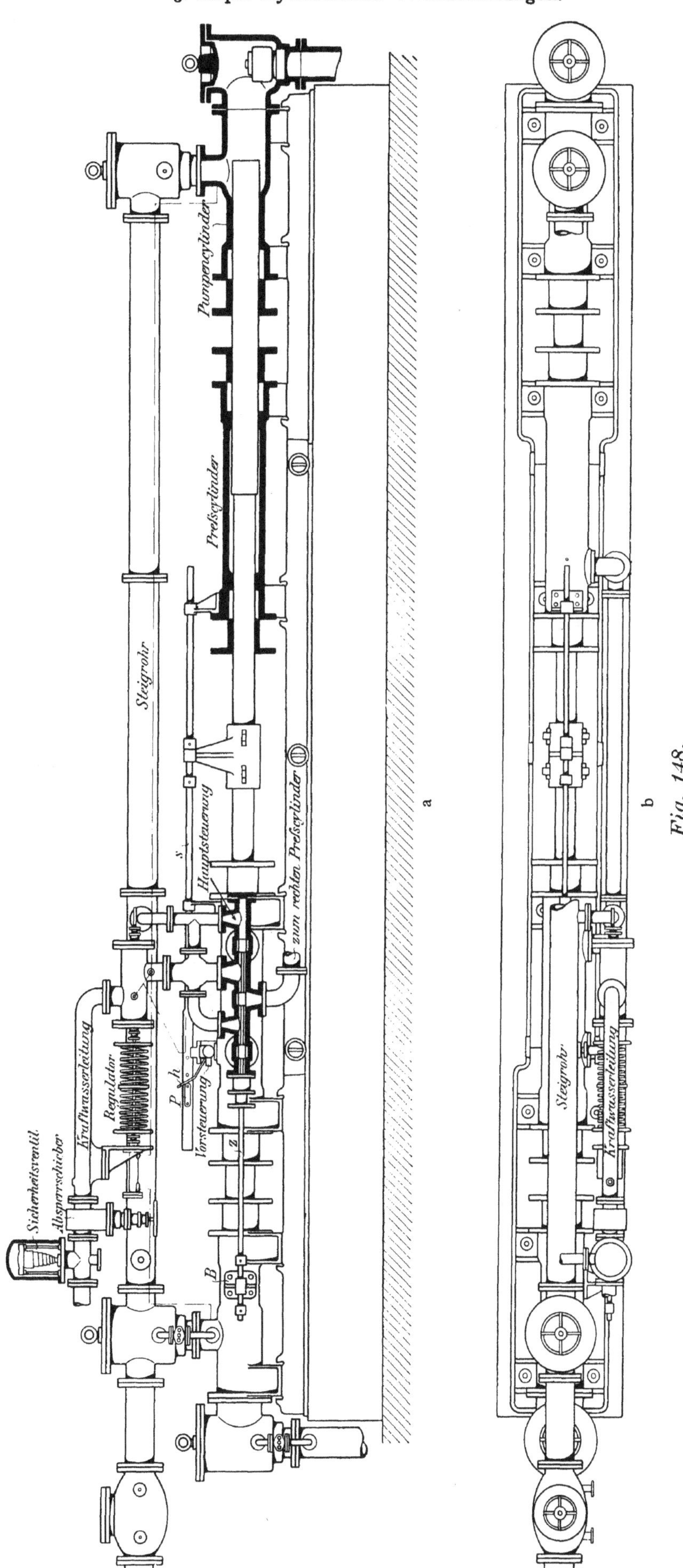

Fig. 148.

Allgemeine Anordnung einer Wassersäulenmaschine, System Herbst. Kölner Bergwerksverein.

unelastischen Mediums, daher hin- und hergehende Bewegung, ferner geringe Hubzahl — dagegen grosse Hublänge und langsames Ansaugen.

Die allgemeine Anordnung einer Wassersäulenmaschine ist in Figur 148a und b dargestellt, welche eine für den Kölner Bergwerksverein gelieferte Maschine wiedergiebt. Der Fundamentrahmen trägt vier hintereinanderliegende Cylinder. Von diesen sind die beiden mittleren die Presscylinder, die beiden äusseren die Pumpen. Die Pumpenplunger sind durch eine Kolbenstange von geringerem Querschnitt als die Plunger miteinander verbunden. Damit bietet sich dem Kraftwasser eine ringförmige Fläche zum Angriff. Diese Anordnung macht 6 Stopfbüchsen erforderlich, von welchen vier (die mittleren) unter dem hohen Kraftwasserdruck stehen.

Bei einer neueren Anordnung der Herbstschen Maschine, die allerdings bisher nicht zur Ausführung gekommen ist, ist geplant, zwei der grossen Stopfbüchsen dadurch in Fortfall zu bringen, dass, wie die Figur 149a und b zeigt, die beiden Pressplunger, welche früher zusammenhingen, jetzt getrennt und durch eine Traverse mit Umführungsstangen indirekt verbunden werden. Bei der neuen Anordnung kommen obendrein die Pressplunger mit dem schädlichen Grubenwasser überhaupt nicht in Berührung.

Die Steuerung der Wassersäulenmaschine ist eine Nachahmung der Reichenbachschen Kolbenschiebersteuerung, mit welcher verschiedene ältere, zur Solhebung dienende Wassersäulenmaschinen in Berchtesgaden ausgerüstet waren. Sie zerfällt in eine Vor- und eine Hauptsteuerung.

Die Vorsteuerung besteht im wesentlichen aus einem kleinen Cylinder (Fig. 150 a und b), in welchem sich ein Kolben k hin- und herbewegt. Die Bewegung desselben wird von der Kupplungspumpe der beiden Presskolben aus durch eine indirekte Uebertragung bewirkt. An der Kuppelstange ist zu diesem Zweck ein Arm angebracht, welcher die Steuerstange s (vergl. Fig. 147 a) umfasst und diese durch die auf derselben sitzenden Anschlagringe mitnimmt. Diese Bewegung der Steuerstange s überträgt sich durch die beiden gebogenen Hebel h h (Fig. 150 a) auf die den Kolben der Vorsteuerung tragende Welle, indem diese in eine drehende Bewegung versetzt wird. Dadurch nun, dass auf diese Welle eine mit einem stark ansteigenden Gewinde versehene Hülse fest aufgekeilt ist, und letztere sich in einer festverlagerten Mutter dreht, wird die Steuerwelle der Vorsteuerung und mit ihr der Steuerkolben k gedreht und gleichzeitig vor- bezw. zurückgeschoben.

Die hin- und hergehende Bewegung des Kolbens der Vorsteuerung wird dazu benutzt, durch das zur Hauptsteuerung führende Rohr r der letzteren einmal Wasser aus der Kraftleitung, das andere Mal Wasser aus der Steigleitung zuzuführen.

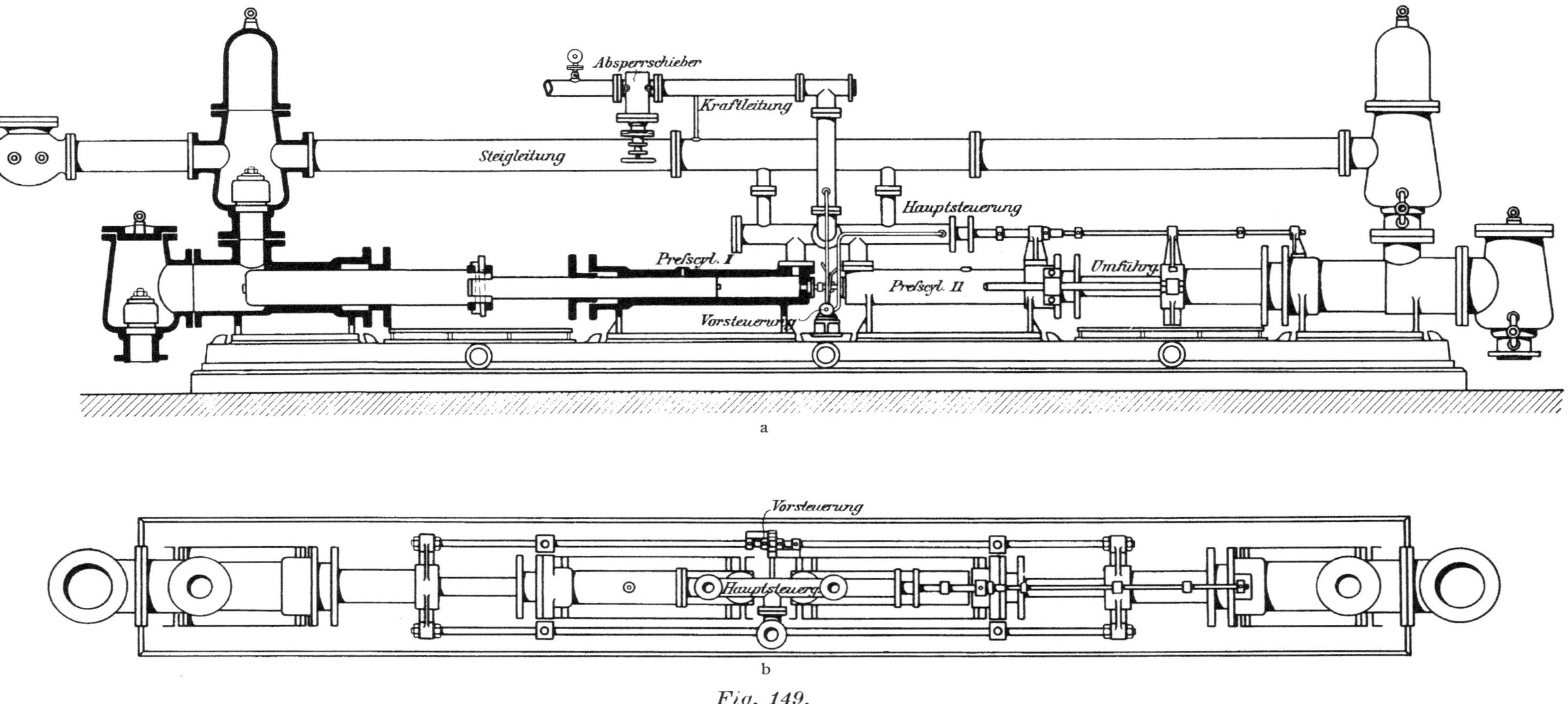

Fig. 149.

Neuere Anordnung einer Wassersäulenmaschine, System Herbst.

Die Einrichtung der Hauptsteuerung zeigt Figur 151 a und b. Dieselbe besteht aus einem gusseisernen Cylinder, in welchem sich eine Kolbenstange z bewegt, auf welcher drei Kolben k befestigt sind. Durch letztere werden in dem Cylinder vier Abteilungen gebildet. Der erste

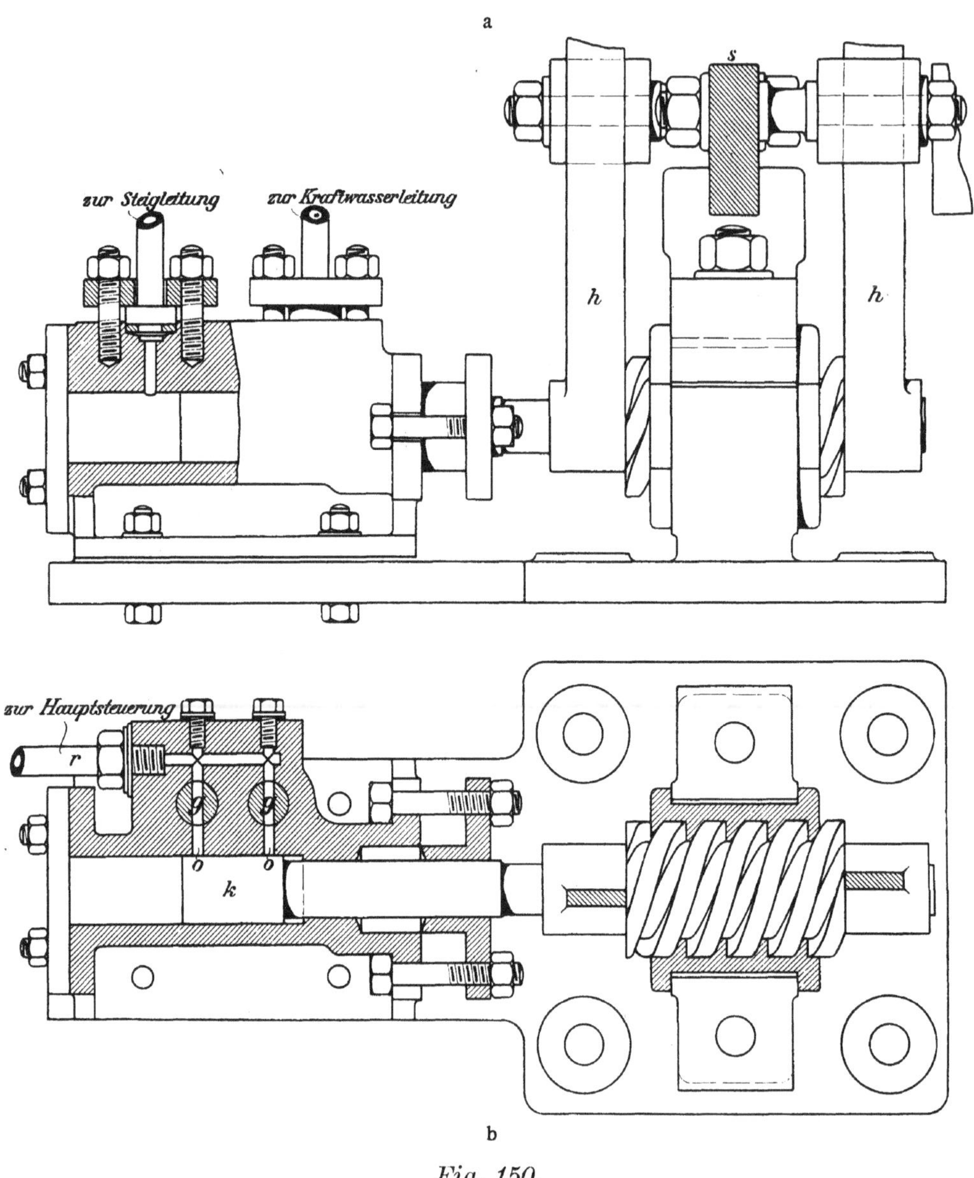

Fig. 150.

Vorsteuerung einer Wassersäulenmaschine, System Herbst.

Kolben, in der Zeichnung der am weitesten links befindliche, treibt das Kolbensystem an, indem er durch die Vorsteuerung wechselnden Druck empfängt. Die beiden anderen Kolben der Hauptsteuerung vermitteln die Verbindung der Presscylinder sowohl mit der Kraftwasser-, als auch mit der Steig- bezw. Rücklaufleitung. Dementsprechend trägt der Steuerungscylinder fünf Ansatzstutzen. Durch den mittleren derselben tritt das Kraftwasser ein; die beiden nächsten Oeffnungen vermitteln die Verbindung mit den beiden Presscylindern, während die beiden äusseren Oeffnungen die Verbindung mit dem Steigrohr herstellen. In den Gusskörper sind gegenüber den Rohreinmündungen Futterbüchsen aus Rotguss eingesetzt, welche mit je vier Schlitzen versehen sind. Die linsenförmige Gestalt dieser Schlitze und ihre gegeneinander verstellte Lage soll eine möglichst

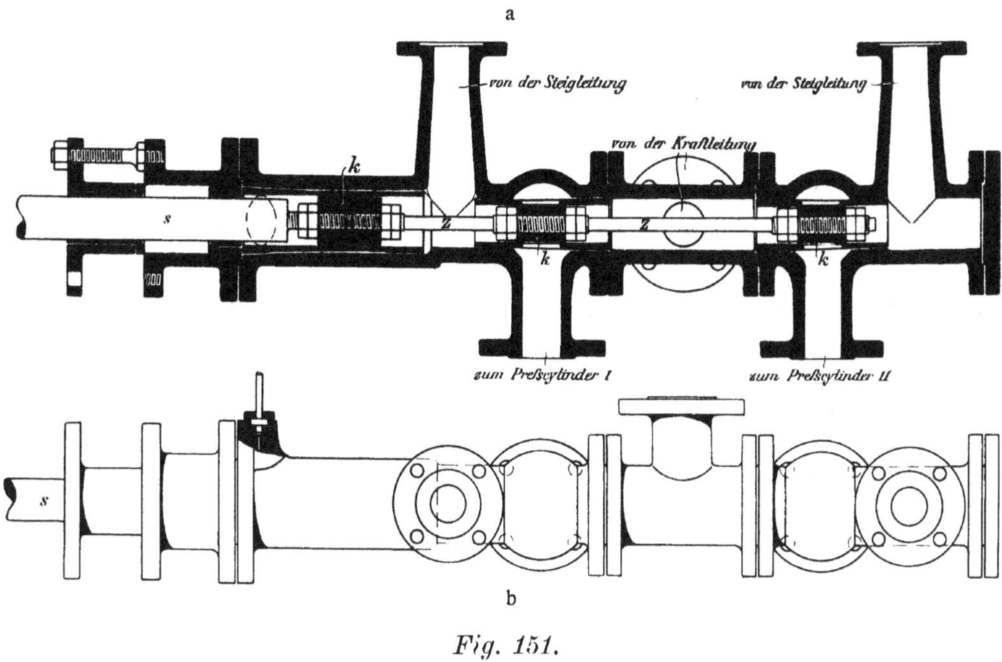

Fig. 151.

Hauptsteuerung einer Wassersäulenmaschine, System Herbst.

allmähliche Druckausgleichung herbeiführen. Die Kolbenstange z ist verlängert (siehe Fig. 148 a) und in einen fest verlagerten Bock B geführt. Auf beiden Seiten des Bocks begrenzen zwei kräftige Anschlagringe, die auf ihrer Innenseite mit einer Lederscheibe belegt sind, den Hub des Steuerkolbensystems.

Um beim Auftreten von Stössen oder allzuhohem Druck das Kraftrohr vor Zerstörung zu schützen, ist an demselben ein Sicherheitsventil mit Federbelastung angebracht. Ein Durchgehen der Maschine über Tage bei etwaiger Unregelmässigkeit im Gange der Pumpen bezw. der Ventile wird durch einen Regulator (D. R.-P. No. 33 815) verhindert.

Der Wirkungsgrad der Herbstschen Wasserhaltung wurde unter persönlicher Leitung des Erfinders bei der Anlage auf Prinz-Regent durch mehrfache Versuche festgestellt. Das Resultat derselben war folgendes:

Wirkungsgrad 1. der Kraftpumpe über Tage 92,1 % der indizierten Dampfleistung,

2. der Pumpe über Tage 84 % des Nutzeffekts der Kraftpumpe über Tage,
3. der gesamten Anlage 63 % des Nutzeffekts der Pumpe unter Tage bezw. 53 % der indizierten Dampfleistung.

2. System Kaselowsky-Prött.*)

Einer weiteren Verbreitung der Herbstschen Wasserhaltung stand lange Zeit die Schwierigkeit entgegen, die einzelnen Teile der Steuerung dauernd dicht zu halten. Die Beseitigung dieses Uebelstandes ist erst in neuerer Zeit nach langen und kostspieligen Versuchen gelungen.

Die Maschinenfabrik, welche die Herbstsche Idee mit grösserem Erfolge zur Ausführung brachte, ist die Berliner Maschinenbau-Aktien-Gesellschaft vorm. L. Schwartzkopff in Berlin. Sie verbesserte die Herbstsche Anlage durch Anwendung der von ihr erworbenen Patente Kaselowsky und Prött-Seelhoff.

Bekanntlich liegen die Schwierigkeiten jeder hydraulischen Kraftübertragung vor allem darin, dass Wasser nur sehr wenig elastisch ist. Wasser setzt selbst sehr geringen Volumenveränderungen einen sehr grossen Widerstand entgegen und verhält sich daher in einem allseits abgeschlossenen Gefäss einem an irgend einer Stelle ausgeübten Druck gegenüber wie ein vollkommen starrer Körper, ja noch unangenehmer, da sich der Druck nicht nur in einer Richtung, sondern nach allen Seiten in gleichem Masse fortpflanzt. Es muss daher bei hydraulisch betriebenen Motoren in ausgiebigster Weise dafür Sorge getragen werden, dass dem Wasser auf seinem Wege an keiner Stelle plötzlich Hindernisse entgegengestellt oder aus dem Wege geräumt werden, da eine plötzliche Verlangsamung bezw. Beschleunigung der Wassersäule ebenso schnell eine Druckvermehrung und Druckverminderung in den Leitungen und der Maschine zur Folge haben würde. Die Maschinenfabrik Schwartzkopff half sich daher beim Bau ihrer hydraulischen Wasserhaltungen in folgender Weise: Einmal wurden in die Leitungen an Stelle der früher verwandten Windkessel, welche erfahrungsgemäss bei derartigen Anlagen sehr schlecht arbeiten, weil die in ihnen aufgespeicherte Luft sehr schnell durch das bewegte Wasser absorbiert wird, Luftdruckakkumulatoren (Patent Prött-Seelhoff) eingeschaltet. Ferner wurden die Maschinen so konstruiert, dass alle Wassersäulen in ununterbrochen gleichförmiger Bewegung bleiben, ein Vorgang, welcher durch eine eigenartige selbstthätige Steuerung erreicht wurde. Schliesslich wurde durch Erhöhung des Kraftwasserdruckes auf 200—300 Atm.

*) Unter Benutzung einer Arbeit des Ingenieurs Frölich (Berlin) »Glückauf« 1900 No. 51.

bewirkt, dass die Nutzleistung der Anlage stieg, während die Abmessungen für Druckpumpe, Leitungen und Steuerung vermindert werden konnten.

Bei der ersten, von der genannten Firma im Jahre 1891 auf der Zeche »Bommerbänker Tiefbau« ausgeführten Anlage wurde die unterirdische Pumpe als Drillingspumpe ausgeführt (Fig. 152 a—d). Das Press-

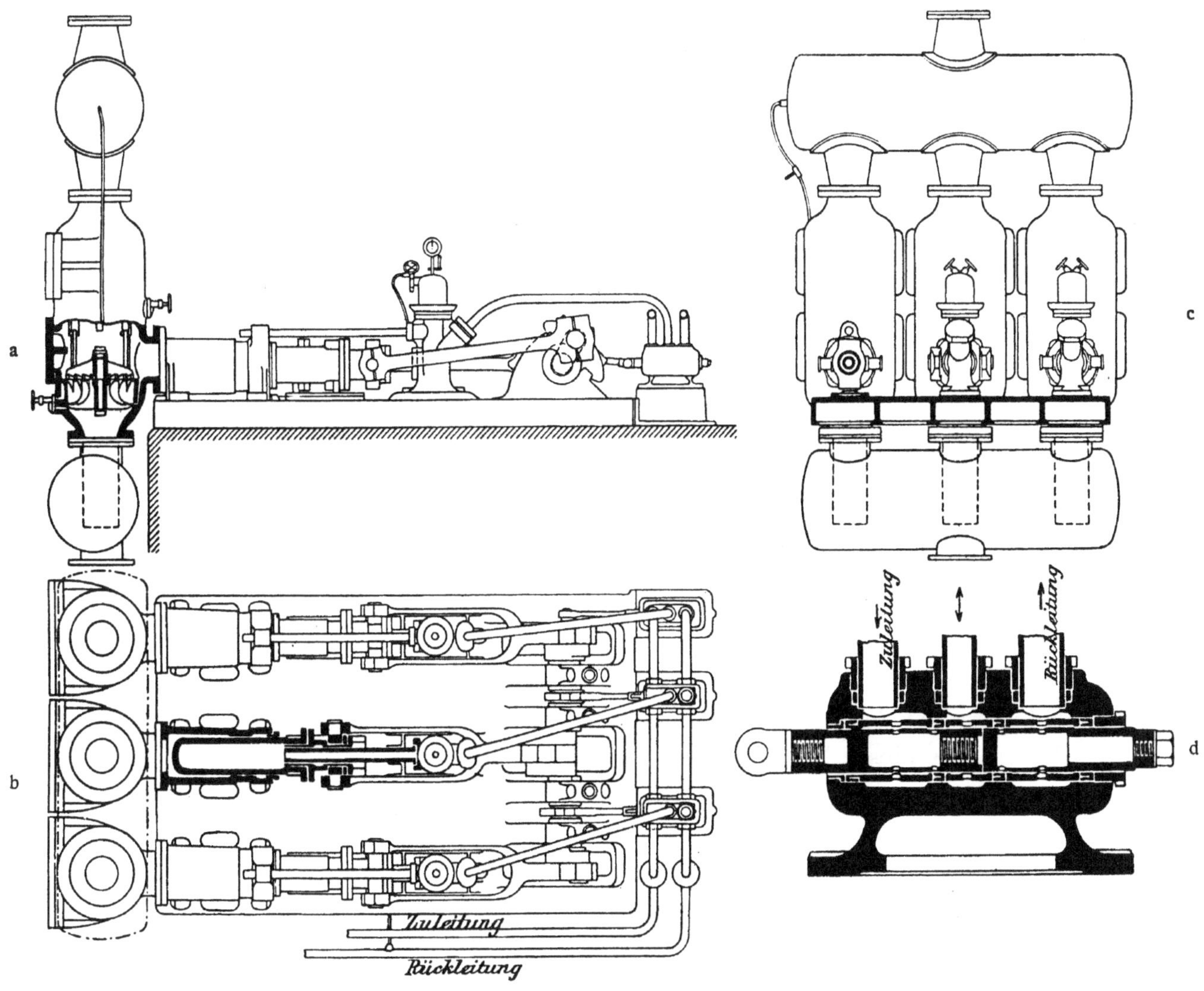

Fig. 152.
Hydraulische Wasserhaltung, System Kaselowsky-Prött, Zeche Bommerbänker Tiefbau.

wasser wird den beweglich angeordneten Presscylindern durch die mit Bohrungen versehene feststehende Presspumpe zugeführt (Fig. 152 b). Die Presscylinder, welche mittels gabelförmiger Schubstangen an einer gemeinsamen Kurbelwelle unter einem Winkel von 120° gegeneinander verstellt angreifen, gleiten teleskopartig auf der Aussenseite der feststehenden Pressplunger und bilden, da sie in die Pumpencylinder eintauchen, gleichzeitig die Pumpenplunger. Von der gemeinsamen Kurbelwelle aus werden mittels Excenter die für jeden Cylinder getrennt angeordneten Steuerorgane (Fig. 152 d) bewegt, und so das Druckwasser je nach der Kurbelstellung in einen oder zwei Presscylinder geleitet.

Trotz der günstigen Ergebnisse der Bommerbänker Anlage — es wurde bei den Abnahmeversuchen ein Nutzeffekt von 68—69 % festgestellt — sind die späteren Ausführungen nicht mehr als Drillingspumpen gebaut worden. An Stelle der Drillingspumpen fanden Doppelplungerpumpen (Patent Kaselowsky) Verwendung. Je zwei Pumpen wurden bei diesem System nebeneinander angeordnet, welche sich gegenseitig wie auch sich selbst steuern. Der Vorteil dieser Anordnung besteht darin, dass die ganze zur Verfügung stehende Kraft ohne jedes Zwischenglied auf den Pumpenplunger übergeht, während bei der Drillingspumpe immer noch ein Teil der Kraft durch das Kurbelgetriebe übertragen werden muss.

Die neueren Anlagen bestehen, ähnlich wie die von Herbst, aus einer oberirdisch aufgestellten, mittels Dampfmaschine betriebenen Presspumpe und einer Förderpumpe unter Tage. Beide stehen durch Kraftwasser-Zuleitungs- und Rückleitungsrohre miteinander in Verbindung. Das Kraftwasser wird nach der Benutzung durch eine besondere Leitung den oberirdischen Presspumpen wieder zugeführt. Infolgedessen wird einerseits nur soviel Kraftwasser verbraucht, als durch etwaige äussere Undichtigkeiten der Rohrleitungen und Maschinen verloren geht, andererseits ist man in der Lage, dem Druckwasser ein wasserlösliches Oel zuzusetzen, welches eine besondere Schmierung der Presskolben, Arbeits- und Steuerkolben sowie der verschiedenen Stopfbüchsen überflüssig macht und den Verschleiss dieser Maschinenteile erheblich herabmindert.

Für die folgende Darstellung der Maschinenkonstruktion im einzelnen ist als Beispiel die hydraulische Wasserhaltungs-Anlage auf der Zeche Gottessegen gewählt. Dieselbe umfasst zwei getrennte Pumpen-Aggregate von gleicher Grösse, von denen das erste im Jahre 1895 eingebaut wurde. In den bildlichen Darstellungen (Tafel XVI) ist der Uebersichtlichkeit halber nur je ein Maschinensatz wiedergegeben.

Die oberirdische Anlage umfasst für jeden Pumpensatz eine liegende Tandem-Verbund-Dampfmaschine mit Ventilsteuerung an beiden Cylindern und Kondensatoren. Die Cylinder haben 575 und 900 mm Durchmesser bei 1100 mm Hub. Unmittelbar mit der Maschine gekuppelt ist eine doppeltwirkende Presspumpe von 84 mm Plunger Durchmesser; dieselbe liefert das für den Betrieb der Anlage erforderliche Druckwasser mit ungefähr 220 Atm. Spannung. Die beiden Stahlplunger der Presspumpen, welche durch Querhäupter und Verbindungsstangen fest miteinander verbunden sind, arbeiten in Stahlgusscylindern, zwischen denen ein Schmiedestahlkörper

Additional material from *Gewinnungsarbeiten, Wasserhaltung,*
ISBN 978-3-642-90160-7 (978-3-642-90160-7_OSFO13),
is available at http://extras.springer.com

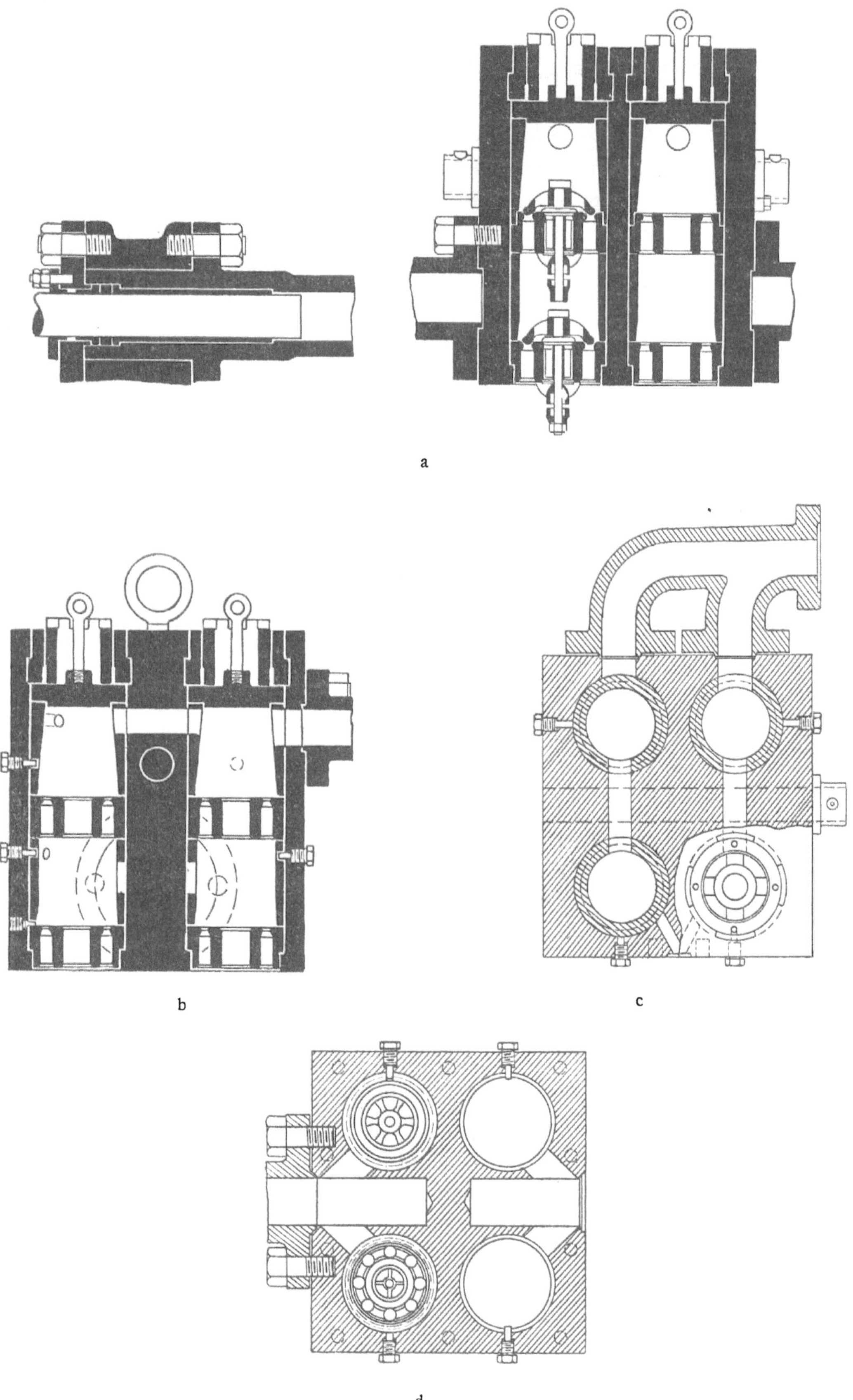

Fig. 153.
Ventilkasten der hydraulischen Wasserhaltungsanlagen, System Kaselowsky-Prött, auf Zeche Gottessegen.

als gemeinsamer Ventilkasten eingefügt ist (Fig. 153a—d). In einem Stahlblock von 630×670 mm Querschnitt und 745 mm Höhe sind 4 Paar Saug- und Druckventile angeordnet und zwar in der Weise, dass die Druckventile unmittelbar über den Saugventilen sitzen. Um die Ventile in den Stahlblock einzufügen, hat dieser vier senkrechte Bohrungen von je 220 mm Durchmesser erhalten, in welche die in Schmiedestahl ausgeführten Ventile (Fig. 153a) unter Vermittelung von dazwischen eingeschalteten Schmiedestahlringen eingesetzt sind. Nach oben sind die Bohrungen durch Deckel mittelst eines Bajonettverschlusses abgeschlossen; unten schliesst sich die Saugleitung vom Rücklaufbehälter her an. Die einzelnen Bohrungen stehen untereinander und mit den Bohrungen, in welche die Plunger eintauchen, durch Kanäle in Verbindung, wie aus Fig. 153c und d ersichtlich ist.

Von dem Ventilkasten wird das Presswasser durch eine Rohrleitung dem zwischen den beiden Pumpensätzen angeordneten Luftdruckakkumulator (Fig. 154a und b) zugeführt. Dieser ist ein Differenzial-Akkumulator, dessen grössere Kolbenfläche unter dem Druck hochgespannter Luft steht, während die kleinere Kolbenfläche der Pressung der Hochdruckleitung ausgesetzt ist. Die beiden Plungerkolben haben 160 bezw. 855,5 mm Durchmesser und 1500 mm gemeinsamen Hub. Die beiden Cylinder, in denen sich die Plunger bewegen, sind durch 4 starke schmiedeeiserne Säulen fest miteinander verbunden. Von hier aus gelangt das Presswasser in die Presswasserzuleitung des Schachtes.

In einer Ecke des oberirdischen Maschinenraumes ist die für den Akkumulator und die unter Tage aufgestellten Druckausgleicher und Windkessel erforderliche Luftkompressionspumpe aufgestellt. Diese (Fig. 155a—c) ist stehend konstruiert und erhält unmittelbaren Antrieb durch einen unten liegenden Dampfcylinder. Sie liefert bei rund 275 Umdrehungen je Minute 5,5 Liter Luft von 100 Atm. Ueberdruck. Die Arbeit des Dampfkolbens wird mittels zweier Kolbenstangen auf ein als Kurbelschleife ausgebildetes Querstück und von diesem unmittelbar auf die 8 Kolbenstangen der Kompressionscylinder übertragen. Die Luft wird in zwei Stufen komprimiert. Beim Hochgang der Kolben wird sie in die beiden seitlich angeordneten Niederdruckcylinder angesaugt und beim Niedergang in den zwischen ihnen eingebauten Hochdruckcylinder gepresst. In diesem wird sie beim folgenden Hochgang des Kolbens auf ihren höchsten Druck zusammengepresst und in die Luftleitung gedrückt. Das über dem Hochdruckcylinder angeordnete Doppelventil zeigt Figur 156.

Zur Ableitung der bei der Kompression erzeugten Wärme wird die Luft zwischen beiden Kompressionsstufen sowie vor dem Uebergang aus dem Hochdruckcylinder in die Luftleitung durch kupferne Rohrschlangen geführt, die von kaltem Wasser umspült werden.

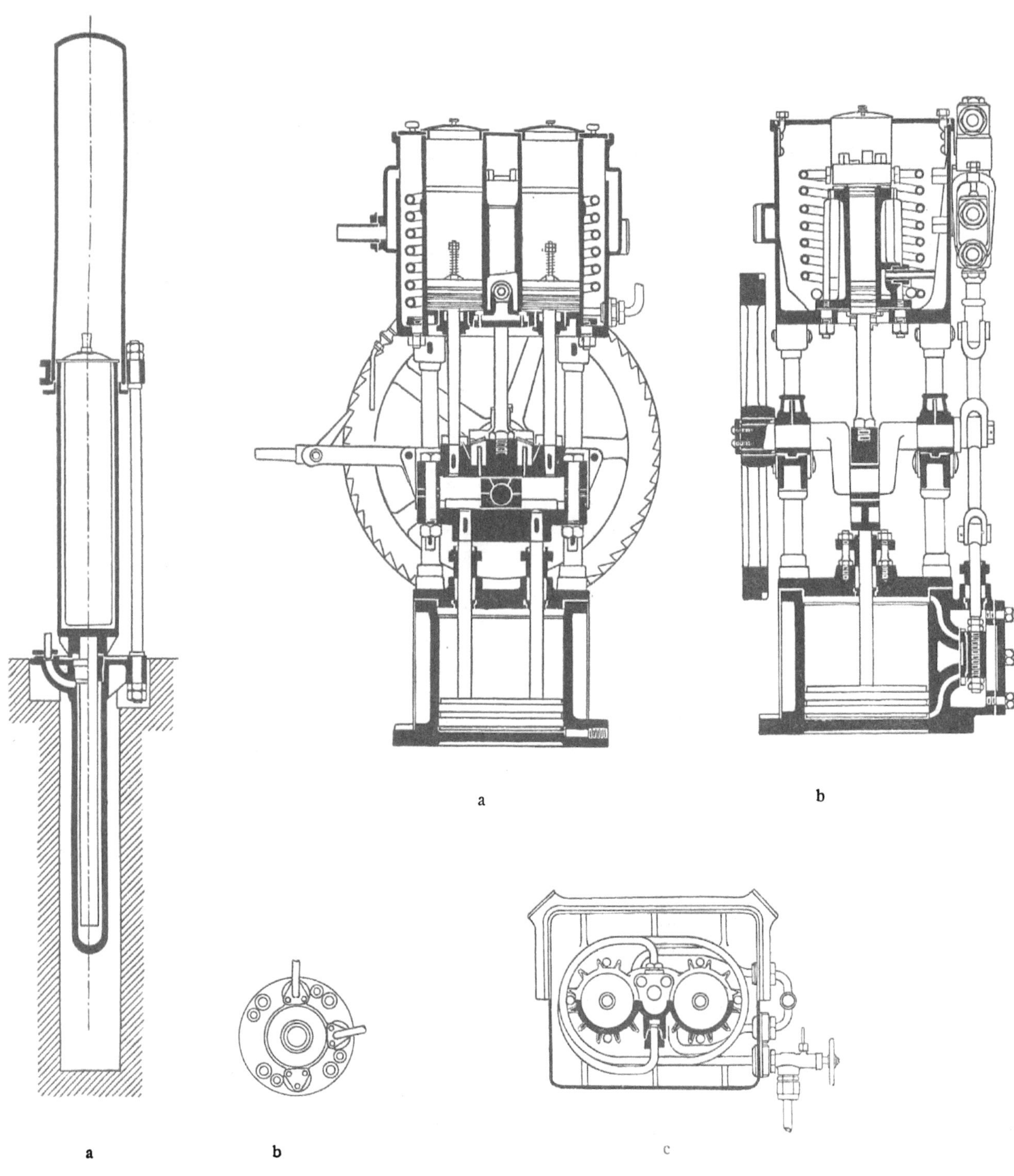

Fig. 154.

Differenzial-Akkumulator.

Fig. 155.

Luftkompressionspumpe unter Tage.

Diese Kühlschlangen liegen mit den Kompressionscylindern zusammen in einem Wasserkasten, welcher durch 4 kräftige Säulen mit dem untenliegenden Dampfcylinder verbunden ist. Das Kühlwasser wird durch eine besondere Kühlwasserpumpe dem Wasserkasten am Boden zugeführt und an der Oberkante abgesaugt und fortgedrückt. Zwischen je zwei Säulen sind Querstücke eingebaut, welche die Lager der Kurbelwelle tragen.

Beim Anlassen des Kompressors wird mittels eines Hülfsventiles die in den Kühlschlangen vorhandene Druckluft abgelassen. Ein Rückschlagventil in der Druckleitung verhindert den Rücktritt der Druckluft aus der

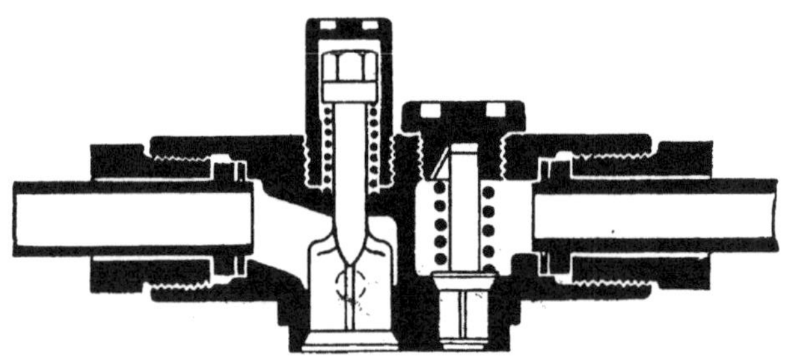

Fig. 156.

Doppelventil.

Leitung in die Kühlschlange. Der Widerstand ist dann sehr gering, da die angesaugte Luft wieder ins Freie gestossen wird. Ist die Pumpe im Gange, so wird das Hülfsventil geschlossen, der Druck in den Kühlschlangen steigt allmählich, öffnet das Rückschlagventil und die Pressluft geht in die Druckleitung. Um einen gleichförmigen Gang zu erzielen, hat die Pumpe ein genügend schweres Schwungrad erhalten, das einen Zahnkranz zum Anstellen der Pumpe mittels Handhebels trägt. Die Kompressionspumpe ist mit den Luftcylindern des Akkumulators und der Druckausgleicher sowie mit dem Windraum des Windkessels der Pumpensteigleitung durch eine Kupferrohrleitung von 10 mm lichtem und 16 mm äusserem Durchmesser verbunden.

Die unterirdische Anlage ist in ihrer Gesamtanordnung durch die Figuren 157a—c zur Darstellung gebracht. Die beiden Pumpen sind in einer langgestreckten Maschinenkammer hintereinander angeordnet.

Das Presswasser passiert, ehe es der Steuerung zugeführt wird, einen Druckausgleicher von der in Figur 158 dargestellten Ausführung, der in seiner Konstruktion dem bereits oben beschriebenen Akkumulator der oberirdischen Anlage ähnlich ist. Ein zweiter Druckausgleicher ist in die Druckwasserrückleitung eingeschaltet. Von dem Druckausgleicher gelangt das Presswasser

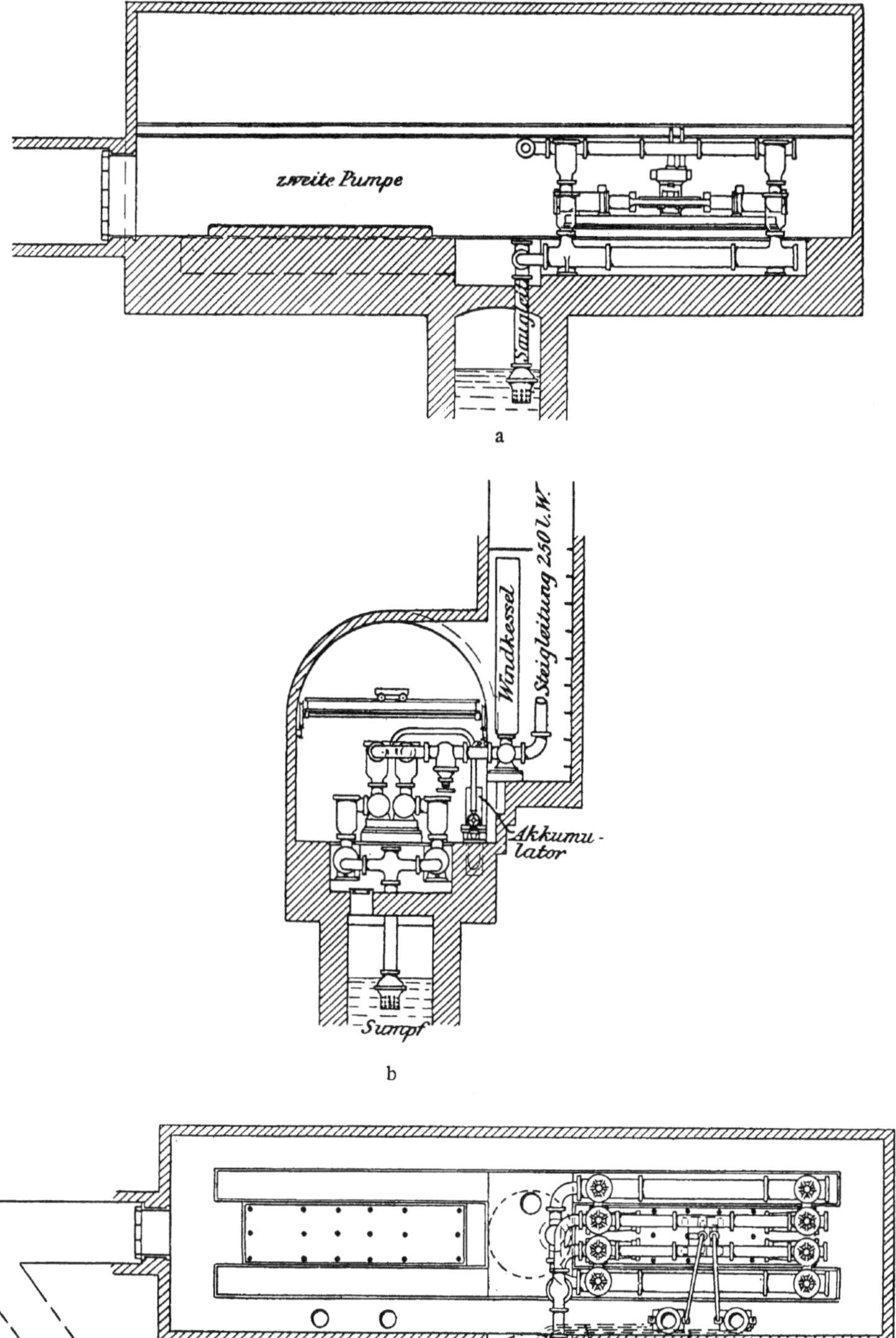

Fig. 157.

Gesamtanordnung der hydraulischen Wasserhaltungsanlage unter Tage.
Zeche Gottessegen.

zu den in der Mitte der Pumpe angeordneten Steuercylindern (Fig. 159), in denen sich die die Verteilung bewirkenden Steuerschieber bewegen.

Die Wirkungsweise des Steuermechanismus ist in den Figuren 160 a—c schematisch zur Darstellung gelangt. Das Grundprinzip der Steuerung besteht darin, dass sämtliche Wassersäulen sich stets in einer beständig gleichförmigen Bewegung befinden müssen. Die Pumpenplunger a und a_1, sowie b und b_1 sind durch Stangen fest miteinander verbunden. Bei der in Figur 160 b gewählten Stellung befindet sich das Plungerpaar b b_1 in Ruhestellung; das Plungerpaar a a_1 bewegt sich gleichzeitig in der angedeuteten Pfeilrichtung und ist auf dem Punkte angelangt, in welchem es die Steuerung des Plungerpaares b b_1 in Gang setzen soll. Dies geschieht durch den mit dem Plunger a verbundenen Steuerhebel e (Fig. 160 a), welcher die Knagge f und damit den Schieber d (Fig. 160 b) in der Pfeilrichtung verschiebt. Alsbald beginnt das Presswasser in b einzuströmen und setzt so das Plungerpaar b b_1 in Gang, während gleichzeitig das beim vorhergehenden Hub wirksam gewesene Presswasser aus b_1 austreten kann. Sobald nun b und b_1 in ihrer Bewegung soweit vorgeschritten sind, dass sie die in Fig. 160 c gezeichnete Stellung a a_1 erreicht haben, wird durch den mit b verbundenen Steuerhebel g die Knagge h und auf diese Weise der Steuerschieber c in umgekehrter Richtung verschoben und für die entgegengesetzte Bewegung a a, eingestellt. Nun ist aber die Möglichkeit vorhanden, dass die Plunger a a_1 schon am Ende ihres Hubes angelangt sind, ehe dieses Umsetzen des Steuerschiebers c erfolgt. Um letzteres rechtzeitig einzuleiten, ist noch eine besondere Steuerung vorhanden, welche den Steuerschieber in die Mittellage zu bringen hat, wenn die Pumpenplunger am Ende ihres Hubes angelangt sind. Es sind dies die in den Figuren 160 a und b rechts angebrachten Hebel k und l, welche nicht wie die Hebel der Hauptsteuerung auf die Steuerschieber der nebenliegenden Plunger, sondern auf die zugehörigen Steuerschieber einwirken. Die Hebel k und l bethätigen die Knaggen m und n, welche mittels der auf den Schieberstangen befestigten Anschlagstücke kurz vor dem Ende

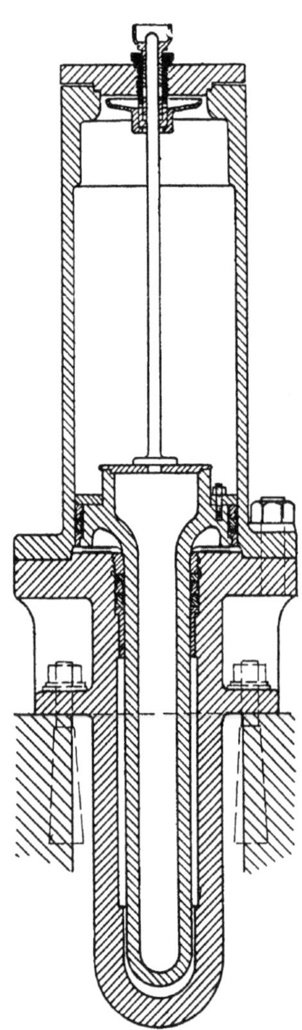

Fig. 158.
Druckausgleicher.
Zeche Gottessegen.

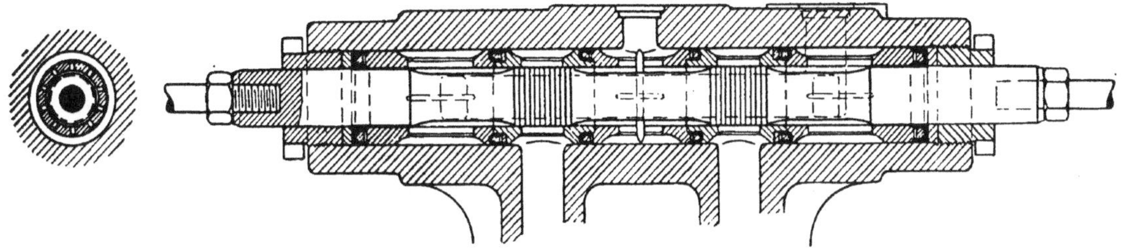

Fig. 159.

Steuercylinder. Zeche Gottessegen.

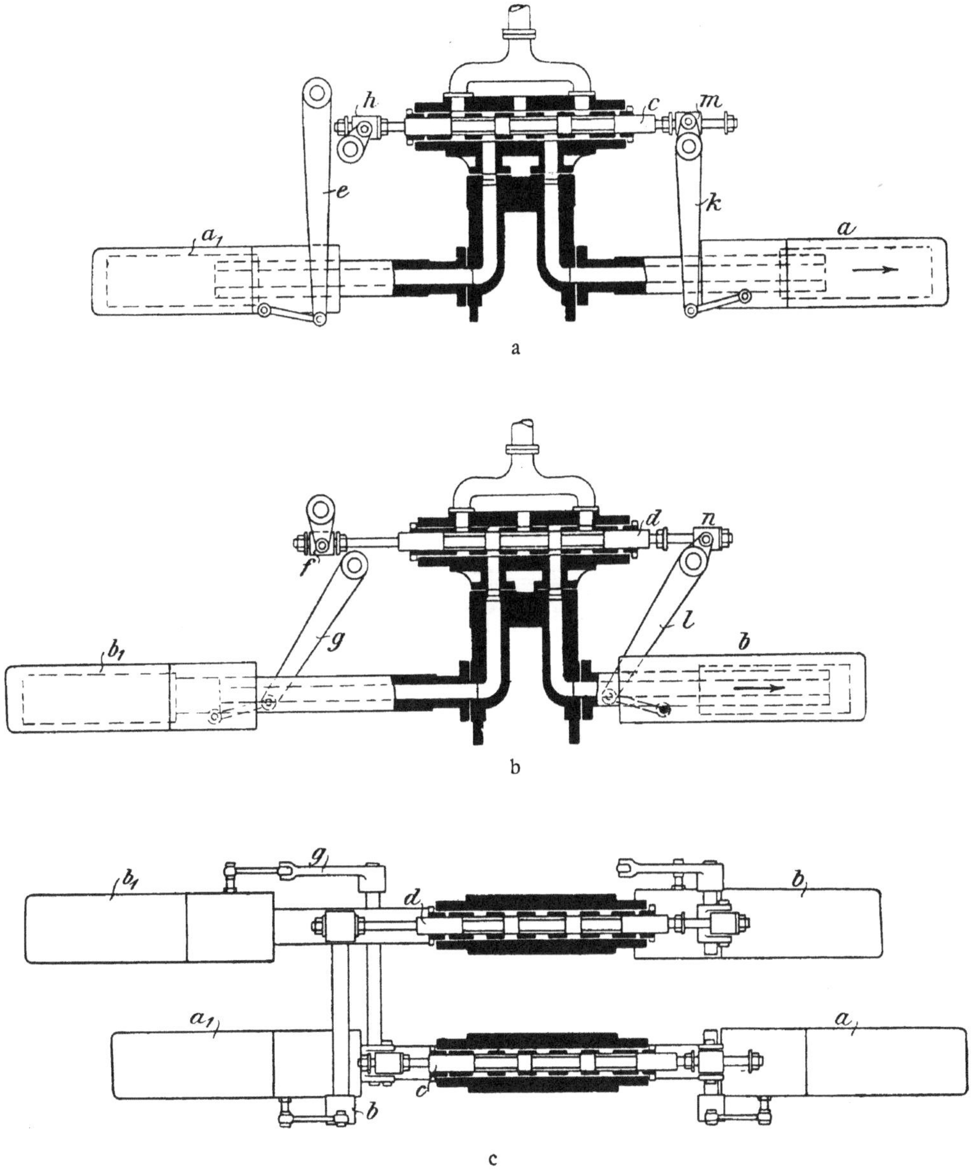

a

b

c

Fig. 160.

Steuermechanismus der hydraulischen Wasserhaltungsmaschine. Zeche Gottessegen.

des Hubes der Pumpenplunger den Schieber in die Mittellage und damit in die Ruhestellung bringen. Durch Verstellen der verschiedenen Anschlagknaggen ist man in der Lage, den Hub der Plunger innerhalb gewisser Grenzen zu verstellen. Da auf denselben Steuerschieber gleichzeitig Kräfte in verschiedener Richtung einwirken, so ist es nötig, in den Mechanismus ein kraftschlüssiges Organ in Gestalt einer Feder einzuschalten.

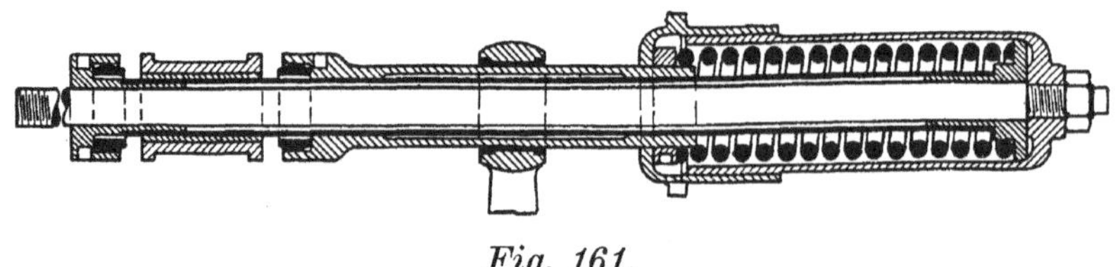

Fig. 161.
Am Steuerschieber angebrachte Feder.

Die konstruktive Ausführung dieser Feder ist in Figur 161 und ihre Wirkungsweise schematisch in Figur 162 zur Darstellung gebracht. Befindet sich die Knagge der Hauptsteuerung in dem ausgezogenen Zustande, so schiebt sie das Rohr c nach links; dieses wirkt auf die Feder f, diese wiederum auf die Hülse b und die mit ihr fest verbundene Stange a des Steuerschiebers. Soll nun durch die Nebensteuerung am Ende des Plunger-

Fig. 162.
Schematische Darstellung der Wirkungsweise der Feder am Steuerschieber.

hubes der Steuerschieber in die Mittellage zurückgeschoben werden, so wirkt die Kraft in der ausgezogenen Pfeilrichtung auf die Stange a des Steuerschiebers und die mit ihr verbundene Hülse b und bewirkt, da die Knagge der Hauptsteuerung noch in ihrer Lage verharrt, ein Zusammendrücken der Feder f. Für die entgegengesetzte Bewegungsrichtung sind die Knaggen und die Kraftrichtung der Nebensteuerung durch die gestrichelten Linien angedeutet.

Von dem Steuercylinder aus gelangt das Presswasser durch den darunter befindlichen Untersatz in die Bohrung des feststehenden Arbeitsplungers, auf welchem sich der Förderplunger teleskopartig hin- und herbewegt, wie dies aus der Zusammenstellung Tafel XVII und aus Figur 163 zu ersehen

Additional material from *Gewinnungsarbeiten, Wasserhaltung,*
ISBN 978-3-642-90160-7 (978-3-642-90160-7_OSFO14),
is available at http://extras.springer.com

ist. Der Förderplunger ist als Rotgusshohlkörper hergestellt, in dessen inneren Raum ein Stahlcylinder eingefügt ist, der auf dem feststehenden Arbeitsplunger gleitet und das aus der Bohrung des letzteren ausströmende Kraftwasser aufnimmt. Der Förderplunger arbeitet mittels einer langen Stopfbüchse in den in Stahlguss hergestellten Pumpencylinder. Um im Falle eines Versagens der Nebensteuerung ein Durchgehen des Förderplungers zu verhindern, ist an den Deckel des Pumpencylinders ein in Rotguss hergestellter Bremsring angeschraubt.

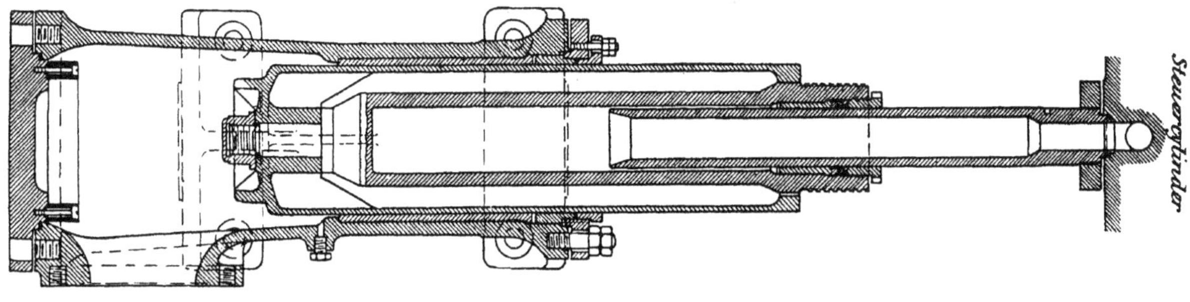

Fig. 163.

Förderplunger der hydraulischen Wasserhaltungsanlage. Zeche Gottessegen.

Die seitlich angeordneten Saugventilkästen und die senkrecht über den Pumpencylindern angeordneten Druckventilkästen sind in Stahlguss hergestellt. Saugwindkessel und Saugleitung, deren Anordnung aus den Figuren 157a—c ersichtlich ist, sind aus Gusseisen. Auf jeder Maschinenseite befindet sich ein liegender Saugwindkessel, in welchen die Saugrohre beider Saugventilkästen hinabreichen und die durch eine gemeinsame Saugleitung mit dem Sumpf in Verbindung stehen. Der Fuss der Saugleitung ist durch ein Fussventil abgeschlossen. Die Druckleitungen der beiden Maschinenseiten sind an einem Ende der Pumpe zu einer gemeinsamen Steigleitung vereinigt, die zu einem seitlich in einer Nische aufgestellten Windkessel und von dort durch den Schacht zu Tage führt. Die Presswasserleitung besteht aus nahtlosen, kalt gezogenen Stahlröhren von 60 mm lichtem Durchmesser. Für die Rückleitung sind patentgeschweisste Rohre von 70 mm lichtem Durchmesser verwendet. Um etwaige Längenveränderungen auszugleichen, sind in diese Leitungen Ausdehnungsmuffen eingebaut.

Ueber die Verbreitung der Schwarzkopffschen Maschine giebt Tabelle 7 Aufschluss, welche die im Ruhrbezirk im Betrieb und noch in Bau befindlichen Anlagen mit ihren Hauptmessungen enthält. Hiernach beträgt die Gesamtzahl 24, die grösste Anlage mit einer Leistung von 14 cbm aus 400 m Teufe ist diejenige auf Zeche Altendorf.

3. System Haniel & Lueg.*)

In Konkurrenz mit Schwartzkopff werden von der Firma Haniel & Lueg in Düsseldorf gleichfalls hydraulische Wasserhaltungen gebaut. Als ältere Ausführung dieser Maschinenfabrik befindet sich auf der Zeche Rheinpreussen seit dem Jahre 1886 eine solche Maschine in Betrieb. Dem System nach ist dieselbe eine einfache hin- und hergehende Wassersäulenmaschine von 2 m Hub.

Die Maschine ist schematisch in Figur 164 dargestellt. Die Steuerung ist so eingerichtet, dass der Arbeitskolben am Ende seines Hubes selbst

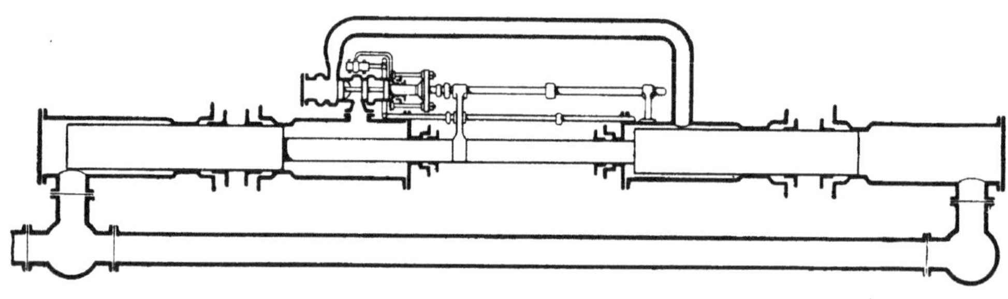

Fig. 164.

Schematische Darstellung der Betriebsweise einer hydraulischen Wasserhaltung. System Haniel & Lueg.

den Steuerkolben in seine Mittelstellung verschiebt und die Maschinenbewegung abstellt. Gleichzeitig wird aber auch eine Hülfssteuerung verschoben, die den Steuerkolben völlig an das Ende seines Hubes bringt und damit die Bewegungsrichtung der Arbeitskolben umkehrt.

Eine zweite hydraulische Wasserhaltung derselben Firma steht seit dem Jahre 1897 auf Schacht IV der Zeche Zollverein in Betrieb. Es ist dies nur eine kleinere Maschine von 400 mm Hub, die normal 20—25 Doppelhübe in der Minute macht und etwa $^1/_2$ cbm aus 405 m Teufe hebt. Dem System nach ist es eine Duplexpumpe. Die Gesamtanordnung der unterirdischen Anlage bringt Figur 165 zur Darstellung, während die Wirkungsweise der Steuerung durch die Figur 166 erläutert wird. Die Steuerung bei dieser Maschine ist zwangläufig. Es ist mit dem Arbeitskolben einer der Maschinenseiten durch Gelenk eine Steuerstange verbunden, welche, in ihrer Längsachse verschiebbar, als zweiarmiger Hebel um einen Drehpunkt schwingt. Die Hebelarme derselben ändern sich aber durch die eben erwähnte Verschiebung stetig und hierdurch wird der am Ende des Steuerhebels angehängte Steuerkolben mit verschiedener Ge-

*) Unter Benutzung einer Arbeit des Oberingenieurs Gerdau-Düsseldorf „Glückauf" 1898 No. 13.

Fig. 165.
Gesamtanordnung einer hydraulischen Wasserhaltung, System Haniel & Lueg.
Zeche Zollverein, Schacht IV.

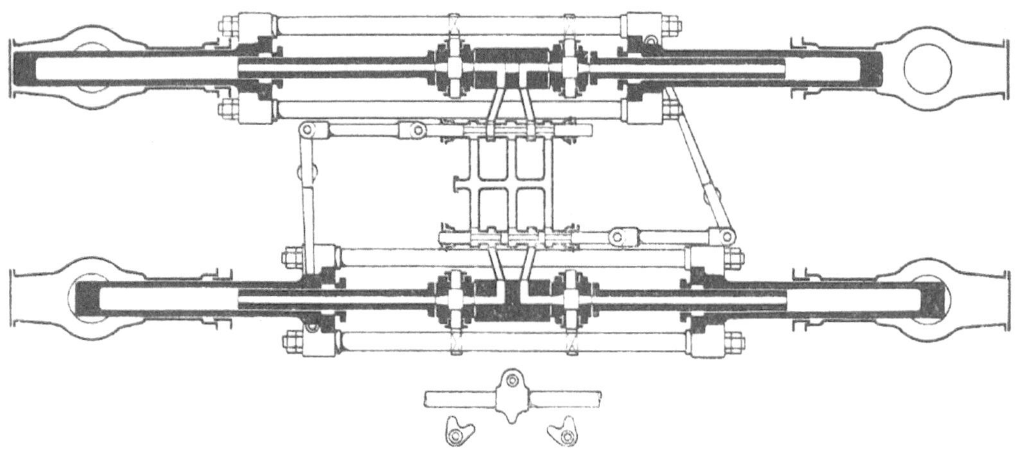

Fig. 166.
Steuerung einer hydraulischen Wasserhaltung, System Haniel & Lueg.
Zeche Zollverein, Schacht IV.

schwindigkeit verschoben und zwar so, wie es für die Verteilung des Zu- und Abflusses des Kraftwassers am vorteilhaftesten ist.

Die neueren von der Firma Haniel & Lueg gebauten hydraulischen Wasserhaltungen sind rotierende Kurbelmaschinen und zwar solche mit drei um 120^0 versetzten Kurbeln. Der Hauptvorzug dieser reinen Kurbelbewegung besteht darin, dass der Hub der Pumpen stets ein vollwertiger ist und ferner, dass grössere Kolbengeschwindigkeiten erreichbar sind.

Zwei solcher Anlagen befinden sich seit 1893 auf der Zeche Rheinpreussen. Die allgemeine Anordnung ist aus Tafel XVIII ersichtlich. Jede der Anlagen hebt $2^1/_2$ cbm Wasser aus 455 m Teufe zu Tage. Die hydraulischen Presspumpen über Tage sind Zwillingscompoundmaschinen mit 760 bezw. 1200 mm Cylinder- und 88 mm Plungerdurchmesser bei 1000 mm Hub. Die Anlagen unter Tage bestehen aus 2 hydraulischen rotierenden Dreiplungerpumpen von folgenden Abmessungen:

Durchm. der 3 Kraftplunger	105 mm
„ „ 3 Pumpenplunger	151 „
Gemeinsamer Hub	800 „
Anzahl der Hübe pro Minute	60 „

Die Kraftwasserzuleitung hat 105 mm lichten Durchmesser, die Rückleitung 115 mm und die Steigleitung 200 mm lichten Durchmesser.

Der Querschnitt welcher zur Unterbringung der Rohrleitungen im Schachte zur Verfügung stand, war ein so kleiner, dass die Flanschenver-

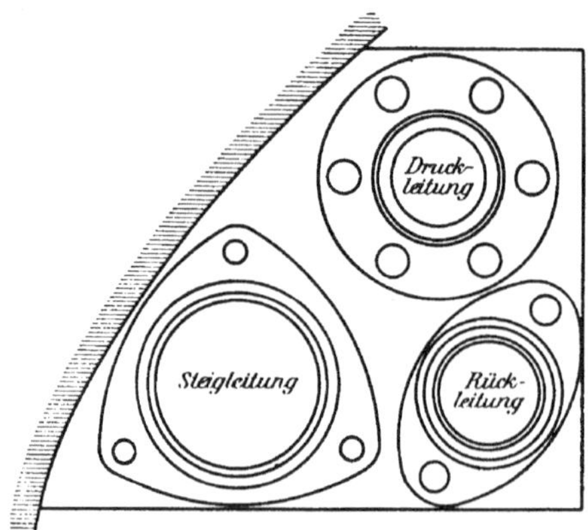

Fig. 167.

Verteilung der Schacht Leitungsrohre der hydraulischen Wasserhaltung auf Zeche Rheinpreussen.

bindungen gegeneinander verstellt werden und der Druckleitung runde, der Rückleitung ovale und der Steigleitung dreieckige Flanschen gegeben werden mussten (Fig. 167).

Additional material from *Gewinnungsarbeiten, Wasserhaltung,*
ISBN 978-3-642-90160-7 (978-3-642-90160-7_OSFO15),
is available at http://extras.springer.com

Ueber Tage ist für jede Anlage ein Akkumulator aufgestellt, um Ungleichheiten zwischen der Kraftwasserlieferung über Tage und dem Bedarf unter Tage auszugleichen.

Die Anlage eines besonderen Windkessels in der Druckleitung hat sich nach den Mitteilungen der Firma Haniel & Lueg als überflüssig erwiesen. Die Windkessel, welche sich in der Rückleitung und der Steigleitung befanden, sollen auch hier durch die vorhandene Verbindung der Kolben, von denen in jeder Kurbelstellung gleichzeitig einer stets unter Kraftleitungsdruck, einer stets unter Rückleitungsdruck und einer stets unter Steigleitungsdruck steht, auf die Kraftleitung in ausreichender Weise einwirken.

Eine zweite Anlage desselben Systems arbeitet seit 1898 auf der Zeche Heinrich. Die Pumpe liefert bei 400 m Teufe und 60 Touren 5 cbm Wasser in der Minute. Um einen möglichst ökonomischen Dampfverbrauch zu erzielen, ist die Maschine über Tage mit Ventilsteuerung ausgestattet, wie überhaupt die Anlage konstruktiv in jeder Hinsicht aufs beste durchgearbeitet ist.

Eine weitere in jüngster Zeit in Betrieb gekommene hydraulische Wasserhaltung von 2 cbm Leistungsfähigkeit aus 500 m Teufe befindet sich auf der Zeche Alstaden.

---

4. Kapitel: Elektrisch betriebene Wasserhaltungen.

Von Bergassessor Baum.

I. Allgemeines.

Die Vorzüge, welche die Elektrizität bei der Kraftzuleitung für unterirdische Pumpen aufweist, fanden im Ruhrrevier sogleich Anerkennung, als die elektrische Kraftübertragung aus dem Laboratorium in die Praxis trat und in dieser anfangs der 90er Jahre ihren glänzenden Triumphzug begann. Zunächst waren es kleinere Hülfs- und Zubringerpumpen, welche man mit elektrischen Motoren ausrüstete. Eine derartige Anlage wurde beispielsweise im Jahre 1895 auf der Zeche Friedlicher Nachbar als Ersatz für eine zu teuer arbeitende, mit Pressluft betriebene Zubringerpumpe eingebaut. Die erste elektrisch betriebene Hauptwasserhaltung im Ruhrrevier war die im Jahre 1894 auf der 3 (380 m-)Sohle der Zeche Deutscher Kaiser Schacht I eingebaute Pumpe, welche wie eine zweite bei der Erweiterung dieser Anlage im Jahre 1898 auf der 470 m Sohle desselben Schachtes aufgestellte Pumpe durch einen Gleichstrommotor betrieben wird. Bezüglich des Drehstromsystems, welches 3 Jahre vorher auf der elektrotechnischen Ausstellung zu Frankfurt a. M. zum ersten Male vorgeführt wurde, lagen damals noch keine genügenden Erfahrungen vor. Die vorzüglichen Ergebnisse, welche diese neue Stromart alsbald in der Praxis erzielte, und die für den Wasserhaltungsbetrieb besonders wertvollen Vorzüge ihrer Motoren führten dazu, dass sie bei der im Jahre 1897 in Betrieb genommenen Wasserhaltung der Zeche Zollverein Schacht I und II in Anwendung kam. Seitdem hat sie bei den im Ruhrrevier in Betrieb und in Bau befindlichen Wasserhaltungen den Gleichstrom vollständig verdrängt. Die grösste bis zum Jahre 1900 für den Ruhrkohlenbergbau und wohl für Bergwerkszwecke überhaupt ausgeführte elektrische Wasserhaltung ist die im Jahre 1898 in Betrieb gesetzte Anlage der Zeche ver. Maria, Anna und Steinbank mit einer Motorleistung von 752 PS. Eine kleinere, elektrisch betriebene Pumpenanlage wurde in demselben Jahre auf Zeche ver. Trappe errichtet. Bei dem Abschluss der Materialsammlung für dieses Werk stand die Frage der elektrisch betriebenen Wasserhaltung im Mittelpunkt des Interesses. Auf einer Reihe von Zechen sind derartige Anlagen in Ausführung begriffen, für eine noch grössere Anzahl von Betrieben sind sie projektiert.

Da die Gesamtstärke der Pumpenmotoren über 10000 PS hinausgeht, so wird zur Zeit des Erscheinens dieses Buches eine gewaltige Umwälzung im Wasserhaltungswesen zu Gunsten des elektrischen Betriebes erfolgt sein. Bei dem stürmischen, oft geradezu überstürzten Entwicklungsgang, den dieser Verwendungszweig elektrischer Kraftübertragung genommen hat, konnten vereinzelte Misserfolge nicht ausbleiben, zumal da die Frage, welches der verschiedenen konstruktiv sehr voneinander abweichenden Pumpensysteme sich am besten für den elektrischen Antrieb eignet, bisher noch nicht vollständig geklärt ist. Jedenfalls hat das rege Interesse, welches die Bergbautreibenden des Ruhrreviers der neuen Betriebssache entgegenbrachten, und die fleissige Arbeit der beteiligten Motor- und Pumpenkonstrukteure in dieser Materie eine reiche Fülle von Erfahrung gezeitigt, wie sie kein anderer Bergbaubezirk des In- und Auslandes aufweisen kann. Es unterliegt keinem Zweifel, dass für die tiefen und hochbelasteten Förderschächte, wie sie im Ruhrrevier immer mehr typisch werden, die elektrisch betriebenen Pumpen hinsichtlich der Wirtschaftlichkeit, Betriebssicherheit und Raumersparnis grosse Vorzüge aufweisen. Bei den kleineren Hülfs-, Zubringer- und Abteufpumpen hat sich der elektrische Antrieb soweit eingeführt, dass er als Norm gelten kann.

Als Nachteil der elektrischen Wasserhaltung wird angeführt, dass dieselbe nicht, wie die hydraulische beim Ersaufen der Grube unter Wasser laufen könnte. Doch sind die Fälle, in welchen derartige Ansprüche an den Motor gestellt werden müssen, äusserst selten. Auch lässt sich durch das Anbringen von Dammthüren an den Zugängen zu dem Pumpenraum und die Anordnung eines Einsteigschachtes die Gefahr des Ersaufens des Pumpenraumes selbst für den Fall beseitigen, dass das Wasser über die betreffende Sohle steigt.

II. Die Primärstationen.

Der Anschluss der Wasserhaltungsmotoren an die Verteilungsnetze elektrischer Centralen ist nur dann möglich, wenn ihr Kraftbedarf hinter der Leistungsfähigkeit der Primärmaschinen soweit zurückbleibt, dass ihre Ein- und Ausschaltung keine zu starken Stromschwankungen im Netze und dadurch einen unruhigen Gang der übrigen Motoren verursacht. Bei dem hohen Kraftbedarf der gebräuchlichen Wasserhaltungs-Motoren und bei der Grösse der bis jetzt auf Bergwerken ausgeführten Centralstationen, welche selten über 1000 PS leisten, wird ein derartiges Verhältnis nur selten zu erreichen sein. Daher sind die grösseren im Ruhrrevier bestehenden Kraftübertragungsanlagen für Hauptwasserhaltungen als Einzel- und nicht als Centralbetriebe ausgeführt. Bei den kleineren elektrischen Pumpen ist der Kraftbedarf im Verhältnis zu der Leistung der Primärstation gewöhnlich so gering, dass dem Anschluss derselben an die Centralstation keine Hindernisse im Wege stehen.

Der Betrieb des Wasserhaltungsmotors als Einzelkraftübertragung bietet den Vorteil, dass derselbe durch In- oder Ausserbetriebsetzung der Primärmaschine angelassen oder stillgesetzt werden kann, und dass bei den Schwankungen der Wasserzuflüsse entsprechende Tourenregulierungen des Motors durch Veränderung des Dampfeintritts bei der Antriebsmaschine vorgenommen werden können. Dadurch ist es möglich, den Dampfverbrauch proportional den Wasserzuflüssen zu halten. Beim Anschluss der Motoren an Verteilungsnetze könnte eine Herabminderung der Tourenzahl nur durch Aufzehrung eines Teiles des für den Motor bestimmten Stromes in Widerständen, also unter einer Kraftvergeudung, erfolgen. Zudem müssten den Anlasswiderständen für die grossen Pumpenmotoren sehr weite Abmessungen gegeben werden. Sie beanspruchen viel Raum und erhöhen die Anlagekosten nicht unwesentlich.

Daher wird bei den 3 grösseren Wasserhaltungsanlagen auf Deutscher Kaiser, Zollverein und ver. Maria, Anna und Steinbank der Motor mit der Primärmaschine angelassen. Bei dem kleineren Motor auf ver. Trappe bestanden keine Bedenken gegen die Verwendung eines Anlasswiderstandes, der in den Motorstromkreis eingeschaltet wurde.

Die wichtigeren Angaben über die Primäranlagen der 4 elektrischen Wasserhaltungen sind in der nachstehenden Tabelle 8 gegeben:

Zeche	Dampf-				
	System	Steuerung	Dampfdruck in Atm.	Cylinderabmessungen	
				Durchmesser in mm	Hub in mm
Deutscher Kaiser	liegende Tandemverbundmaschine	Ventilsteuerung	8	—	—
Zollverein I/II	stehende Tandemverbundmaschine	Expansionskolbenschiebersteuerung am Hochdruckcylinder, Drehschiebersteuerung am Niederdruckcylinder	—	700/1100	500
Ver. Maria, Anna und Steinbank	liegende Verbundmaschine mit Receiver	Ventilsteuerung, System Collmann	6,5	800/1200	1100
Ver. Trappe	liegende Expansionsmaschine	Flachschiebersteuerung	5,0	500	800

Mit Rücksicht auf den Dauerbetrieb hat man die Abmessungen des Primärmaschinen-Aggregates recht reichlich gewählt.

Ueber die Dispositionen der Maschinenanlagen der Zechen Zollverein und ver. Maria, Anna und Steinbank geben die Figuren 168, 169 und 170 a—c Aufschluss.

Als Antriebsmaschinen stehen auf den Zechen Deutscher Kaiser, Ver. Maria, Anna u. Steinbank und Zollverein Verbundmaschinen in Anwendung, und zwar auf ersteren beiden je eine liegende Verbundmaschine, auf letzterer dagegen eine stehende Tandemmaschine. Die Maschinen auf Deutscher Kaiser und Ver. Maria Anna und Steinbank werden durch Ventile gesteuert; die Maschine auf Zollverein hat für den Hochdruckcylinder Expansionskolbenschieber-, für den Niederdruckcylinder Drehschieber-Steuerung. Die Maschine der kleineren Anlage auf Zeche Ver. Trappe besitzt nur einen liegenden Cylinder und wird durch einen Flachschieber gesteuert. Den Abdampf nimmt auf Ver. Maria, Anna und Steinbank die Centralkondensation auf; bei der Anlage auf Zollverein wird er einem an die Betriebsmaschine angebauten und mit dieser durch einen Schwunghebel gekuppelten Kondensator zugeführt. In Anbetracht der grossen Belastungsschwankungen der Wasserhaltungsanlagen sind die Maschinen sämtlich mit empfindlichen Dampfregulatoren versehen. Der

Tabelle 8.

maschine			Kupplung zwischen Dampfmaschine und Dynamomaschine	Dynamomaschine				
Leistung		Fabrikant		Stromart	Tourenzahl je Minute	Leistung		Lieferant
Umdrehungen je Minute	PS					Spannung in Volt	Kilowatt	
90	260	—	direkt	Gleichstrom	90	740	176	El.-Akt.-Ges. vorm. Lahmeyer & Co. Frankfurt a. M.
		Maschinenfabrik Haniel & Lueg	„	Drehstrom	142	1000	300	„
150	450							
105	950	Görlitzer Maschinenbauanstalt	„	„	—	2000	650	Allgemeine Elektrizitäts-Gesellschaft, Berlin
90	91,5	—	Riemen	„	375	1000	—	Siemens & Halske, A.-G. Berlin

Sicherheitsregulator der Maschine auf Ver. Maria, Anna und Steinbank gestattet eine Steigerung der Umdrehungszahl von 105 auf 115 Touren. Bei dem Ueberschreiten dieser Grenze drosselt er den Dampf ab. Die Maschine der Zeche Ver. Trappe ist mit einem Achselregulator, Patent Pröll, ausgerüstet.

Die Primärmaschinen der Wasserhaltungs-Kraftübertragung weisen gewöhnlich so grosse Abmessungen auf, dass sie mit den Dampfmaschinen direkt gekuppelt werden können. Dies ist auch bei den vorerwähnten drei grösseren Anlagen der Fall. Eine Ausnahme macht die Anlage auf Ver. Trappe, bei welcher die Dampfmaschine den Generator durch einen Riemen antreibt. Die direkte Kupplung gewährt neben dem Fortfall von Energieverlust in den Vorgelegen und einer bedeutenden Raumersparnis den Vorteil, dass die wuchtigeren Massen des rotierenden Teiles dieser sogenannten Schwungraddynamos unmittelbar auf den Ausgleich von Tourenschwankungen hinwirken.

Der Gleichstromdynamo der Zeche Deutscher Kaiser besitzt 12 Pole und ist ebenso wie der von ihm mit Strom versorgte Motor mit Serienschaltung versehen, welche es ermöglicht, den Motor mit der Primärmaschine unter starker Belastung anlaufen zu lassen.

Bei den Drehstrommaschinen der übrigen drei Anlagen musste man

Fig. 168.

Primärstation der elektrisch betriebenen Wasserhaltung auf Zeche Zollverein.

mit Rücksicht darauf, dass der Motor mit dem Primärdynamo angehen muss, für eine genügende Erregung des Generators in der Anlaufperiode Sorge tragen. Die Erregermaschine der Primärstation auf Zollverein ist mit dem langsam laufenden Generator (n = 150) direkt gekuppelt. Infolge der geringen Umdrehungszahlen in der Anlaufperiode kann sie den Windungen des umlaufenden Magnetrades nicht den genügenden Strom

Fig. 169.

Primärstation der elektrisch betriebenen Wasserhaltung auf Zeche Ver. Maria, Anna und Steinbank.

liefern; der in den Drehstromwindungen induzierte Strom reicht deshalb nicht aus, um den Motor und die daranhängende Pumpe in Gang zu setzen. Man muss in diesem Falle zu dem Hülfsmittel der Fremderregung greifen, d. h. den Strom einer fremden, von dem Betrieb der Primärmaschine in der Anlaufperiode unabhängigen Stromquelle entnehmen. Als solche eignet sich eine Akkumulatorenbatterie, welche während des normalen Betriebes der Erregermaschine von dieser aus geladen werden kann, oder eine durch

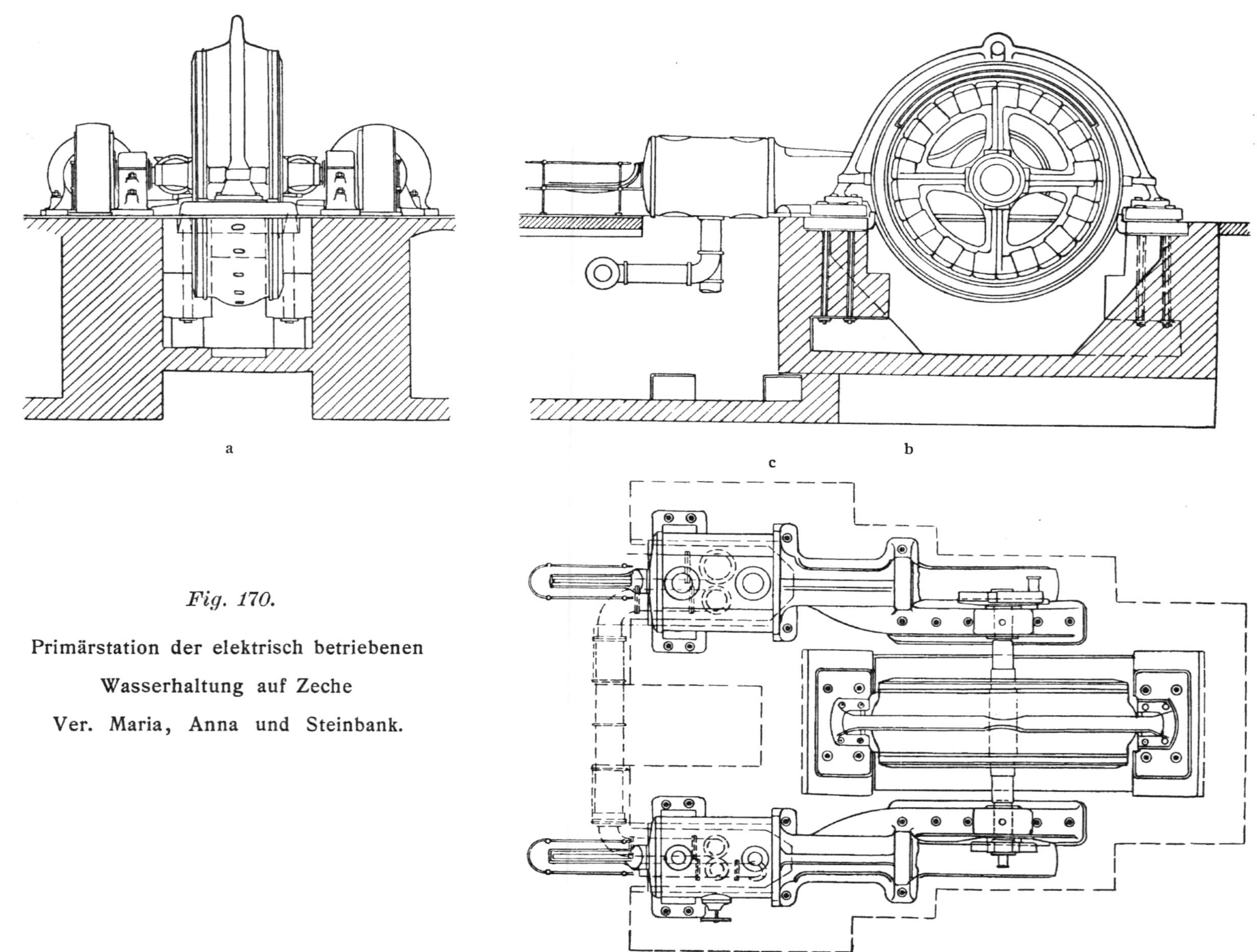

Fig. 170.

Primärstation der elektrisch betriebenen Wasserhaltung auf Zeche Ver. Maria, Anna und Steinbank.

einen besonderen Motor bethätigte Hülfserregermaschine. Auf Zeche Zollverein hat man das letztere System gewählt. Der Erregerstrom (100 A. bei 110 V.) wird während des Anlaufens durch einen besonderen Dynamo geliefert, welcher durch eine kleine Dampfmaschine angetrieben wird.

Das Schaltungsschema (Fig. 171) lässt die Stromkreise des normalen Erregers und des Hülfsdynamos erkennen.

Im Einzelnen geht das Anlassen des Pumpenmotors auf Zollverein folgendermassen vor sich: Der Pumpenwärter unter Tage und der Maschinenwärter der Primärstation verständigen sich durch die zur Verbindung der beiden Maschinenräume angelegte Telephonanlage. Darauf lässt der Wärter der Primärmaschine diese langsam anlaufen.

Ist die Tourenzahl der Maschine soweit gestiegen, dass die Schwungkraft des Magnetrades zur Wirkung kommt und die gegen sie gerichtete Bremsarbeit überwinden kann, welche der Erregerstrom in der Maschine verursacht, so setzt ein zweiter Wärter, dessen Mitarbeit nur in der Anlaufsperiode erforderlich ist, die Hülfserregermaschine in Betrieb und regelt den Strom des Erregerstromkreises durch Ein- und Ausschalten von Widerständen. Hat der Generator seine volle Tourenzahl erreicht, so wird der Hülfsdynamo durch den in der Schaltungsskizze erkenntlichen doppelpoligen Umschalter von dem Erregerstromkreis abgeschaltet und der normale Erreger in denselben eingeschaltet.

Die Ausserbetriebsetzung des Motors erfolgt ebenfalls auf vorhergegangene telephonische Verständigung. Der Dampfzutritt zu der Dampfmaschine wird allmählich unterbrochen, wodurch der Motor stillgesetzt wird.

Der Pumpenwärter hat lediglich den Motor und die Pumpe zu überwachen, die Vornahme irgendwelcher Schaltungsmanöver und dergleichen an dem Motor ist nicht erforderlich.

In Anerkennung der grossen Betriebssicherheit der modernen Drehstrommaschinen hat man bei den drei mit dieser Stromart arbeitenden Anlagen — wie die mehrjährige Betriebszeit gezeigt hat — mit Recht von einer Aufstellung von Reservemaschinen Abstand genommen. Um im Falle einer Isolationsbeschädigung der Windungen*) dieselben leicht und rasch reparieren zu können, wird der in der Fundamentgrube stehende Teil grosser Dynamomaschinen gewöhnlich dadurch zugänglich gemacht, dass das Gehäuse seitlich in der Richtung der Achse verschoben werden kann. Diese Anordnung hat aber den Nachteil, dass sie eine viel breitere Grube sowie eine längere und deshalb stärker zu bemessende Achse erfordert. Die Allgemeine Elektrizitäts-Gesellschaft hat bei dem Dynamo auf Ver. Maria, Anna und Steinbank diesen Missstand durch eine besondere in

*) Z. D. Ing. 1898. No. 49.

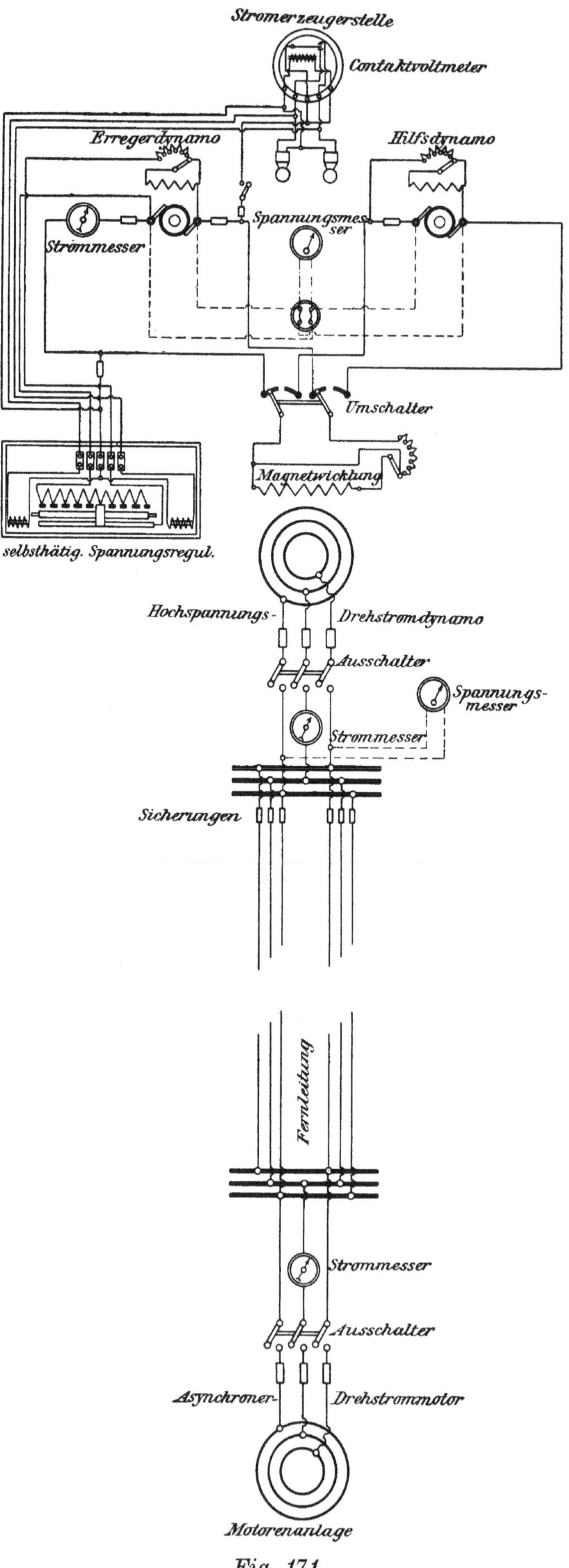

Fig. 171.

Schaltungsschema.

Figur 172 dargestellte Konstruktion beseitigt. Die auf dem Mauerfundament durch Ankerschrauben befestigten Grundplatten sind mit einem hufeisenförmigen Ausschnitt versehen. An den Füssen des Gehäuses sind Zwischenplatten angeschraubt, welche über den Ausschnitt hinweggreifen und so eine Auflagerung des Gehäuses ermöglichen. Tritt an dem in der Fundamentgrube befindlichen Teile des Gehäuses eine Beschädigung der Isolation ein, so werden die Zwischenplatten entfernt, worauf sich der

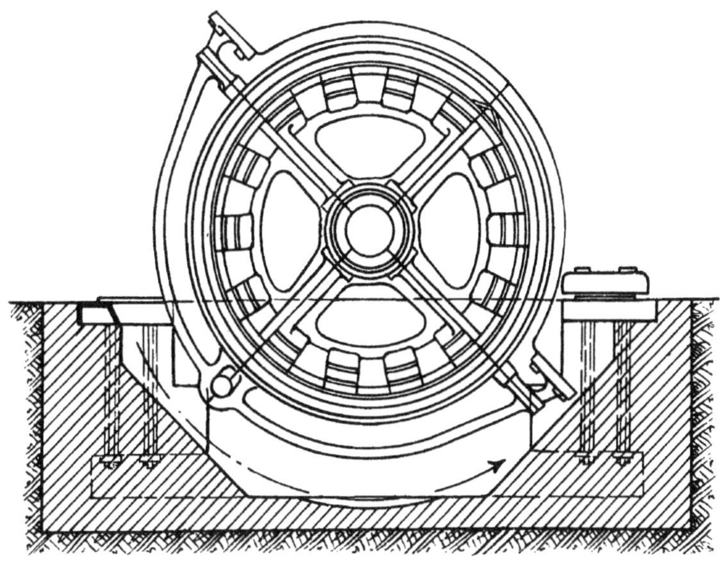

Fig. 172.

Dynamo auf Zeche Ver. Maria, Anna und Steinbank.

äussere Gehäusering auf das Magnetrad auflagert. Der Ausschnitt der Grundplatten gewährt genügenden Raum für das Passieren des Gehäuses, welchem mittels der Antriebmaschine die erforderliche Drehung erteilt werden kann.

Die sonstige elektrische Ausrüstung der Primärstation weicht nicht von derjenigen ab, welche bei anderen Centralen üblich ist. Die Schalttafeln sind mit den notwendigen Messinstrumenten, Ausschaltern, Sicherungen u. s. w. versehen. Bei den Drehstromanlagen werden vorkommende Belastungsschwankungen im Hauptstromkreise durch Aenderungen des Erregerstromes geregelt. Zu diesem Zwecke ist in den Erregerstromkreis der Primärdynamos der Zollvereinanlage ein selbstthätiger Spannungsregulator, System Jordan, eingeschaltet, dessen Einrichtung folgende ist (Fig. 174). Der Zeiger eines sog. »Kontaktvoltmeters« schliesst, in seinen beiden Grenzstellungen angekommen, den Stromkreis eines halbpferdigen Motors, welcher, jenachdem sich der Voltmeterzeiger in der — oder + Grenzstellung befindet, die eine oder andere Laufrichtung annimmt, wodurch ein kleines Vorgelege den Widerstandshebel verschiebt und Widerstand ein- oder ausschaltet. Befindet sich der Voltmeterzeiger in den Grenzstellungen, so leuchten zugleich rote Signallampen auf, welche die Aufmerksamkeit des Maschinisten erregen sollen.

Die Schalttafel der Primäranlage auf Zeche Deutscher Kaiser ist mit Rücksicht darauf, dass die Feuchtigkeit der Pumpenräume leicht Kurzschlüsse der Motorwicklungen verursacht, mit einem automatischen Kurzschlussapparat ausgerüstet, welcher im Falle des Kurzschlusses die Primärmaschine von der Leitung abschaltet und dadurch schädigenden Rückwirkungen auf die Primärmaschine vorbeugt.

III. Die Schachtleitungen.

Als Schachtleitungen werden bei den Wasserhaltungsanlagen nur beste Kabelfabrikate verwandt, welche durch hölzerne, oder mit Holzfutter versehene Schellen an den Einstrichen befestigt sind. Man baut gewöhnlich zwei Kabel ein, um im Falle einer Kabelbeschädigung über eine Reserve verfügen zu können.

IV. Die Sekundäranlagen.

1. Die Motoren.

Bei der Wasserhaltung auf Zeche Ver. Deutscher Kaiser und bei einer Reihe kleinerer Pumpen, welche mit Gleichstrommotoren ausgerüstet sind, kam mit Rücksicht auf die erforderliche hohe Anlaufskraft Serienschaltung zur Verwendung. Den Gleichstrommotoren gegenüber weisen die Drehstrommotoren der übrigen Anlagen grosse Vorteile auf, darunter an erster Stelle den Fortfall des Kollektors, der bei so grossen, mit starken Belastungsschwankungen und Ueberlastungen arbeitenden Motoren besonders schwer zu bedienen und zu unterhalten ist. Ein weiterer Vorteil ist der, dass im Gegensatz zum Gleichstrommotor bei dem Drehstrommotor der aus der Leitung kommende Strom ausschliesslich die Windungen des feststehenden Teiles, des sogenannten Stators passiert, während der rotierende Teil, der Rotor, eine weit niedere Spannung zeigt. Beim Gleichstrommotor dagegen arbeitet auch der rotierende Anker mit der vollen Leitungsspannung und verlangt deshalb eine ebenso sorgfältige Isolierung der Leiterteile, wie auf den feststehenden Feldmagneten, die schwer zu erreichen ist. Durch die vielen blanken Lamellen wird ausserdem der Kurzschluss in den feuchten Pumpenstuben sehr begünstigt.

Die Rotoren der bei den Pumpen zur Verwendung kommenden Drehstrommotoren sind als Kurzschluss- oder Schleifringanker ausgeführt. Bei den Kurzschlussankermotoren wird der Rotor durch die Induktionswirkung des in dem feststehenden Teile kursierenden Stromes mit Elektrizität versorgt. Da der Stromkreis des Rotors in sich geschlossen ist, so stellt dieses System eine ausserordentlich einfache Maschine dar. Es hat aber den Nachteil, dass die Entwicklung des Induktionsstromes im Rotor sich nur durch die Verringerung des Stromes in dem Stator regulieren lässt. Bei einer Kraftübertragung, welche wie die Anlagen auf Zollverein und Ver. Maria, Anna und Steinbank nicht als Verteilungs- sondern als Einzelbetriebe ausgeführt sind, lässt sich die Verstärkung des Stator- und somit des Rotorstromes einfach dadurch erreichen, dass Motor und Primärmaschine zusammen anlaufen, wobei die Tourenzahl des Primärmaschinenaggregates und mit ihr die Spannung allmählich erhöht wird. Liefert die Primärmaschine auch Kraft an andere Motoren, so wird der Anschluss so grosser Asynchron-Motoren, wie sie für die Wasserhaltungen erforderlich sind, praktisch unmöglich, da durch das Einschalten eines derartigen Apparates Spannungsabfälle in dem Verteilungsnetz verursacht würden. Deshalb wird sich dann die Verwendung eines Schleifringmotors empfehlen. Bei den Schleifringmotoren ist die Bewicklung des Rotors in der An- und Auslaufperiode nicht geschlossen, sondern durch auf der Motorwelle aufgesetzte Schleifringe und feststehende Bürsten mit einem Widerstand in Verbindung gesetzt, durch dessen allmähliches Aus- bezw. Einschalten die Spannung und damit die Tourenzahl des Motors geregelt werden kann. Hat derselbe seine volle Umlaufzahl erreicht, so wird der Widerstand durch eine Ausschaltvorrichtung oder noch einfacher durch das Abheben der Bürsten von den Schleifringen aus dem Stromkreis des Rotors ausgeschaltet, dessen Spulengruppen nunmehr durch einen Kontakt kurz geschlossen werden, worauf der Motor als Kurzschlussankermotor weiterläuft. Ist es durch Anordnung eines Ausschalters, wie er z. B. bei der Motoranlage auf Zeche Zollverein Verwendung gefunden hat, auch bei dem Kurzschlussankermotor möglich, bei eintretender Betriebsstörung der Pumpe den Strom sofort zu unterbrechen, so ist doch zu befürchten, dass eine derartige Herabsetzung des Motors aus der Vollbelastung auf den Leerlauf zu Betriebsstörungen an der Maschine führt. Deshalb erfordert die Rücksicht auf die Betriebssicherheit, dass, wenn irgend möglich, die Ausserbetriebsetzung dadurch erfolgt, dass der Pumpenmotor von dem telephonisch verständigten Maschinenwärter der Primärstation durch Einstellung der Dampfzufuhr zur Dampfmaschine stillgesetzt wird. Dieser Vorgang erfordert aber immer so viel Zeit, dass durch das Weiterlaufen der Maschinen eingetretene kleinere Betriebsstörungen zu grösseren Maschinenschäden führen können. Bei den Schleifringmotoren dagegen kann der

Motor durch eine Drehung des Widerstandshebels ohne allzugrosse Belastungsveränderung der Primärmaschine stillgesetzt werden. Auch zeigt der Schleifringmotor nicht die Abhängigkeit des Kurzschlussankermotors von dem Betrieb der Primärmaschine, welche dann besonders lästig werden kann, wenn mehrere Pumpenmotoren von derselben Primärmaschine be-

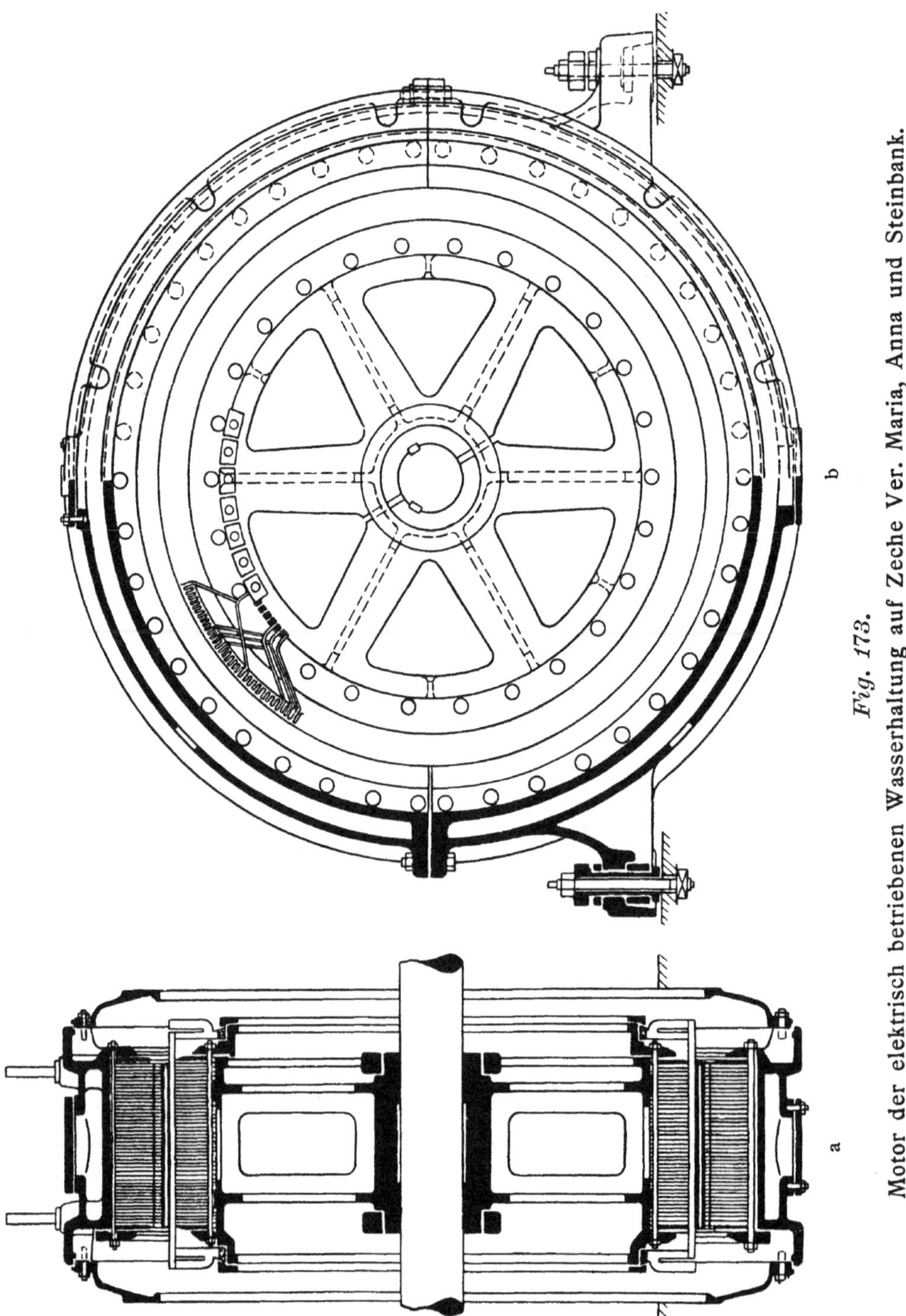

Fig. 173.
Motor der elektrisch betriebenen Wasserhaltung auf Zeche Ver. Maria, Anna und Steinbank.

trieben werden. Steht in diesem Falle eine Pumpe in Betrieb und eine zweite soll in Gang gesetzt werden, so ist dies nur dadurch möglich, dass man auch die erste stillsetzt und darauf beide gleichzeitig anlässt.

Die Ansprüche, welche an die Betriebssicherheit der Pumpenmotoren gestellt werden müssen, sind eher noch höher, wie bei den Primärmaschinen. Von der Aufstellung von Reservemotoren muss fast immer abgesehen werden, da dadurch die Anlagekosten zu sehr erhöht würden. Bei der Primärmaschine ist dagegen die Beschaffung einer Reserve dadurch möglich, dass eine sonst anderen Betriebszwecken dienende Primäranlage in Notfällen zur Kraftabgabe an die Wasserhaltung herangezogen werden kann. Auch ist die Isolierung der Pumpenmotoren durch die Aufstellung derselben in oft feuchten Räumen viel gefährdeter, als die der Primärdynamos. Wie der mehrjährige ohne erhebliche Störungen verlaufene Betrieb unserer Wasserhaltungen zeigt, stellen die Elektrotechniker in dem modernen Drehstrommotor eine Maschine zur Verfügung, welche allen Anforderungen genügt. Als Beispiel für derartige Motorkonstruktionen sei der Motor der Anlage auf Zeche Ver. Maria, Anna und Steinbank (Fig. 173a und b) angeführt.

Ein doppelwandiges Gusseisengehäuse, dessen Inneres zur Abführung der während des Dauerbetriebs entstehenden Erwärmung mit Wasser gefüllt ist, umschliesst den aus dünnen Blechsegmenten zusammengesetzten Statorring. Der Rotorring wird durch einen sternartigen Gusseisenträger gehalten und mit der Achse verbunden. Die Bewicklung besteht bei den Motoren auf Ver. Maria, Anna und Steinbank und auf Zollverein wie überhaupt bei grösseren Motoren aus Kupferstäben, deren Kopfenden durch Bügel aus demselben Metall zu Gruppen verbunden sind. Als Isoliermittel wird Glimmer verwandt, welcher der feuchten Atmosphäre der Pumpenräume am besten widersteht. Die mechanische Ausführung dieser Motoren entspricht den neuesten Fortschritten der Maschinentechnik. Durch weite Bemessung der Lager wird der Auflagerungsdruck in den Lagern sehr herabgesetzt. Dadurch und durch die Verbesserung der Schmiervorrichtung wird ein leichter Gang des Motors auch beim Dauerbetrieb gewährleistet. Die einzige Abnutzungsstelle sind die Lager, welche in grösseren Zeiträumen der Auswechslung bedürfen.

Die Notwendigkeit, die Motoren durch oft enge Schächte und unterirdische Strecken zu transportieren, erfordert es, die Aussenabmessungen derselben möglichst zu beschränken oder die grösseren Teile aus einzelnen Stücken zusammenzusetzen. Aus diesem Grunde sind die Aussenringe der Motoren auf Zollverein und Ver. Maria, Anna und Steinbank, wie die Figur 173b erkennen lässt, aus zwei Teilen hergestellt.

Bei den neuerdings von den grossen Elektrizitätsfirmen für den Wasserhaltungsbetrieb gebauten Spezialmotoren hat man auch auf die

Zerlegung des Rotors Bedacht genommen. Beispielsweise lassen sich bei den kleineren Motoren der von der Firma Siemens & Halske ausgeführten Spezialtype Wd Rotor und Stator in zwei Teile, bei den grösseren Motoren derselben Type der Rotor in zwei Teile und der Stator in vier Teile zerlegen. Die Montage wird durch die Anordnung von Stellschrauben, welche eine Verschiebung des äusseren Ringes in horizontaler und vertikaler Richtung und dadurch die Einstellung des geringsten zulässigen Zwischenraums zwischen Rotor und Stator zulassen, sehr erleichtert.

Von allen Fortschritten in der Motorkonstruktion hat die Errungenschaft, Motoren niederer Tourenzahl bauen zu können, die Einführung des elektrischen Betriebes bei Wasserhaltungsanlagen am meisten begünstigt. Das Extrem eines langsam laufenden Motors hat die Elektrizitäts-Aktien-Gesellschaft vorm. Lahmeyer & Co. in dem Motor der Zollverein-Wasserhaltung zur Ausführung gebracht. Die geringe Tourenzahl wurde dadurch erreicht, dass man den Motor mit einer grösseren Polzahl (48) versah, als sie der 20polige Generator besitzt. Diesem Polverhältnis nach müsste der Motor den 2,4 Teil der Umdrehungen des Generators machen. Da er aber asynchron läuft, wird er durch die im vorliegenden Falle etwa 3,5 % betragende Schlüpfung noch etwas zurückgehalten und macht bei 150 minutlichen Umdrehungen des Generators nur 60 Spiele.

Motoren mit dieser ausserordentlich niederen Tourenzahl stellen sich in der Anschaffung teurer als langsam laufende Motoren normaler Ausführung, deren Umdrehungszahlen nicht unerheblich höher sind. Die bereits erwähnten Spezialwasserhaltungsmotoren Type Wd von Siemens & Halske werden für Leistungen von 50—700 PS und folgende Umlaufszahlen ausgeführt: 242, 224, 200, 194, 182, 162, 145, 132, 121 und 97. Im allgemeinen gelten die hohen Zahlen für geringe, die kleinen für grosse Leistungen; doch werden für eine bestimmte Leistung stets Motoren für mehrere der genannten Tourenzahlen gebaut, so beispielsweise ein Motor von 80 PS für eine der Tourenzahlen von 242 Umdrehungen abwärts bis zu 145 Umdrehungen, während ein Motor von 500 PS für jede der genannten Tourenzahlen in der normalen Ausführung geliefert werden kann. Diese Tourenzahlen gelten für volle Belastung und Drehstrom von 50 Perioden in der Sekunde. Wählt man, was bei Einzelkraftübertragung ohne grosse Schädigung des Wirkungsgrades geschehen kann, einen Drehstrom von geringerer Periodenzahl, so fällt auch die Tourenzahl entsprechend. Daraus geht hervor, dass für Leistungen von über 50 PS bei direkter Kupplung mit der Pumpe geeignete Motoren zur Verfügung stehen. Für Leistungen unter 50 PS empfiehlt sich die Verwendung eines Vorgeleges. Die Möglichkeit einer direkten Kupplung kann nur durch eine starke Verringerung des Nutzeffektes des Motors erkauft werden.

Sind die elektrischen Wasserhaltungen als Einzelkraftübertragungen ausgeführt, so lassen sich die Tourenzahlen des gesamten Maschinenaggregates entsprechend der jeweiligen Stärke der Zuflüsse regeln. Beispielsweise kann die Tourenzahl des Primärmaschinenaggregates auf Zeche Ver. Maria, Anna und Steinbank von 105 auf 50 minutliche Umdrehungen herabgemindert werden, wobei die Spannung von 2000 auf 1050 Volt sinkt. Die Pumpe macht dabei 21,5 Umdrehungen in der Minute und hebt 2,9 cbm Wasser. Wenn auch der Nutzeffekt der Kraftübertragung bei einer derartig geringen Belastung sich ungünstiger stellen wird, so kann doch eine der verringerten Pumpenleistung einigermassen entsprechende Verminderung des Dampfverbrauchs erzielt werden. Bei Motoren, welche im Anschluss an Verteilungsnetze arbeiten, ist eine derartig ökonomische Regelung der Kraftabgabe nicht erreichbar, da bei ihnen die Tourenzahl nur durch Einschaltung von Widerständen, d. i. Vernichtung eines Teiles der gelieferten Energie, verringert werden kann.

Die feuchte Luft der Pumpenräume und die Spritzwasser, welche beim Undichtwerden der Pumpen- oder Rohrleitungen austreten, führen leicht zu Isolationsbeschädigungen der Motorbewicklung. Zur Verminderung der Luftfeuchtigkeit muss der Maschinenraum so gut wie möglich gegen den Sumpf abgeschlossen und genügend bewettert werden. Doch kann die durchgeführte Wettermenge bedeutend kleiner sein, als sie für Dampfwasserhaltungen der entsprechenden Grösse erforderlich ist. In dem Maschinenraum der Zeche Ver. Maria, Anna und Steinbank erwärmte sich die Luft während des Ganges der elektrischen Wasserhaltung auf etwa 20^{0} und blieb trocken. Beim Betrieb der ebenfalls dort aufgestellten Dampfwasserhaltung stieg die Lufttemperatur auf 40°. Zugleich wuchs der Feuchtigkeitsgehalt der Luft erheblich.

Immerhin muss dem Maschinenraum eine genügende Wettermenge zugeführt werden, wenn man nicht die ungünstigen Erfahrungen machen will, welche die Zeche Deutscher Kaiser in der ersten Zeit ihres elektrischen Wasserhaltungsbetriebes mit einem ungenügend bewetterten Maschinenraum erhalten hat. Bei der hohen Temperatur des Raumes konnte die in den Windungen des vollbelasteten Motors entwickelte Wärme nicht hinreichend abgeführt werden. Die Drähte erhitzten sich dabei so sehr, dass öfters die Isolation verbrannte und Ankerkurzschlüsse entstanden. Man half sich zunächst damit, den Motor mit geringer Belastung laufen zu lassen. Später baute man einen neuen Anker ein, dessen grösserer Leitungsquerschnitt auch bei erhöhter Temperatur den Strom ohne eine die Isolation bedrohende Erhitzung durchgehen liess. Bei der schlechten Ventilation des Raumes wuchs der Feuchtigkeitsgehalt der Luft so sehr, dass sich bei langen Stillständen des Motors Wasser auf der Bewicklung und dem Kollektor niederschlug und so Störungen der Isolation verursacht wurden. Dieser Missstand wurde dadurch behoben, dass man unter dem Motor die in Figur 174a—c skizzierten als Heizkörper wirkenden Widerstandscylinder einbaute, welche durch den Betriebsstrom gespeist wurden. Bei den genügend bewetterten Maschinenräumen der übrigen Anlagen waren derartige Hülfsmittel nicht erforderlich.

Auf Zeche Deutscher Kaiser wurden Beschädigungen der Isolation auch durch Spritzwasser verursacht, welches beim Platzen eines Wasserstandsrohres am Druckwindkessel austrat. Um derartige Störungen zu verhindern, empfiehlt es sich, die Rohrleitung, wenn irgend angängig, in

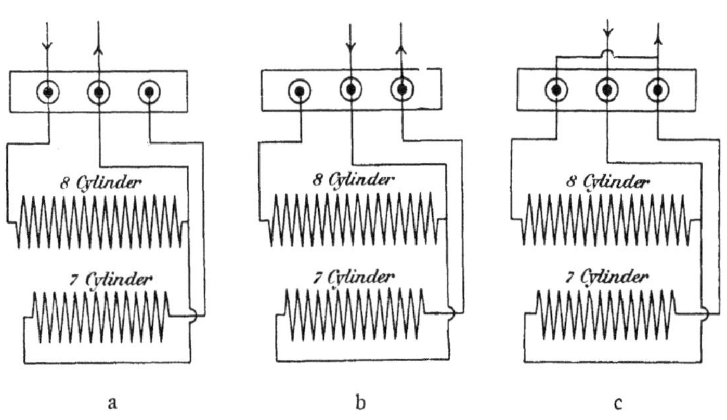

Fig. 174.

Widerstandscylinder.

die Sohle des Maschinenraumes zu verlegen, die Armaturteile möglichst weit vom Motor anzubringen und unvermeidliche Flanschen so zu umhüllen, dass beim Leckwerden derselben das Wasser nach der vom Motor abgewandten Seite austritt.

Die Schalttafeln der Motorstationen sind auf den Zechen Deutscher Kaiser, Zollverein und Ver. Trappe mit Ausschalter, Stromzeiger und Sicherungen ausgerüstet. Bei der Anlage auf Zeche Ver. Maria, Anna und Steinbank hat man davon abgesehen, im Pumpenraume Schalt- und Messinstrumente aufzustellen.

Unentbehrlich ist bei den Motoren, welche mit der Primärmaschine anlaufen, eine Telephonverbindung. Die zur Verwendung kommenden Instrumente weisen eine besonders gegen die Feuchtigkeit schützende Konstruktion auf. Zur Beleuchtung der Pumpenräume dienen gewöhnlich von dem Betriebsstromkreis gespeiste Glühlampen. Für den Fall des Stillstandes der Primärmaschine ist meist als Reserve eine Oel- oder Petroleumbeleuchtung vorgesehen.

2. Die Pumpensysteme.

a) Die in Betrieb befindlichen Pumpensysteme.

Hochdruck-Centrifugalpumpen.

Von den verschiedenen Pumpenarten passt sich die Centrifugalpumpe am leichtesten dem elektromotorischen Betriebe an, da sie sich Dank ihrer hohen Tourenzahl direkt mit dem Motor kuppeln lässt. Als Vorteile der Centrifugalpumpe sind anzuführen: Die einfache Konstruktion, die Anspruchslosigkeit bezüglich der Wartung und Unterhaltung sowie der

Fig. 175.

Sulzerpumpe, Zeche Constantin der Grosse Schacht III.

geringe Raumbedarf und Anschaffungspreis. Nachteile sind: Der in Vergleich zu den Kolbenpumpen ungünstige Nutzeffekt und die geringe Druckhöhe, welche bei normaler Ausführung der Centrifugalpumpe zu erreichen ist. Insbesondere der letztere Umstand weist der Verwendung der C ntrifugalpumpe als Wasserhaltungsmaschine ein sehr beschränktes Gebiet zu. Erst neuerdings ist es gelungen, durch Kombination mehrerer Centrifugalpumpen eine Konstruktion zu schaffen, mit welcher es möglich ist, Wasser auf grössere Höhen zu fördern. Eine derartige, von der Firma Gebr. Sulzer in Winterthur ausgeführte Pumpe steht seit dem Jahre 1898 auf dem Schacht III der Zeche Constantin der Grosse in Betrieb. Die

Pumpe besteht, wie die Figuren 175, 176a — b und 177a — b veranschaulichen, aus einem sich aus mehreren Kammern zusammensetzenden Gehäuse und einem System von auf einer gemeinsamen Welle sitzenden Schleuderflügeln b_1, b_2, b_3 und b_4; die Zahl der letzteren bestimmt sich nach der erforderlichen Druckhöhe. Um die Schleuderflügel sind die Leitapparate angeordnet, welche sich nach aussen erweitern und in einen ringförmigen Sammelkanal auslaufen. Das Wasser tritt durch den Saughals s (Fig. 177b) ein, wird von dem ersten Pumpenflügel gefasst und in den Leitkanal geschleudert. Aus diesem wird es durch einen zweiten Flügel angesaugt und mit der doppelten Pressung in den folgenden Leitapparat befördert.

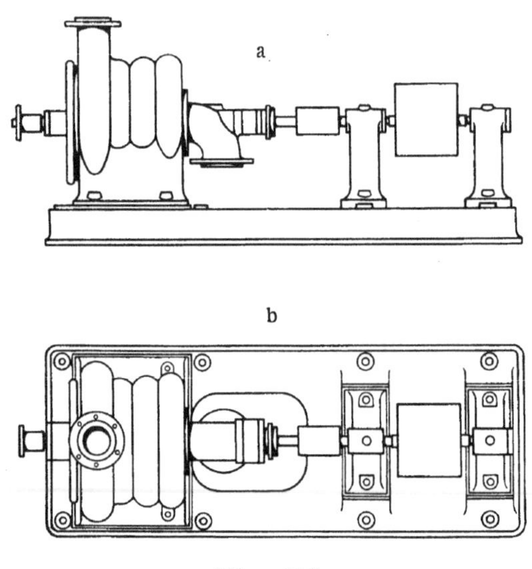

Fig. 176.

Anordnung der Sulzerpumpe.

In dieser Weise passiert das Wasser sämtliche 4 Flügel und tritt mit einer Pressung, welche viermal so gross ist wie die Anfangspressung, durch den Sammelhals k in die Steigleitung aus. Die Leitapparate vermindern die Geschwindigkeit des Wasserstromes und setzen dieselbe in Druck um. Durch die Hintereinanderschaltung einer entsprechenden Anzahl von Schleuderflügeln lassen sich alle für den Grubenbetrieb in Frage kommenden Förderhöhen überwinden. Die für die Pumpe auf Zeche Constantin der Grosse gewählte Tourenzahl ($n = 1470$) ist weit grösser als die der Antriebsmaschine eines Drehstrommotors von 575 minutlichen Umdrehungen. Man müsste deshalb ein tourenerhöhendes Riemenvorgelege zwischen Motor und Pumpe einschalten. Im allgemeinen werden diese Sulzerpumpen für die direkte Kupplung mit Elektromotoren ausgeführt; diese Ausführungsart ist beispielsweise bei einer im Wasserwerk der Stadt Genf

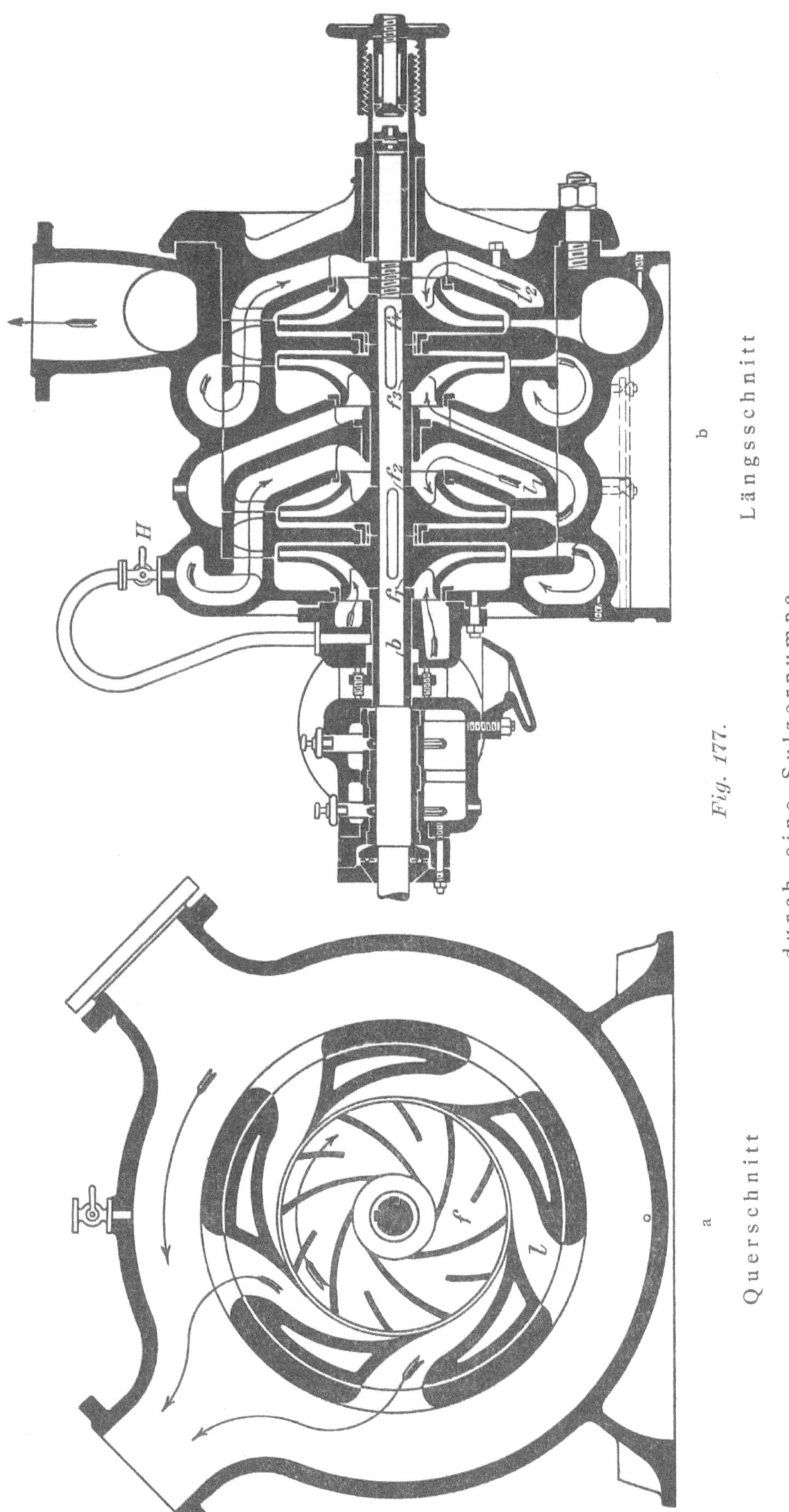

a Querschnitt

b Längsschnitt

Fig. 177. durch eine Sulzerpumpe.

aufgestellten Sulzerpumpe, welche 22,5 cbm auf 140 m hebt, zur Verwendung gelangt. Die Pumpe auf Constantin der Grosse fördert die auf der 450 m-Sohle zusitzenden Wasser, etwa 1 cbm in der Minute, auf die 100 m höher angesetzte Sohle. Nach oberflächlichen Versuchen soll die effektive Leistung der Pumpe in gehobenem Wasser etwa 70% der von der elektrischen Centrale abgegebenen Kraft betragen, was gegenüber der Nutzleistung der übrigen Centrifugalpumpen äusserst hoch erscheint. Der günstigste Wirkungsgrad wird nach Mitteilung der ausführenden Firma dann erreicht, wenn das Verhältnis $\frac{\text{Wassermenge in Sekundenlitern}}{\text{Förderhöhe in m}}$ den Wert 1 : 4 annimmt.

Kolbenpumpen.

Wenn nun auch die Hochdruck-Centrifugalpumpen sich unter bestimmten Betriebsverhältnissen bewähren werden, so wird der Hauptanteil an der Wasserhebung in Bergwerken doch wie bisher der Kolbenpumpe verbleiben.

Der Antrieb der Kolbenpumpen durch Elektromotoren gestaltet sich nicht so einfach, wie der der Centrifugalpumpen, da die normale Kolbenpumpe eine langsam laufende und der normale Elektromotor eine schnell laufende Maschine ist. Das nächstliegende Mittel zur Verbindung beider war die Einschaltung eines tourenvermindernden Vorgeleges zwischen Motor und Pumpe. Es entstand so als erste elektrisch betriebene Pumpentype die Vorgelegepumpe, welche im Ruhrrevier sowohl bei der Hauptwasserhaltung als auch bei der örtlichen Wasserhebung Verwendung findet. Durch die Zwischenschaltung der Vorgelege wird die Betriebssicherheit des Maschinenaggregates verringert, ein Umstand, der die Konstrukteure anspornte, die Vorgelege zu vermeiden und den direkten Antrieb anzustreben. Den ersten Schritt in dieser Hinsicht thaten die Elektrotechniker, indem sie langsam laufende Motoren schufen, mit welchen die normalen Pumpen direkt gekuppelt werden konnten. Typisch für dieses System ist die Wasserhaltung auf Zeche Zollverein. Im Jahre 1900 waren für Zechen des Ruhrkohlenreviers mehrere gleiche Anlagen in der Ausführung begriffen. Da die langsam laufenden Motore nicht unerheblich teurer waren, als die Normalkonstruktionen, begannen sich bald in der Pumpentechnik erfolgreiche Bestrebungen geltend zu machen, welche darauf hinzielten, die Differenz zwischen den Tourenzahlen normaler Konstruktion von Elektromotoren und Pumpen durch starke Erhöhung der Anzahl der Spiele der letzteren auszugleichen. So entstand ein 3. System, zusammengesetzt aus einem Motor von normaler und einer Pumpe von hoher Tourenzahl. Erfahrungen mit letzterem System sind bis 1900 im Ruhrrevier noch nicht gemacht. Da aber eine grössere Anzahl Pumpen dieser

Art in Bau begriffen ist, so sollen im folgenden auch die verschiedenen Systeme schnell laufender Pumpen besprochen werden.

Kupplung mit dem Elektromotor (Riemen-, Seil- oder Zahnradvorgelege, direkte Kupplung).

Eine Zusammenstellung der im Ruhrrevier in Betrieb befindlichen, mit Vorgelege arbeitenden Pumpen ist in der nachstehenden Tabelle 9 auf Seite 338 und 339 gegeben.

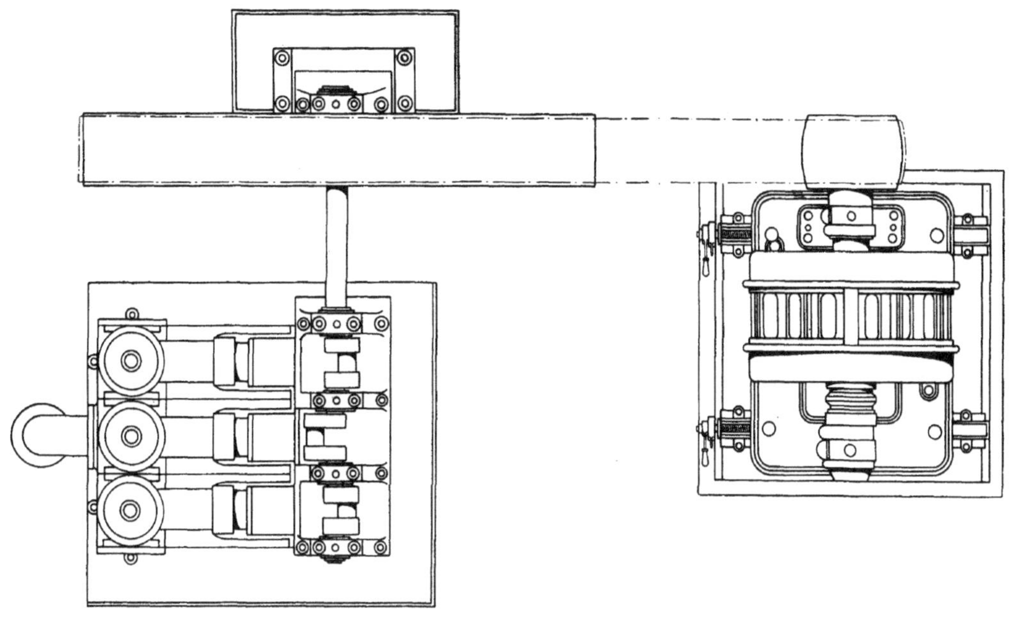

Fig. 178.

Mit Riemengetriebe arbeitende Wasserhaltungsanlage auf Zeche Ver. Trappe.

Das Riemen- oder Seilvorgelege gewährt den stark laufenden Zahnrädern gegenüber den Vorteil eines sanfteren Anzugs. Die Elasticität des Uebertragungsmittels und die Möglichkeit des Gleitens desselben bei plötzlich eintretenden Widerständen nimmt den in dem Pumpenbetrieb unvermeidlichen Stössen die schädigende Einwirkung auf den Motor. Figur 178 giebt die mit Riemen arbeitende 66 pferdige Wasserhaltungsanlage auf Zeche ver. Trappe wieder.

Da sich Riemengetriebe mit Rücksicht auf die erforderlichen Abmessungen weniger für die Uebertragung grosser Kräfte eignen, hat man bei der 750 pferdigen Wasserhaltungsanlage auf Zeche ver. Maria, Anna und Steinbank (Fig. 179 a—d) der Seilübertragung den Vorzug gegeben. Auf der Motorachse (Fig. 179 d) ist eine Rillenscheibe von 1750 mm Durchmesser und 1900 mm Breite aufgekeilt. Ihre Bewegung wird durch

Elektrisch betriebene

Laufende No.	Zeche	Motor				
		Stromart und System	Spannung Volt	Leistung bei minutlichen Umdrehungen	Leistung PS	Lieferant
1	Trappe	Drehstromkurzschlussankermotor	1000	485	66	Siemens & Halske, Akt.-Ges., Berlin
2	Ver. Maria, Anna u. Steinbank	Drehstromkurzschlussankermotor	2000	180	752	Allg. Elektr.-Ges., Berlin
3	Kölner Bergw. Verein Emscher Schächte	Gleichstrommotor	500	375	24	Elektr.-Akt.-Ges. vorm. Schuckert & Co., Nürnberg
4	Tremonia	Drehstrommotor	1000	575	50	Allg. Elektr.-Ges., Berlin
5	Deutscher Kaiser IV. Sohle	Gleichstromserienmotor	700	240	220	Elektr.-Akt.-Ges. vorm. Lahmeyer & Co., Frankfurt a. M.
6	Deutscher Kaiser III. Sohle	Gleichstromserienmotor	700	180	220	Elektr.-Akt.-Ges. vorm. Lahmeyer & Co., Frankfurt a. M.
7	Ewald I/II	Gleichstrommotor	350	700	20	Elektr.-Akt.-Ges. vorm. Lahmeyer & Co., Frankfurt a. M.
8	Consolidation . . .	Kurzschlussankermotor	1000	570	50	Allg. Elektr.-Ges., Berlin
9	Königin Elisabeth Schacht Wilhelm	Drehstrommotor	500	950	25	Chr. Weuste, Duisburg
10	Friedlicher Nachbar	Gleichstrommotor	600	600	50	„ „ „
11	Zollverein.	Drehstromkurzschlussankermotor	1000	60	350	Elektr.-Akt.-Ges. vorm. Lahmeyer & Co., Frankfurt a. M.

Pumpen im Ruhrbezirk. **Tabelle 9.**

Kupplung zwischen Motor und Pumpe	Pumpe							
	System	Plungerabmessungen		Leistung			Lieferant	Jahr der Inbetriebnahme
		Durchmesser in mm	Hub in mm	Druckhöhe in m	Tourenzahl je Min.	Wassermenge in cbm		
Riemenvorgelege	einfach wirk. Drillingspumpe	185	250	105	100	2,00	C. Hoppe, Maschinenfabrik, Berlin	1898
Seilvorgelege	Zwillingsdifferentialpumpe	212/300	1000	440	—	6,00	—	1898
einfaches Zahnradvorgelege	Zwillingsplungerpumpe	140	250	100	55	0,75	Klein, Schanzlin & Becker, Maschinenfabrik, Frankenthal	1900
einfaches Zahnradvorgelege	Drillingsplungerpumpe	120	300	170	100	1,00	Haniel & Lueg, Maschinenfabr., Düsseldorf	1897
einfaches Zahnradvorgelege	doppelt wirk. Einplungerpumpe	160	700	470	60	1,50	—	1898
einfaches Zahnradvorgelege	einfach wirk. Drillingspumpe	160	600	380	60	2,00	—	1894
doppeltes Zahnradvorgelege	Zwillingspumpe	110	300	87	60	0,30	Maschinenfabrik Humboldt, Kalk bei Köln	1897
doppeltes Zahnradvorgelege	Drillingspumpe	165	400	110	65	1,50	—	—
doppeltes Zahnradvorgelege	Drillingspumpe	150	220	100	62	0,65	Nähler, Maschinenfabrik, Chemnitz	1900
doppeltes Zahnradvorgelege	einseitig wirk. Drillingspumpe	105	400	110	50—70	1,25	—	—
direkt gekuppelt	Zwillingsdifferentialpumpe	127/180	1000	411	60	3,00	Haniel & Lueg, Düsseldorf	1897

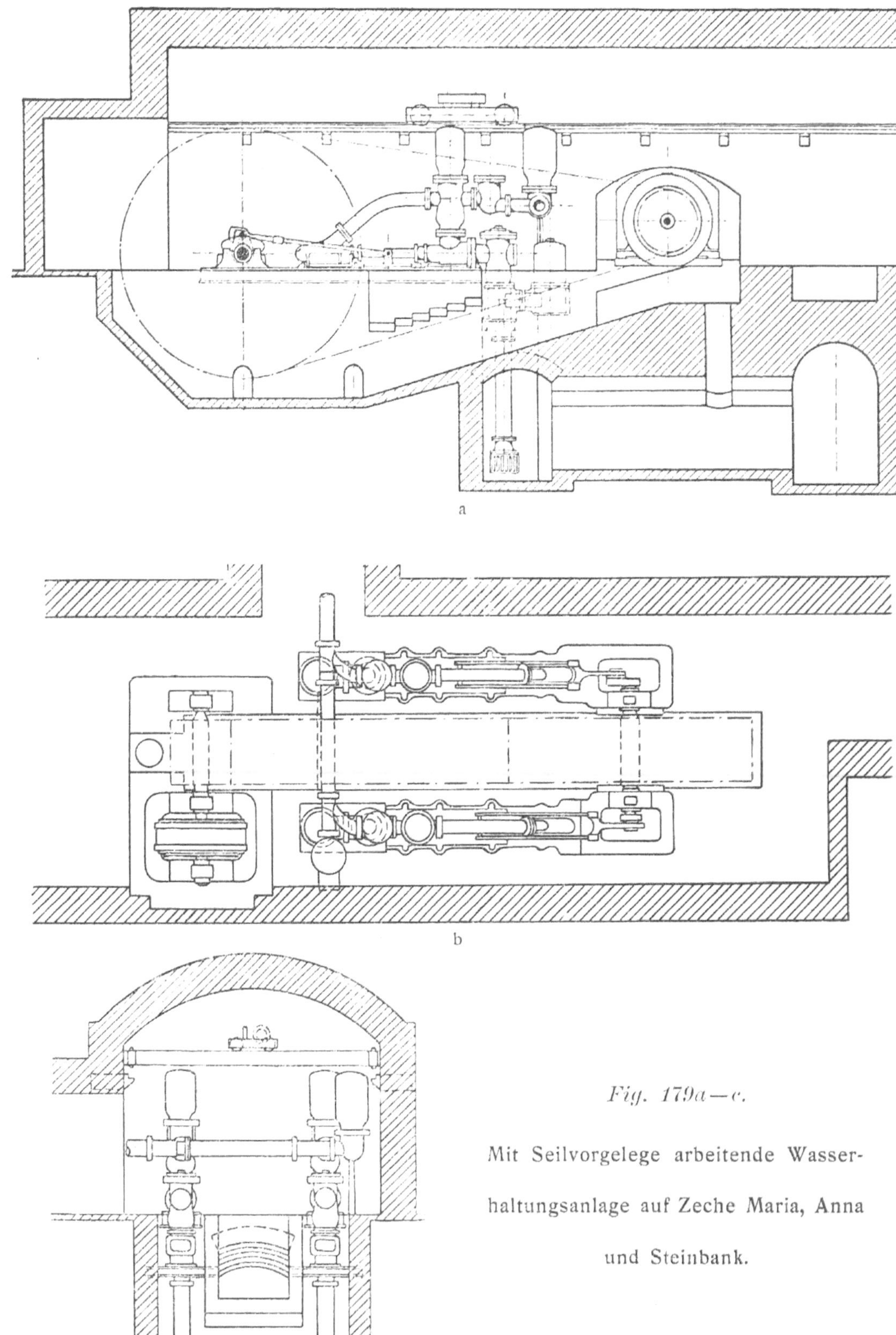

Fig. 179a—c.

Mit Seilvorgelege arbeitende Wasserhaltungsanlage auf Zeche Maria, Anna und Steinbank.

d

Fig. 179 d.

Mit Seilvorgelege arbeitende Wasserhaltungsanlage auf Zeche Maria, Anna und Steinbank.

28 Hanfseile von je 50 mm Durchmesser einer zweiten auf der Pumpenwelle sitzenden Rillenscheibe von 700 mm mitgeteilt, und die Tourenzahl dabei von 180 auf 45, also im Verhältnis 4 : 1 herabgesetzt.

Nachteile der Riemen- und Seiltransmissionen sind der grosse Raumverbrauch und das Längen der Riemen oder Seile in der feuchten Atmosphäre der Pumpenräume. Diesem letzteren Missstand kann zwar durch die Anordnung von Nachstellvorrichtungen abgeholfen werden, doch wird dadurch die Aufstellung des Motors auf Gleitschienen erforderlich, welche zu weiteren Umständlichkeiten führt.

Weit grössere Verbreitung als das Riemen- oder Seilvorgelege hat nach Ausweis der Tabelle 9 das Zahnradvorgelege gefunden. Genau

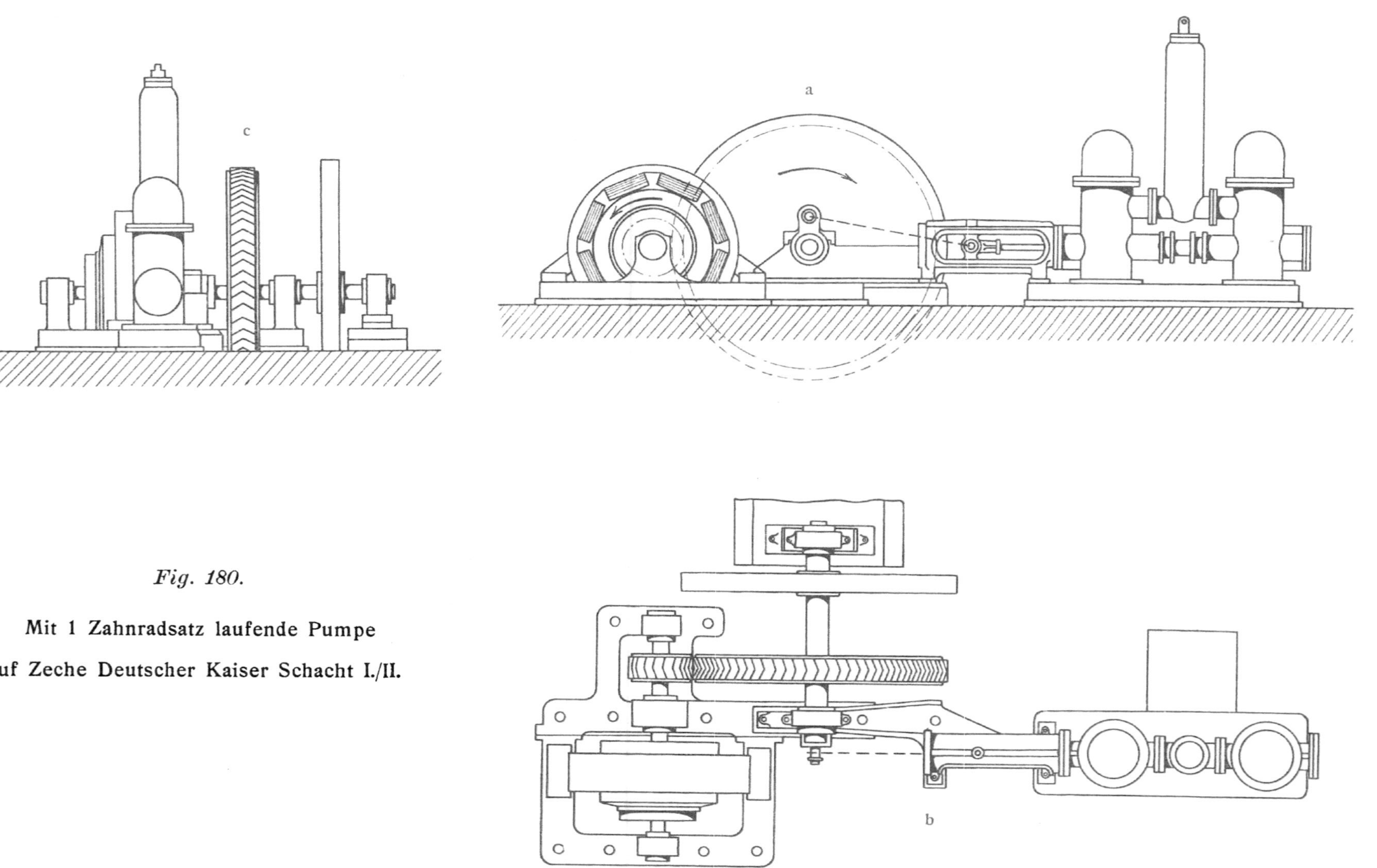

Fig. 180.

Mit 1 Zahnradsatz laufende Pumpe auf Zeche Deutscher Kaiser Schacht I./II.

gefräste Zahnräder geben einen günstigen Nutzeffekt und lassen eine gedrängte Ausführung des Maschinenaggregates zu. Als ein Nachteil dieser Transmissionsart, welcher sich gerade im Pumpenbetriebe recht misslich bemerkbar macht, ist anzuführen, dass die durch Belastungsschwankungen verursachten Stösse unmittelbar auf das Vorgelege übertragen werden und an denselben leicht Zahnbrüche verursachen. Zur Verminderung dieser Stösse schaltet man gewöhnlich in das Vorgelege ein elastisches Glied ein, indem man das auf der Motorwelle sitzende Antriebsritzel aus gepresster Rohhaut herstellt. Dadurch wird dann auch das störende Geklapper, welches die schnell laufenden Metallritzel verursachen, vermieden.

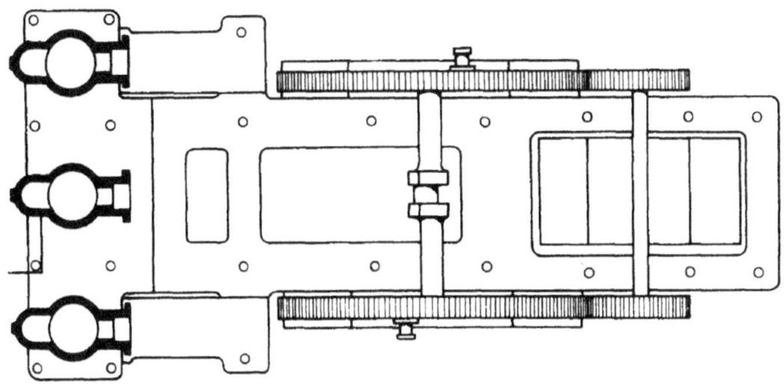

Fig. 181.

Drillingspumpe mit 2 parallel geschalteten Zahnradvorgelegen.
Zeche Deutscher Kaiser Schacht I./II. 3. Sohle.

Die Zahnräder sind gewöhnlich aus bestem Stahlguss hergestellt und auf Specialmaschinen gefräst. In Verbindung mit einer guten Lagerung und ausreichender Schmierung der Räder wird durch diese Ausführung ein ruhiger Gang des Vorgeleges gewährleistet. Nach den Betriebserfahrungen mehrerer Zechen war die Zahnbreite der Vorgelege anscheinend in Verkennung der schädlichen Pumpenstösse seitens der Konstrukteure zu knapp bemessen. Durch den Einbau breiterer Zahnräder wurden gewöhnlich weitere Brüche verhindert.

Bei den grossen Motoren genügt zur Herabsetzung der Tourenzahl gewöhnlich 1 Zahnradsatz, bei kleineren sind 2 Sätze erforderlich. Mit 1 Zahnradsatz arbeitet die in den Figuren 180a-c dargestellte Pumpe auf Zeche Deutscher Kaiser Schacht I/II, 4 Sohle. Die Umlaufsgeschwindigkeit des Motors wird durch das Vorgelege von 240 auf 60 minutliche Umdrehungen herabgesetzt. Eine geschlossenere Ausführung stellt die auf der 3. Sohle desselben Schachtes arbeitende Drillingspumpe (Fig. 181) dar, bei welcher man den Zahndruck auf 2 parallel geschaltete Zahnradvorgelege verteilt hat. Das Uebersetzungsverhältnis beträgt hier 180:60 oder 3:1. Eine weit stärkere Verminderung der Tourenzahl im Verhältnis 6,8:1 vermittelt das Vorgelege der auf den Emscherschächten des Kölner Bergwerksvereins aufgestellten Pumpe. Eine mit doppeltem Zahnradvorgelege ausgerüstete Zwillingsplungerpumpe steht auf der Zeche Graf Beust

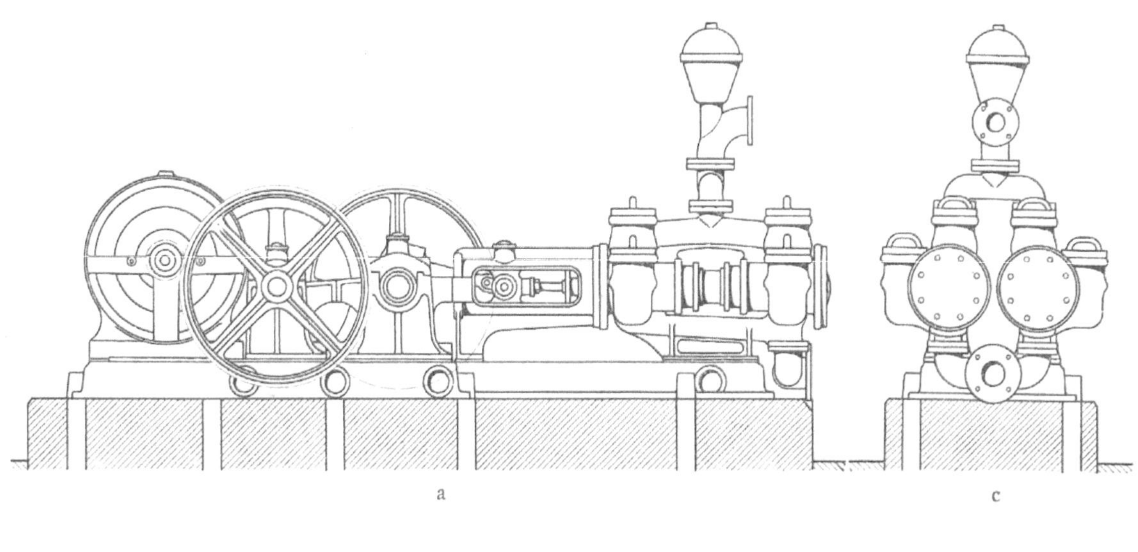

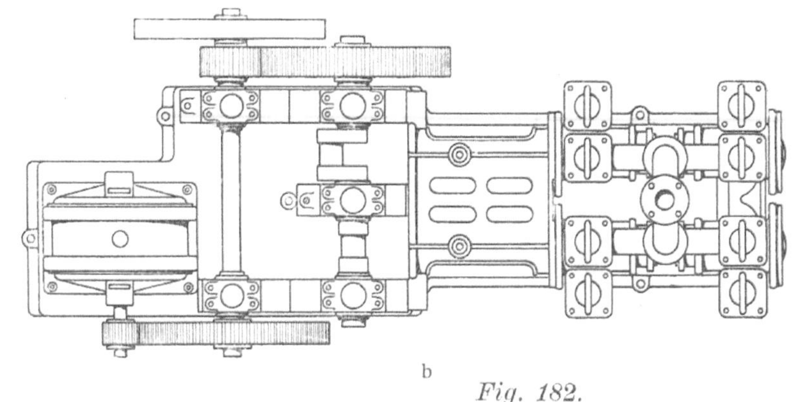

Fig. 182.

Zwillingsplungerpumpe mit doppeltem Zahnradvorgelege auf Zeche Graf Beust.

(Fig. 182a—c) in Betrieb. Dieselbe Transmissionsart ist bei den Drillingspumpen der Zechen Consolidation Schacht II, Tremonia, Friedlicher Nachbar, Ewald, Carolus Magnus und Königin Elisabeth zur Verwendung gelangt. Die für diese Pumpen typische Ausführungsform ist in Figur 183 wiedergegeben.

Das Vorgelege verursacht einen Energieverlust zur Ueberwindung der Eigenreibung, verlangt einen im Verhältnis zur Grundfläche der Motoren und Pumpe recht beträchtlichen Raum und vermindert als mehr

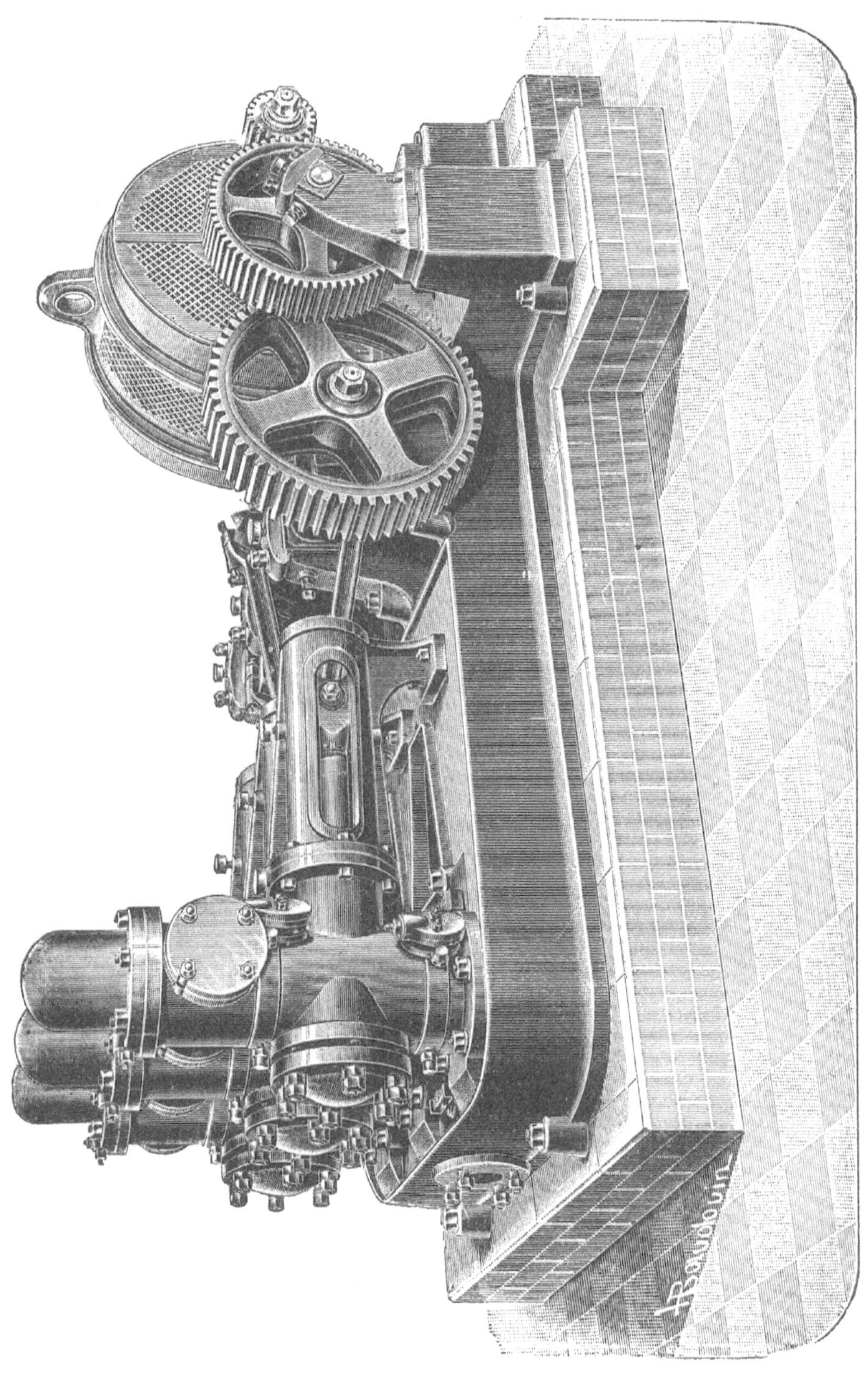

Fig. 183.
Drillingspumpe mit doppeltem Zahnradvorgelege.

oder weniger empfindliches Zwischenglied die Betriebssicherheit des ganzen Maschinenaggregates.

Bei den Pumpen für kleinere Leistungen wird wegen der hohen Tourenzahl der zur Verwendung kommenden Motoren das Vorgelege auch fürderhin seine Stellung behaupten. Anders liegt die Sache bei den grösseren eigentlichen Wasserhaltungspumpen, für die langsam laufende Motoren zur Verfügung stehen und in Zukunft nur mehr in Frage kommen.

Die erste von der Elektrizitäts - Aktien - Gesellschaft vorm. Lahmeyer & Co. in Frankfurt a. M. in Gemeinschaft mit der Maschinenfabrik Haniel & Lueg in Düsseldorf auf Zeche Zollverein Schacht I/II aufgestellte Wasserhaltungsmaschine dieser Art ist in den Figuren 184 und 185 dargestellt.

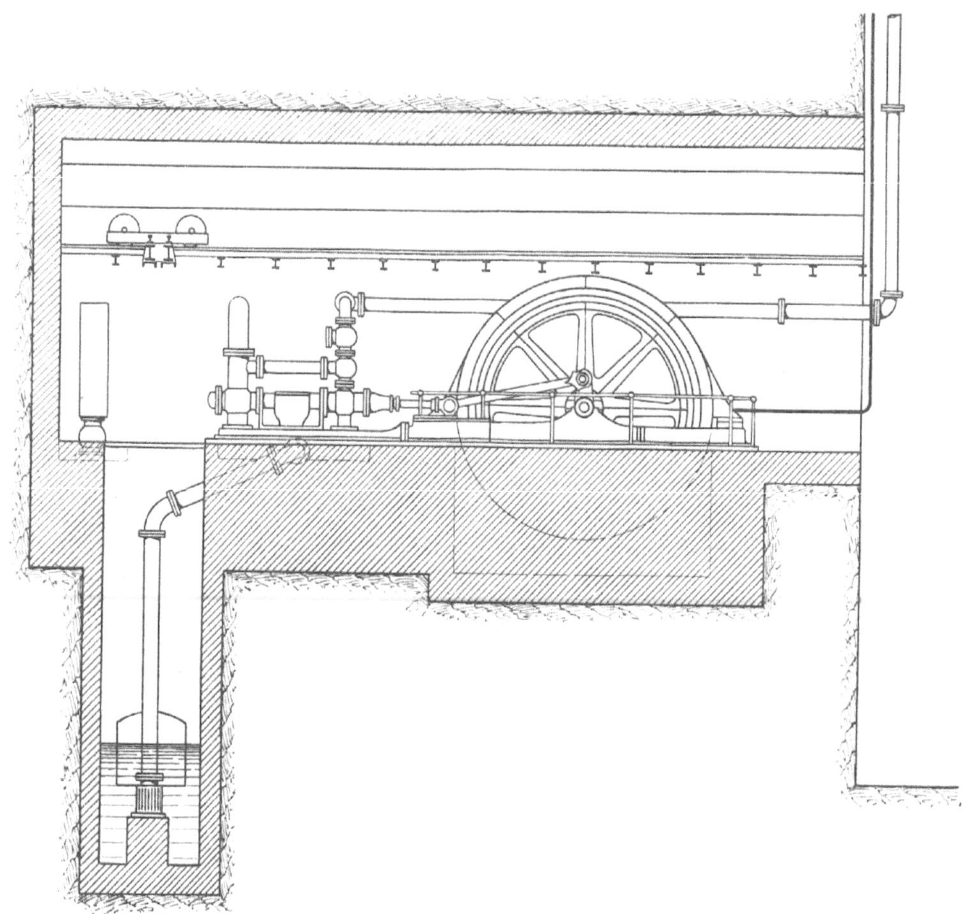

Fig. 184.

Direkt gekuppelte elektrische Pumpe auf Zeche Zollverein Schacht I./II.

Die Anlage bedeutete hinsichtlich der Einfachheit der Anordnung, der Betriebssicherheit und der Wirtschaftlichkeit einen bedeutenden Fortschritt. Die geringe Tourenzahl des Motors gestattete es, langsam laufende Pumpen mit bewährter Ventilkonstruktion zu verwenden. Da der Abnutzung unterliegende Teile sozusagen fehlen, so sind die Unterhaltungskosten sehr gering. Die Wartung des Motors beschränkt sich auf die Schmierung der beiden vorhandenen Lager.

Fig. 185.
Direkt gekuppelte elektrische Pumpe auf Zeche Zollverein Schacht I./II.

Eine Reihe von Pumpen derselben Konstruktion, welche gegen die Zollvereinpumpe nur unwesentliche Verbesserungen zeigen, sind auf folgenden Zechen des Ruhrreviers in Ausführung begriffen bezw. für dieselben projektirt.

Für Zeche Freie Vogel und Unverhofft						
eine Pumpe für eine Leistung	von 2	cbm	auf	500	m	Druckhöhe
Für Zeche Tremonia						
eine Pumpe für eine Leistung	„ 2,2	„	„	520	„	„
Für Zeche Centrum						
eine Pumpe für eine Leistung	„ 7	„	„	600	„	„
Für Zeche Rheinpreussen						
eine Pumpe für eine Leistung	„ 5,5	„	„	450	„	„
Für Zeche ver. Hamburg und Franziska						
a. 2 Pumpen für eine Leistung	„ 5	„	„	380	„	„
b. 1 Pumpe für eine Leistung	„ 3,8	„	„	507	„	„

Konstruktion und Betrieb.

Die durch Elektromotoren betriebenen Pumpen der Ruhrzechen sind recht verschiedenartig als einfach wirkende Pumpen in Eincylinder-, Zwillings- und Drillingsanordnung, als doppelt wirkende Pumpen in Eincylinder- oder Zwillingsanordnung und Differentialpumpen in Zwillingsanordnung ausgeführt. Während die langsame Schubbewegung des Dampf- oder Presswasserkolbens sich eng an den Plungergang anpasst, verlangt der Elektromotor als rotierende Maschine einen möglichsten Ausgleich der während jeder Umdrehung der Pumpenwelle entstehenden stark schwankenden Massenmomente. Eine gleichmässige Verteilung dieser verschiedenen Impulse kann durch die Anordnung geeigneter Schwungmassen an dem Umlaufsmechanismus, wie durch das Aufsetzen eines Schwungrades auf die Motor- oder Pumpenwelle, oder durch die Wahl schwererer Zahnradkränze erzielt werden. Wird das Schwungrad auf die Motorachse gesetzt, so kann dasselbe leichter genommen werden, weil die Schwungkraft durch die hohe Tourenzahl des Motors vergrössert wird. Doch sind dann die Stösse auf die Pumpenwelle heftiger. Sitzt das Schwungrad wie bei der in Figur 180 Seite 342 abgebildeten Pumpe der Zeche Deutscher Kaiser auf der Pumpenwelle, so muss demselben zwar ein grösseres Gewicht gegeben werden, dafür werden aber die Stösse auf das Getriebe und das Geräusch des letzteren erheblich vermindert.

Bei den Mehr-Plunger-Pumpen sind die Plunger gewöhnlich an der mehrfach gekröpften Welle (Fig. 182 und 183 Seite 344/345) angeschlagen, welche zwischen den einzelnen Kröpfungen durch Lager gestützt ist. Etwas anders ist die Anordnung der Pumpe auf Zeche Deutscher Kaiser (Fig. 181

Seite 343), bei welcher nur der mittlere Plunger an einer Kröpfung der Welle angreift, während die beiden äusseren durch ausserhalb des Maschinenrahmens liegende Kurbeln bethätigt werden. Die Zwillings-

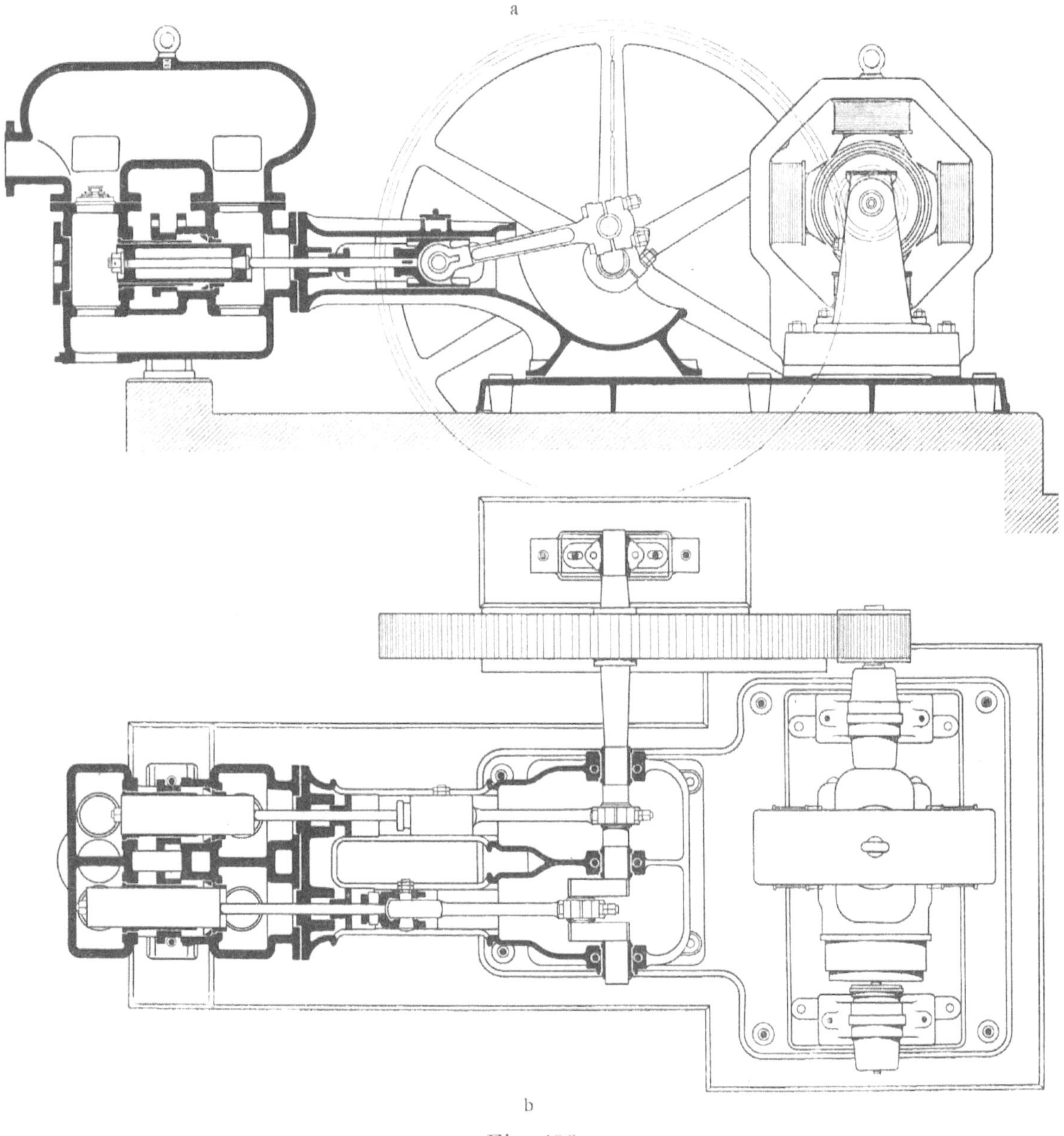

Fig. 186.

Zwillingspumpe auf Schacht Emscher des Kölner Bergwerksvereins.

differentialpumpe auf Zeche ver. Maria, Anna und Steinbank wird durch gegabelte Schubstangen von der Kurbelwelle aus angetrieben. Eine von den gewöhnlichen Ausführungen verschiedene Konstruktion der Pumpencylinder weist die in Figur 186a und b abgebildete Zwillingspumpe auf, welche auf dem Emscherschacht des Kölner Bergwerksvereins in Betrieb steht und von der Maschinenfabrik Klein, Schanzlin & Becker geliefert ist. In den hinteren Pumpenstiefel ist an Stelle einer Stopfbüchse ein Mantelcylinder eingesetzt, welcher den Plunger führt. Nach der einen Seite ist dieser Cylinder in die Stopfbüchse des vorderen Plungerstiefels so eingelagert, dass zwischen ihm und dem Grundringe der Stopfbüchse nur ein geringer Zwischenraum bleibt. An dieser Stelle ist um den Plunger eine Packung gelegt, welche die beiden Plungerräume gegeneinander abdichtet.

Die Pumpe auf Zeche ver. Maria, Anna und Steinbank ist mit 3 Windkesseln ausgerüstet, einem gusseisernen Saugwindkessel und zwei schmiedeeisernen, geschweissten Druckwindkesseln. Von den letzteren sitzt einer über dem Druckventil der Pumpe, während ein zweiter unmittelbar an die Steigleitung angeschlossen ist. Bei den grossen Pumpen auf Zeche Zollverein und ver. Maria, Anna und Steinbank sind kleine Kompressoren zum Auffüllen der Windkessel vorhanden, welche im ersteren Falle von der Motorwelle, im zweiten durch ein Peltonrad betrieben werden. Ehe die Pumpe anläuft, wird die Luft in dem Windkessel auf eine der Druckhöhe entsprechende Spannung gebracht. Dadurch wird ein stossfreies Anlaufen der Pumpe ermöglicht und ein Schlagen der Ventile verhindert.

Ausser durch Verwendung von Schwungrädern wird ein Ausgleich der Massenmomente durch die Wahl einer Mehrplunger-Pumpe erreicht, deren Pleuelstangen im Winkel zueinander versetzt an der Pumpenwelle angreifen. Die während des Umlaufs der Pumpe fortwährend wechselnden Belastungsmomente der einzelnen Plunger addieren sich in jeder Stellung zu einer annähernd gleichbleibenden Grösse. Am vollkommensten wird dieser Ausgleich bei doppelt wirkenden Zwillingspumpen mit um 90 bezw. 180° versetzten Plungern (Fig. 182a—c Seite 344) und den viel verbreiteten Drillingspumpen (Fig. 183 Seite 345) erzielt, bei welch letzteren die Kurbeln um 120° gegeneinander verstellt sind. Bei den Drillingspumpen kann die Umdrehungszahl bis zu 100 Umdrehungen in der Minute gesteigert werden, wie das z. B. bei der Pumpe auf ver. Trappe geschehen ist. Für die niederen Tourenzahlen sind Pumpen einfacherer Konstruktion, wie doppelt wirkende Einplungerpumpen (Zeche Deutscher Kaiser 4. Sohle), einfach und doppelt wirkende Zwillingspumpen (Zeche Ewald und Kölner Bergwerksverein) und Zwillingsdifferentialpumpen (Zeche Zollverein und ver. Maria, Anna und Steinbank) verwendbar.

Um die Stösse zu verhüten, welche Motor und Pumpe erhalten, wenn man dieselben gegen den ganzen Druck der Steigleitung anlaufen lässt, wird bei allen grösseren Pumpen die Steigleitung in der Anlaufperiode von der Pumpe abgesperrt. Das Wasser vollführt zunächst einen Kreislauf

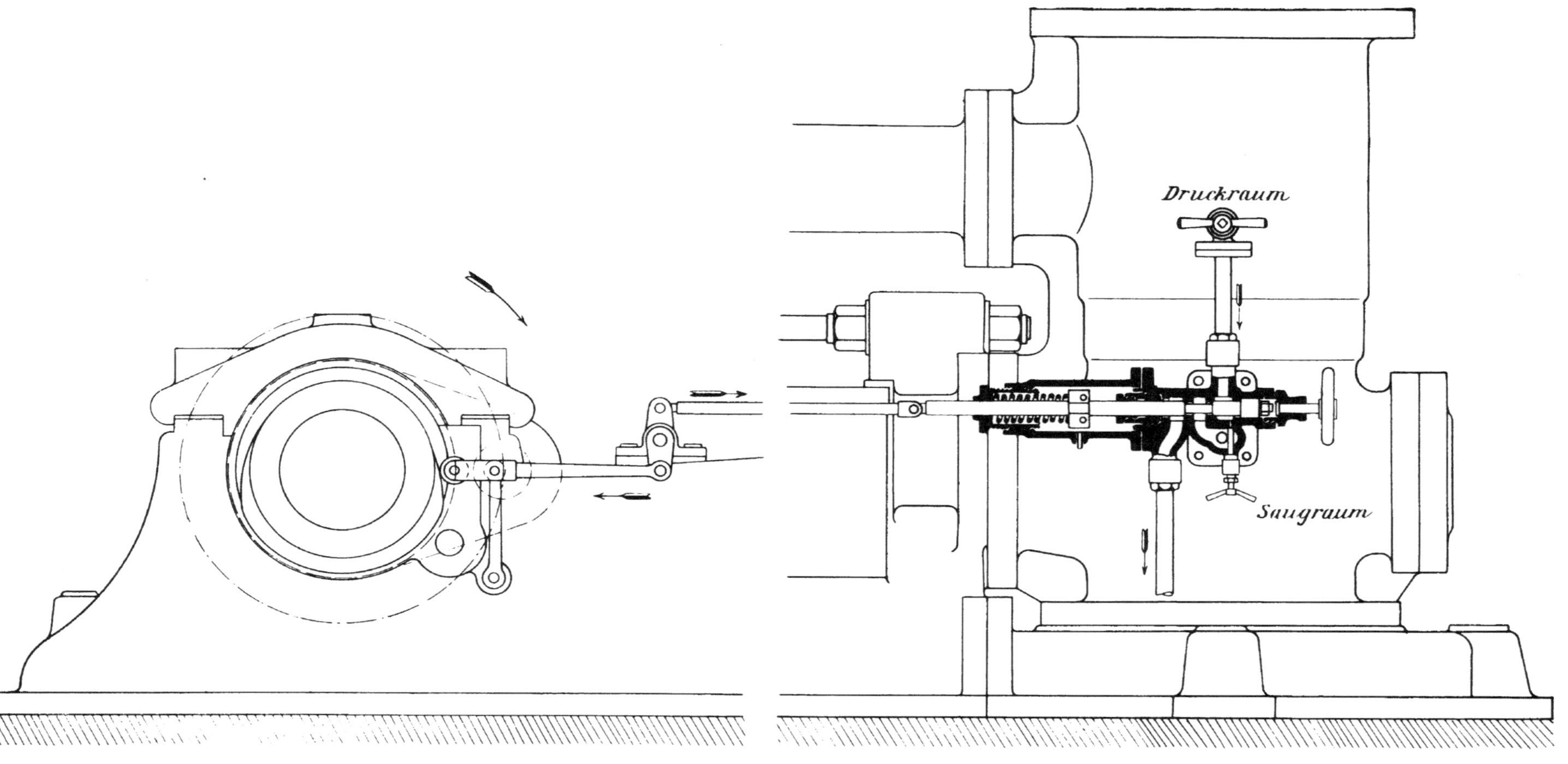

Fig. 187.

Vorrichtung, um eine Pumpe durch Druckwasser aus der Steigrohrleitung hydraulisch zu betreiben. Zeche Zollverein Schacht I./II.

in der Pumpe, der durch sogenannte Umführungsventile ermöglicht wird. Bei der Pumpe auf Zeche ver. Maria, Anna und Steinbank geht man soweit, das Wasser während des Anlaufens aus der Pumpe zu entfernen, sodass der Motor nur die Reibungswiderstände der Pumpe zu überwinden hat. Nähert sich der beim Anlaufen nur zu etwa $^2/_3$ belastete Motor seiner vollen Tourenzahl, so werden die Umführungsventile geschlossen und das Absperrventil der Steigleitung langsam geöffnet, wodurch sich das Wasser allmählich in Bewegung setzt. Bei der Differentialpumpe auf Zeche Zollverein würde mit Hülfe der Umlaufventile nur eine geringe Entlastung erzielt worden sein. Man brachte deshalb zur Unterstützung des Motors*) in der Anlaufperiode die nachstehend abgebildete, der Firma Haniel & Lueg unter D. R.-P. 100025 geschützte Vorrichtung an, welche es ermöglicht, die Pumpe durch Druckwasser aus der Steigrohrleitung als hydraulischen Motor zu betreiben. Wie die Figur 187 zeigt, sind die Pumpenkörper mit einer kleinen hydraulischen Steuerung versehen, deren Kolben durch ein Handrad ein- und ausgerückt werden können. Um die Vorrichtung in Gang zu setzen, genügt es, die Scheibe mit dem Handrad zurückzudrehen. Dann legt sich, durch die Feder zurückgedrängt, der Antriebshebel gegen eine excentrische Scheibe auf der Welle der Pumpe, welche nunmehr als hydraulischer Motor anläuft und dem Elektromotor 15 bis 20 Umdrehungen in der Minute erteilt. Diese Geschwindigkeit und der gleichzeitig von dem angelassenen Primärgenerator gelieferte Bruchteil des Normalstromes genügen, um den Motor in Betrieb zu setzen. Hat der Strom seine gewöhnliche Stärke erreicht, so wird durch Drehung des kleinen Handrades die Steuerung wieder ausser Thätigkeit gesetzt.

Wirkungsgrade.

Das Verhältnis der Energiemenge, die im Dampf dem Antriebsmotor der Primärmaschine zugeführt wird, zu derjenigen, welche in indicierter Pumpenarbeit nutzbar gemacht wird, der Wirkungsgrad, ist durch die Nutzeffekte der Dampfmaschine, des elektrischen Triebwerks und der Pumpe gegeben. Für die einzelnen Glieder einer elektrischen Wasserhaltung von etwa 500 PS lassen sich bei guter Ausführung und Belastung folgende Nutzeffekte annehmen:

1. Wirkungsgrad der Dampfmaschine . . . . $\eta_1 = 0{,}88$
2. „ des Generators . . . . $\eta_2 = 0{,}95$
3. Wirkungsgrad der Leitung . . . . $\eta_3 = 0{,}97$
4. „ a) eines Motors von normaler Tourenzahl $\eta_4 = 0{,}94$
   b) eines langsam laufenden Motors . . . $\eta_4 = 0{,}92$

---

*) Gerdau, Neuere Wasserhaltungen für Bergwerke. Veröffentlichung zum VIII. Allgem. Bergmannstag.

5. Wirkungsgrad des zwischen dem Motor und der Pumpe eingeschalteten Vorgeleges . . . . $\eta_5 = 0{,}94$
6. Wirkungsgrad der Pumpe . . . . $\eta_6 = 0{,}84$

Danach ergiebt sich für günstige Fälle der Wirkungsgrad a) der Vorgelegepumpen zu $\eta_1 . \eta_2 . \eta_3 . \eta_4 . \eta_5 . \eta_6 = 0{,}88 . 0{,}95 . 0{,}97 . 0{,}94 . 0{,}94 . 0{,}84 \sim 0{,}60$, b) der direkt gekuppelten Pumpen zu $\eta_1 . \eta_2 . \eta_3 . \eta_4 . \eta_6 = 0{,}88 . 0{,}95 . 0{,}97 . 0{,}92 . 0{,}84 \sim 0{,}63$. Dabei ist jedoch zu bemerken, dass für die Bestimmung von η_6 für längere Zeit in Betrieb befindliche Pumpen zuverlässige Unterlagen nicht vorliegen. Für die Vorgelegepumpen auf Ver. Maria, Anna und Steinbank hat man einen Wirkungsgrad von 78 % und folgende Einzelenergieverluste angenommen:

1. den Volumenverlust der Pumpe mit 6 %,
2. die Reibungsverluste der Pumpe und Steigleitung mit 10 % und
3. den Verlust im Seilvorgelege mit 6 %.

Für eine minutliche Pumpenleistung von 6 cbm auf 440 m Druckhöhe =

$$\frac{6000 . 440}{60 . 75} = 586{,}7 \text{ PS}$$

muss demnach der Motor $\frac{586{,}7}{0{,}78} = 752$ PS liefern.

Unter Hinzurechnung der Energieverluste im Motor und in der Leitung wurde der Stromverbrauch zu

$$650 \text{ KW.} = 883 \text{ PS}$$

festgestellt und die Antriebsmaschine für 1000 PS Leistung bemessen. Der Gesamtwirkungsgrad wurde also zu 0,586 angenommen, ein Wert, der sich nach der vorher aufgestellten Einzelberechnung in der Praxis wohl erreichen lässt.

Mit der Pumpe auf Zeche Deutscher Kaiser, welche nur etwa $^1/_3$ der Leistung aufweist, wie die vorerwähnte, erhielt man einen Wirkungsgrad von 54—55 %.

Wenn nun auch der Wirkungsgrad der direkt gekuppelten Pumpen sich bei dem Fehlen des Transmissionsverlustes günstiger stellt, als der der Vorgelegepumpen, so scheint doch der bei den Messungen der Anlage auf Zollverein erhaltene Nutzeffekt von 65,5 % wohl auf Grund ungenauer Messungen*), welche besonders bei der Bestimmung der Wasserhaltung so grosser Pumpen leicht möglich sind, etwas zu hoch gegriffen zu sein. Eine Unstimmigkeit dieser Angaben lässt sich in den Messungsresultaten selbst nachweisen. Es indizierte nämlich die Dampfmaschine bei 142 Umdrehungen 426 PS. Dabei soll die Pumpe mit 60,2 Umdrehungen 3,059 cbm

*) Glückauf 1898 No. 13.

Wasser auf 411 m Druckhöhe gefördert haben, was einer Pumpenleistung von 278 PS und dem oben angegebenen Gesamtwirkungsgrad zwischen gehobenem Wasser und indizierter Dampfmaschinenleistung von

$$\frac{278 \cdot 100}{426} = 65{,}5\ \%$$

entspräche; doch konnte der Pumpenmotor nach der elektrischen Disposition der Anlage bei 142 Touren des Generators nur 56,8 Umdrehungen machen. Nimmt man den volumetrischen Nutzeffekt der Pumpe selbst zu 0,97 an, so konnte sich die Pumpenarbeit bei der obigen Druckhöhe nur auf 260,45 PS belaufen. Der Gesamtwirkungsgrad der Anlage stellt sich bei diesem Werte auf 61,14 %, was eher der Wirklichkeit entsprechen dürfte.

In der Praxis garantieren die Lieferanten für grössere elektrisch betriebene Pumpenanlagen gewöhnlich einen Gesamtwirkungsgrad von 58 %.

b) Neuere Pumpensysteme in Bau begriffener bezw. geplanter Anlagen.

Die Riedler-Expresspumpe.*)

Dieses Pumpensystem, eine Konstruktion des Geheimrats Riedler, Professor an der technischen Hochschule zu Berlin, stellt die erste Konstruktion einer schnell laufenden Pumpe für direkten elektromotorischen Antrieb dar. Im Ruhrrevier werden in der nächsten Zeit die Wasserhaltungen der Zechen Ver. Engelsburg und Mansfeld mit Riedler-Pumpen arbeiten. Auf ersterer Grube kommen zwei doppelt wirkende Zwillingspumpen zur Aufstellung, welche von der Gutehoffnungshütte ausgeführt werden. Die Pumpen sollen bei 200 Umdrehungen je 2,5 cbm Wasser auf 585 m Höhe fördern. Der Durchmesser der Plunger beträgt 185 mm, ihr Hub 250 mm. Die Elektromotoren werden mit 2300 V. Spannung arbeiten und dabei je 400 PS entwickeln. Die Wasserhaltungsanlage des Koloniaschachtes der Zeche Mansfeld wird vier einfach wirkende Zwillingspumpen erhalten, von denen jede bei 170 Umdrehungen 5 cbm Wasser auf 435 cbm fördert. Der Plungerdurchmesser beträgt 248 mm, der Hub 350 mm.

Die Gesamtanordnung einer Zwillingsexpresspumpe nebst dem Antriebsmotor ist aus Figur 188 ersichtlich.

Die Einrichtung der Pumpe selbst veranschaulicht Figur 189.

---

*) Nach den Veröffentlichungen der Riedler-Expresspumpen-Gesellschaft m. b. H. zu Berlin.

Der Plunger p bewirkt bei seiner dem eingezeichneten Pfeil entgegengesetzten Bewegung die Einströmung des Wassers, welches dabei aus dem Saugraume e durch das Saugventil s in den eigentlichen Saugraum h tritt. Bei der entgegengesetzten Plungerbewegung (im Sinne des Pfeiles) wird das Wasser durch das Druckventil r in den mit Windkessel w

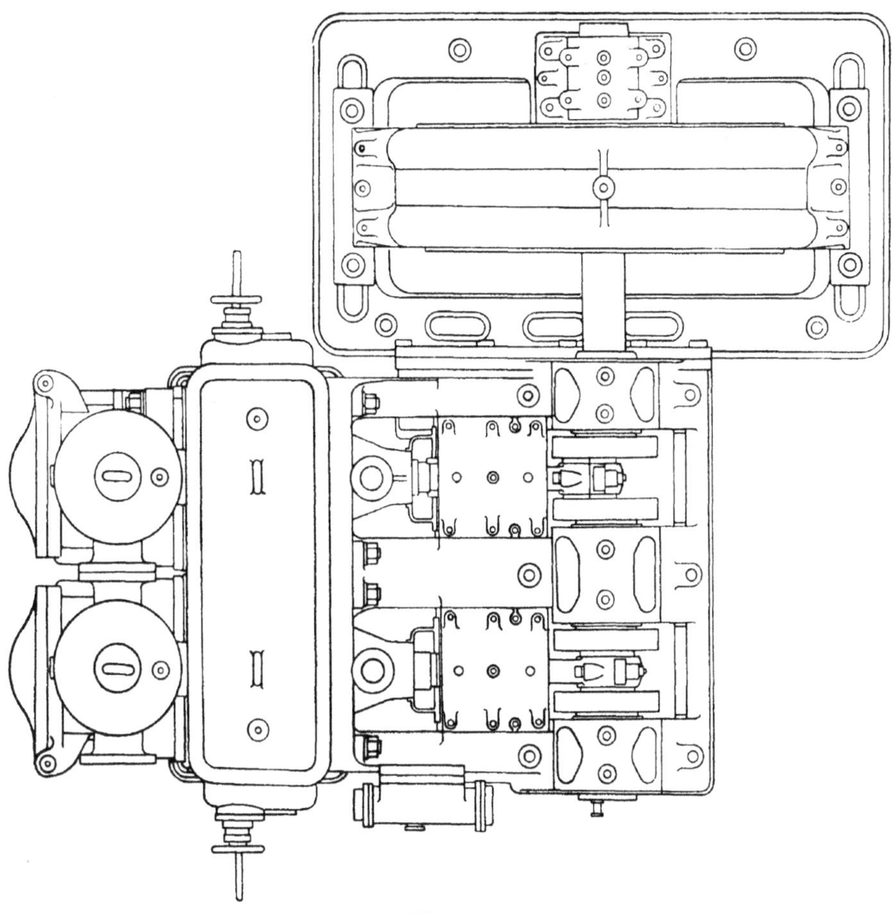

Fig. 188.

Riedler - Expresspumpe.

ausgestatteten Druckraum und aus diesem in die Steigleitung gepresst. Die Haupteigentümlichkeit des Systems ist die Anordnung des Saugventils s, welche die Figur 190 erkennen lässt.

Dasselbe besteht aus einem einfachen Metall- oder Holzring, welcher den Plunger p ringförmig umschliesst. Geführt wird das Ventil durch einen mit Säulen b versehenen Körper, welcher zugleich den Ventilsitz t an seinem Platz hält. Die Lage des Führungskörpers und somit auch des Ventilsitzes ist durch die am Deckel d befestigten Druckbolzen c festgelegt. Der Führungskörper dient gleichzeitig als Hubbegrenzer bei dem

Oeffnen des Ventils; er ist zur Erreichung einer möglichst sanften und geräuschlosen Arbeit mit einem Anschlagring f aus Gummi ausgerüstet. Da das geringe Gewicht des Ventilkörpers zum grössten Teil durch die Führung aufgenommen wird, und derselbe nicht irgendwie durch Federn u. s. w. belastet ist, so bietet er dem durchströmenden Wasser nur einen geringen Widerstand. Das Ventil bleibt bis zum Ende der Saugperiode geöffnet und wird dann durch den Plungerkopf k direkt geschlossen. Der letztere ist zur Erzielung einer sanften Arbeit ebenfalls mit einem Anschlagring g aus Gummi versehen. Figur 190 zeigt den

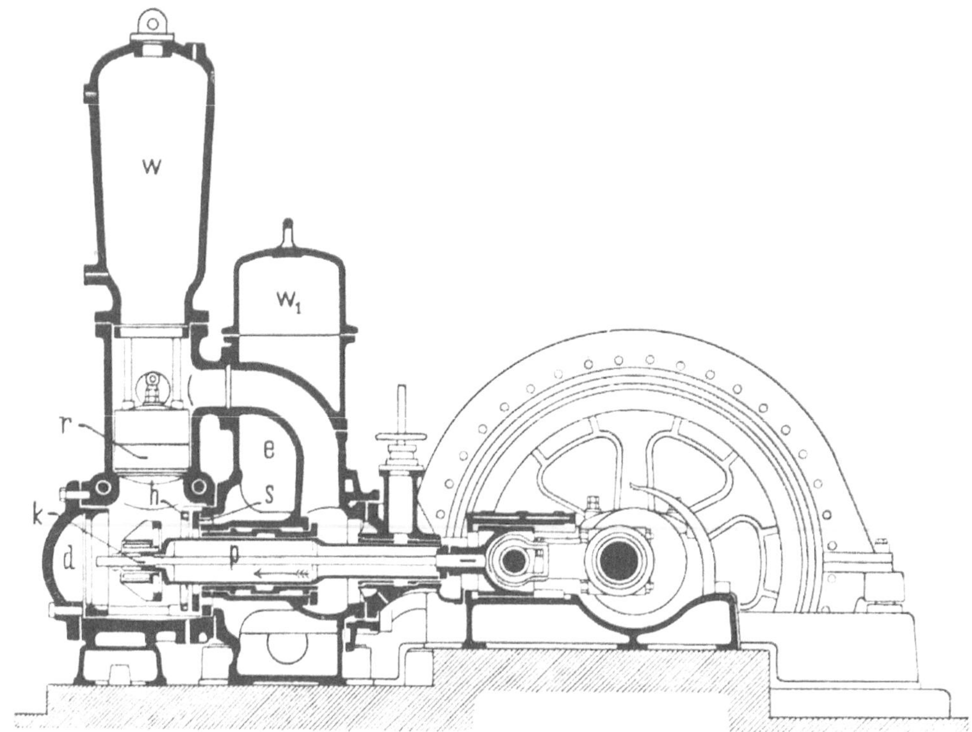

Fig. 189.

Einrichtung der Riedler-Expresspumpe.

Plungerkopf im Moment des Abschlusses, Figur 189 während der Druckperiode. Das Auswechseln und Wiedereinsetzen des Saugventils kann leicht und rasch erfolgen. Nach Oeffnung des Deckels d am Pumpenende kann der Hubbegrenzer ohne weiteres herausgezogen werden, worauf sich nach Lösung des Steuerkopfes k am Plunger das Ventil s nebst Ventilsitz leicht herausnehmen lässt. Als weitere Eigentümlichkeit weist die Pumpe einen zweiten Windkessel w_1 auf, welcher über dem Saugraum angeordnet ist und eine Erhöhung der Saugwirkung der Pumpe und somit eine Vergrösserung der Saughöhe bezweckt. Das soll dadurch erreicht werden, dass in dem Saugwindkessel künstlich ein Vakuum erhalten wird, welches das Wasser unter einem gewissen Druck an das Saugventil heranführt und so ein Abreissen der Wassersäule, welches bei dem schnellen Gange der Pumpe zu befürchten wäre, verhindert. Ob dieser Effekt in Wirklichkeit erreicht wird, ist zu bezweifeln, da die Zuströmungskraft des Wassers durch die Gegenwirkung des Vakuums verringert wird.*) Das Druckventil

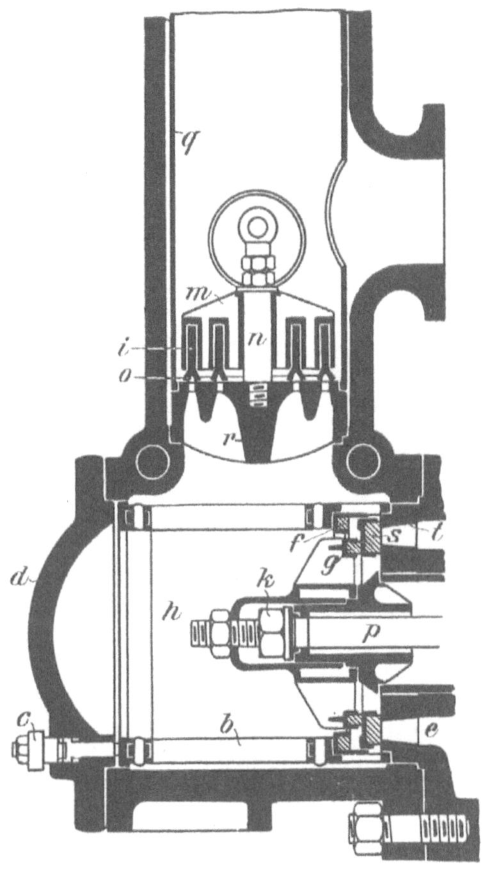

Fig. 190.

Anordnung des Saugventils der Riedler-Pumpe.

besteht aus den Ringen o, welche auf dem Sitz aufliegen. Durch das Anziehen der Befestigungsschraube des Druckwindkessels w (Fig. 189) und durch den Zwischenkörper o (Fig. 190) wird der Ventilsitz r in seiner Lage festgehalten. Die Ringe o werden durch die Gummifedern i belastet. Diese werden ihrerseits wieder durch den Körper m und die Schraubenbolzen n festgelegt. Das gesamte Ventil kann nach Entfernen

*) Gerdau, Neuere Wasserhaltungen für Bergwerke. Veröffentlichung zum VIII. deutschen Bergmannstag.

des Hauptwindkessels W herausgenommen werden. Die einfache Konstruktion der Ventilteile ermöglicht es, ohne erheblichen Kostenaufwand eine entsprechende Anzahl von Ersatzteilen in der Reserve zu halten und erleichtert notwendig werdende Reparaturen sehr.

Die ersten Riedler-Pumpen, welche auf den Gruben anderer Bergbaubezirke zur Aufstellung gelangt sind, wiesen recht hohe Tourenzahlen auf (n = 200—250). Die Rücksichten auf die Haltbarkeit der Ventile führten jedoch bald dazu, dass diese hohen Tourenzahlen verlassen wurden und man zu 120—180 Touren zurückkehrte.

Die Bergmannspumpe.*)

Ein zweites System schnelllaufender Pumpen, welche von der Maschinenfabrik Breslau nach dem Patent des Ingenieurs R. Bergmanns gebaut werden, wird in kurzer Zeit auf den in Tabelle 10 angeführten Anlagen in Betrieb kommen.

Tabelle 10.

Zeche	Motor				Pumpe					
	Stromart	Energieverbrauch in Volt	Leistung in PS	Lieferant	Pumpen-System	Plungerabmessungen: Durchmesser mm	Plungerabmessungen: Hub mm	Leistung: Druckhöhe m	Leistung: Tourenzahl je Minute	Leistung: Wassermenge in cbm
Julius Philipp	Drehstrom	2000	130	Siemens & Halske	Zwillingspumpe	$^{245}/_{245}$	400	220	150	4,0
Königin Elisabeth, Schacht Hubert	„	2000	220	Siemens & Halske	„	$^{155}/_{170}$	400	400	167	2,0
Germania, Sch. I	„	2200	135	El.-A.-G. Helios	„	$^{175}/_{200}$	400	160	175	3,0
Königsgrube	„	2000	330	Siemens & Halske	„	$^{150}/_{170}$	400	485	175	2,5

Die Pumpe arbeitet mit 150—250 Touren. Ein stossfreier Lauf soll bei ihr durch die im Folgenden näher beschriebene, in Figur 191a und b dargestellte Konstruktion, welche auf Zeche Julius Philipp verwandt werden soll, erreicht werden:

*) Nach Mitteilungen der Maschinenfabrik Breslau und einem Aufsatz von Ingenieur R. Götze im „Glückauf" 1901, Seite 587.

Der Plunger zeigt zwei verschiedene Querschnitte. Als eigentlicher Pumpenplunger dient der vordere Cylinder p von kleinerem Durchmesser mit der Arbeitsfläche F, als Ausgleichplunger das dicke Cylinderstück P, dessen ringförmige Arbeitsfläche f gleich der Differenz der beiden Plungerquerschnitte ist. Ausserdem ist die einfach wirkende Pumpe durch Anordnung zweier Druckventile v_1 und v_2 und einer Lufthaube w charakterisiert. Die Lufthaube kann bei den ersten Ausführungen der Pumpe durch die aus der Figur erkennbare Stopfbüchse und die Pressschraube verstellt werden. Diese Anordnung gewährte die Möglichkeit, das Volumen des Luftsackes in der Haube entsprechend dem Gang der Pumpe einzustellen. Nachdem sich durch die Erfahrung ergeben hat, dass die Volumenveränderung einen wesentlichen Einfluss auf die Wirkung nicht ausübt, hat man bei den neueren Ausführungen von der Anbringung der Pressschraube nebst Stopfbüchse abgesehen. Die Arbeitsweise der Pumpe ist folgende:

In der Saugperiode bewegt sich der Plunger bei der in der Zeichnung gewählten Stellung der Pumpe von links nach rechts, wobei der Ausgleichplunger aus dem Kolbenraum tritt, und eine der Volumendifferenz der beiden Plungerstücke entsprechende Vergrösserung des Saugeraumes stattfindet. Infolgedessen expandiert allmählich die in der Haube w vorhandene Luftmenge, deren Spannung beim Beginn der Saugperiode gleich der Druckhöhe ist, und fällt nach Vollendung des Saughubes bis auf die Atmosphärenspannung herab. Während der Saugperiode bleiben die beiden Druckventile geschlossen. Tritt nach dem Wechsel der Bewegungsrichtung der Plunger in die Druckperiode ein, so hebt sich das untere Druckventil leicht und stossfrei, da es nur sehr wenig belastet ist. Während des weiteren Fortganges der nach links gerichteten Druckbewegung wird die Luft wieder langsam zusammengepresst. Wenn sie dieselbe Spannung erreicht hat, welche in dem Windkessel W herrscht, so öffnet sich auch das obere Druckventil und das Wasser tritt in die Steigleitung. In der zwischen dem Oeffnen der beiden Druckventile liegenden Zeit, etwa $^1/_5$ der Gesamthubdauer, vollführt der Plunger eine Art toten Ganges, wodurch ein Ausfall an Wasserförderung verursacht wird. Um es zu ermöglichen, dass der Ausgleichplunger in der Druckperiode diesen Ausfall wieder wettmacht, muss die Druckfläche desselben etwas grösser gehalten werden, als sonst erforderlich wäre. Gewöhnlich wird sie zu $^2/_7$ des Querschnittes bemessen, welchen der Pumpenplunger aufweist. Bei diesem Volumenverhältnis tritt die oben angeführte Wirkungsverzögerung des oberen Pumpenventils von $^1/_5$ des Plungerhubes ein. Die Grösse der Lufthaube ist von der Druckhöhe und dem Hubvolumen des Ausgleichplungers abhängig. Eine vollkommene Entlastung der Ventile tritt ein, wenn das Volumen der Lufthaube so gewählt ist, dass die Luft während der Saug-

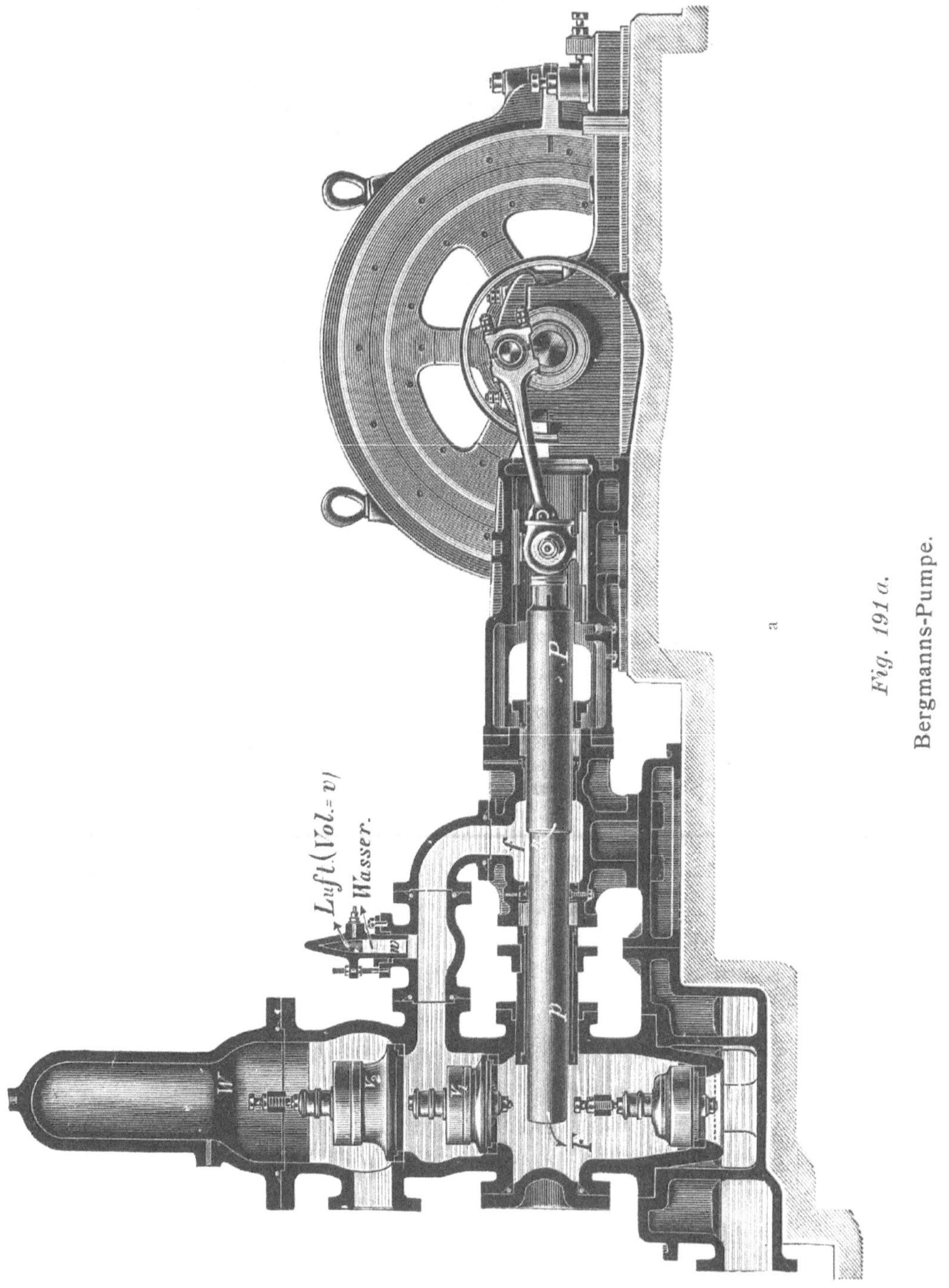

Fig. 191 a. Bergmanns-Pumpe.

periode auf Atmosphärenspannung expandiert und während der Druckperiode bis auf $^1/_{10}$ der Druckhöhe gepresst wird. Wird während der letzteren Periode ein Teil der Luftmenge vom Wasser absorbiert oder mitgerissen, so expandiert in dem darauf folgenden Saughub die Luft in dem Windkessel bis unter die Atmosphäre. Durch ein an dem Windkessel angebrachtes Schnüffelventil strömt dann die Aussenluft in den Windkessel

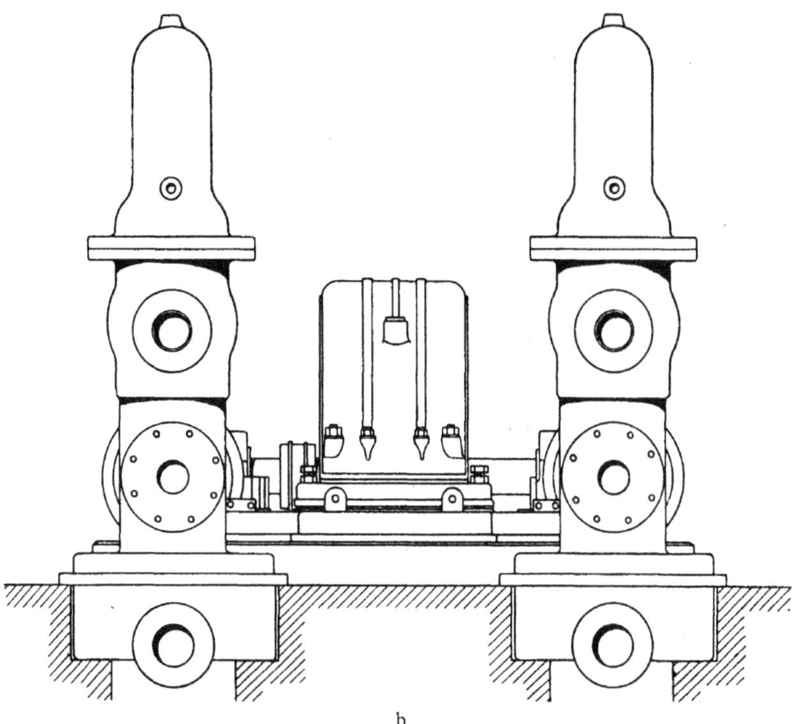

Fig. 191 b.

Bergmanns-Pumpe.

ein. Statt dieser selbstthätigen Luftergänzung kann auch eine solche durch einen kleinen Kompressor erfolgen.

Ausser dem leichten Spiel der Ventile, welches durch die allmähliche Drucksteigerung vermittels des elastischen Luftsackes erzielt wird, weist diese sinnreiche Pumpenkonstruktion noch zwei Vorteile auf, welche für den Schnellbetrieb durch Elektromotoren sehr ins Gewicht fallen. Es sind dies die gute, durch Anordnung der drei Ventile in einer Senkrechten erzielte Wasserführung und das Fehlen eines Druckwechsels im Gestänge. Der letztere wird dadurch umgangen, dass die Ringfläche F sowohl in der Saug-, als auch in der Druckperiode unter dem Druck der Luft in der Haube steht. — Die Bergmannspumpe wird als Differential-, Drillings-, neuerdings aber meist als Zwillingsmaschine mit um 180^0 versetzten Stirnkurbeln gebaut. Bei den neueren Ausführungen bilden der Saugwindkessel und die Saugleitung gewöhnlich getrennte Gussstücke; die Druckleitungen sind zu einem Kegelstück vereinigt und können durch eine Klappe gegen den Hauptwindkessel abgesperrt werden. Der Anker des Elektromotors wird zwischen den beiden Pumpenseiten auf der Welle aufgekeilt.

Die Vorteile der Bergmannspumpe müssen allerdings durch die Anordnung einer Reihe zusätzlicher Pumpenteile, so des zweiten Druckventils, des Ausgleichplungers und der Lufthaube mit den zugehörigen Stopfbüchsen erkauft werden. Dadurch wird der Aufbau der Pumpe ein komplizierter, es vergrössern sich die Kosten für die Instandhaltung; auch muss erst der praktische Betrieb den Beweis liefern, dass der elastische Luftsack in der Haube dauernd alle die Erwartungen erfüllt, welche man auf ihn setzt.

Die Expresspumpe Schleifmühle von Ehrhardt & Sehmer.

Während Riedler und Bergmanns ihre Pumpen durch Anordnung zusätzlicher Maschinenteile den hohen Tourenzahlen des Elektromotors anpassen und dadurch Konstruktionen schaffen, denen der Vorwurf der Kompliziertheit nicht erspart werden kann, glaubt die im Pumpenbau sehr erfahrene Maschinenfabrik Ehrhardt & Sehmer in Schleifmühle bei den schnell laufenden Pumpen von Benutzung besonderer Hülfsmittel absehen und den Hauptwert auf eine einfache Ausführung der Pumpe legen zu sollen. Die ersten Pumpen dieses Systems zeigen Drillingsanordnung und arbeiten mit einfachem Plunger. Bei den neueren Ausführungen erscheint die Pumpe gewöhnlich als doppelt wirkende Zwillingspumpe, deren Tauchkolben durch ein umgeführtes, in 4 Lagerbüchsen verlegtes Gestänge verbunden sind (Fig. 192a—c).

Die Saug- und Druckventile setzen sich aus mehreren Bronzeringen zusammen, welche durch mehrere zwischenliegende Hartgummiringe gedichtet werden und auf Bronzesitzen ruhen. In den Ventilkasten, der sowohl die Saug- als auch die Druckventile aufnimmt, taucht der einfache Plunger. Das Anlaufen wird durch eine Anlassvorrichtung erleichtert, welche ein Angehen der Pumpe ohne Druckwiderstand ermöglicht. Diese Vorrichtung besteht aus zwei Absperrventilen mit Verbindungsleitung und einem dazwischen eingeschalteten Drosselapparat.

Bei geöffnetem Drosselapparat stehen die Räume zwischen Saug- und Druckventil in offener Verbindung. Der drückende Plunger wirft hierbei dem saugenden Plunger der anderen Pumpenseite das Wasser zu. Es findet infolgedessen keine Wasserförderung statt, und der Elektromotor hat nur die Reibungswiderstände der Pumpe und der Anlassvorrichtung zu überwinden. Der Widerstand der letzteren ist, solange die Pumpe langsam läuft, gering. Er wächst mit steigender Tourenzahl. Da die Anlassvorrichtung ganz geöffnet ist, fördert die Pumpe auch bei voller Tourenzahl kein Wasser. Durch langsames Schliessen des Drosselapparates wird die Pumpe allmählich auf die volle Widerstandshöhe gebracht, und dann die Steigleitung eingeschaltet.

a

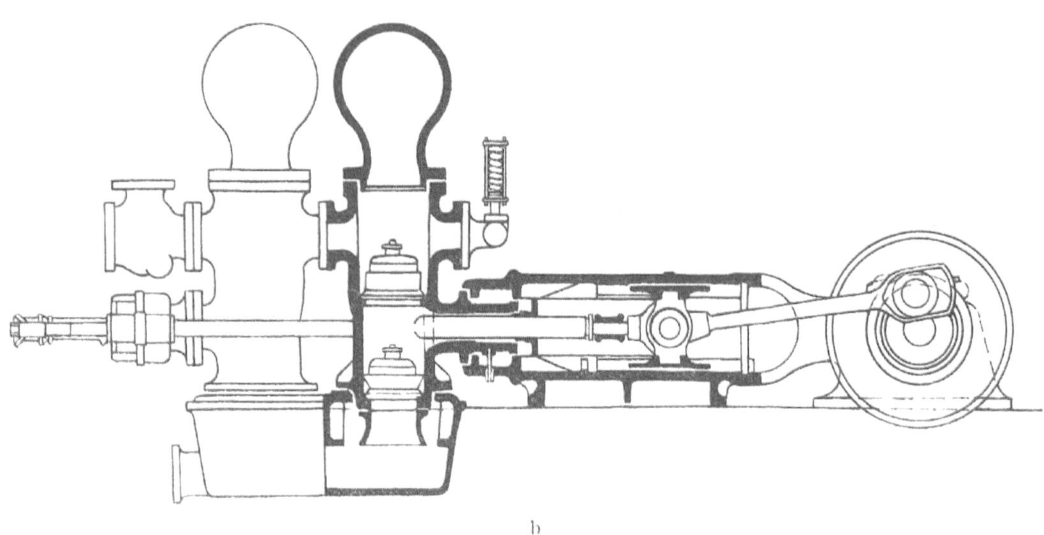

b

Fig. 192 a u. b.

Expresspumpe Schleifmühle von Ehrhardt & Sehmer.

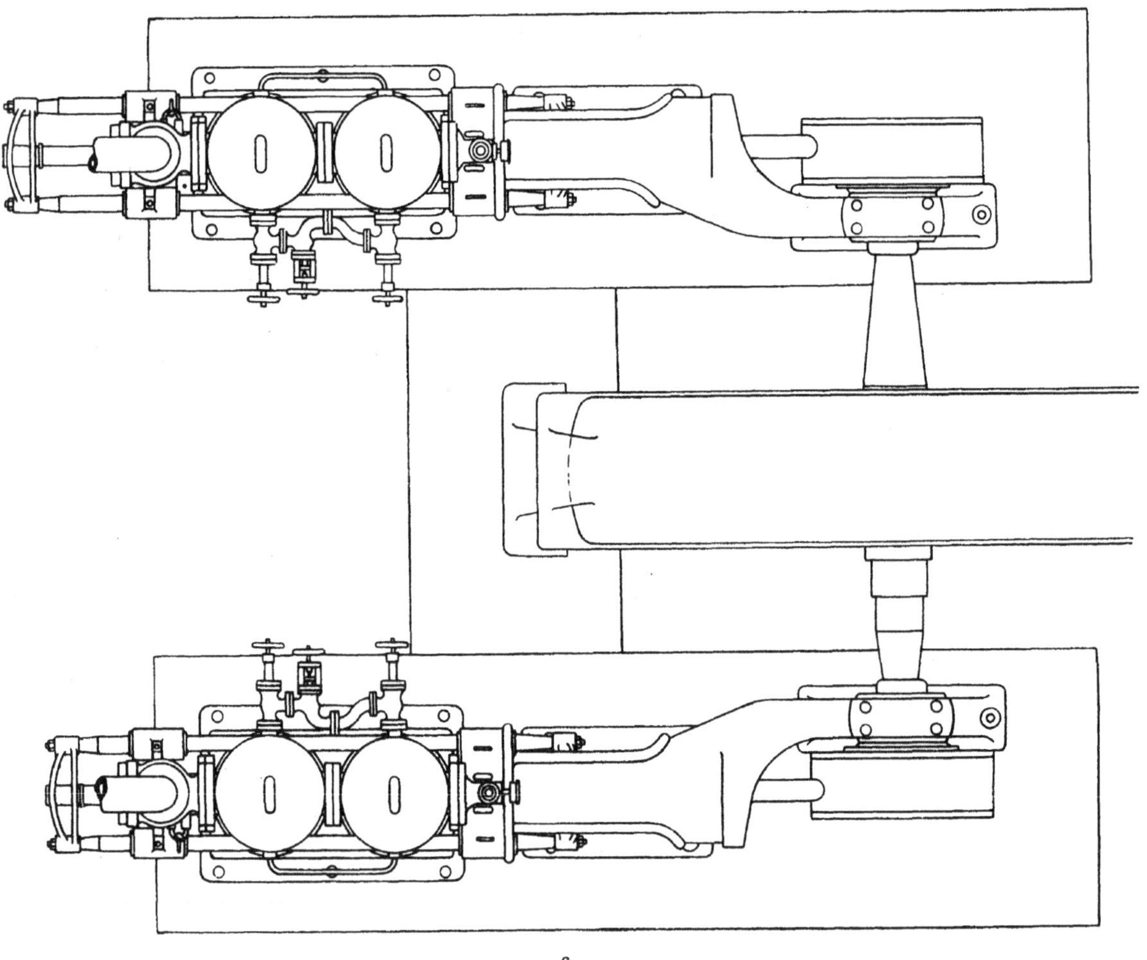

Fig. 192 c.

Expresspumpe Schleifmühle von Ehrhardt & Sehmer.

Für die schnell laufenden Pumpen werden als Vorteile in Anspruch genommen:

1. eine Herabsetzung des Raumverbrauchs, welcher nur etwa die Hälfte dessen betragen soll, dessen eine langsam laufende Pumpe gleicher Leistung zur Aufstellung bedarf;
2. eine Verminderung der Anschaffungskosten, verursacht durch den billigeren Preis eines normal laufenden gegenüber demjenigen eines langsam laufenden Motors;
3. ein besserer Nutzeffekt des normal laufenden Motors.

Was zunächst die Herabsetzung des Raumverbrauchs angeht, so dürfte dieselbe wohl nur in den seltensten Fällen für die Wahl eines Pumpensystems ausschlaggebend sein. Ueberdies ist auch für die langsam laufende Pumpe der Zollvereintype nur etwas mehr als die Hälfte des Raumes erforderlich, den die gestreckte Konstruktion einer Dampfwasserhaltung gleicher Leistung beansprucht, da der Raum für die Dampfcylinder wegfällt, und der Motor nur wenig mehr Platz zur Aufstellung erfordert als das Schwungrad.

Zu dem zweiten Punkte, der Verbilligung der Anschaffungskosten, ist nur zu bemerken, dass die Preisunterschiede mehr als ausgeglichen werden durch die höheren Aufwendungen für die in der Konstruktion komplizierteren und deshalb teureren Schnellläuferpumpen.

Die Differenz zwischen dem Wirkungsgrad langsam und normal laufender Motoren ist durch die Verbesserung der Konstruktion der ersteren so verringert, dass sie nur noch wenig ins Gewicht fällt. Der Wirkungsgrad der Schnellläuferpumpen kann bei den weit stärkeren Reibungsverlusten keinesfalls höher sein, als der der normalen Pumpen.

Erhebliche Nachteile für die Schnellläuferpumpen ergeben sich aus der Beschleunigung des angesaugten Wassers, welche nach der nachstehenden Berechnung von Gerdau*) ein Mehrfaches der Wasserbeschleunigung bei normalen Pumpen beträgt. Zur Berechnung der Beschleunigung dient die Formel

$$p = \frac{v^2}{r} \cdot \cos \varphi,$$

worin v die Umfangsgeschwindigkeit im Kurbelkreise, r der Kurbelhalbmesser und φ der Beschleunigungswinkel sind. Diese Formel gestaltet sich bei der Pumpe auf Zeche Zollverein folgendermassen:

$$p = \frac{3{,}14^2}{0{,}5} \cdot \cos \varphi = 19{,}6 \cdot \cos \varphi.$$

Für eine Pumpe mit höherer Umdrehungszahl, zum Beispiel 250 in der Minute, und einem kleineren Hub von z. B. 220 mm ist $v = 2{,}88$, $r = 0{,}11$, folglich

$$p = \frac{2{,}88^2}{0{,}11} \cdot \cos \varphi = 75{,}0 \cdot \cos \varphi.$$

Die erforderliche Beschleunigung des angesaugten Wassers ist also bei der Pumpe mit höherer Umdrehungszahl $\frac{75{,}5}{19{,}6} = 3{,}85$, also fast 4 mal so gross, wie bei der langsam laufenden Pumpe auf Zollverein.

*) Neuere Wasserhaltungen für Bergwerke, Veröffentlichung zum VIII. Allgemeinen Bergmannstag.

Die hohe Tourenzahl der Pumpe und die intensive Wasserbeschleunigung verursachen eine stärkere Beanspruchung der arbeitenden Teile. Dadurch werden die Unterhaltungskosten erhöht und die Betriebssicherheit vermindert. Dazu kommt, dass die geringe Saughöhe der Schnellläuferpumpen es erfordert, dieselben möglichst nahe über dem Saugort aufzustellen, was wieder um deswillen vermieden werden sollte, weil bei einer plötzlichen Steigerung der Zuflüsse der Maschinenraum leicht unter Wasser gesetzt wird.

Diese schwer wiegenden Nachteile werden bei den schnell laufenden Pumpen kaum behoben werden können. Es ist deshalb zu erwarten, dass die Pumpenfabriken zur Konstruktion von Pumpen mit mässigen Umdrehungszahlen zurückkehren werden. Als solche können nach den Erfahrungen, welche bei den Schnellläuferpumpen gemacht wurden, für grössere Anlagen 60—90, für kleinere 90—120 Umdrehungen gelten. Geeignete Motoren zur direkten Kupplung mit Pumpen dieser Geschwindigkeit stellt die Elektrotechnik zur Verfügung.

Schätzenswerte Aufschlüsse über den Betrieb und den Wirkungsgrad der einzelnen Pumpensysteme werden die Versuche ergeben, welche der Verein für die bergbaulichen Interessen im Oberbergamtsbezirk Dortmund in Gemeinschaft mit dem Verein Deutscher Ingenieure an einer grösseren Anzahl von Wasserhaltungen des Ruhrreviers demnächst auszuführen beabsichtigt.

5. Kapitel: Vergleichung der nach ihren Antriebskräften verschiedenen Systeme von unterirdischen Wasserhaltungsmaschinen in wirtschaftlicher Hinsicht.

Von Bergassessor Wilh. Müller.*)

I. Allgemeines.

Der folgende Vergleich der verschiedenen Wasserhaltungssysteme in wirtschaftlicher Hinsicht beschränkt sich auf die unterirdischen Anlagen. Bei dem heutigen Stande der Maschinentechnik wird unter normalen Verhältnissen für Neuanlagen nur diese Gruppe von Wasserhaltungen, mögen dieselben nun Dampf-, hydraulische oder elektrische Maschinen sein, in Frage kommen können.

Ein wirtschaftlicher Vergleich dieser verschiedenen Antriebsmittel unterirdischer Wasserhaltungen wird zweckmässig nach folgenden Gesichtspunkten anzustellen sein:

1. Sicherheit des Betriebes,
2. Bequemlichkeit in der Führung der Pumpen,
3. Fähigkeit, wechselnden Anforderungen zu genügen,
4. Oekonomie der Anschaffung,
5. Oekonomie des Betriebes.

Folgendes ist jedoch vorauszuschicken. Wie schon früher angedeutet, war im Ruhrkohlenbezirk bis Ende der 80er Jahre die Meinung vorherrschend, unterirdische Wasserhaltungen seien nur ein Aushülfsmittel, zu dem man nur, wenn alles andere versagte, seine Zuflucht nehmen könne. Man liess sich bei ihrer Anschaffung ausschliesslich von dem Gedanken leiten, diese doch nur provisorischen Maschinen mit einem möglichst geringen Kostenaufwand zu beschaffen, während alle anderen Gesichtspunkte, besonders der ökonomische Betrieb, unberücksichtigt blieben. Selbstverständlich mussten aber Anlagen, die unter solchen Anschauungen ohne Berücksichtigung der Eigenart des Grubenbetriebes stets bei der am billigsten liefernden Fabrik bestellt waren, und von dieser in dem übertriebenen Bestreben nach Einfachheit mit veralteten, unvollkommenen Mitteln ausgerüstet und ohne genügende Sorgfalt eingebaut wurden, in der Grube sehr bald unerträgliche Mängel zeigen.

---

*) Unter Anlehnung an eine gleiche Arbeit des Bergreferendars Goldkuhle aus dem Jahre 1897.

Wie aus Tabelle 11 »Zusammenstellung der Betriebsergebnisse einiger unterirdischer Wasserhaltungen im Ruhrkohlenbezirk« hervorgeht, verbrauchen die älteren Maschinen (vergl. No. 6 und 8) ungefähr $1^1/_2$—2 mal soviel Dampf je indizierte Pferdekraftstunde wie die unter gleichen Bedingungen betriebenen neuerer Konstruktion. Mit den unterirdischen Dampfwasserhaltungen aus den 90er Jahren, welche nach den neuesten Erfindungen unter sorgfältigster Anpassung an die jedesmaligen Grubenverhältnisse konstruirt sind, lassen sich die alten Anlagen nicht vergleichen. Sie müssen daher bei einer Gegenüberstellung der verschiedenen Systeme ausser Betracht bleiben, da ihre schlechten Betriebsergebnisse nicht in dem System der Antriebskraft sondern in den sonstigen Verhältnissen ihren Grund haben.

II. Spezielles.

Ein grundlegender Unterschied besteht zwischen den Dampfwasserhaltungen einerseits und den hydraulischen bezw. elektrisch betriebenen Maschinen andererseits. Bei ersteren wirkt die Dampfkraft mittelst der Kolbenstange direkt ohne alle Zwischenglieder auf die Förderplunger treibend ein, während bei letzteren zunächst eine Umformung der ursprünglichen Dampfkraft vorgenommen wird. Da nun eine jede Umformung von Kraft mehr oder minder grosse Verluste mit sich bringt und sowohl Anlage- wie Betriebskosten einer Maschinen-Anlage vergrössert, so ergiebt sich von vornherein, dass das einfachst und billigste Mittel die Dampfübertragung sein muss. Wollen daher die hydraulischen und elektrischen Maschinen mit Erfolg gegen die Dampfwasserhaltungen wetteifern, so kann das nur unter Verhältnissen geschehen, welche die natürlichen Vorteile der Dampfübertragung zurücktreten lassen.

1. Betriebssicherheit.

Bei der hohen Bedeutung der Wasserhaltungsanlagen für den gesamten Grubenbetrieb, bei der Abhängigkeit der Betriebsfähigkeit einer Grube von dem regelmässigen und sicheren Funktionieren dieser wichtigen Maschinen muss der Grundsatz als gerechtfertigt anerkannt werden, dass die zuverlässigste Wasserhaltung auch stets die beste ist, nur darf die Zuverlässigkeit des Maschinenbetriebes nicht durch Mittel erkauft werden, die dem Bergbau neue, vielleicht grössere Gefahren bringen, wie die durch Wasserzuflüsse hervorgerufenen thatsächlich sind.

Verwertbare Erfahrungen über die Zuverlässigkeit im Betriebe liegen für eine längere Reihe von Jahren weder bei der hydraulischen noch elektrischen Wasserhaltung vor. Man muss deshalb die Dampfwasserhaltung, weil sie konstruktiv die einfachste ist, als die zuverlässigste erklären, solange nicht die Praxis das Gegenteil bewiesen hat.

Bei der Beurteilung des Wertes einer Wasserhaltung wird weiterhin die Frage von Bedeutung sein, ob und inwieweit die Maschine imstande ist, sich beim Ersaufen infolge plötzlicher, die Wältigungskraft der Maschine übersteigender Wasserzuflüsse frei zu pumpen. In einem solchen Falle werden die mit Dampf und die elektrisch betriebenen Maschinen sicher den Dienst versagen, erstere, weil die Dampfcylinder nach einigen Hüben mit Kondensationswasser angefüllt sein werden, letztere wegen der unvermeidlichen Kurzschlüsse. Bei der hydraulischen Wasserhaltung besteht allerdings die Aussicht, und es wird das von den Vertretern dieses Systems stets als grosser Vorteil hervorgehoben, dass im Falle des Ersaufens die Maschine arbeitsfähig bleibt; jedoch darf mit absoluter Sicherheit hierauf nicht gerechnet und deshalb dieser vermeintliche Vorteil nicht all zu hoch angeschlagen werden. Andrerseits dürfen die Schwierigkeiten, welche infolge des hohen Presswasserdruckes von 200 und mehr Atmosphären durch das Dichthalten der Stopfbüchsen und durch den Verschleiss der Kraftwasserleitungen und der Maschinenteile entstehen, nicht vergessen werden, ebenso auch die Thatsache, dass das Einfrieren des Kraftwassers in den Druckleitungen bei starkem Frost mancher Zechenverwaltung bittere Erfahrungen bereitet hat.

Es ergiebt sich bei Prüfung der Betriebssicherheit der einzelnen Maschinensysteme weiterhin die Frage, ob und inwieweit durch sie für den Grubenbetrieb neue Gefahren entstehen können. Eine gewisse Gefahr liegt in jedem Maschinenbetrieb schon über Tage, und dementsprechend weit mehr in der Grube.

Durch eine hydraulische Wasserhaltung können nennenswerte Belästigungen oder gar Schäden dem Grubenbetriebe nicht erwachsen. Die Druckwasserrohre sind stets kühl; ein Platzen der Rohre wird im allgemeinen ungefährlich sein. Ebenso steht es mit den elektrischen Wasserhaltungen; Funkenbildungen am Motor oder an den Schaltapparaten sind ungefährlich, da schon mit Rücksicht auf die Betriebsfähigkeit der Motoren deren Erwärmung nicht über ein bestimmtes Mass hinausgehen darf, die Maschinenräume reichlich ventiliert werden müssen und dementsprechend eine Schlagwettergefahr so gut wie ausgeschlossen ist. Ein Durchschlagen oder Zerreissen der Hauptschachtkabel ist bei der heutigen soliden Armierung derselben nicht zu befürchten. Anders steht es in dieser Hinsicht mit den Dampfwasserhaltungen; durch sie ergeben sich für den Bergwerksbetrieb in vielen Fällen eine ganze Reihe von Belästigungen und Gefahren; diese lassen sich einteilen in direkte und indirekte Folgen des Dampfbetriebes. Zu den direkten Nachteilen der Dampfwasserhaltung gehören: Verschlechterung der Wetterführung, wenn die Wasserhaltungen im einziehenden Schacht stehen und durch Erwärmung der Luft einen Gegenstrom hervorrufen; ferner grosse Querschnittsverluste der immer teurer werdenden Schächte. Bei hölzernem Schachtausbau bewirkt ferner die feuchtwarme Luft ein schnelles Anfaulen der Schachtzimmerung. Indirekte Nachteile der Dampfwasserhaltung bestehen darin, dass bei der grossen Erhöhung der Temperatur in der Maschinenkammer letztere sehr ausgiebig bewettert werden muss und dass trotz Zuführung frischer Wetter in der Maschinenkammer bisweilen eine Temperatur herrscht, welche den Aufenthalt für die Wärter sehr erschwert und die ordnungsmässige Beaufsichtigung des Betriebes in Frage stellt. Es tritt ferner bei grossen Teufen der Uebelstand ein, dass durch die vermehrte zu kondensierende Menge verbrauchten Dampfes das Sumpfwasser bis zu einer solchen Temperatur angewärmt wird, dass die Pumpen nicht mehr ordnungsmässig ansaugen und auch sonstige Nachteile sich ergeben. Eine unterirdische Dampfwasserhaltung wird deshalb trotz der geringeren Anlagekosten und ihres günstigeren Wirkungsgrades nur dort in Frage kommen, wo es gelingt, die erwähnten Schäden möglichst zu beseitigen. Dies wird aber nur dort der Fall sein können, wo die Dampfrohre in einem ausziehenden und völlig ausgemauerten Wetterschacht untergebracht werden können; indes entspricht es meist nicht den sonstigen Bedürfnissen des Betriebes, den Wetterschacht bis zur Wasserhaltungssohle abzuteufen.

2. Wartung.

Was die Bequemlichkeit in der Führung der Maschine anlangt, so muss für alle drei Systeme von Wasserhaltungen ein geschultes Bedienungspersonal verlangt werden. Bei den hydraulischen und elektrischen Anlagen genügt für das Anlassen und Ueberwachen der Maschine unter Tage durchweg ein Wärter, demgegenüber verlangt die unterirdische Dampfwasserhaltung die Einstellung von zwei Maschinisten, während andererseits durch den Fortfall der Kraftzentrale über Tage hier an Personal gespart wird. Allgemein stehen die Kosten für Wartung der Maschinen, unbeschadet ob mit Dampf, elektrisch oder hydraulisch betriebene Maschinen in Frage kommen, in direktem Verhältnis zu den Leistungen der Maschinen. Die Bequemlichkeit und Einfachheit der Führung, die früher bei der Auswahl des Wasserhaltungssystems eine grosse Rolle spielte, hat aber an Bedeutung verloren, nachdem die Anstellung geschulten Personals als das einzig Richtige erkannt ist und die unterirdischen Maschinenkammern, was Uebersichtlichkeit und Beleuchtung anlangt, den Maschinenhallen über Tage kaum nachstehen.

Additional material from *Gewinnungsarbeiten, Wasserhaltung,*
ISBN 978-3-642-90160-7 (978-3-642-90160-7_OSFO16),
is available at http://extras.springer.com

3. Fähigkeit, wechselnden Anforderungen zu genügen.

Die Fähigkeit, wechselnden Leistungsanforderungen zu genügen, ist für eine Bergwerkspumpe bei den häufigen Schwankungen der Wasserzuflüsse ein notwendiges Erfordernis. Alle Systeme unterirdischer Wasserhaltungen suchen dieses Ziel durch Veränderung ihrer Tourenzahl zu erreichen. Das ist bis zu einem gewissen Grade angängig. Andererseits ist es aber vom ökonomischen Standpunkte aus absolut verwerflich, Maschinen von den Dimensionen unserer Wasserhaltungen dauernd unter wesentlicher Einschränkung ihrer Tourenzahl in Bewegung zu halten. Das trifft im grossen und ganzen für alle Systeme in gleichem Masse zu.

In der Praxis gestaltet sich diese Frage so, dass Gruben mit stark schwankenden Wasserzuflüssen ihre Wasserhaltungskräfte derart bemessen, dass sie dem Maximalzuflusse gewachsen sind, und nun diese Maschinen nur während einiger Stunden des Tages arbeiten lassen. Hieraus folgen die schlechten Betriebsergebnisse, wie sie bei einigen Wasserhaltungen trotz ihrer den neuesten Fortschritten der Maschinentechnik entsprechenden Konstruktion festgestellt werden konnten (vgl. No. 9 und 10 der Tabelle 11). Im einzelnen wird auf diese Frage weiter unten näher eingegangen.

4. Anlagekosten.

Was die Anlagekosten der drei verschiedenen Wasserhaltungssysteme betrifft, so ist natürlich die einfachste der Maschinen, die Dampfwasserhaltung, zugleich auch die billigste. Absolute Zahlen lassen sich in dieser Hinsicht nicht gut zum Vergleich heranziehen, weil ja die Kosten der Maschine wechseln mit der Höhe der Eisenpreise, mit der Intensität in der Beschäftigung der Maschinenfabriken, überhaupt mit der Konjunktur. Relativ stellen sich die Anlagekosten einer Dampfwasserhaltung zu denen einer elektrischen Wasserhaltung etwa wie 2 zu 3; dieses Verhältnis würde sich bei Verwendung von schnelllaufenden Pumpen wegen der geringeren Dimensionen der Motoren zu Gunsten des elektrischen Systems verschieben. Die hydraulischen Anlagen der Berliner Maschinenbau-Anstalt sind gegenüber den elektrischen bei gleicher Leistung (P. S. e. in gehobenem Wasser) um einige Prozent teurer, jedoch ist der Unterschied nicht sehr wesentlich.

5. Betriebskosten.

Die in Tabelle 11 aufgeführten Betriebsergebnisse einiger Wasserhaltungen bedürfen folgender erläuternder Bemerkungen. Als Einheits- bezw. Vergleichsgrösse ist 1 Pferdekraftstunde effektiver Pumpenleistung (in gehobenem Wasser) gewählt. Die Berechnung des Dampfverbrauchs der einzelnen Maschinen ist theoretisch, nach den in „Des

Ingenieurs Taschenbuch“ angegebenen Formeln erfolgt. Zur Ermittelung der Kondensationsverluste in den Dampfleitungen sind die Versuche*) von Gutermuth und Nasse zu Grunde gelegt und hiernach der Kondensationsverlust pro Quadratmeter Rohrleitung und Stunde je nach der Art der Isolierung und dem Material der Rohre zu 1 — 1,3 kg angenommen. Diese Werte sind gegenüber neueren Untersuchungen des Ingenieurs Schulte an einer Wasserhaltung der Zeche Preussen I**), wo bei der allerdings an den Flanschen nicht umhüllten Rohrleitung ein Kondensationsverlust von 1,64 kg festgestellt wurde, verhältnismässig gering, aber dennoch beibehalten.

Bei Berechnung der Höhe der Dampfkosten ist zu Grunde gelegt, dass 1 kg Dampf auf der Grube 0,2 Pf. kostet; dieser Wert ist auf den Gruben Graf Beust und Mathias Stinnes übereinstimmend ermittelt worden; er passt im übrigen auch zu den anderweitig ermittelten Werten***), wenn man die besonderen Verhältnisse der Ruhrzechen gebührend in Rücksicht zieht.

Nach Tabelle 11 stellen sich die Gesamtbetriebskosten für 1 effektive Pferdekraftstunde einschliesslich Amortisation und Verzinsung des Anlagekapitals bei Dampfwasserhaltungen, wenn die Maschine 24 Stunden arbeitet, auf 2,57, 2,65 bezw. 2,74 Pf. (vergl. die laufenden Nummern 1, 2 und 3). Die unter No. 6 und 8 aufgeführten Maschinen, welche gleichfalls 24 bezw. 20 Stunden täglich arbeiten, weisen trotzdem die hohen Betriebskosten von 5,33 bezw. 6,45 Pf. auf. Es sind das indes verhältnismässig kleine Anlagen, die einmal wegen der geringen Anzahl ihrer Pferdestärken, andrerseits aber auch wegen ihrer beinahe 20jährigen Betriebszeit unökonomisch arbeiten. Bei gut durchgearbeiteten, die Expansivkraft des Dampfes in ausgedehntem Masse ausnutzenden Maschinen wird man als Gesamtbetriebskosten für 1 Pferdekraftstunde in gehobenem Wasser unter der Voraussetzung ununterbrochenen Betriebes rund 2 — 3 Pf. annehmen können.

Bei Maschinen, welche nur 12 Stunden arbeiten, müssen sich die Gesamtbetriebskosten verhältnismässig natürlich erhöhen und zwar einmal um die Kosten des Dampfes, welcher während des Stillstandes durch Kondensation verloren geht, andererseits weil die Amortisations- und Verzinsungskosten bei geringer Ausnutzung der Maschine dieselben bleiben, wie bei voller Ausnutzung.

---

*) Veröffentlicht in der Zeitschrift des Vereins deutscher Ingenieure 1887 Seite 670 ff.

**) Glückauf 1900, No. 21.

***) Vergl. Magdeburger Verein für Dampfkesselbetrieb, Flugblatt 1895 No. 1.

Nach den unter No. 4, 5 und 7 angeführten Beispielen betragen die Kosten bei 12stündiger Betriebszeit 4,61, 4,73 und 5,58 Pf., schwanken also etwa zwischen 4,5 und 5,5 Pf.

Bei nur 4stündigem Betriebe endlich wachsen die Betriebskosten pro PSe und Stunde auf 8,68 bezw. 9,66 Pf. (vergl. No. 9 und 10 der Tabelle).

Bei den hydraulischen und elektrischen Wasserhaltungen müssen natürlich die Dampfkosten geringer werden, da bei ihnen die Antriebsdampfmaschine über Tage steht, mit einer äusserst empfindlich arbeitenden Präzisionssteuerung ausgerüstet ist und obendrein nur sehr geringe Kondensationsverluste entstehen. Die eigentlichen Betriebskosten, d. h. die Betriebskosten ohne die Amortisations- und Verzinsungsquote, werden bei diesen Wasserhaltungen dementsprechend durch die Länge der täglichen Arbeitsdauer nicht wesentlich beeinflusst. Nach der Tabelle stellen sich diese eigentlichen Betriebskosten bei der hydraulischen Wasserhaltung auf 2,57 Pf., bei der elektrischen auf 3,15 Pf., sind also bei der letzteren um 0,58 Pf. höher. Diese bevorzugte Stellung der hydraulischen Wasserhaltung erklärt sich durch den günstigeren Gesamtnutzeffekt dieses Systems. Bei der elektrischen Kraftübertragung wird über Tage sowohl wie unter Tage die Kraft der Antriebsmaschine durch Kurbelmechanismen auf den Dynamo bezw. die Pumpe übertragen, während bei dem hydraulischen Betrieb weder an der Presspumpe über Tage, noch an der Förderpumpe unter Tage eine Umwandlung der hin- und hergehenden Bewegung stattfindet, woraus sich erklärlicherweise eine wesentliche Verringerung der Reibungsverluste ergeben muss. Andererseits liegt in der Durchleitung der Kraft durch ein Kabel entschieden eine Kraftersparnis gegenüber der Kraftübertragung von Presswasser durch eine Rohrleitung. Der auch durch die Abnahmeversuche an verschiedenen Wasserhaltungen nachgewiesene wirtschaftliche Vorteil der hydraulischen Kraftübertragung sollte allerdings bei der Wahl zwischen Hydraulik und Elektrizität nicht allein ausschlaggebend sein. Die Elektrizität bietet gerade dem Bergmann durch ihre ausserordentlich vielseitige Verwendbarkeit beim Bergwerksbetriebe so mancherlei Vorteile, dass sie wohl in allen Fällen der hydraulischen Kraftübertragung die Wage zu halten vermag.

Stellt man die Dampfwasserhaltung einerseits und die hydraulische bzw. elektrische Wasserhaltung andererseits einander vergleichsweise in Beziehung auf ihre Betriebskosten gegenüber, so ergiebt sich, dass bei starkem Betrieb der Dampfwasserhaltung entschieden der Vorrang gebührt. Die Grenze liegt etwa bei 10 stündiger täglicher Arbeitszeit. In diesem Falle stellen sich die Gesamtbetriebskosten bei den drei Wasserhaltungssystemen ungefähr gleich, etwa auf 5—5,5 Pf. pro PSe/Stunde. Bei weiterer Einschränkung der täglichen Betriebszeit wird die Dampfwasserhaltung sowohl von der hydraulischen als auch der elektrischen Wasserhaltung an Billigkeit im Betrieb übertroffen.

Zum Schluss des Vergleiches zwischen den verschiedenen Wasserhaltungssystemen möge an Stelle des bisher gebrauchten Einheitswertes von 1 Pferdekraftstunde der dem praktischen Bergmann geläufigere Wert »1 cbm Wasser pro Minute ein Jahr lang 1 m hoch zu heben« eingeführt werden. Es würde bei gut arbeitenden Dampfwasserhaltungen und 24 stündiger Arbeitszeit der Maschine 1 cbm Wasser pro Minute 1 m zu heben an jährlichen Gesamtbetriebskosten den Betrag von 48,66 M. verschlingen (entsprechend 2,5 Pf. je Pferdekraftstunde). Bei nur 10 stündigem Betrieb erhöht sich dieser Betrag, unbeschadet ob Dampf, hydraulischer oder elektrischer Antrieb zur Anwendung gelangt, auf 97,33 M. (entsprechend 5 Pf. je Pferdekraftstunde).